“十二五”职业教育国家规划教材
经全国职业教育教材审定委员会审定

（第三版）

建筑工程测量

主　编　王晓峰　许　光
副主编　杨文军　庞翠平
编　写　赵　玲　吴聚巧
　　　　王　丽　汤梦玲
主　审　高德慈

中国电力出版社
CHINA ELECTRIC POWER PRESS

内 容 提 要

本书是“十二五”职业教育国家规划教材。

本书结合国家示范性高等职业院校建设的要求和省级精品课程“建筑工程测量”的建设思路和建设方案编写，是高等职业技术教育建筑类专业的教材。

本书包括建筑测量基本知识、测量基本工作、建筑施工测量、测量工作拓展四个模块。本书增加了线路测量、房产和地籍测量、GPS和地理信息系统等与测量相关的内容，丰富了建筑施工测量模块的内容，知识点补充融入《测绘法》等相关法律法规；技能点依据最新规范编制，介绍了新仪器、新方法和新工艺；符合技能型人才培养的要求，知识点、技能点简单明了，突出了教材的实用性。全书内容介绍深入浅出，强化图文结合，便于提高读者学习的积极性和主动性。

本书可作为高职高专院校建筑类相关专业的教材，也可作为工程技术人员及相关人员学习的参考书。

图书在版编目（CIP）数据

建筑工程测量/王晓峰，许光主编．—3版．—北京：中国电力出版社，2015.2（2021.2重印）

“十二五”职业教育国家规划教材

ISBN 978-7-5123-6573-5

Ⅰ.①建… Ⅱ.①王… ②许… Ⅲ.①建筑测量－高等职业教育－教材 Ⅳ.①TU198

中国版本图书馆CIP数据核字（2014）第234752号

中国电力出版社出版、发行

（北京市东城区北京站西街19号 100005 http://www.cepp.sgcc.com.cn）

北京天宇星印刷厂印刷

各地新华书店经售

*

2008年1月第一版

2015年2月第三版 2021年2月北京第十一次印刷

787毫米×1092毫米 16开本 19印张 455千字

定价 **55.00**元

前　言

为深化工学结合的人才培养模式改革，提高教育教学质量，结合国家示范性高等职业院校建设的要求和我学院国家级示范院校优质核心课程重点建设课程“建筑工程测量”的建设思路和建设方案，编写本书。本书结合课程建设的要求，在充分的行业和企业调研基础上，依据建筑类专业学生职业岗位分析，准确对课程定位。在教材内容选择上，以工程实践经验和实施心得为主，以适度够用的概念和原理为辅的编写原则，在满足建筑工程施工测量工作要求的基础上，提供相关专业测量工作的平台知识，将原有课程内容整合成建筑测量的基本知识、测量基本工作、建筑施工测量、测量工作拓展四个模块。根据应用方向，每个模块依据工作内容以项目形式组合，每个项目分解出若干的单元，结合该单元内容在课程中承担的能力培养任务，将单元结构细分为课程培养的知识目标和能力目标——知识点和技能点。本书内容结合学生就业方向增加了线路测量、房产和地籍测量、GPS和地理信息系统等与测量相关的内容，丰富了建筑施工测量模块内容，知识点补充融入《中华人民共和国测绘法》等相关法律法规；技能点依据最新规范编制，介绍了新仪器、新方法和新工艺，符合技能型人才培养的要求，知识点、技能点简单明了，突出了教材的实用性。同时，结合课程建设的要求和读者自身特点，提供了拓展学习的相关网址，有利于读者的自主学习和专业拓展。在本书编写过程中，积极吸纳企业技术专家实质性的参与，通过引用企业实际工作案例，整合贯通整体知识体系和能力结构；在内容编排上，结合职业教学的要求，针对性强，适合高职高专学生的学习特点；全书内容介绍深入浅出，强化图文结合，可提高学生学习的积极性和主动性。

全书共分四个模块，近80个知识点和技能点，由高德慈主审，王晓峰、许光担任主编，杨文军、庞翠平为副主编，赵玲、吴聚巧、王丽、汤梦玲等参编，许光整体统稿。

限于作者水平，在编写过程中难免会有疏漏之处，恭请读者批评指正。

编　者

2014年8月

第一版前言

为贯彻落实教育部《关于进一步加强高等学校本科教学工作的若干意见》和《教育部关于以就业为导向深化高等职业教育改革的若干意见》的精神，加强教材建设，确保教材质量，中国电力教育协会组织制订了普通高等教育“十一五”教材规划。该规划强调适应不同层次、不同类型院校，满足学科发展和人才培养的需求，坚持专业基础课教材与教学急需的专业教材并重、新编与修订相结合。本书为新编教材。

为深化工学结合的人才培养模式改革，提高教育教学质量，满足国家示范性高等职业院校建设的要求，结合我学院国家级示范院校优质核心课程重点建设课程《建筑工程测量》的建设思路和建设方案，编写此教材。本教材结合课程建设的要求，在充分的行业和企业调研基础上，依据建筑类专业学生职业岗位分析，对课程进行准确定位。在教材内容选择上，以从业中实际应用的经验和实施心得为主，以适度够用的概念和原理为辅，将原有课程内容整合成建筑测量的基本知识、测量仪器及使用、建筑施工测量、地形图测绘及应用等四个知识模块。根据应用方向，每个模块分解出若干的单元，结合该单元内容在课程中承担的能力培养任务，将单元结构细分为课程培养的知识目标和能力目标——知识点和技能点。教材内容结合工程实践，丰富了建筑施工测量模块内容，技能点充分融入最新规范，介绍新方法和新工艺，与建设实际相结合，符合技能型人才培养的要求，突出了教材的实用性。知识点简单明了，结合课程建设的要求和读者自身特点，提供了拓展学习的相关网址，有利于读者的自主学习和专业拓展。在本教材编写过程中，积极吸纳企业技术专家实质性的参与，通过引用企业实际工作案例，整合贯通整体知识体系和能力结构；在内容编排上，结合职业教学的要求，采用 5w1h［做什么？（what）、为何要那样做？（why）、何时做？（when）、在何处做？（where）、何人做？（who）、如何做？（how）］法组织教学，针对性强，适合高职高专学生的学习特点。内容介绍深入浅出，强化图文结合，提高学生学习的积极性和主动性。

全书共分四个模块，十八个单元，近 80 个知识点和技能点。由许光、王晓峰担任主编，杨文军、王丽为副主编。模块一和模块三中的单元十三、十五由杨文军编写，模块二中的单元四、五、六由王丽编写，模块二中的单元七、八、九由庞翠平编写，模块三中的单元十、十一、十二、十四由王晓峰编写，模块四由汤梦玲编写。全书由许光统稿。北京工业大学高德慈主审。本教材模块二中单元四技能点 7、8 与单元五技能点 5、6 的具体内容，以及其他相关拓展知识可参考邢台职业技术学院建筑工程测量课程网站，具体操作如下：www. xpc. edu. cn→精品课程→建设工程测量。

由于编者的水平所限，在编写过程中难免会有错误或不妥之处，恭请读者批评指正。

编　者

2007 年 7 月

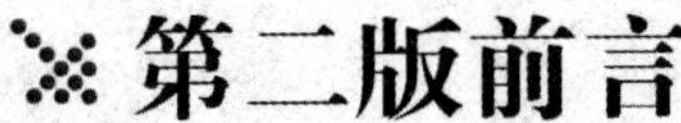

第二版前言

随着我国建筑行业的迅猛发展，针对测量员是很多高职高专建筑工程技术专业学生的第一任职岗位的需要，本着职业能力培养目标与施工员岗位职能相对应、课程考核与技能鉴定相融合、教学组织过程与真实的工程程序相协调的原则，结合工学结合的人才培养模式的改革编写本书。本书在充分调研行业和企业的基础上，依据建筑类专业学生职业岗位分析，准确对课程定位。在内容选择上，以从业中实际应用的经验和实施心得为主，以适度够用的概念和原理为辅。将原有课程内容整合成建筑测量的基本知识、测量仪器及使用、建筑施工测量、地形图测绘及应用四个知识模块。根据应用方向，每个模块分解出若干的单元，结合该单元内容在课程中承担的能力培养任务，将单元结构细分为课程培养的知识目标和能力目标——知识点和技能点。本书内容结合工程实践，丰富了建筑施工测量模块内容，技能点部分充分融入最新规范，介绍了新方法和新工艺，并与建设实际相结合，符合技能型人才培养的要求，突出了教材的实用性。在本书编写过程中，积极吸纳企业技术专家实质性的参与，通过引用企业实际工作案例，整合贯通整体知识体系和能力结构。在内容编排上，结合职业教学的要求，采用5w1h法组织教学，针对性强，适合高职高专学生学习特点；内容介绍深入浅出，强化图文结合，提高学生学习的积极性和主动性。

全书共分四个模块，十八个单元，近80个知识点和技能点。本书由许光、王晓峰担任主编，杨文军、王丽为副主编。模块一和模块三中的单元十三、十五由杨文军编写，模块二中的单元四、五、六由王丽编写，模块二中的单元七、八由庞翠平编写，模块二中的单元九由赵玲编写，模块三中的单元十、十一、十二、十四由王晓峰编写，模块四由汤梦玲编写。全书由许光统稿。北京工业大学高德慈主审。本教材模块二中单元四技能点7、8与单元五技能点5、6的具体内容，以及其他相关拓展知识可参考邢台职业技术学院建筑工程测量课程网站，具体操作如下：www.xpc.edu.cn→精品课程→建设工程测量。

由于编者的水平所限，在编写过程中难免会有错误或不妥之处，恭请读者批评指正。

编　者

2012年7月

目 录

前言
第一版前言
第二版前言

模块一 建筑测量基本知识

项目一 测量工作基本知识……………………………………………………………… 1
单元一 建筑工程测量基础…………………………………………………………… 1
知识点 1 地球的基本知识 ……………………………………………………… 1
知识点 2 测量学的基本知识 …………………………………………………… 3
知识点 3 地面点位置的确定 …………………………………………………… 4
知识点 4 建筑工程测量的基本任务 …………………………………………… 6
知识点 5 测量工作的基本内容和原则 ………………………………………… 6
练习题……………………………………………………………………………… 7
单元二 测量误差的基本知识………………………………………………………… 7
知识点 1 测量误差及其表示方法 ……………………………………………… 7
知识点 2 测量误差产生的原因 ………………………………………………… 8
知识点 3 测量误差的分类 ……………………………………………………… 8
知识点 4 计算中数字的凑整规则 ……………………………………………… 9
知识点 5 误差传播定律 ………………………………………………………… 10
练习题 ……………………………………………………………………………… 11
单元三 测量工作相关法律法规 ……………………………………………………… 11
知识点 1 测绘法 ………………………………………………………………… 11
知识点 2 测绘活动相关法律法规 ……………………………………………… 12
知识点 3 测绘工程管理相关法律法规 ………………………………………… 13
练习题 ……………………………………………………………………………… 15

模块二　测量基本工作

项目二　高程测量 …… 16
单元一　水准仪的操作 …… 16
知识点1　水准测量的原理 …… 16
知识点2　水准测量仪器及工具 …… 17
技能点1　水准仪的使用 …… 20
单元二　水准路线的测量 …… 22
技能点1　普通水准测量 …… 22
技能点2　三、四等水准测量 …… 26
技能点3　水准测量的内业计算 …… 28
知识点1　水准仪测量误差及注意事项 …… 30
知识点2　水准仪的检验与校正 …… 32
单元三　电子类仪器高程测量 …… 34
技能点1　自动安平水准仪测高程 …… 34
技能点2　数字水准仪测高程 …… 35
项目三　角度测量 …… 37
单元一　经纬仪的操作 …… 37
知识点1　角度测量原理 …… 37
知识点2　角度测量仪器及工具 …… 38
技能点1　经纬仪的使用 …… 41
知识点3　经纬仪的检验与校正 …… 42
单元二　角度测量方法 …… 44
技能点1　水平角的测量 …… 44
技能点2　竖直角的测量 …… 47
知识点1　角度观测误差及减弱措施 …… 50
技能点3　电子经纬仪角度测量 …… 51
项目四　距离测量 …… 56
知识点1　地面点的标定与直线定线 …… 56
技能点1　钢尺量距方法 …… 57
技能点2　视距测量 …… 61
技能点3　电磁波测距仪测距 …… 63
项目五　直线定向 …… 68
知识点1　标准方向的种类 …… 68

知识点 2　直线方向的表示方法 …… 68
知识点 3　坐标方位角推算 …… 69
练习题 …… 70
项目六　全站仪测绘地形图 …… 71
单元一　全站仪 …… 71
知识点 1　全站仪的认识 …… 71
技能点 1　全站仪的功能模式与基本按键 …… 73
技能点 2　全站仪的安置及设置 …… 75
技能点 3　全站仪测角 …… 77
技能点 4　全站仪测距 …… 78
技能点 5　全站仪测坐标 …… 79
技能点 6　全站仪放样测量 …… 82
技能点 7　全站仪使用安全与保养 …… 84
单元二　地形图控制测量 …… 86
技能点 1　导线控制测量外业 …… 86
技能点 2　导线控制测量的内业 …… 87
技能点 3　全站仪坐标导线控制测量外业 …… 92
技能点 4　坐标导线控制测量内业 …… 94
技能点 5　全站仪碎部测量 …… 96
单元三　大比例尺地形图的测绘 …… 98
知识点 1　地形图的基本知识 …… 99
技能点 1　地形图测绘 …… 105
练习题 …… 112
项目七　全球定位系统 …… 114
知识点 1　GNSS 概述 …… 114
知识点 2　GNSS 定位原理 …… 115
知识点 3　卫星定位系统的构成 …… 116
知识点 4　GNSS 接收机构成及工作原理 …… 120
技能点 1　卫星定位基本方法 …… 123
技能点 2　GNSS 控制测量 …… 130

模块三　建 筑 施 工 测 量

项目八　建筑施工测量基本工作 …… 136
单元一　施工测量基本工作 …… 136

知识点1　施工测量基本工作概述 …… 136
技能点1　测设高程 …… 137
技能点2　测设距离、角度 …… 140
技能点3　测设点位 …… 142
技能点4　全站仪测设点位 …… 145
练习题 …… 146
项目九　民用建筑施工测量 …… 148
单元一　建筑施工场地的控制测量 …… 148
技能点1　建筑平面控制网布设 …… 149
技能点2　建筑平面控制网测设 …… 150
技能点3　建筑高程控制网布设 …… 152
技能点4　建筑施工场地平整测量 …… 153
练习题 …… 155
单元二　多层建筑施工测量 …… 156
技能点1　建筑物定位 …… 156
技能点2　建筑物放线 …… 160
技能点3　基础施工测量 …… 162
技能点4　墙体施工测量 …… 165
案例　民用建筑施工测量案例 …… 166
练习题 …… 174
单元三　高层建筑施工测量 …… 174
知识点1　高层建筑施工测量概述 …… 174
技能点1　高层建筑桩位放样与基坑标定 …… 177
技能点2　高层建筑基础施工测量 …… 178
技能点3　高层建筑柱、梁、板施工测量 …… 178
技能点4　高层建筑的轴线投测 …… 180
技能点5　高层建筑的高程传递 …… 186
练习题 …… 187
项目十　工业建筑施工测量 …… 188
单元一　工业建筑施工测量 …… 188
技能点1　工业建筑控制网及柱列轴线的测设 …… 188
技能点2　基础测设 …… 190
技能点3　柱的测设 …… 191
技能点4　吊车梁的测设 …… 196
技能点5　屋架的测设 …… 200

技能点6　竣工总平面图的编绘 …… 202
练习题 …… 203
单元二　钢结构施工测量 …… 204
技能点1　钢结构的施工测量 …… 204
练习题 …… 207
项目十一　变形观测 …… 208
单元一　建筑物的变形观测 …… 208
技能点1　建筑物的沉降观测 …… 208
技能点2　建筑物的倾斜观测与裂缝观测 …… 214
技能点3　建筑物的水平位移观测 …… 216
练习题 …… 217

模块四　测量工作拓展

项目十二　线路测量 …… 218
单元一　道路测量 …… 219
技能点1　道路中线测量 …… 219
技能点2　圆曲线测设 …… 222
技能点3　线路纵、横断面测量 …… 226
技能点4　道路施工测量 …… 229
单元二　桥梁施工测量 …… 232
知识点1　桥梁测量概述 …… 232
技能点1　桥梁控制测量 …… 233
技能点2　桥梁墩台施工测量 …… 234
技能点3　涵洞施工测量 …… 237
单元三　管道工程测量 …… 238
技能点1　管道中线测量 …… 238
技能点2　线路纵、横断面测量 …… 239
技能点3　管道施工测量 …… 245
技能点4　管道竣工测量 …… 248
练习题 …… 249
项目十三　房产与地籍测量 …… 250
单元一　房产测量 …… 250
知识点1　房产测绘基本知识 …… 250
技能点1　房产平面控制测量 …… 253

技能点 2　房产调查 …… 256
技能点 3　房产要素测量 …… 259
技能点 4　房产图绘制 …… 262
技能点 5　房产面积测算 …… 263
技能点 6　变更测量 …… 268
知识点 2　房产图图式 …… 269
单元二　地籍测量 …… 272
知识点 1　地籍测量基本知识 …… 272
知识点 2　地籍图的基础知识 …… 272
技能点 1　地籍图测绘方法 …… 275
知识点 3　地籍资料的更新 …… 278
练习题 …… 280
项目十四　地理信息系统（GIS） …… 281
知识点 1　地理信息系统及其类型 …… 281
知识点 2　地理信息系统的功能概述 …… 282
知识点 3　地理信息系统的研究内容 …… 283
知识点 4　地理信息系统发展简史 …… 284
知识点 5　GIS 的发展展望 …… 285
练习题 …… 286
参考文献 …… 288

模块一

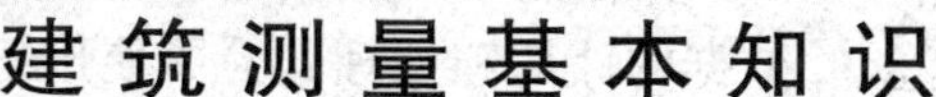

建筑测量基本知识

本模块主要包括建筑工程测量基础、测量误差的基本知识和测量工作相关法律法规三个单元内容，是开展建筑工程测量工作的理论基础。

项目一　测量工作基本知识

单元一　建筑工程测量基础

本单元主要包括地球的基本知识、测量学的基本知识、地面点位置的确定、建筑工程测量的基本任务、测量工作的基本内容和原则等五个知识点。

学习目标：通过本单元的学习，学生应了解地球和测量学的基本知识，掌握地面点位置的确定方法、建筑工程测量的基本任务、测量工作的基本内容和原则；了解本课程的知识体系、基本要求和学习方法。

能力标准：建筑工程测量课程的核心能力就是结合工程特点，确定工程所需要的地面点位置。本单元以陈述性的知识为主讲授建筑工程测量工作的基础知识，是学生在开展本课程学习前的知识铺垫，为建筑施工测量工作提供理论知识储备。

知识点1　地球的基本知识

测绘工作多是在地球表面上进行的，测量基准的确定、测量成果的计算及处理都与地球的形状和大小有关。因此，在学习建筑工程测量课程之前需先认识人类的母亲——地球。

地球是一个表面形状极不规则的球体，其上有高山、深谷、丘陵、平原、江湖、海洋等。最高的珠穆朗玛峰岩面高出海平面8844.43m，最低的太平洋马里亚纳海沟低于海平面约11 022m。但由于地球半径很大，约6371km，地面高低变化幅度项对于地球半径只有1/300。在地球表面，陆地面积约占29%，海洋面积占71%。所以，设想将静止的海水面向大陆延伸，形成的闭合曲面来代替地球表面。

由于地球的自转运动，地球上任一点都要受到离心力和地球引力的双重作用，这两个力的合力称为重力，重力的方向线称为铅垂线，铅垂线是测量工作的基准线。静止的水面称为水准面，水准面上任何处的重力位相等，水准面上任何一点均以重力方向正交。水面由于受潮汐等因素的影响可高可低，水准面有无穷多个，并且互不相交，也不相互平行。其中与平均海水面吻合并向大陆、岛屿内延伸而形成的闭合曲面，称为大地水准面。大地水准面同水准面一样也是等位面，是测量工作的基准面。由大地水准面所包围的地球形体，称为大地体。通常用大地体来代表地球的真实形状和大小。

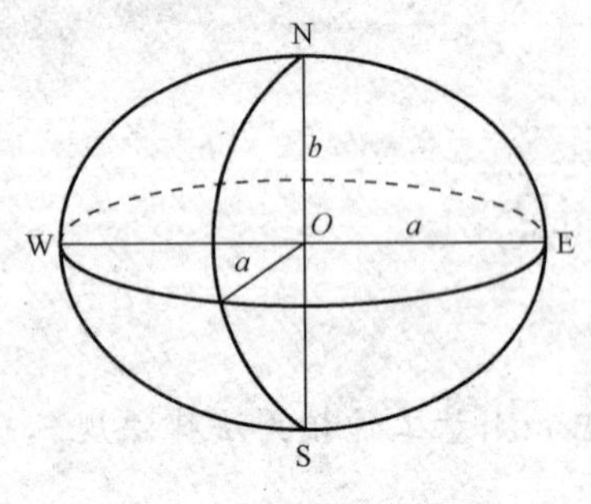

图 1-1 旋转椭球体

由于地球内部质量分布不均匀，引起重力的大小和方向产生不规则的变化。因此，大地水准面是一个复杂的曲面，无法用数学式表述，也就无法在这个曲面上进行测量数据的计算和处理。为了使用方便，用一个与大地体极为接近的数学球体代替大地体（见图 1-1），作为测量计算工作的基准面。它是由椭圆绕其短轴旋转而成的。旋转椭球体的形状和大小用椭球参数表达，即长半径为 a，短半径为 b，扁率为 $\alpha=\frac{a-b}{b}$。

测量中，将旋转椭球面代替大地水准面作为测量计算和制图的基准面。

某一国家或地区为处理测量成果而采用与大地体的形状大小最接近，又适合本国或本地区要求的旋转椭球，这样的椭球体称为参考椭球体。确定参考椭球体与大地体之间的相对位置关系，称为椭球体定位。

现今，人们借助卫星大地测量技术并结合地球几何和物理参数，可推算出与大地体密合最好的地球椭球，这样的椭球称为总地球椭球。总地球椭球有以下性质：

(1) 与地球大地体体积相等、质量相等。

(2) 椭球中心和地球质心重合。

(3) 椭球短轴和地球地轴重合。

(4) 椭球和全球大地水准面差距 N 的平方和最小。

表 1-1 为几种地球椭球参数。

表 1-1　　几种地球椭球参数

参数推算者	长半轴（m）	短半轴（m）	扁率	推算年代和国家
德兰布尔	6 375 653	6 356 564	1∶334	1800 年，法国
白塞尔	6 377 397	6 356 079	1∶299.2	1841 年，德国
克拉克	6 378 249	6 356 515	1∶293.5	1880 年，英国
海福特	6 378 388	6 356 912	1∶297.0	1909 年，美国
克拉索夫斯基	6 378 245	6 356 863	1∶298.3	1940 年，苏联
IUGG-75	6 378 140	6 356 755.3	1∶298.257	1979 年，国际大地测量与地球物理联合会
WGS-84	6 378 137		1∶298.257 223 563	1984 年，美国

新中国成立前，我国采用海福特椭球，1954 年建立的北京坐标系采用克拉索夫斯基椭球，大地原点在苏联普尔科夫（现俄罗斯境内）。1980 年建立的国家大地坐标系采用 1975 年国际椭球，大地原点选在我国中部陕西省泾阳县永乐镇，而全球定位系统（GPS）采用的是 WGS-84 椭球。

目前，我国采用“1980 年国家大地坐标系”建立起的全国统一的坐标系。其参考元素值分别为：a=6 278 140m；扁率α=1∶298.257。由于参考椭球体的扁率很小，在小区域的普通测量中可将地球看作是圆球，其半径 $R=(a+a+b)/3=6371$km。

知识点 2　测量学的基本知识

测量（surveying）一词最早出现于古希腊，是“土地划分”的意思。在我国，早在夏禹治水的时候就已产生了测量，《史记·夏本纪》中记载：“左准绳，右规矩，载四时，以开九州，通九道，破九泽，度九山。”说的就是当时测量的情景。随着人类生产和科学技术的发展，测量的定义也有了更深的内容。目前，从工程建设的角度来讲，测量学是研究地球的形状和大小以及确定地面点位置（这里所说的地面包括空中、陆地和水下）的科学。它的内容包括测定和测设两个部分。测定是指使用测量仪器和工具，通过测量和计算，得到一系列测量数据，或把地球表面的地形缩绘成地形图，供经济建设、规划设计、科学研究和国防建设使用。测设是指把图纸上规划设计好的建筑物、构筑物的平面位置和高程位置在地面上标定出来，作为施工的依据。

测量学按照研究范围和对象的不同，产生了许多分支科学。

一、大地测量学

研究整个地球的形状和大小，解决大区域控制测量和地球重力场问题，属于大地测量学的范畴。其基本任务是建立国家大地控制网，测定地球的形状、大小和重力场，为地形测图和各种工程测量提供基础起算数据；为空间科学、军事科学及研究地壳变形、地震预报等提供重要资料。近年来，因人造地球卫星的发射和科学技术的发展，大地测量学又分为常规大地测量学、卫星大地测量学及物理大地测量学等。

二、普通测量学

研究小范围地球表面形状时，不顾及地球曲率的影响，把地球局部表面当作平面看待所进行的测量工作，属于普通测量学的范畴。

三、摄影测量学

利用摄影像片来测定物体的形状、大小和空间位置的工作，属于摄影测量学的范畴。根据获得影像的方式及遥感距离的不同，摄影测量学又可分为地面摄影测量学、航空摄影测量学、水下摄影测量学和航天摄影测量学等。

四、海洋测量学

以海洋和陆地水域为对象所进行的测量和海图编制工作，属于海洋测量学的范畴。

五、工程测量学

研究工程建设和自然资源开发中各个阶段进行的控制和地形测绘、施工放样、变形监测的理论等及各种与测量相关的工作，属于工程测量学的范畴。工程测量是测绘科学与技术在国民经济和国防建设中的直接应用。按工程建设的进行程序，工程测量可分为规划设计阶段的测量；施工兴建阶段的测量和竣工后的运营管理阶段的测量。按工程测量所服务的工程种类，也可分为建筑工程测量、线路测量、桥梁与隧道测量、矿山测量、城市测量和水利工程测量等。

六、地图学

利用测量所得的成果资料，研究如何投影、编绘和制、印各种地图的工作，属于地图制图学的范畴。其基本任务是利用各种测量成果编制各类地图，其内容包括地图投影、地图编制、地图整饰和地图印制等。

本教材主要介绍普通测量学及部分工程测量学的内容。

知识点3 地面点位置的确定

一、测量的基准线和基准面

1. 基准线

地球上的任何物体都受到地球自转产生的离心力和地心吸引力的作用，这两个力的合力称为重力。重力的作用线常称为铅垂线。铅垂线是测量工作的基准线。

2. 基准面

测量上确定地面点的空间位置，是采用在基准面上建立坐标系，通过对距离、角度、高差三个基本量的测量来实现的。由于测量工作是在地球表面上进行的，因此，选择作为测量数据处理、统一坐标计算的基准面，必须具备两个条件：这个面的形状和大小要尽可能地接近地球总的形体；要能用简单的几何形体和数学式表达。

二、确定地面点位置的方法

确定地面点的位置是测量工作的基本任务。在三维空间中，地面点的位置需用三个变量来确定。其中 x、y 两个变量用来确定地面点的平面位置，另一个变量 H 用来确定地面点的高程位置。

1. 地面点的高程

（1）绝对高程。地面上任意一点到大地水准面的铅垂距离，称为该点的绝对高程，简称高程，用字母 H 表示。如图 1-2 中的 H_A、H_C，分别表示 A 点和 C 点的高程。

为了建立全国统一的高程系统，我国在青岛设立验潮站，长期观测黄海海水面的高低变化并取其平均值作为大地水准面的位置，将其作为全国高程的起算面（其高程为零）。在青岛验潮站附近的观象山埋设固定标志，用精密水准测量方法与验潮站所求出的平均海水面进行联测，测出其高程为 72.289m，它的高程作为全国高程的起算点，称为水准原点。根据这个面起算的高程称为“1956 年黄海高程系统”。

从 1987 年开始我国采用新的高程基准，采用青岛验潮站 1952～1979 年潮汐观测资料计算的平均海水面为国家高程起算面，称为“1985 年国家高程基准”。根据新的高程基准推算的青岛水准原点高程为 72.260m，比“1956 年黄海高程系统”的高程低 0.029m。

（2）相对高程。当局部地区采用绝对高程有困难或者为了应用方便，也可不用绝对高程，而是假定某一水准面作为高程的起算面。地面点到假定水准面的铅垂距离称为该点的相对高程，如图 1-2 中的 H'_A、H'_C。

（3）建筑标高。在建筑设计中，每一个独立的单项工程都有它自身的高程起算面，叫做±0.000。一般取建筑物首层室内地坪标高为±0.000，建筑物各部位的高度都是以±0.000 为高程起算面的相对高程，称为建筑标高。例如，某建筑物±0.000 的绝对高程为 40.000m，一层窗台比±0.000 高 0.900m，即窗台标高是 0.900m，而不再写窗台标高是 40.900m。±0.000 的绝对高程是施工放样时测设±0.000 位置的依据。

（4）高差。两个地面点之间的高程之差称为高差，常用 h 表示。图 1-2 中 C 点相对于 A 点的高差：

$$h_{AC}=H_C-H_A=H'_C-H'_A \tag{1-1}$$

C 点比 A 点高时，高差 h_{AC} 为正；反之，为负。

例如，已知 A 点高程 $H_A=27.236\text{m}$，C 点高程 $H_C=18.547\text{m}$，则 C 点相对于 A 点的高差 $h_{AC}=18.547-27.236=-8.689\text{m}$，$C$ 点低于 A 点；而 A 点相对于 C 点的高差应为 $h_{CA}=27.236-18.547=8.689\text{m}$，$A$ 点高于 C 点。

由此可得

$$h_{AC}=-h_{CA} \tag{1-2}$$

2. 地面点的坐标

(1) 地理坐标。当研究整个地球的形状或进行大区域范围内的测量工作时，可采用图1-3所示的球面坐标系统来确定点的位置。地面点的坐标可用经度 λ 和纬度 φ 表示。经度 λ 和纬度 φ 称为该地面点的地理坐标。例如，北京某点 P 的地理坐标为东经 116°28′，北纬 39°54′。

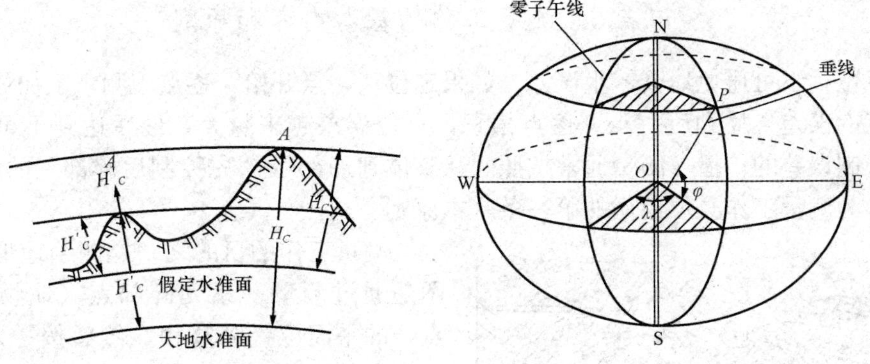

图 1-2　地面点高程确定　　图 1-3　球面坐标系统

(2) 平面直角坐标。在小区域范围内，将大地水准面作水平面看待，由此而产生的误差不大时，便可以用平面直角坐标来代替球面坐标。根据研究分析，在以 10km 为半径的范围内，可以用水平面代替水准面，由此产生的变形误差对一般测量工作而言，可以忽略不计。

因此，在进行一般工程项目的测量工作时，可以采用平面直角坐标系统，即将小块区域直接投影到平面上进行有关计算。在满足测量工作精度的基础上，简化计算。图 1-4 为一平面直角坐标系统。规定坐标纵轴为 x 轴且表示南北方向，向北为正，向南为负；横轴为 y 轴且表示东西方向，向东为正，向西为负。为了避免测区内的坐标出现负值，可将坐标原点选择在测区的西南角上。

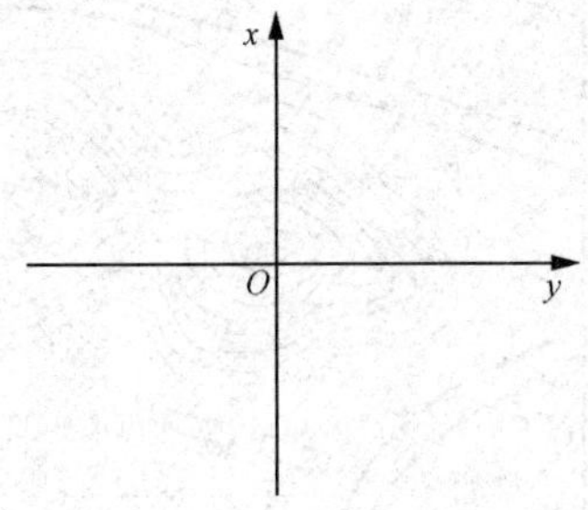

图 1-4　平面直角坐标系统

(3) 高斯平面直角坐标。当测区范围较大，将水准面看作水平面开展测量工作则不符合精度要求。此时可采用高斯投影的方法，建立高斯平面直角坐标系。

如前所述，地面点的空间位置是以投影平面上的坐标（x，y）和高程 H 决定的，而点的坐标一般是通过水平角测量和水平距离测量来确定的，点的高程是通过测定高差来确定的。所以，测角、量距和测高差是测量的三项基本工作。

知识点4 建筑工程测量的基本任务

建筑工程测量是测量学的一个组成部分。它是一门测定地面点位的科学，广泛用于建筑工程的勘测、设计、施工和管理各个阶段。其主要任务是：

(1) 测绘大比例尺地形图。将地面上的地物、地貌的几何形状及其空间位置，按照规定的符号和比例尺缩绘成地形图，为建筑工程的规划、设计提供图纸和资料。

(2) 施工放样和竣工测量。把图纸上设计好的建（构）筑物，按照设计要求在地面上标定出来，作为施工的依据；在施工过程中，进行测量工作，保证施工符合设计要求；开展竣工测量，为工程竣工验收、扩建和维修提供资料。

(3) 变形观测。对于一些重要的建（构）筑物，在施工和运营期间，定期进行变形观测，以了解其变形规律，确保工程的安全施工和运营。

知识点5 测量工作的基本内容和原则

测定点位，不可避免地会产生误差。如果定位从一点开始，逐点施测，不加任何控制和检查，一点的误差传播到后一点，逐点累积，点位误差越来越大，最后达到不可容许的程度。为了限制误差的传播，测量通常按照“从整体到局部”，“先控制后碎部”的原则进行，该原则也称为测量工作必须遵循的第一条基本原则。

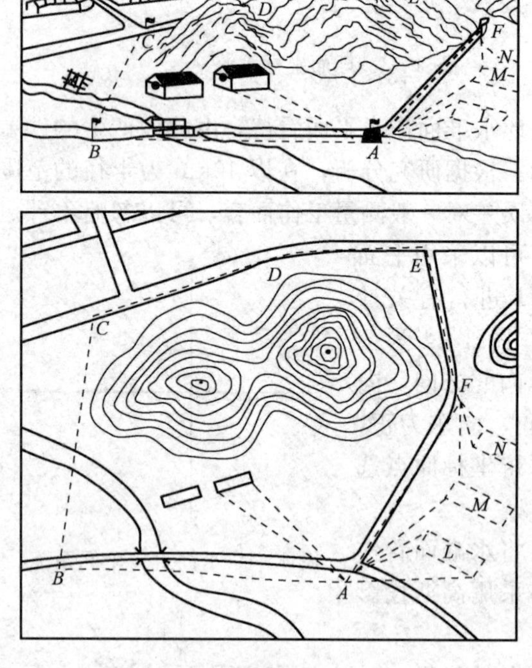

图1-5 控制网示意

测量工作的目的之一是测绘地形图，地形图是通过测量一系列碎部点（地物点和地貌点）的平面位置和高程，然后按一定的比例，应用地形图符号和注记缩绘而成。测量工作不能一开始就测量碎部点，而是先在测区内统一选择一些起控制作用的点，将它们的平面位置和高程精确地测量计算出来，这些点被称作控制点。由控制点构成的几何图形称作控制网，然后根据这些控制点分别测量各自周围的碎部点，进而绘制成图，如图1-5所示的多边形*ABCDEF*就是该测区的控制网。利用该控制网便可以进行该小块区域的测图工作，例如，利用*A*点可以将*BC*连线右侧的两房屋测绘到图纸上。

由上述可知，当测定控制点的相对位置有错误时，以其为基础所测定的碎部点位也就有错误，当然由于碎部测量中有错误，以此资料绘制的地形图也就有错误。因此，测量工作中必须严格进行检核工作，故“前一步测量工作未作检核不进行下一步测量工作”是组织测量工作应遵循的又一个原则，它可以防止错漏发生，保证测量成果的正确性。

测量工作中，有些是在野外使用测量仪器获取数据，称为外业；有些是在室内进行数据处理或绘图，称为内业。无论是内业还是外业，为防止错误的发生，工作中都必须遵循“前一步工作未检核不进行下一步工作”的原则。

练习题

1. 什么是测定、测设、水准面、大地水准面、绝对高程、相对高程？
2. 数学坐标系和测量坐标系有何区别？
3. 我国高程原点是如何规定的？
4. 测量的基本工作是什么？
5. 建筑工程测量的基本任务有哪些？
6. 测量工作要遵循的基本原则有哪些？

单元二　测量误差的基本知识

本单元主要包括测量误差及其表示方法、测量误差产生的原因、测量误差的分类、计算中数字的凑整规则和误差传播定律五个知识点。

学习目标：通过本单元的学习，学生应了解测量误差产生的原因、测量误差的分类和误差传播定律，掌握测量误差的表示方法和数字的凑整规则。

能力标准：通过分析测量工作中误差产生的原因，结合该单元所学内容，在测量工作中能有针对性地采取措施消除和减小误差，保证测量工作的核心要求——精度。

知识点1　测量误差及其表示方法

一、误差

在测量工作中，对某量的观测值与该量的真值间存在着必然的差异，这个差异称为误差。但有时由于人为的疏忽或措施不周也会造成观测值与真值之间的较大差异，这不属于误差而是粗差。误差与粗差的根本区别在于前者是不可避免的，而后者是有可能避免的。

二、误差的表示方法

1. 绝对误差

不考虑被观测量自身的大小，只描述该量的观测值与其真值之差大小的误差称为绝对误差（也称为真误差）。绝对误差用下式求得

$$\Delta = L - X \tag{1-3}$$

式中　Δ——绝对误差；
L——观测值；
X——被观测量的真值。

2. 相对误差

对某量观测的绝对误差与该量的真值（或近似值）之比称为相对误差。相对误差能够确切描述观测量的精确度。相对误差用下式求得

$$K = |\Delta| / X \tag{1-4}$$

式中　K——相对误差。

相对误差一般化成分子为1的分数表示。

3. 中误差

若对某量等精度进行了 n 次观测，按式（1-3）可计算出 n 个真误差 Δ_1，Δ_2，…，Δ_n，将各真误差的平方和的均值再开方即为中误差

$$m=\pm\sqrt{\frac{\Delta_1^2+\Delta_2^2+\cdots+\Delta_n^2}{n}}=\pm\sqrt{\frac{[\Delta\Delta]}{n}} \tag{1-5}$$

$$[\Delta\Delta]=\Delta_1^2+\Delta_2^2+\cdots+\Delta_n^2$$

式中 m——观测值的中误差；

n——观测次数。

4. 允许误差

允许误差也称限差，在实际工作中，测量规范要求在观测值中不容许存在较大的误差，故常以两倍或三倍的中误差作为最大允许值。在测量中以允许误差检核观测质量，并根据观测误差是否超出允许误差而决定观测成果的舍取，即

$$|\Delta_{允}|=2|m| \tag{1-6}$$

或

$$|\Delta|=3|m| \tag{1-7}$$

知识点2 测量误差产生的原因

通过测量实践可以发现，无论使用的测量仪器多么精密，观测多么仔细，对同一个量进行多次的观测，其结果总存在着差异。例如，对两点间的高差进行重复观测，测得的高差往往不相等而有差异；观测三角形三个内角，其和往往不等于理论值180°。这些现象之所以产生，是由于观测结果中存在着测量误差。

在测量中产生误差的原因一般有以下三个方面：

（1）仪器、工具的影响。由于仪器或工具制造不够精密，校正不可能十分完善，从而使观测结果产生误差。

（2）人的影响。观测人员的生理、习性，观测者感觉器官的鉴别能力有限、观测习惯各异。

（3）外界环境的影响。测量过程中外界自然环境，如温度、湿度、风力、阳光照射、大气折光、磁场等因素会给观测结果带来影响，而且外界条件随时发生变化，由此对观测结果的影响也随之变化。这必然会使观测结果带有误差。

仪器、人本身和外界环境这三个方面是引起观测误差的主要因素，总称为观测条件。由上述可知，观测结果不可避免地含有测量误差。测量误差越小，则测量成果的精度越高。因此，在测量工作中，必须对测量误差进行研究，以便对不同性质的误差采取不同的措施，提高观测成果的质量，满足各类工程建设的需要。

知识点3 测量误差的分类

真误差按其性质可分为系统误差和偶然误差两类。

一、系统误差

在相同的观测条件下，对某量进行一系列观测，如果观测误差的数值大小和正负号按一定的规律变化，或保持一个常数，这种误差称为系统误差。

系统误差有下列特点：

(1) 系统误差的大小（绝对值）为一常数或按一定规律变化。

(2) 系统误差的符号（正、负）保持不变。

(3) 系统误差具有累积性，即误差大小以一定的函数关系累积。

系统误差对测量结果的影响，可以通过分析找出规律，计算出某项系统误差的大小，然后对观测结果加以改正，或者用一定的观测程序和观测方法来消除系统误差的影响，把系统误差的影响尽量从观测结果中消除。

二、偶然误差

在相同的观测条件下，对某量进行一系列的观测，其观测误差的大小和符号，从表面上看没有一定的规律性，但大量的观测结果，表现符合统计规律，这种误差称为偶然误差。

偶然误差有下列特点：

(1) 在一定的观测条件下，偶然误差的绝对值不会超过一定的界限。

(2) 绝对值大的误差比绝对值小的误差出现的可能性要小。

(3) 绝对值相等的正误差和负误差出现的可能性相等。

(4) 偶然误差的算术平均值，随着观测次数的无限增加而趋向于零。

实践证明，偶然误差不能用计算改正或用一定的观测方法简单地加以消除，只能根据偶然误差的特性来改进观测方法并合理地处理数据，以减少偶然误差对测量成果的影响。

三、测量错误

测量过程中，有时由于人为的疏忽或措施不周可能出现错误。例如，读数错误，记录时误听、误记，计算时弄错符号、点错小数点等。

在一定的观测条件下，误差是不可避免的。而产生错误的主要原因是工作中的粗心大意造成的，显然，观测结果中不容许存在错误，并且错误是可以避免的。

如何及时发现错误，并把它从观测结果中清除掉，除了测量人员加强工作责任感，认真细致地工作外，通常还要采取各种校核措施，防止产生观测错误，使在最终成果中发现并剔除它。

知识点 4　计算中数字的凑整规则

测量计算过程中，一般都存在数值取位的凑整问题。由于数值取位的取舍而引起的误差称为凑整误差。为了尽量减弱凑整误差对测量成果的影响，避免凑整误差的累积，在计算中通常采用如下凑整规则：

若以保留数字的末位为单位，当其后被舍去的部分大于 0.5 时，则末位进 1；当其后被舍去的部分小于 0.5 时，则末位不变；当其后被舍去的部分等于 0.5 时，则末位凑成偶数，即末位为奇数时进 1，为偶数或零时末位不变（五前单进双不进）。

例如，将下列数据取舍到小数后三位。

3.141 59→3.142

3.513 29→3.513

9.750 50→9.750

4.513 50→4.514

2.854 500→2.854

1.258 501→1.259

上述的凑整规则对于被舍去的部分恰好等于五时凑成偶数的方法作了规定，其他情况与一般数学计算相同。

知识点5 误差传播定律

在测量工作中，有些未知量不能直接测定，而要由直接观测值根据一定的函数关系间接计算出来。例如，用水准测量测定两点之间的高差，是根据后视读数 a 和前视读数 b 按 $h=a-b$ 计算出来的。h 为观测值 a、b 的函数。因观测值带有误差，所以其函数也有误差。这种阐明观测值及其函数间误差关系的定律叫做误差传播定律。下面分别讨论倍数函数、和差函数、线性函数和一般函数的误差传播定律。

一、倍数函数的中误差

设函数为

$$Z=kx \tag{1-8}$$

式中 x——可直接观测的未知量；

k——常数；

Z——为不能直接观测的未知量。

函数的中误差为

$$m_Z^2=k^2m_x^2 \tag{1-9}$$

或

$$m_Z=km_x \tag{1-10}$$

二、和差函数的中误差

设函数为

$$Z=x_1+x_2+\cdots+x_n$$

其中 x_1，x_2，…，x_n 是彼此独立的可直接观测的未知量，Z 是 x_1，x_2，…，x_n 的和或差函数。可得出函数 Z 的中误差为

$$m_Z=\pm\sqrt{m_{x_1}^2+m_{x_2}^2+\cdots+m_{x_n}^2} \tag{1-11}$$

如果各未知量的观测值为等精度观测，设其中误差为 m，即 $m_{x_1}=m_{x_2}=\cdots=m_{x_n}=m$，则式（1-10）可写为

$$m_Z=m\sqrt{n} \tag{1-12}$$

三、一般函数的中误差

设有一般函数

$$Z=f(x_1,x_2,\cdots,x_n) \tag{1-13}$$

式中 $x_i(i=1,2,\cdots,n)$——相互独立的可直接观测的未知量，其观测值的中误差为 m_i $(i=1,2,\cdots,n)$。

Z 的中误差为

$$m_Z=\pm\sqrt{\left(\frac{\partial f}{\partial x_1}\right)^2m_1^2+\left(\frac{\partial f}{\partial x_2}\right)^2m_2^2+\cdots+\left(\frac{\partial f}{\partial x_n}\right)^2m_n^2} \tag{1-14}$$

上式是误差传播定律的一般形式。前述各式都可以看作是式（1-14）的特例。

综上所述，应用误差传播定律求观测值函数的中误差，可归纳为如下三步：

（1）按问题要求写出函数式，函数式中可直接观测的未知量必须是相互独立的。

（2）对函数式全微分，写出函数的真误差与观测值中误差之间的关系式。

（3）写出函数中误差与观测值中误差之间的关系式。

练 习 题

1. 误差和粗差有何区别？

2. 某一个三角网分别由两个作业组进行观测，各组测得的三角形闭合差为：第一组：$-5''$、$+2''$、$+9''$、$-3''$、$-8''$、$+5''$、$+2''$；第二组：$-4''$、$-13''$、$-9''$、$0''$、$-4''$、$-3''$、$+1''$。试计算每组的中误差并进行比较。

3. 误差能避免吗？产生误差的主要原因是什么？

4. 什么是系统误差？有什么特点？

5. 测量误差主要分为几类？如何消除？

6. 在1∶1000的地形图上量得一段距离 $d=58\text{mm}$，其中误差 $m_d=\pm 0.3\text{mm}$，求实地平距 D 和中误差 m_D。

7. 水准测量中，设每站的观测中误差为±5mm，若从已知点到待定点一共测了9站，试求其高差中误差是多少？

单元三　测量工作相关法律法规

本单元主要包括测绘法、测绘活动相关法律法规、测绘工程管理相关法律法规三个知识点。

学习目标：通过本单元的学习，学生应该了解与测量工作相关的法律法规，在以后的测绘活动中，依法开展工作，依法保护测绘活动和成果。

能力标准：测绘法是测量工作的基本大法，掌握测绘法和测量工作相关法律法规是每一位测绘工作从业人员的基本要求。

知识点1　测　绘　法

《中华人民共和国测绘法》，简称《测绘法》，2002年8月人大会议修订，12月1日起实施。该法是从事测绘行业的基本准则、依据。测绘法包括总则、测绘基准和测绘成果、测量标志保护、法律责任、附则等九章55条内容。在中华人民共和国领域和管辖的其他海域从事测绘活动，应当遵守该法。

一、职责分工

《测绘法》指出测绘事业是经济建设、国防建设、社会发展的基础性事业。各级人民政府应当加强对测绘工作的领导。国务院测绘行政主管部门负责全国测绘工作的统一监督管理。国务院其他有关部门按照国务院规定的职责分工，负责本部门有关的测绘工作。

县级以上地方人民政府负责管理测绘工作的行政部门（以下简称测绘行政主管部门）负责本行政区域测绘工作的统一监督管理。县级以上地方人民政府其他有关部门按照本级人民政府规定的职责分工，负责本部门有关的测绘工作。

军队测绘主管部门负责管理军事部门的测绘工作，并按照国务院、中央军事委员会规定的职责分工负责管理海洋基础测绘工作。

二、测绘基准和测绘系统

国家设立和采用全国统一的大地基准、高程基准、深度基准和重力基准，其数据由国务院测绘行政主管部门审核，并与国务院其他有关部门、军队测绘主管部门会商后，报国务院批准。

国家建立全国统一的大地坐标系统、平面坐标系统、高程系统、地心坐标系统和重力测量系统，确定国家大地测量等级和精度以及国家基本比例尺地图的系列和基本精度。具体规范和要求由国务院测绘行政主管部门会同国务院其他有关部门、军队测绘主管部门制定。

在不妨碍国家安全的情况下，确有必要采用国际坐标系统的，必须经国务院测绘行政主管部门会同军队测绘主管部门批准。

因建设、城市规划和科学研究的需要，大城市和国家重大工程项目确需建立相对独立的平面坐标系统的，由国务院测绘行政主管部门批准；其他确需建立相对独立的平面坐标系统的，由省、自治区、直辖市人民政府测绘行政主管部门批准。

建立相对独立的平面坐标系统，应当与国家坐标系统相联系。

知识点2　测绘活动相关法律法规

一、测绘资质管理

《测绘法》第二十二条：国家对从事测绘活动的单位实行测绘资质管理制度，资质分级为甲、乙、丙、丁四级，甲级最高。

国务院测绘行政主管部门统一监督管理全国测绘资质，制定测绘资质管理具体办法，规定测绘资质证书式样，负责全国甲级测绘资质的审查、发证和查处重大的无证测绘案件。省、自治区、直辖市测绘行政主管部门承担本区域内测绘资质的监督管理、受理本区域内测绘单位资质申请，以及甲级测绘资质申请的初审，乙、丙、丁级测绘资质的审查、发证和查处本区域内违反测绘资质管理规定的案件。

测绘资质初次申请原则上不得超过乙级，测绘单位取得资质证书之日起，原则上 3 年后方可申请升级。

测绘资质证书分正本和副本，正副本具有同等法律效力。测绘资质证书有效期最长不超过 5 年。测绘单位在期满 60 日前，向审批机关申请办理延续手续；对有效期内无不良记录的，有效期延续 5 年。

二、测绘执业资格

《测绘法》第二十五条规定：从事测绘活动的专业技术人员应具备相应的执业资格条件，具体办法由国务院测绘行政主管部门会同国务院人事行政主管部门规定。

第二十七条规定：测绘专业技术人员的执业证书和测绘人员的测绘作业证件的式样，由国务院测绘行政主管部门统一规定。

第四十六条规定：违反本法规定，未取得测绘执业资格，擅自从事测绘活动的，责令停止违法行为，没收违法所得，可以并处违法所得二倍以下的罚款；造成损失的，依法承担赔偿责任。

根据这些规定，测绘专业技术人员应申请取得测绘执业资格；未取得测绘执业资格从事测绘活动的应受到处罚。

三、测绘人员权利保护和测绘作业证

《测绘法》第二十六条规定：测绘人员进行测绘活动时，应当持有测绘作业证件。任何单位和个人不得妨碍、阻挠测绘人员依法进行测绘活动。

第二十七条规定：测绘人员的测绘作业证件的式样，由国务院测绘行政主管部门统一规定。

根据上述规定，对于持有测绘作业证件的测绘人员从事合法的测绘活动的权利受《测绘法》的保护。

四、涉外测绘

《测绘法》第七条规定：外国的组织或者个人在中华人民共和国领域和管辖的其他海域从事测绘活动，必须经国务院测绘行政主管部门会同军队测绘主管部门批准，并遵守中华人民共和国的有关法律、行政法规的规定。

外国的组织或者个人在中华人民共和国领域从事测绘活动，必须与中华人民共和国有关部门或者单位依法采取合资、合作的形式进行，并不得涉及国家秘密和危害国家安全。

第五十一条规定：违反本法规定，有下列行为之一的，责令停止违法行为，没收测绘成果和测绘工具，并处一万元以上十万元以下的罚款；情节严重的，并处十万元以上五十万元以下的罚款，责令限期离境；所获取的测绘成果属于国家秘密，构成犯罪的，依法追究刑事责任：

（1）外国的组织或者个人未经批准，擅自在中华人民共和国领域和管辖的其他海域从事测绘活动的；

（2）外国的组织或者个人未与中华人民共和国有关部门或者单位合资、合作，擅自在中华人民共和国领域从事测绘活动的。

根据上述规定，外国组织或个人来华从事测绘活动，必须与我国有关部门或单位合作，并经批准，否则将受到惩罚。

知识点3 测绘工程管理相关法律法规

一、测绘工程承发包

《测绘法》第二十四条规定：测绘项目实行承发包的，测绘项目的发包单位不得向不具有相应测绘资质等级的单位发包或者迫使测绘单位以低于测绘成本承包。

测绘单位不得将承包的测绘项目转包。

第四十四条规定：违反本法规定，测绘项目的发包单位将测绘项目发包给不具有相应资质等级的测绘单位或者迫使测绘单位以低丁测绘成本承包的，责令改正，可以外测绘约定报酬二倍以下的罚款。发包单位的工作人员利用职务上的便利，索取他人财物或者非法收受他人财物，为他人谋取利益，构成犯罪的，依法追究刑事责任；尚不够刑事处罚的，依法给予行政处分。

第四十五条规定：违反本法规定，测绘单位将测绘项目转包的，责令改正，没收违法所得，处测绘约定报酬一倍以上两倍以下的罚款，并可以责令停业整顿或者降低资质等级；情节严重的，吊销测绘资质证书。

根据这些规定，测绘项目承包和发包的当事人应易发进行承发包活动，测绘行政主管部门应对其承发包活动进行监督，依法查处违法行为。

二、测绘成果管理制度

1. 测绘成果的汇交

《测绘法》第二十八条：国家实行测绘成果汇交制度。

测绘项目完成后，测绘项目出资人或者承担国家投资测绘项目的单位，应当向国务院测绘行政主管部门或者省、自治区、直辖市人民政府测绘行政主管部门汇交测绘成果资料。属于基础测绘项目的，应当汇交测绘成果副本；属于非基础测绘项目的，应当汇交测绘成果目录。负责接收测绘成果副本和目录的测绘行政主管部门应当出具测绘成果汇交凭证，并及时将测绘成果副本和目录移交给保管单位。测绘成果汇交的具体办法由国务院规定。

国务院测绘行政主管部门和省、自治区、直辖市人民政府测绘行政主管部门应当定期编制测绘成果目录，向社会公布。

第四十七条规定：违反本法规定，不汇交测绘成果资料的，责令限期汇交；逾期不汇交的，对测绘项目出资人处以重测所需费用一倍以上两倍以下的罚款；对承担国家投资的测绘项目的单位处一万元以上五万元以下的罚款，暂扣测绘资质证书，自暂扣测绘资质证书之日起六个月内仍不汇交测绘成果资料的，吊销测绘资质证书，并对负有直接责任的主管人员和其他直接责任人员依法给予行政处分。

2. 测绘成果的提供和使用

《测绘法》第三十一条规定：基础测绘成果和国家投资完成的其他测绘成果，用于国家机关决策和社会公益性事业的，应当无偿提供。

前款规定之外的，依法实行有偿使用制度；但是，政府及其有关部门和军队因防灾、减灾、国防建设等公共利益的需要，可以无偿使用。

测绘成果使用的具体办法由国务院规定。

三、测绘基础设施保护制度

在《测绘法》中重点规定了对测绘标志的保护。

1. 建筑测量标志设立明显标记并委托保管

《测绘法》第三十六条规定：永久性测量标志的建设单位应当对永久性测量标志设立明显标记，并委托当地有关单位指派专人负责保管。

2. 使用测量标志必须出示作业证

《测绘法》第三十八条规定：绘人员使用永久性测量标志，必须持有测绘作业证件，并保证测量标志的完好。

保管测量标志的人员应当查验测量标志使用后的完好状况。

3. 保护测量标志

《测绘法》第三十九条规定：县级以上人民政府应当采取有效措施加强测量标志的保护工作。

县级以上人民政府测绘行政主管部门应当按照规定检查、维护永久性测量标志。

乡级人民政府应当做好本行政区域内的测量标志保护工作。

练习题

1.《测绘法》包括哪些主要内容？
2.《测绘法》对测绘资质等级分为几级？如何管理？
3.《测绘法》对测绘工程承发包提出哪些规定？

模块二

测量基本工作

项目二　高　程　测　量

本单元主要包括水准测量的基本原理、水准仪的构造和使用方法，普通水准测量和三、四等水准测量的施测方法以及水准测量成果的计算，自动安平水准仪和数字水准仪的使用等内容。

学习目标： 通过本单元学习，了解测定地面点高程的方法和原理，了解视线高程测量方法，转点和测站的意义，掌握水准仪的基本操作程序、读数方法、记录计算和各项检验校正。掌握自动安平水准仪和数字水准仪的使用方法。

能力标准： 通过本单元学习，学生应熟练掌握水准仪的操作方法、普通水准测量的方法和三、四等水准测量的方法等基本技能，掌握自动安平水准仪和数字水准仪的操作步骤。

高程是确定地面点位置的基本要素之一，高程测量是基本测量工作之一，测定地面上各点高程的工作称为高程测量。

根据所用仪器和施测方法的不同，高程测量分为几何水准测量、三角高程测量和物理高程测量、GPS高程测量等。物理高程测量分为气压高程测量和流体静力水准测量。几何水准测量是利用水平视线来测量两点间高差，其精度较高，是高程测量中最主要的方法。

单元一　水准仪的操作

知识点1　水准测量的原理

水准测量的实质是测量地面上两点之间的高差，它是利用水准仪所提供的一条水平视线来实现的。如图2-1所示，已知地面A点高程为H_A，欲求B点高程H_B，首先应测定出A、B两点间的高差h_{AB}。安置水准仪在A、B之间，并在A、B两点上各竖立水准尺，根据仪器提供的水平视线，按测量的前进方向（即把已知高程点A作为后视，待求点B作为前视），先后读出A点尺上的读数a及B点尺上的读数b，则A、B两点间的高差为

$$h_{AB}=a-b \quad (2-1)$$

因水准测量的前进方向为A点至B点，则称A点为后视点，其水准尺读数a为后视读数；称B点为前视点，其水准尺读数b为前视读数。因此，两点间的高差等于

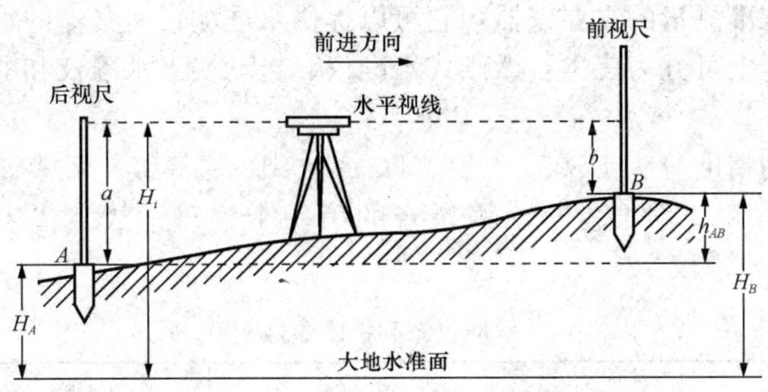

图 2-1　水准测量原理

$$h_{AB}=\text{后视读数}-\text{前视读数}$$

高差有正负号之分，若后视读数大于前视读数，则高差为正，表示 B 点比 A 点高，$h_{AB}>0$；若后视读数小于前视读数，则高差为负，表示 B 点比 A 点低，$h_{AB}<0$。

若已知点 A 的高程为 H_A，则未知点 B 的高程 H_B 为

$$H_B=H_A+h_{AB} \tag{2-2}$$

上述直接利用实测高差 h_{AB} 计算 B 点高程的方法，称为高差法。在实际工作中，有时要求安置一次仪器测出若干个前视点待定高程，以提高工作效率，此时可采用仪高法，即通过水准仪的视线高程 H_i，计算待定点 B 的高程 H_B

$$H_i=H_A+a \tag{2-3}$$

$$H_B=H_i-b \tag{2-4}$$

【例 2-1】 A 桩桩顶标高为±0.00，A 点后视读数为 $a=1.251$m，槽底 B 点前视读数为 $b=2.745$m，求槽底标高 H_B。

解　B 点对 A 点高差为

$$h_{AB}=a-b=1.251-2.745=-1.494(\text{m})$$

槽底标高

$$H_B=H_A+h_{AB}=0.00+(-1.494)=-1.494(\text{m})$$

【例 2-2】 已知 A 点高程 $H_A=117.364$m，欲测出 B、C、D 点的高程。测得 A 点尺上读数为 $a=1.462$m，然后在各待测点上立水准尺，分别测出 B 点读数为 $b=0.827$m，C 点读数为 $c=0.732$m，D 点读数为 $d=1.640$m。

解　先算出视线高程为

$$H_i=H_A+a=117.364+1.462=118.826(\text{m})$$

然后分别求出 H_B，H_C，H_D 分别为

$$H_B=H_i-b=118.826-0.827=117.999(\text{m})$$

$$H_C=H_i-c=118.826-0.732=118.094(\text{m})$$

$$H_D=H_i-d=118.826-1.640=117.186(\text{m})$$

知识点 2　水准测量仪器及工具

水准测量所用的仪器是水准仪，所用的工具有水准尺和尺垫。

水准仪是进行水准测量的主要仪器，它可以提供水准测量所必需的水平视线。目前通用的光学水准仪从构造上可分为三类：微倾式水准仪、自动安平水准仪和电子水准仪。本节主要介绍微倾式水准仪。

水准仪按仪器的精度分为 DS05、DS1、DS3、DS10 等等级，见表 2-1。“D” 和 “S” 分别为“大地测量”和“水准仪”汉语拼音的第一个字母；数字代表仪器的测量精度。DS05 和 DS1 为精密水准仪。

表 2-1　　水准仪系列技术参数

水准仪系列型号		DS05	DS1	DS3	DS10
每千米往返测高差偶然中误差不大于（mm）		±0.5	±1	±3	±10
望远镜	物镜有效孔径不小于（mm）	55	47	38	28
	放大倍数	42	38	28	20
水准管分划值（″/2mm）		10	10	20	20
主要用途		国家一等水准测量及地震监测	国家二等水准测量及其他精密水准测量	国家三、四等水准测量及一般工程水准测量	一般工程水准测量

一、微倾式水准仪的构造

水准仪的主要作用是为测量高差提供一条水平视线，主要由望远镜、水准器和基座三个部分组成，如图 2-2 所示是国产 DS3 微倾式水准仪。

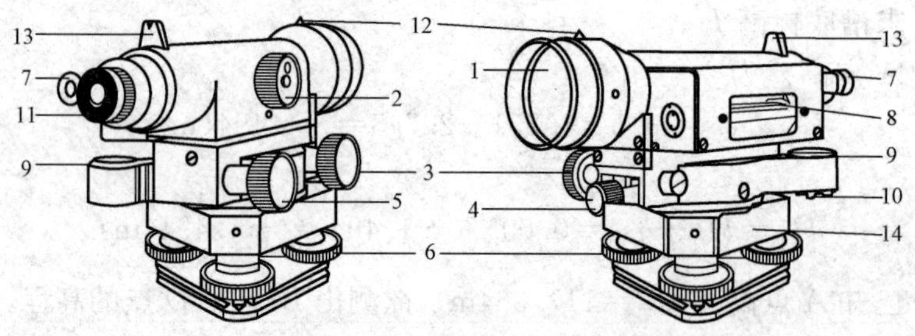

图 2-2　国产 DS3 微倾式水准仪

1—物镜；2—物镜调焦螺旋；3—微动螺旋；4—制动螺旋；5—微倾螺旋；6—脚螺旋；7—气泡观察窗；8—水准管；9—圆水准器；10—圆水准器校正螺钉；11—目镜；12—准星；13—照门；14—基座

1. 望远镜

望远镜用于照准水准尺并读取水准尺上的读数。它由物镜、调焦透镜、十字丝分划板和目镜组成。如图 2-3 所示，物镜和目镜一般采用复合透镜组，调焦透镜为凹透镜，位于物镜和目镜之间。望远镜的对光通过旋转调焦螺旋使调焦透镜在望远镜筒内平移来实现。如图 2-3（b）所示，十字丝分划板上竖直的一条长线称为竖丝，中间的长横丝称中丝，用于瞄准目标和读取读数；在中丝的上下对称地刻有两根与中丝平行的较短横丝，称为上丝和下丝，可以用来测定水准仪至水准尺的距离，称为视距丝。由视距丝测量出的距离就称为视距。

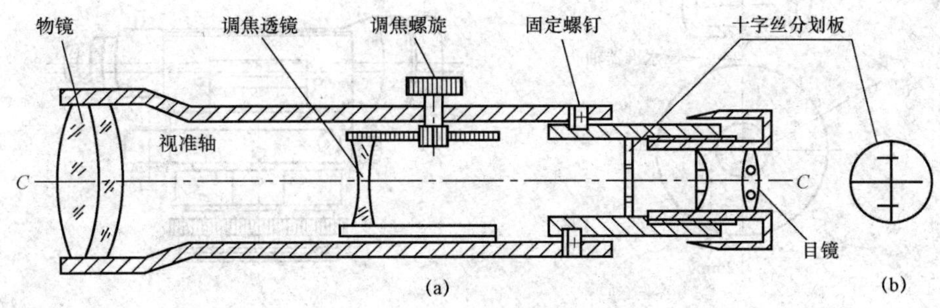

图 2-3　望远镜的结构
(a) 望远镜结构；(b) 十字丝分划板结构

望远镜物镜光心与十字丝交点的连线为望远镜的视准轴，通常用 CC 表示。它是水准仪的主要轴线之一，实际使用时视准轴应保持水平。

2. 水准器

水准器是一整平装置，有管水准器和圆水准器两种。

(1) 管水准器。管水准器又称水准管，用来指示视准轴是否水平，如图 2-4 所示，它是封闭的水准管，管内盛酒精或乙醚或两者混合的液体，并留有一气泡。其纵向内壁磨成圆弧形，管面上刻有间隔为 2mm 的分划线。定义 2mm 弧长所对的圆心角 τ 称为管水准器的分划值（见图 2-4）。分划的中点称水准管的零点。过零点与管内壁在纵向相切的直线称水准管轴，用 LL 表示。当气泡的中心点与零点重合时，气泡居中，此时水准管轴位于水平位置。

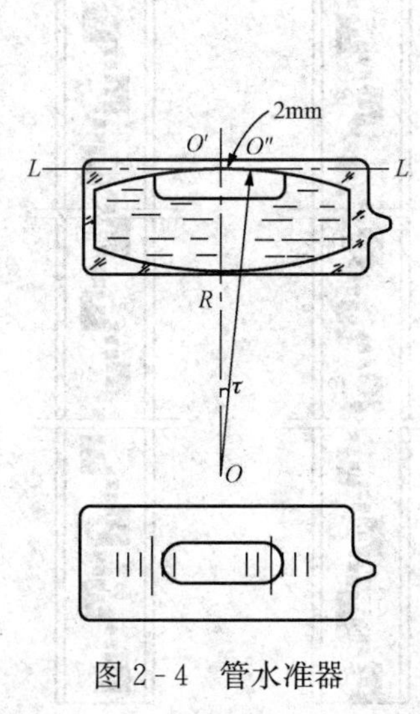

图 2-4　管水准器

(2) 圆水准器。圆水准器用来指示竖轴是否竖直，如图 2-5 所示，是一个封闭的圆形玻璃容器，其顶面的内壁被磨成球面，刻有圆分划圈。通过分划圈的中心（即零点）作球面的法线 $L'L'$，称为圆水准器轴。圆水准器的角值为 8′，当气泡居中时，圆水准器轴竖直，则仪器竖轴处于竖直位置。由于圆水准器的精度低，只用于仪器粗略整平。

3. 基座

基座主要由轴座、脚螺旋和连接板组成，用于支承仪器上部并通过连接板与三脚架连接。调节基座上的三个脚螺旋可使圆水准器气泡居中。

由上述主要部件知道，微倾式水准仪有四条主要轴线，即视准轴 CC、水准管轴 LL、圆水准器轴 $L'L'$ 和仪器数轴 VV，如图 2-6 所示。

二、水准尺、尺垫和三脚架

1. 水准尺

水准尺是水准测量的主要工具，长度从 2m 至 5m 不等，有单面尺和双面尺两种。

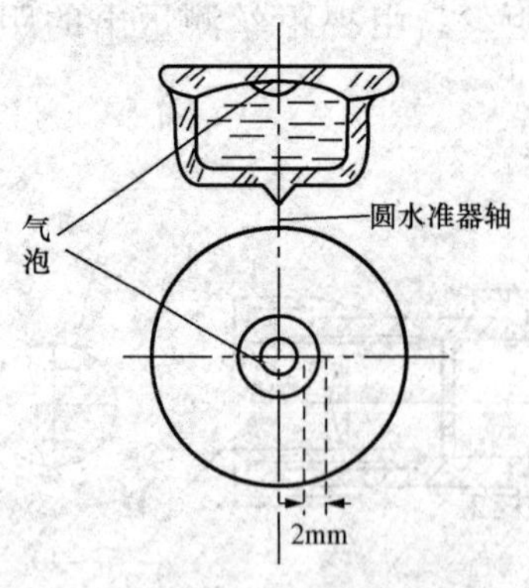

图 2-5 圆水准器

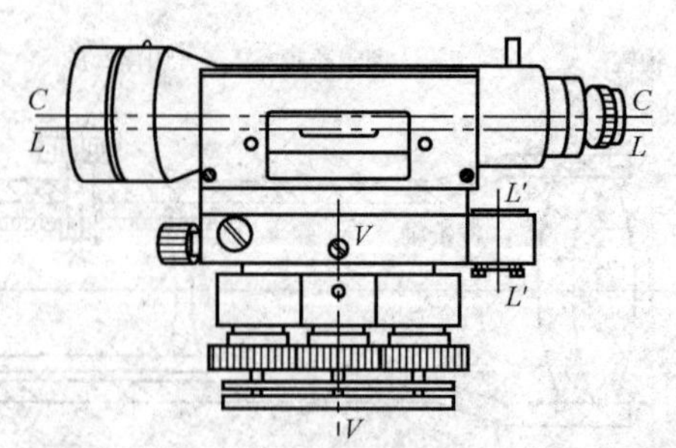

图 2-6 水准仪主要轴线关系

（1）单面水准尺仅有黑白相间的分划，尺底为零，由下向上注有 dm（分米）和 m（米）的数字，最小分划单位为 cm（厘米）。

（2）双面水准尺如图 2-7，其长度有 2m 和 3m 两种，且两根尺为一对。尺的两面均有刻划，一面为黑白相间称为黑面尺，黑面尺底端起始数为 0；另一面为红白相间称为红面尺，两根红面尺底端起始数分别为 4687mm 和 4787mm。双面尺必须成对使用，用以检核读数。

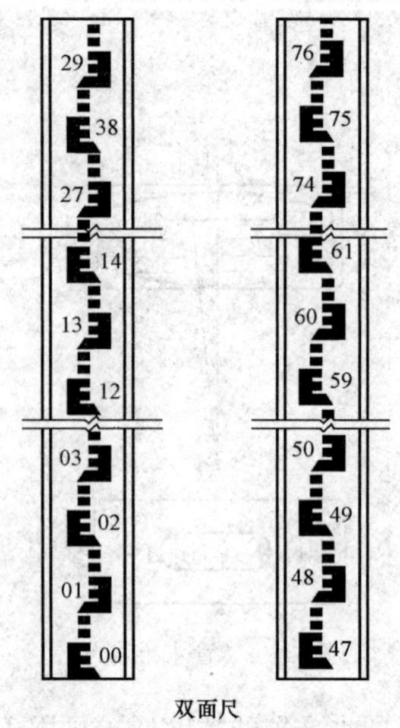

图 2-7 水准尺

2. 尺垫

尺垫一般为三角形铸铁块，中央有一突起的半圆球体，如图 2-8 所示。竖立水准尺于半圆球体顶上，以防止水准尺下沉及尺子转动时改变其高程。尺垫仅在转点处竖立水准尺时使用。

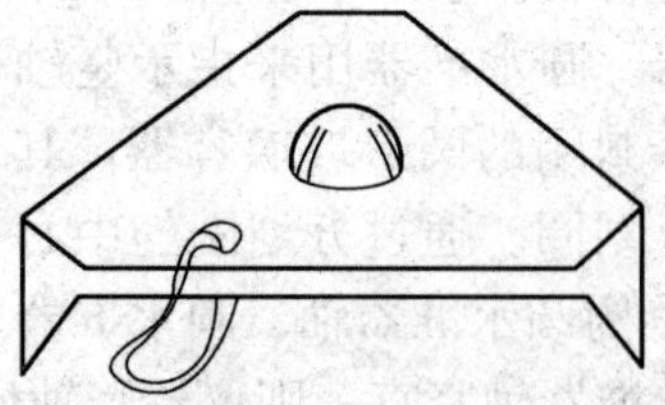

图 2-8 尺垫

3. 三脚架

三脚架是支承水准仪的设备，通过连接螺旋和水准仪的连接板固连在一起。三脚架有木制的和铝合金的两种。三脚架脚尖一般是铁制的尖脚，立脚架时可用脚踩踏插入土中，以保证三脚架稳固。三脚架的三个脚长短可伸缩，以适应不同身高的人测量。

技能点 1 水准仪的使用

DS3 微倾式水准仪的基本操作程序为安置仪器、粗略整平、瞄准水准尺、精确整平和读数。

一、安置仪器

根据水准测量的要求，选择合适地方安置仪器。首先，调节架腿长度使高度适中，张开三脚架，目测架头大致水平，最后用中心螺旋将水准仪安置在三脚架头上。

二、粗略整平

粗略整平简称粗平，粗平的目的是借助圆水准器气泡居中，使仪器竖轴垂直。粗平方法如图 2-9 所示，转动望远镜将圆水准器放在适当位置，双手同时向内或向外旋转脚螺旋，使气泡移动到两个脚螺旋连线的方向上。然后用左手旋转第三个脚螺旋使气泡居中。注意气泡移动的方向和左手大拇指移动的方向一致。

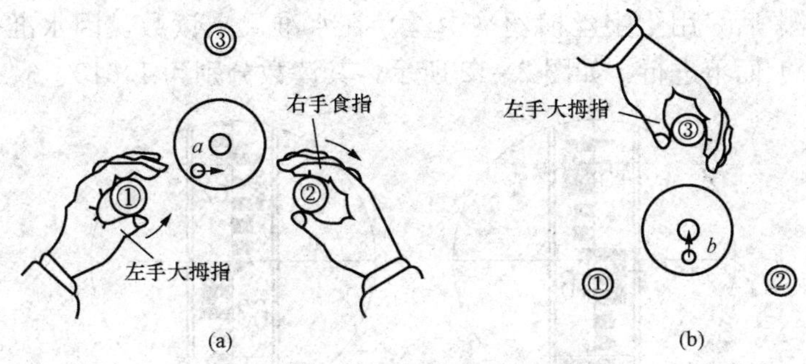

图 2-9 圆水准器整平步骤

三、瞄准水准尺

(1) 目镜调焦。将望远镜对着明亮的背景，旋转目镜调焦螺旋，使十字丝成像清晰。

(2) 粗略瞄准。转动望远镜，使照门和准星的连线对准水准尺，旋紧制动螺旋。

(3) 精确瞄准。在目镜前观察目标，同时旋转物镜调焦螺旋，使水准尺成像清晰。然后转动水平微动螺旋，使十字丝纵丝对准水准尺中央或稍偏一点。

(4) 消除视差。视差产生的原因是目镜、物镜焦距未调好，水准尺影像未落在十字丝分划板上，当眼睛上下微动时，十字丝横丝在水准尺上的位置也随之移动，此现象称为视差，如图 2-10 (a) 所示。视差的存在影响读数的准确性，应予以消除。消除视差的方法是重新仔细地进行物镜、目镜调焦，直到眼睛上下移动时读数不变为止，如图 2-10 (b) 所示。

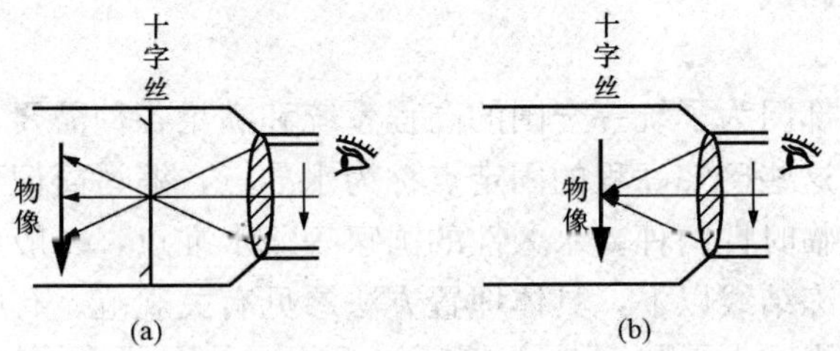

图 2-10 视差

(a) 有视差现象；(b) 没有视差现象

四、精确整平

注视符合气泡观察窗，转动微倾螺旋，使水准管气泡两端的半像吻合。此时水准管轴水平，水准仪的视准轴也精确水平，如图 2-11 所示。

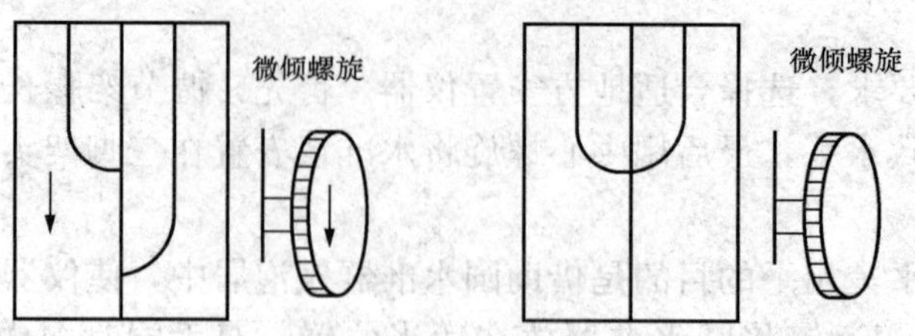

图 2-11 精确整平

五、读数

水准管气泡居中后，用十字丝横丝（中丝）在水准尺上读数，因水准仪多为倒像望远镜，因此读数时由上而下进行，如图 2-12 所示，其读数分别为 1.610、6.295。

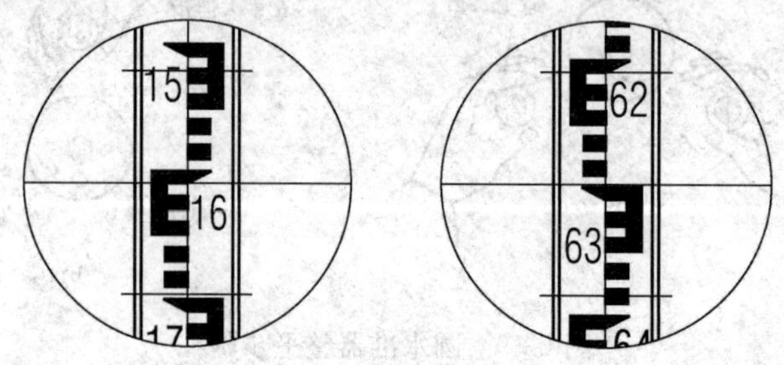

图 2-12 读数

在使用水准仪时切记，每次读数前，必须使管水准器气泡居中，以保证视线水平，并尽量使前后视距离相等，这不仅可消除水准管轴 LL 不平行于视准轴 CC 误差影响，还可消除或减弱地球曲率和大气折光等系统误差对测量结果的影响。

单元二 水准路线的测量

技能点 1 普通水准测量

一、水准点和水准路线

1. 水准点

水准点是国家测绘部门为了统一全国的高程系统和满足各种需要，在全国各地埋设且测定了其高程的固定点，这些已知高程的固定点称为水准点，缩写简记 BM。

水准点有永久性和临时性两种。永久性的国家等级水准点，一般用整块的坚硬石料或混凝土制成，深埋到地面冻结线以下，具体埋置方法参见有关规范。有些水准点也可设置在稳定的墙脚上，称为墙上水准点，如图 2-13 所示。

埋设水准点后，应绘出水准点附近的草图，写明水准点的编号和高程，称为点之记，以便于日后寻找和使用。

建筑工地上的永久性水准点一般用混凝土或钢筋混凝土制成，其式样如图 2-14（a）所示；临时性水准点可用地面上突出的坚硬岩石或用大木桩打入地下，桩顶钉入半球形铁钉，如图 2-14（b）所示。

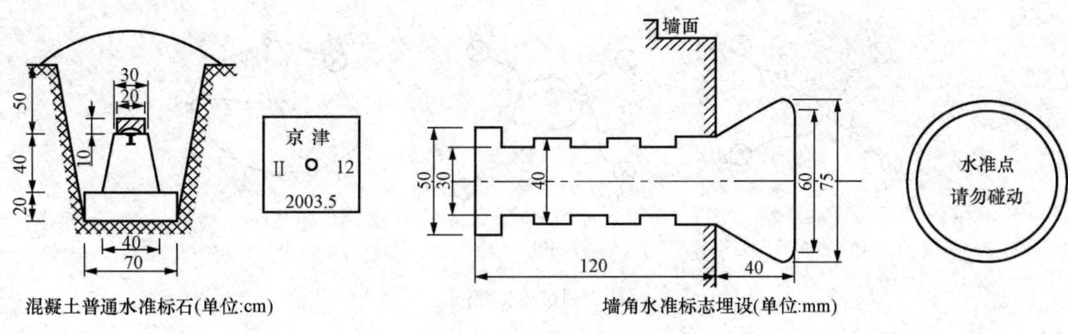

图 2-13　水准点图示

2. 水准路线

从一个水准点到另一个水准点所经过的水准测量路线称为水准路线，可布置成单一水准路线和水准网。

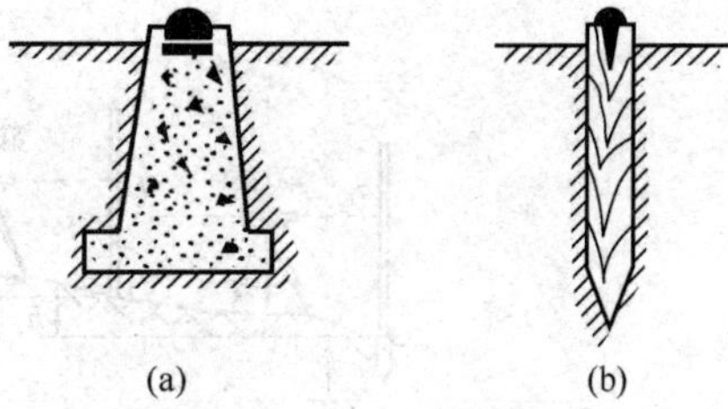

图 2-14　建筑工地上水准点

(a) 永久性水准点；(b) 临时性水准点

在普通水准测量中，单一水准路线有以下 3 种形式：

(1) 闭合水准路线。如图 2-15 (a) 所示，从一已知水准点 BM_1 出发，沿待定点 1、2、3、4 进行水准测量，最后测回到 BM_1，这种路线称为闭合水准路线。

(2) 附合水准路线。如图 2-15 (b) 所示，从一已知水准点 BM_1 出发，沿待定点 1、2、3 进行水准测量，最后测到另一个已知水准点 BM_2，这种路线称为附合水准路线。

(3) 水准支线。如图 2-15 (c) 所示，从一已知水准点 BM_5 出发，沿待定点进行水准测量，这样既不闭合又不附合的水准路线，称为水准支线。水准支线必须进行往返测量。

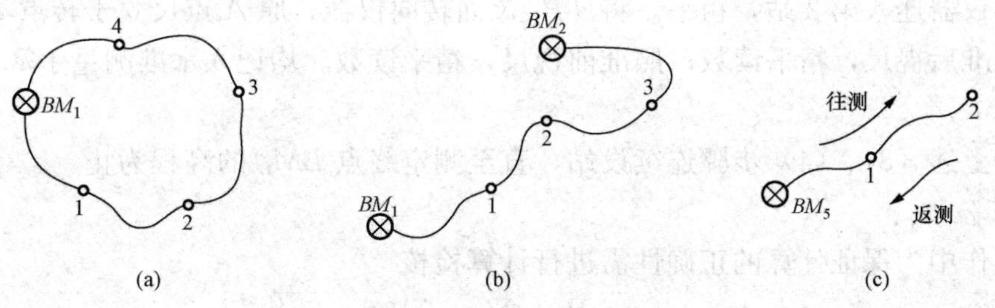

图 2-15　水准路线

(a) 闭合水准路线；(b) 附合水准路线；(c) 水准支线

若干条单一水准路线相互连接构成如图 2-16 所示的形状，称为水准网。水准网中单一水准路线相互连接的点称为结点。如图 2-16 (a) 中的点 4、图 2-16 (b) 中的点 1、2、3 和图 2-16 (c) 中的点 1、2、3 和点 4。水准网可使检核成果的条件增多，因而可提高成果的精度。

二、普通水准测量的实施

普通水准测量采用 DS3 微倾式水准仪，如图 2-17 所示，BM_A 点与 B 点为水准路线一测段，依据地面实际情况，分成若干段来进行实测。

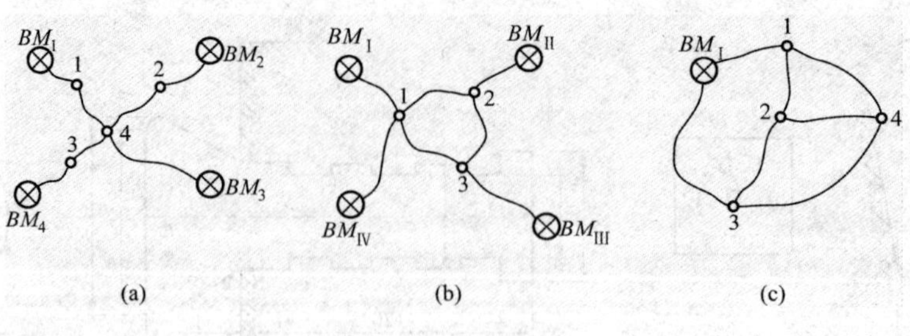

图 2-16 水准网

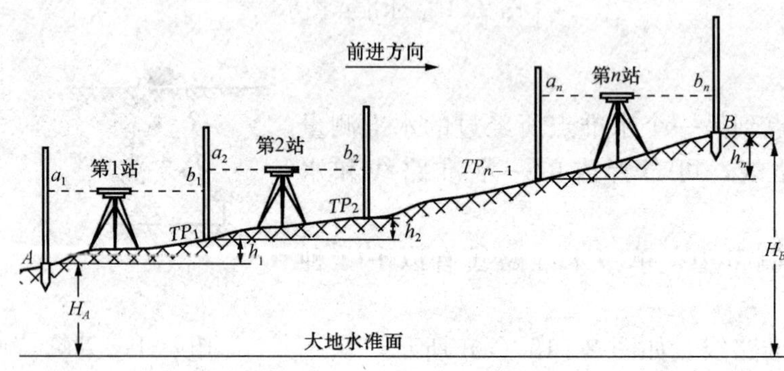

图 2-17 普通水准测量

1. 普通水准测量施测

(1) 将仪器置于第 1 站，在 A 点和转点 TP_1 分别立尺，粗平仪器。

(2) 照准 BM_A 点尺，精平读数；照准转点 TP_1 点尺，精平读数，记入水准测量手簿中，计算此站高差。

(3) 将仪器迁入第 2 站，粗平。将 TP_1 尺面转向仪器，原 A 点尺立于转点 TP_2 处。

(4) 照准后视尺，精平读数；照准前视尺，精平读数。均记入水准测量手簿中，计算各站高差。

(5) 按上述 (3)、(4) 步骤连续设站，直至测定终点 BM_B 的高程为止。

2. 计算检核

实际工作中为保证计算的正确性需进行计算检核

$$\sum h_i = \sum a - \sum b \tag{2-5}$$

说明各测站高差计算正确。

$$H_B - H_A = \sum h_i \tag{2-6}$$

说明待定点 B 的高程计算正确。

3. 测站检核

计算检核无法计算各测站高差测量的准确性，若某测站高差因某种原因而测错，则由此计算的待定点高程也不正确。因此，对每一测站的高差都必须采取措施进行检核测量，称为测站检核。常用测站检核有双面尺法和双仪高法两种。

(1) 双面尺法。双面尺法是将水准仪安置在两尺点之间，高度不变，分别读取后视尺和前视尺的黑面和红面读数各一次，测得两次高差，以检核测站成果的正确性。

使用黑面读数，得高差为 $h_{黑}=a_{黑}-b_{黑}$。

使用红面读数，得高差为 $h_{红}=a_{红}-b_{红}$。

因两根水准尺底部的红面刻划分别为 4.687m 和 4.787m，故

$$\Delta h=h_{黑}-(h_{红}+0.100\text{m})$$

若为四等水准，$|\Delta h|\leqslant 5\text{mm}$ 时，可取其平均值作为该测站的观测高差；否则，需检查原因重新观测。若测站数为偶数，则由红、黑面分别计算的总高差应相等。

（2）双仪高法。双仪高法是在同一测站上用不同的仪器高度测得两次高差，以相互比较进行检核，即测得第一次高差后，改变仪器高度 10cm 以上，重新安置水准仪，再测一次高差。两次所测高差之差不超过容许值（等外水准为 6mm），则认为符合要求，取其平均值作为最后结果；否则，必须重测。

表 2-2 为普通水准测量手簿。

表 2-2　　普通水准测量手簿

测自　　　　至　　　　　　　　　　　　年　　月　　日　观测者

记录者

测站	点号	后视读数（m）	前视读数（m）	高差（m）				高程（m）
				后视减前视		平均高差		
				+	−	+	−	
Ⅰ	A	1.890 1.992		0.745 0.741		0.743		132.815
	1		1.145 1.251					
Ⅱ	1	2.515 2.401		1.102 1.100		1.101		
	2		1.413 1.301					
Ⅲ	2	2.001 2.114		0.850 0.854		0.852		
	3		1.151 1.260					
Ⅳ	3	1.512 1.642			0.601 0.603		0.602	
	4		2.113 2.245					
Ⅴ	4	1.318 1.421			0.906 0.904		0.905	134.004
	B		2.224 2.325					
计算检核		18.806	16.428			2.696	1.507	132.815 +1.189 =134.004

技能点2 三、四等水准测量

一、三、四等水准测量技术要求

国家三、四等水准测量的精度要求比普通水准测量的精度高，其各技术要求见表2-3。用于三、四等水准测量的水准尺，通常采用双面水准尺，表2-3中的红黑面读数差即指一根标尺的两面读数去掉常数之后所容许的差数。

表2-3 三、四等水准测量的主要技术要求

等级	仪器类型	视线长度（m）	前后视距差（m）	任一测站前后视距差累计（m）	基辅红黑面读数差（mm）	基辅红黑面所测高差之差（mm）	检测间歇点高差之差（mm）
三等	DS3	≤75	≤2.0	≤5.0	≤2.0	≤3.0	≤3.0
	DS1、DS05	≤100					
四等	DS3	≤100	≤3.0	≤10.0	≤3.0	≤5.0	≤5.0
	DS1、DS05	≤150					

三等水准测量应沿路线进行往返观测，四等水准测量当两端点为高等级水准点或自成闭合环时只进行单程测量。四等支水准测量则必须进行往返测量，每一测段的往测与返测，其测站数均应为偶数，否则要加入标尺零点差改正。由往测转向返测时，必须重新安置仪器，两根水准尺也应互换位置。

工作间歇时，最好能在水准点上结束观测，否则应选择两个稳固可靠、便于放置标尺的固定点作为间歇点，并作标记。间歇后，应进行检测，若检测结果符合表2-3的限差要求，即可继续前测。

二、三、四等水准测量施测

三、四等水准测量在一测站上水准仪照准双面水准尺的顺序为：

（1）照准后视尺黑面，读取下丝读数、上丝读数和中丝读数。

（2）照准前视尺黑面，读取下丝读数、上丝读数和中丝读数。

（3）照准前视尺红面，读取中丝读数。

（4）照准后视尺红面，读取中丝读数。

以上简述为“后，前，前，后（黑，黑，红，红）”，但对四等水准测量，每个测站观测程序也可为“后，后，前，前（黑，红，黑，红）”。

三、四等水准测量手簿，见表2-4。表内带括号的号码为观测读数和计算的顺序，（1）～（8）为观测数据，其余为计算所得。各项限差见表2-3。

表 2-4　　　　　　　　**三、四等水准测量手簿**

测自　　　　至　　　　　　　　　　　　　　　　　年　　月　　日

时刻始　　时　　分　　　　　　　　　　　　　　　天气：

末　　时　　分　　　　　　　　　　　　　　　　　成象：

测站编号	后尺 下丝 / 上丝；后距；视距差 d	前尺 下丝 / 上丝；前距；$\sum d$	方向及尺号	标尺读数 黑面	标尺读数 红面	K+黑−红	高差中数	备注
	(1)	(4)	后	(3)	(8)	(14)		
	(2)	(5)	前	(6)	(7)	(13)		
	(9)	(10)	后−前	(15)	(16)	(17)	(18)	
	(11)	(12)						
1	1571	0739	后 5	1384	6171	0		
	1197	0363	前 6	0551	5239	−1		
	374	376	后−前	+0833	+0932	+1	+0832.5	
	−2	−2						
2	2121	2196	后 6	1934	6621	0		K_5
	1747	1821	前 5	2008	6796	−1		=4787
	374	375	后−前	−0074	−0175	+1	−0074.5	K_6
	−1	−3						=4687
3	1914	2055	后 5	1726	6513	0		
	1539	1678	前 6	1866	6554	−1		
	375	377	后−前	−0140	−0041	+1	−0140.5	
	−2	−5						
4	1965	2141	后 6	1832	6519	0		
	1700	1874	前 5	2007	6793	+1		
	265	267	后−前	−0175	−0274	+1	−0174.5	
	−2	−7						
每页检核	Σ(9)−Σ(10)=1388−1395=−7 =末站(12) 总视距=Σ(9)+Σ(10)=2783		Σ[(3)+(8)]−Σ[(6)+(7)]=32 700−31 814=886 Σ[(15)+(16)]=886 2Σ(18)=2×443=886					

三、三、四等水准测量计算检核

测站上以及观测结束后的计算与校核如下：

1. 视距计算

后视距　　　　　　　　(9)=100[(1)−(2)]

前视距　　　　　　　　(10)=100[(4)−(5)]

前、后视距差 $(11)=(9)-(10)$

前后视距差累积数 $(12)=$前站$(12)+$本站(11)

2. 高差计算

同一水准尺红、黑面中丝读数的检核：同一水准尺红、黑面中丝读数之差应等于该尺红、黑面常数差 K（4687 或 4787）。其差数按下式计算

$$(13)=K-[(7)-(6)]$$

$$(14)=K-[(8)-(3)]$$

(13)、(14) 应等于零，不符值应满足要求。

计算黑面高差和红面高差：

黑面高差 $(15)=(3)-(6)$

红面高差 $(16)=(8)-(7)$

红、黑面高差之差 $(17)=(15)-(16)\pm 100$

计算校核 $(17)=(14)-(13)$

(17) 供计算校核用，应符合技术要求，其中 100 为两尺常数 K 值之差。

平均高差 $(18)=\frac{1}{2}[(15)+(16)\pm 100]=(15)-\frac{1}{2}(17)=(16)\pm 100+\frac{1}{2}(17)$

平均高差计算到 0.5mm。

3. 每页计算检核

三、四等水准测量中，为了检验计算的正确性，需要进行每页的检核。

(1) 高差部分。按页分别计算后视红、黑面读数总和与前视读数总和之差，其值应等于红、黑面高差之和，即

$$\sum[(3)+(8)]-\sum[(6)+(7)]=\sum[(15)+(16)]=2\sum(18)$$

(2) 视距部分。后视距总和与前视距总和之差，应等于末站视距差累积数，即

$$\sum(9)-\sum(10)=\text{末站}(12)$$

检核无误后应算出总视距，即

$$\text{总视距}=\sum(9)+\sum(10)$$

每一测站读取数据后，应及时检查测站误差限差，如超限应重测，直至符合限差要求。认真检查外业结果，符合限差要求，即可开展水准测量的内业计算。

技能点 3 水准测量的内业计算

当外业观测手簿检查无误后，便可进行内业计算。外业测量成果虽已满足有关规范的精度要求，但高差闭合差仍存在。所谓高差闭合差是指某一测段测量高差与其理论高差之差，通常用 f_h 来表示。所以，在计算各待求点高程时，必须首先按一定的原则把高差闭合差分配到各实测高差中去，确保经改正后的高差严格满足检核条件，最后用改正后的高差值计算各待求点高程。

一、高差闭合差计算

1. 闭合水准路线

闭合水准路线高差闭合差应等于零，即$\sum h_{理}=0$。由于观测过程中存在误差，实测闭合路线高差总和可能不等于零，存在高差闭合差。

即 $$f_h=\sum h_{测} \tag{2-7}$$

2. 附合水准路线

附合水准路线从理论上来说，测得的高差总和$\sum h_{测}$应等于这两点的已知高差（$\sum h_{理}=H_{终}-H_{始}$）。两者的差数即为符合水准路线的高差闭合差，即

$$f_h=\sum h_{测}-(H_{终}-H_{始}) \tag{2-8}$$

3. 水准支线

对于水准支线，由于进行两次观测，往测高差总和$\sum h_{往}$和返测高差总和$\sum h_{返}$存在着水准支线高差闭合差 f_h，即

$$f_h=\sum h_{往}-\sum h_{返} \tag{2-9}$$

二、普通水准测量高差闭合差的允许值

受仪器精密程度和观测者分辨能力的限制及外界环境的影响，观测数据中不可避免地含有一定的误差，高差闭合差 f_h 就是水准测量观测误差的综合反映。当在容许范围内时，认为精度合格，成果可用；否则，应返工重测，直至符合要求为止。

闭合差的容许值，等外测量或图根水准测量，一般按下式计算

$$f_{h允}=\pm 12\sqrt{n}\ \text{mm}(山地)$$

或

$$f_{h允}=\pm 40\sqrt{L}\ \text{mm}(平地) \tag{2-10}$$

式中 L——为水准路线的长度，km；

n——测站数。

水准支线的测站数和路线长按单程计算。

三、水准路线高差闭合差的调整

如果水准路线的高差闭合差在允许范围之内，即可进行闭合差的调整和高程计算。

高差闭合差的调整在同一条水准路线上，认为各测站条件大致相同，各测站产生的误差是相等的，因此在调整闭合差时，应将闭合差以相反符号，按测站数（或距离）成正比例地分配到各测段的实测高差中，即某测段高差改正数为

$$V_i=-\frac{f_h}{\sum n}n_i$$

或

$$V_i=-\frac{f_h}{\sum L}L_i \tag{2-11}$$

四、各待测点高程的计算

由测得各段高差加入高差改正数后得改正后高差。根据改正后的高差，由起始点 BM_1 的高程逐一推算出其他各点的高程。如计算无误，附合水准路线最后推算得的 BM_2 高程应与已知高程相等。闭合水准路线的高程应与起始点高程相同。

水准支线采用往返测，每一测段的高差取往返测的平均值，符号与往测符号相同即可。

【例 2-3】 按图根水准测量要求施测某附合水准路线观测成果略图，如图 2-18 所示。BM_A 和 BM_B 为已知高程的水准点，图中箭头表示水准测量前进方向，路线上方的数字为测得的两点间的高差（以 m 为单位），试计算待定点 1、2、3 点的高程。

解 （1）第一步计算高差闭合差

$$f_h=\sum h-(H_{BM_B}-H_{BM_A})=2.741-2.694=+0.047(\text{mm})$$

（2）第二步计算限差

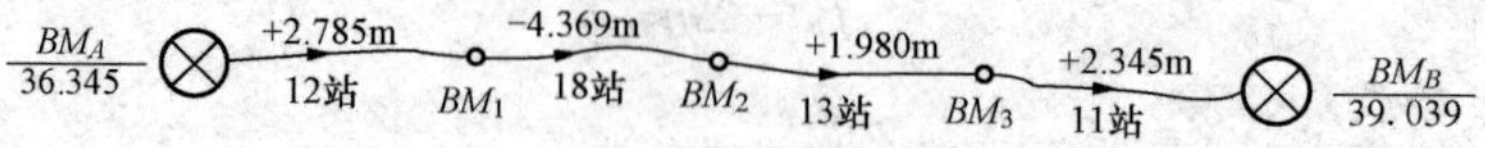

$\frac{BM_A}{36.345}$ ⊗ —+2.785m 12站— BM_1 —−4.369m 18站— BM_2 —+1.980m 13站— BM_3 —+2.345m 11站— ⊗ $\frac{BM_B}{39.039}$

图 2-18

$$f_{h允}=\pm 12\sqrt{n}(\text{mm})$$

因为$|f_h|<|f_{h允}|$，可进行闭合差分配。

(3) 第三步计算每测段高差改正数

$$V_i=-\frac{f_h}{\sum n}n_i$$

(4) 第四步计算各段改正后高差后，计算 1、2、3 各点的高程（见表 2-5）

改正后高差＝改正前高差＋改正数 V_i

表 2-5　　按测站数调整高差闭合差及高程计算表

测段编号	测点	测站数（个）	实测高差（m）	改正数（m）	改正后的高差（m）	高程（m）	备　注
	BM_A					36.345	$H_{BM_B}-H_{BM_A}=2.694$ $f_h=\sum h-(H_{BM_B}-H_{BM_A})$ $=2.741-2.694=+0.047$ $\sum n=54$ $f_{h允}=\pm 12\sqrt{54}\text{mm}=\pm 88\text{mm}$ $V_i=-\frac{f_h}{\sum n}n_i$
1		12	+2.785	−0.010	+2.775		
	BM_1					39.120	
2		18	−4.369	−0.016	−4.385		
	BM_2					34.745	
3		13	+1.980	−0.011	+1.969		
	BM_3					36.704	
4		11	+2.345	−0.010	+2.335		
	BM_B					39.039	
Σ		54	+2.741	−0.047	+2.694		

知识点 1　水准仪测量误差及注意事项

水准测量误差包括仪器误差、观测误差和外界条件的影响误差三个方面。

一、仪器误差

1. 残余误差

水准仪虽经过校正，但视准轴 i 角、圆水准器、十字丝等仍存在残余误差，其中视准轴 i 角误差的影响与距离成正比，若观测时保证前后视距大致相等，便可消除此误差影响。

2. 水准尺误差

由于水准尺刻划不准确、尺长变化、弯曲等影响，都会影响水准测量的精度。因此，水准尺需经过检验符合要求才能使用。有些水准尺底部可能存在零点差，可在一个水准测段中设置偶数测站的方法来消除。

二、观测误差

1. 水准管气泡居中误差

水准测量中水平视线是通过气泡居中来实现的，由于观测者主观目测气泡而产生一定误差，视距为 100m 时，由气泡居中误差引起的读数误差约为 0.75mm。

2. 读数误差

在水准尺上眼睛估读毫米数时会产生误差，它与人眼的分辨能力、望远镜的放大倍率以及视线长度有关，因此水准仪要有一定的分辨率，实测时应限制视线长度不超过 100m，以保证估读的准确性。

3. 视差影响

视差存在时，十字丝平面与水准尺影像不重合，若眼睛观察的位置不同，便读出不同的读数，因而也会产生读数误差。所以观测时应消除视差。

4. 水准尺倾斜影响

水准尺倾斜将使尺上读数增大。如倾斜角在 3°30′时，在水准尺上 1m 读数时会产生 2mm 误差，视线离地面越高读数的误差也越大。

三、外界条件的影响

1. 仪器下沉

由于仪器下沉，使视线降低，从而引起高差误差。采用“后、前、前、后”的观测程序，可减弱其误差影响。

2. 尺垫下沉

尺垫通常放在转点上，如在转点发生尺垫下沉，将使下一站后视读数增大，造成高程传递误差，且难以消除。实测时，应尽量将尺垫踩实，使其稳定不动。

3. 地球曲率及大气折光影响

由于空气温度不均，大气折光等影响，水准仪所提供视线并非水平，而是一条曲线。视线离地面越近，折射也越大，也使水准尺上读数增大。为减少该项误差影响，一般规定视线必须高出地面一定高度。

4. 温度对仪器的影响

温度不仅引起大气折光的变化，而且会引起仪器的部件热胀冷缩，导致水准管气泡产生偏移，影响仪器水平，在观测时应撑伞操作避免阳光直射。

四、注意事项

为减小水准测量误差影响，保证水准测量精度，在水准测量中应注意以下几点：

(1) 测量过程中应尽量保持前、后视距基本相等来消除或减弱水准管轴不平行于视准轴所产生的误差，同时选择适当观测时间，限制视线长度和高度来减少折光的影响。

(2) 仪器脚架要踩牢，观测速度要快，以减少仪器下沉。

(3) 估数要准确，读数时要仔细对光，消除视差，必须使水准管气泡居中，读完以后，再检查气泡是否居中。

(4) 检查塔尺相接处是否严密，消除尺底泥土。扶尺者要身体站正，双手扶尺，保证扶尺竖直。

(5) 要记录原始数据，当场填写清楚，在记错或算错时，应在错字上画一斜线，将正确数字写在错数上方。

(6) 读数时，记录员要复诵，以便核对，并应按记录格式填写，字迹要整齐、清楚，端正。所有计算成果必须经校核后才能使用。

(7) 测量者要严格执行操作规程，工作要细心，加强校核，防止错误。观测时，如果阳光较强要撑伞，给仪器遮光。

知识点2 水准仪的检验与校正

水准仪在使用前，应先进行检验和校正。水准仪检验和校正的目的是保证水准仪各轴线之间满足应有的几何关系。下面介绍微倾式水准仪的检验与校正方法。

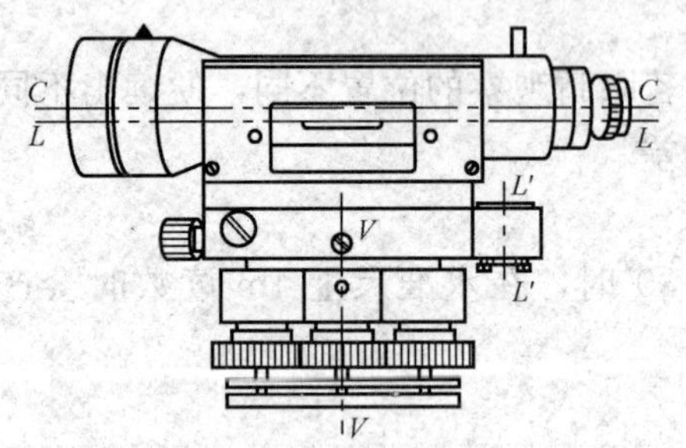

图2-19 水准管轴LL应平行于视准轴CC

一、水准仪应满足的条件

(1) 圆水准器轴$L'L'$应平行于仪器竖轴VV；

(2) 十字丝的横丝应垂直于仪器竖轴；

(3) 水准管轴LL应平行于视准轴CC，如图2-19所示。

二、微倾式水准仪的检校

1. 圆水准器轴平行于仪器竖轴的检校

(1) 检验。将水准仪安置于三脚架上，转动脚螺旋使圆水准气泡居中，如图2-20(a)所示，然后将仪器旋转180°，如果气泡偏离中心，如图2-20(b)所示，说明两轴不平行，需要校正。

(2) 校正。通过检验证明$L'L'$与VV不平行，则需校正。校正时可用校正针分别拨动圆水准器下角的三个校正螺钉，使气泡退回原偏离量的一半，如图2-20(c)所示，这时，圆水准器轴$L'L'$与VV平行。然后用脚螺旋使气泡完全居中。竖轴VV则处于竖直状态，如图2-20(d)所示。这项检验与校正工作需要反复进行数次，直到仪器竖轴旋到任何位置圆水准器气泡都居中为止。

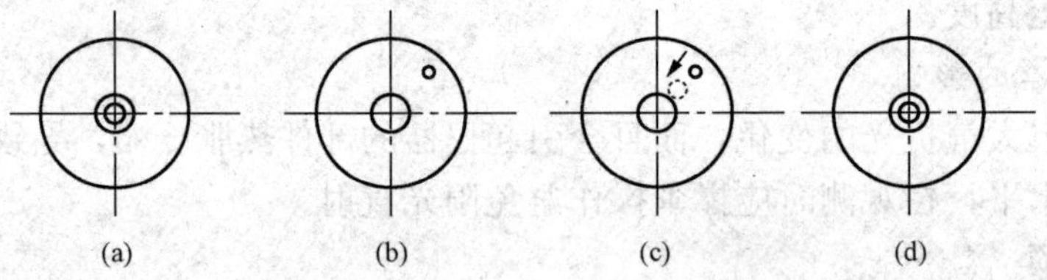

图2-20 圆水准器轴平行于仪器竖轴的检校

2. 十字丝横丝垂直于仪器竖轴的检校

(1) 检验。选择一目标P，然后固定制动螺旋，转动微动螺旋，如标志点P始终在横丝上移动，如图2-21(a)、(b)所示，则说明条件满足；否则，如图2-21(c)、(d)所示，则需校正。

(2) 校正。松开十字丝分划板的固定螺钉，如图2-21(e)所示，转动十字丝分划板座，使其满足条件，此项校正也须反复进行。

3. 视准轴平行于水准管轴的检校

水准管轴与视准轴不平行，存在一个角，称i角。

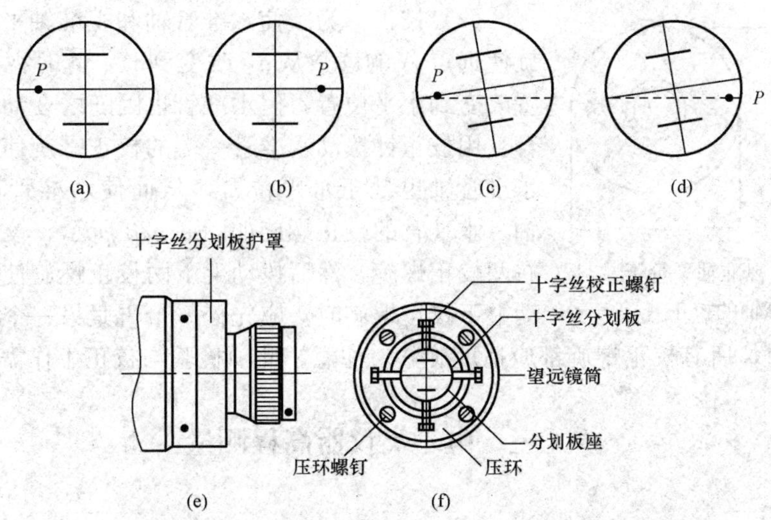

图 2-21　十字丝横丝垂直于仪器竖轴的检校

（1）检验。如图 2-22 所示，在平坦地面选相距 40～60m 的 A、B 两点，在两点打入木桩或设置尺垫。水准仪首先置于离 A、B 等距的 C 点，假设视准轴不与水准管轴平行，它们之间的夹角为 i。当水准管气泡居中，即水准管轴水平时，视线倾斜 i 角，图中设视线上倾，由于 i 角对标尺读数的影响与距离成正比，则当前后视距相等时（即 $AC=CB$），高差

$$h_{AB}=a_1-b_1$$

为正确的高差值。因此，检验时先将仪器置于两水准尺中间等距处，测得两立尺点正确高差。然后将仪器安置于 A 或 B 点附近（3m 左右），如将仪器搬至 B 点附近，则读得 B 尺上读数为 b_2，因为此时仪器离 B 点很近，i 角的影响很小，可忽略不计，故认为 b_2 为正确的读数，并用公式

$$a_2'=b_2+h_{AB}$$

可计算出 A 尺上应读得的正确读数 a_2'（即视线水平时的读数）。然后瞄准 A 尺读得读数 a_2，若 $a_2=a_2'$，则说明条件满足；否则，存在 i 角，其值为

$$i''=\frac{a_2-a_2'}{S_{AB}}\rho''$$

对于 S3 级水准仪，i 值应小于 20″，如果超限，则需校正。

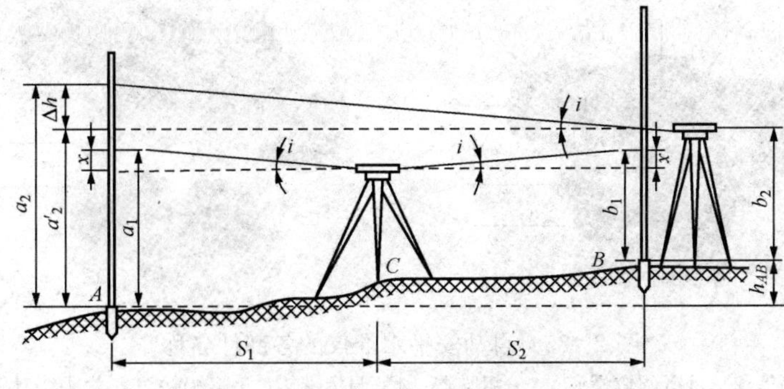

图 2-22　视准轴平行于水准管轴的检校

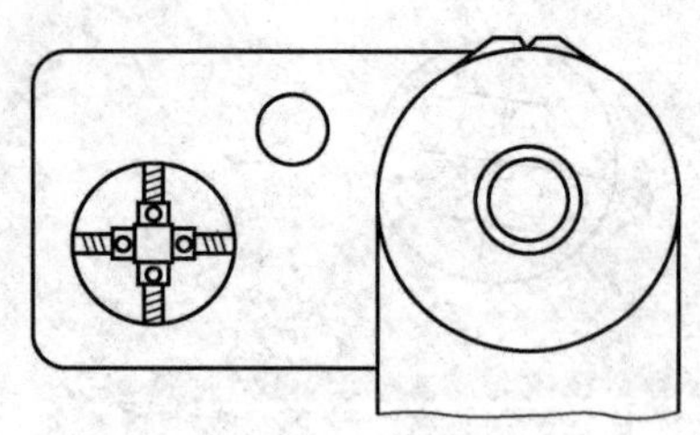
图 2-23 视准轴平行于水准管轴的校正

（2）校正。为了使水准管轴和视准轴平行，用微倾螺旋使远点 A 的读数从 a_2 改变到 a_2'。此时视准轴由倾斜位置改变到水平位置，但水准管也因随之变动而气泡不再符合。用校正针拨动水准管一端的校正螺旋使气泡符合，则水准管轴也处于水平位置，从而使水准管轴平行于视准轴。水准管的校正螺旋如图 2-23 所示，校正时先松动左右两校正螺旋，然后拨动上下两校正螺旋使气泡符合。拨动上下校正螺旋时，应先松一个再紧另一个逐渐改正，当最后校正完毕时，所有校正螺旋都应适度旋紧。注意：此项检验与校正工作需经常进行。

单元三 电子类仪器高程测量

技能点1 自动安平水准仪测高程

自动安平水准仪与微倾式水准仪的区别在于：自动安平水准仪没有水准管和微倾螺旋，而是在望远镜的光学系统中装置了补偿器。

一、视线自动安平的原理

当圆水准器气泡居中后，视准轴仍存在一个微小倾角 α，在望远镜的光路上安置一补偿器，使通过物镜光心的水平光线经过补偿器后偏转一个 β 角，仍能通过十字丝交点，这样十字丝交点上读出的水准尺读数，即为视线水平时应该读出的水准尺读数。

因无需精平，大大缩短水准测量的观测时间，而且对于施工场地地面的微小震动、松软土地的仪器下沉以及大风吹刮等原因，引起的视线微小倾斜，能迅速自动安平仪器，从而提高了水准测量的观测精度。

二、自动安平水准仪构造

自动安平水准仪的结构及各部件名称如图 2-24 和图 2-25 所示。

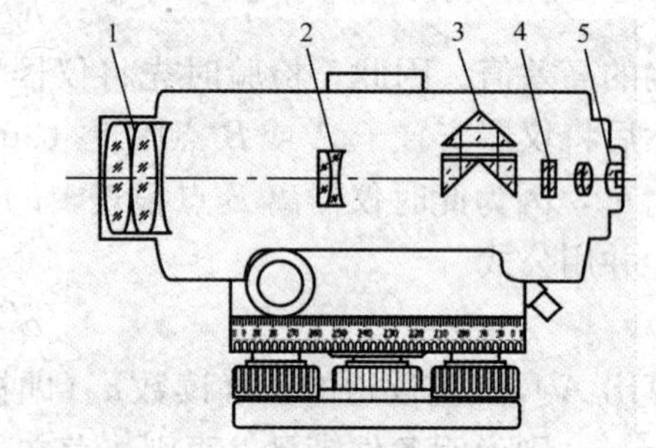

图 2-24 自动安平水准仪的结构

1—物镜；2—物镜调焦透镜；3—补偿器棱镜组；4—十字丝分划板；5—目镜

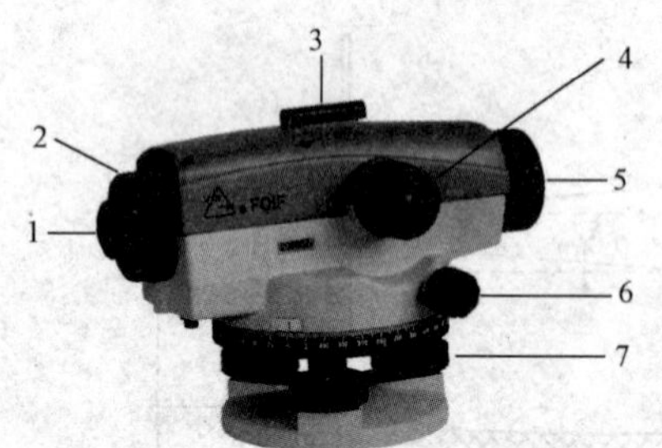

图 2-25 自动安平水准仪的各部件名称

1—目镜；2—目镜调焦螺旋；3—粗瞄器；4—调焦螺旋；5—物镜；6—水平微动螺旋；7—脚螺旋；8—反光镜；9—圆水准器；10—刻度盘；11—基座

三、自动安平水准仪的使用

自动安平水准仪的使用步骤为：安置仪器→粗平→瞄准→读数。使用自动安平水准仪时，首先将圆水准器气泡居中，然后瞄准水准尺，等待2～4s后，即可进行读数。有的自动安平水准仪配有一个补偿器检查按钮，每次读数前按一下该按钮，确认补偿器能正常作用再读数。

技能点2 数字水准仪测高程

一、数字水准仪的技术参数

数字水准仪的观测精度高，如北京博飞公司开发的DAL1528RC数字水准仪的各技术参数见表2-6。

表2-6 DAL1528RC数字水准仪的各技术参数

型号		DAL1528RC
每公里往返水准测量标准偏差	光学读数	±1.5mm
	电子读数	±1.5mm
电子读数系统	最大测程	100m
	最小测程	2m
	单次测量时间	<2s
	高程最小显示值	0.2mm
	距离最小显示值	0.01m
望远镜	放大率	28X
	物镜有效孔径	40mm
	最短视距	0.5m
圆水准器		8′/2mm
补偿器	补偿范围	±15′
	安平精度	±0.5″
	安平时间	2s
数据传输接口		RS-232C
仪器内部数据存储		2000组
电源性能	类型	6V/1.3Ah充电电池或5节5号碱性电池
	连续工作时间	10h
	自动关机时间	5min
仪器质量		2.5kg
仪器尺寸		244mm×178mm×190mm

二、数字水准仪测量原理

与数字水准仪配套使用的水准尺为条形编码尺，通常由玻璃纤维或铟钢制成。在数字水准仪中装置有行阵传感器，它可识别水准标尺上的条形编码。数字水准仪摄入条形编码后，经处理器转变为相应的数字，在通过信号转换和数据化，在显示屏上直接显示中丝读数和视距。

三、数字水准仪的构造

DAL1528RC 数字水准仪构造如图 2-26 所示。

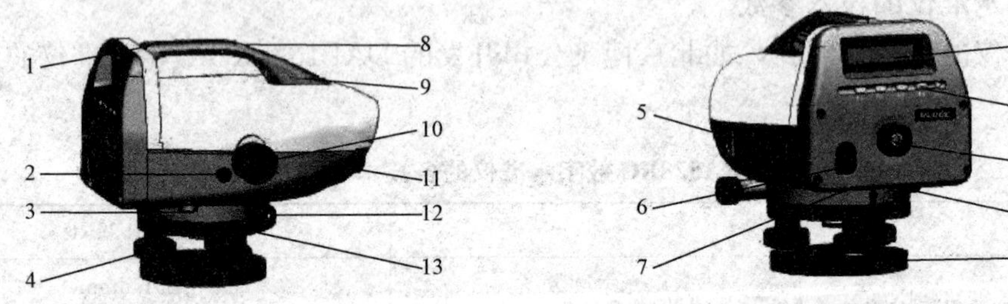

图 2-26 DAL1528RC 数字水准仪构造

1—粗瞄准器缺口；2—测量键；3—数据通信接口；4—脚螺旋；5—电池盒；6—圆水泡窗；7—圆水泡调整螺钉；8—粗瞄准器准星；9—提把；10—调焦手轮；11—物镜；12—微动手轮；13—度盘；14—显示屏；15—操作按键；16—目镜；17—Ⅰ角调整螺钉；18—安平底板

四、数字水准仪的操作

数字水准仪测量操作如下：

（1）整平仪器。调整好三脚架，使三脚架架头平面基本处于水平位置，其高度应使望远镜与观测者的眼睛基本一致。将仪器安置在三脚架架头上，用中心螺旋手把将仪器紧固。

（2）调整十字丝清晰。从望远镜目镜观察分划板，旋转目镜使分划板十字丝成像清晰，十字丝成像清晰是电子系统正常读数的必要条件。

（3）照准标尺并调焦清晰。将标尺立于仪器前方，如果采用电子系统读数，将标尺的条形编码面对着仪器；如果采用光学系统读数，将区格线纹尺面对着仪器。用粗瞄准器照准标尺，从望远镜目镜观察标尺，旋转调焦手轮，使标尺成像清晰，并消除视差；然后旋转微动手轮，使分划板竖丝与标尺重合，若分划板竖丝与标尺相对倾斜，应调整标尺位置，使之与分划板竖丝重合。

（4）按下测量启动键。当上述测量前仪器安置准备工作完成后，只要按下面板上的 ON 键（启动电源开关），即可开始电子系统读数。每次照准标尺后，轻轻按下仪器右侧的测量键，标尺高度和距离的测量结果会自动显示在显示屏上。

项目三

角 度 测 量

本单元主要包括角度测量原理、经纬仪的构造及使用方法、经纬仪的检验与校正、经纬仪水平角和竖直角的测量及误差处理、电子经纬仪的使用操作等知识点和技能点。

学习目标：通过本单元的学习，了解经纬仪的精度分级和仪器精度的概念，理解水平角、竖直角的测量原理，水平角观察的误差来源和消减的措施，掌握经纬仪对中、整平及读数的方法，测回法和竖直角的观测、记录和计算，掌握电子经纬仪的基本构造和使用方法。

能力标准：角度测量是确定地面点位置的基本工作之一。通过本单元学习，学生应熟练掌握经纬仪的操作方法，能够使用经纬仪进行水平角和竖直角测量。

单元一 经 纬 仪 的 操 作

知识点1 角 度 测 量 原 理

角度测量是确定地面点位置的基本工作之一。角度测量分为水平角测量和竖直角测量。测量水平角的目的是用于求算地面点的水平位置，竖直角测量则主要用于测定两地面点的高差，或将两地面点间的倾斜距离改化为水平距离。

一、水平角测量原理

水平角是指地面上一点到两个目标点的方向线垂直投影到水平面上的夹角，也是过两条方向线的铅垂面所夹的二面角。如图3-1所示，A、B、C为地面上三个点，过BA、BC直线的铅垂面在水平面上的交线B_1A_1、B_1C_1所夹的角度β，就是BA和BC两方向之间的水平角。

若在过B点的铅垂线上，水平地安置一个有角度刻划的圆盘，称为水平度盘（一般水平度盘是顺时针刻划），度盘中心在O点，过BA和BC的铅垂面与水平度盘相交，在水平度盘上读数为a、c，则水平角为

$$\beta=c-a \tag{3-1}$$

由水平角概念可知，水平角取值为0°～360°。

二、竖直角测量原理

竖直角是指在同一铅垂面内，某一方向线与水平线的夹角，测量上又称为高度角或竖角，用α表示。如图3-2所示，视线在水平线之上为仰角，角值为正；视线在水平线之下为俯角，角值为负。竖直角取值为0°～±90°。

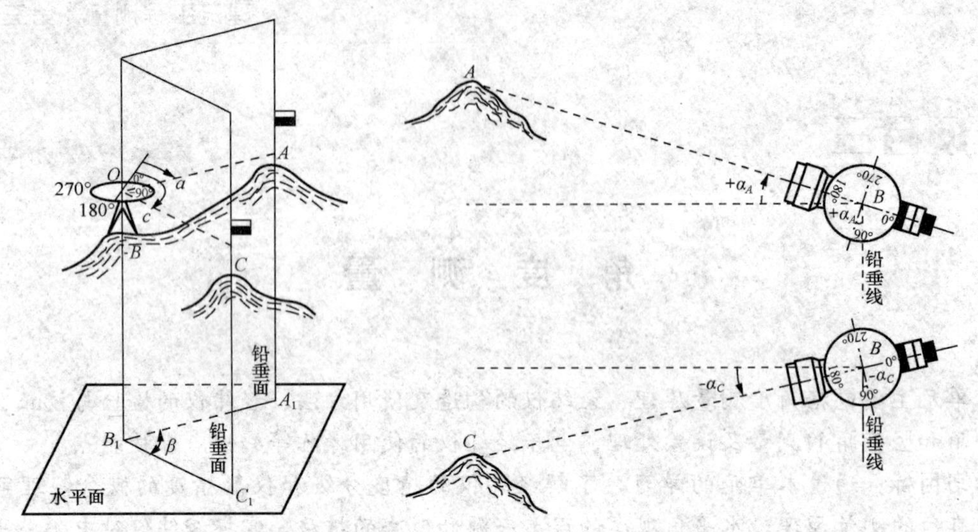

图 3-1　水平角测量原理　　　　图 3-2　竖直角测量原理

如果在过 B 点的铅垂面上，安置一个有角度刻划的垂直度盘，并令其中心过 B 点，这个度盘称为竖直度盘。由此可见，竖直角也是两个方向在度盘上的读数之差，与水平角不同的是，其中有一个是水平方向。但经纬仪设计时，当视线水平时其竖盘读数均应是一固定值，即 0°、90°、180°或 270°四个数值中的一个。因此，在观测竖直角时，只需观测目标点一个方向，并读取竖盘读数，便可算得竖直角。

知识点 2　角度测量仪器及工具

经纬仪可同时完成水平角和竖直角的测量。按其构造原理和读数系统可分为光学经纬仪和电子经纬仪。经纬仪的精度分为若干等级，例如，我国经纬仪系列标准划分为 DJ07、DJ1、DJ2、DJ6、DJ10 及 DJ60 等级别。“D”和“J”为“大地测量”和“经纬仪”汉语拼音第一个字母，数字代表该仪器的测量精度。例如，DJ6 表示该系列经纬仪一测回水平方向中误差不超过±6″。表 3-1 列出部分光学经纬仪的技术参数。

表 3-1　　　　部分光学经纬仪的技术参数

光学经纬仪系列型号		DJ07	DJ1	DJ2	DJ6
一测回水平方向中误差不大于（″）		±0.7	±1	±2	±6
望远镜	物镜有效孔径不小于（mm）	65	60	40	40
	放大倍数	45	30	28	20
水准管分画值	照准部水准管（″/2mm）	4	6	20	30
	圆水准器（′）	8	8	8	8
主要用途		国家一等平面控制测量	国家二等平面控制测量、精密工程测量	三、四等平面控制测量，一般工程测量	图根控制测量、一般工程测量

一、DJ6 级光学经纬仪的构造

各种光学经纬仪的构造基本相同，如图 3-3 所示。

光学经纬仪由照准部、水平度盘和基座三部分组成，各部件的名称如图 3-4 所示。

1. 基座

基座是仪器的底座，用来支承整个仪器。借助中心连接螺旋把基座及整个仪器固连在三脚架上。在连接螺旋下方可悬挂垂球，使仪器中心和测站点在同一铅垂线上。基座上安有三个脚螺旋和连接板，用于整平仪器。转动脚螺旋可使水平度盘水平。通过架头上的中心螺旋与三脚架头固连在一起。基座上有一个连接仪器和基座的轴座固定螺旋，使用经纬仪时，不可松动轴座固定螺旋，以免仪器脱出基座而摔坏。

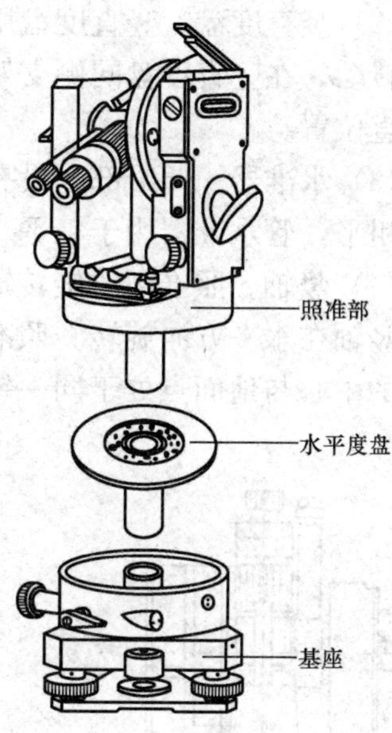

图 3-3　DJ6 光学经纬仪构造

2. 水平度盘

水平度盘是由玻璃制成的圆环，其上按顺时针方向刻有 0°～360°的分划，通常最小分划值为 1°或 30′用于测量水平角。使用时，水平度盘应保持水平。

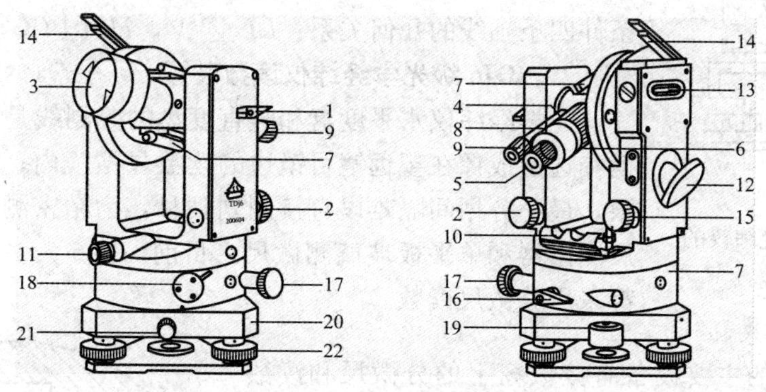

图 3-4　DJ6 级光学经纬仪各部件名称

1—望远镜制动螺旋；2—望远镜微动螺旋；3—物镜；4—物镜调焦螺旋；5—目镜；6—目镜调焦螺旋；7—粗瞄准器；8—度盘读数显微镜；9—度盘读数显微镜调焦螺旋；10—照准部管水准器；11—光学对中器；12—度盘照明反光镜；13—竖盘指标管水准器；14—竖盘指标管水准器观察反射镜；15—竖盘指标管水准器微动螺旋；16—水平方向制动螺旋；17—水平方向微动螺旋；18—水平度盘变换手轮与保护盖；19—圆水准器；20—基座；21—轴套固定螺旋；22　脚螺旋

3. 照准部

照准部位于水平度盘之上，可绕其旋转轴旋转。照准部由望远镜、竖直度盘、横轴、支架、竖轴、水平度盘、水准器、读数显微镜及其光学读数系统等组成。

（1）望远镜。望远镜用于精确瞄准目标，由物镜、调焦镜、十字丝分划板、目镜组成。望远镜安装在横轴上并可绕横轴旋转转动，由望远镜制动扳钮和微动螺旋控制。望远镜放大倍率为 20～40 倍。

（2）竖直度盘。竖直度盘用于观测竖直角。它是安在横轴一端的玻璃圆盘，并随望远镜一起转动。在竖直度盘同侧支架上设有竖盘指标水准管，当竖盘指标水准管水平时，竖盘处于垂直位置。

（3）水准器。照准部上设有管水准器和圆水准器，通过调整脚螺旋整平仪器。圆水准器用作粗平，管水准器用于精平。

（4）竖轴。照准部的旋转轴为仪器竖轴 VV。照准部由水平制动螺旋和水平微动螺旋控制绕竖轴在水平方向旋转。照准部上还装有光学对中器，用于仪器精确对中，使经纬仪水平度盘的中心与地面点处于同一铅垂线上。

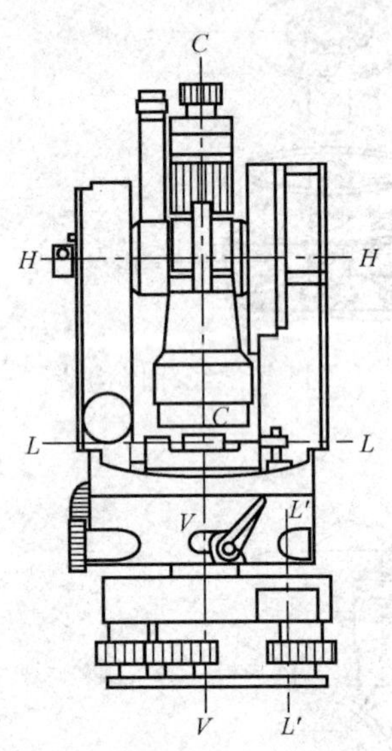

图 3-5 光学经纬仪的主要轴线

4. 经纬仪的几条轴线关系

经纬仪的轴线主要有四条（见图 3-5）：

（1）竖直轴 VV，经纬仪照准部旋转轴的几何中心。

（2）水准管轴 LL，过水准管内气泡的切线。

（3）视准轴 CC，望远镜光心与十字丝分划板中心的连线。

（4）横轴 HH，即水平轴，其几何中心线就是望远镜的旋转轴。

在水平角测量中要求水平度盘在测角时是水平的，而且度盘分划中心要与仪器的旋转轴重合。所以，光学经纬仪应满足以下条件四条轴线的几何关系：$LL \perp VV$，$HH \perp CC$，$HH \perp VV$。

二、DJ6 级光学经纬仪读数装置

光学经纬仪水平度盘和竖直度盘的分划线是通过一系列的棱镜和透镜成像在望远镜目镜边的读数显微镜内。由于度盘尺寸有限，最小分划间隔难以直接刻划到秒，为精密测角，需借助测微尺测微器和单平板玻璃测微尺。目前，DJ6 大多数的光学经纬仪都采用分微尺读数。

1. 测微尺读数窗

测微尺读数的主要设备有读数窗上的分微尺和读数显微镜。光线通过反光镜照亮度盘和读数窗。由读数显微镜可得到同时放大的水平度盘（“Hz”或“—”）、竖直度盘（“V”或“±”）和分微尺的影像，成像后的分微尺全长正好与度盘分划的最小间隔相等，即 1°。分微尺被细分为 60 等份，其最小分划值为 1′，可估读至 0.1′。分微尺的零线为指标线。图 3-6 所示为测微尺读数窗。

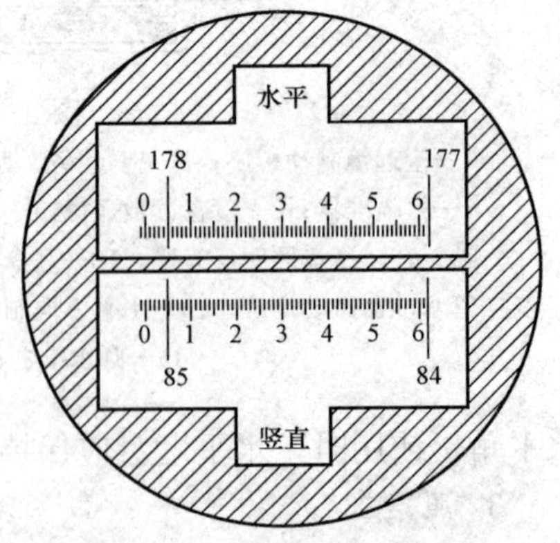

图 3-6 测微尺读数窗

2. 测微尺读数方法

以测微尺上的“0”分划线为读数指标，“度”数由落在测微器上的度盘分划线的注记读出，测微尺的“0”分划线与度盘上的“度”分划线之间、小于 1°的角度在测微尺上读出；最小读数可以估读到测微尺上 1 格的 1/10，即为 0.1′或 6″。图 3-6 所示水平度盘读数为 178°05′06″，竖直度盘读数为 85°06′18″。

技能点1　经纬仪的使用

在进行角度测量时，应将经纬仪安置在测站（角顶点）上，然后开始观测。经纬仪的使用步骤可简述为：对中、整平、瞄准和读数四个部分。

一、对中

对中的目的是使仪器度盘中心与测站点标志中心位于同一铅垂线上。其操作步骤为：

1. 用锤球初步对中

张开脚架，调节脚架腿，使其高度适宜，并通过目估使架头水平、架头中心大致对准测站点。

从箱中取出经纬仪安置于架头上，旋紧连接螺旋，并挂上锤球。如锤球尖偏离测站点较远，则需移动三脚架，使锤球尖大致对准测站点，然后将脚架尖踩实。

2. 光学对中器精确对中

初步对中后使用光学对中器进行精确对中。首先旋转对中器目镜使地面标志点成像清晰，观察标志点位置。如对中器中心与标志点偏离较大，则移动脚架缩小偏移，并略微松开连接螺旋，在架头上移动仪器，直至光学对中器中心准确对准测站点，最后旋紧连接螺旋。

二、整平

整平的目的是调节脚螺旋使水准管气泡居中，从而使经纬仪的竖轴竖直，水平度盘处于水平位置。其操作步骤如下：

首先旋转照准部，使水准管平行于任一对脚螺旋，如图3-7（a）所示，同时向内或向外转动两个脚螺旋，使水准管气泡居中。

然后将照准部旋转90°，转动第三个脚螺旋，使水准管气泡居中，如图3-7（b）所示。

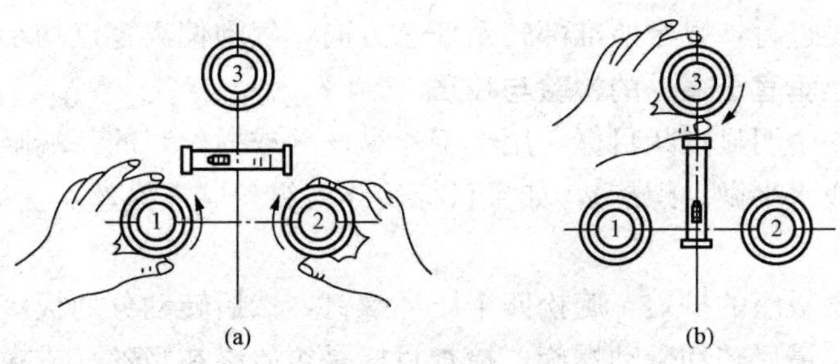

图3-7　经纬仪整平

按以上步骤重复操作，直至水准管气泡在任何位置都居中即可。

随后观察对中器中地面标志点，如偏移，可稍微松开连接螺旋，移动仪器，使其精确对中。如水准管气泡偏移，则再次重复整平仪器，直至对中、整平同时完成。

三、瞄准

瞄准目标的步骤如下：

1. 目镜对光

将望远镜对向明亮背景，转动目镜对光螺旋，使十字丝成像清晰。

2. 粗略瞄准

松开照准部制动螺旋与望远镜制动螺旋，转动照准部与望远镜，通过望远镜上的瞄准器对准目标，然后旋紧制动螺旋。

3. 物镜对光

转动位于镜筒上的物镜调焦螺旋，使目标成像清晰并检查有无视差存在，如存在视差，应重新进行调焦对光，直至视差消除。

4. 精确瞄准

旋转水平微动螺旋，使十字丝准确对准目标。观测水平角时，应尽量瞄准目标的基部，当目标宽于十字丝双丝距时，宜用单丝平分；目标窄于双丝距时，宜用双丝夹住，如图 3-8 所示；观测竖直角时，用十字丝横丝的中心部分对准目标位。

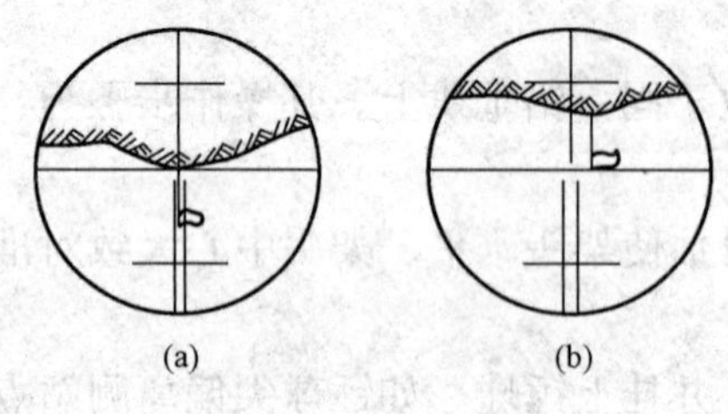

图 3-8 照准标志

(a) 测水平角时；(b) 测竖直角时

四、读数

读数前应调整反光镜的位置与开合角度，使读数显微镜视场内亮度适当，转动读数显微镜目镜进行对光，使读数窗成像清晰，读数并记录。

知识点 3 经纬仪的检验与校正

一、照准部水准管轴垂直于竖轴（$LL \perp VV$）的检验与校正

检验：粗平仪器，然后将照准部水准管转到任意两个脚螺旋连线方向，调脚螺旋使气泡居中。然后旋转照准部 180°，若气泡不居中，则需校正。

校正：用拨针拨动水准管校正螺钉使气泡向水准管居中位置移动一半，再用脚螺旋调节水准管使气泡居中。

此项检校应反复进行，直至照准部转至任意方向，气泡偏离零点均小于 1 格为止。

二、十字丝竖丝垂直于横轴的检验与校正

检验：先找到一个明显点状目标，用十字丝纵丝（或横丝）的一端瞄准这个目标，转动望远镜微动螺旋（或水平微动螺旋），如果目标始终在纵丝（或横丝）上移动，则不需校正，否则需要校正。

校正：取下分划板座的护盖，旋松四个压环螺钉，然后转动分划板座使目标与十字丝竖丝（或横丝）重合。最后转动微动螺旋，检查目标是否始终在竖丝（或横丝）上移动，如图 3-9 所示。

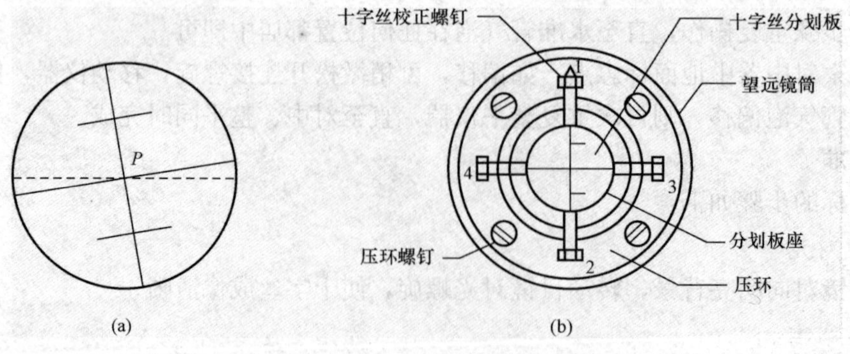

图 3-9 经纬仪十字丝校正

三、视准轴垂直于横轴（$HH \perp CC$）的检验与校正

检验：如图 3-10 所示，选一相距约 60mA、B 两点，经纬仪安置在 A、B 中点 O 上，A 点立标志，B 点水平放置一把有毫米分划的尺子，要求 A 点标志、B 点尺子与 O 点的经纬仪同高。然后盘左瞄准 A 点，纵转望远镜（成盘右）在 B 点尺上读数 B_1。转动照准部盘右瞄准 A 点，纵转望远镜（成盘左）B 点尺上读数 B_2。如果 B_1 不等于 B_2，则计算视准误差 $c=\frac{B_1B_2}{4S_{OB}}\rho''$，如果 c 大于 60″则需要校正。

校正：（由于 B_1B_2 是 $4c$ 在尺上的反映值）计算出 B_3 的值（$B_3B_2=B_1B_2/4$），然后用拨针拨动十字丝分划板上的左右校正螺钉，使十字丝竖丝对准尺上的读数 B_3（此项检验、校正需反复进行）。

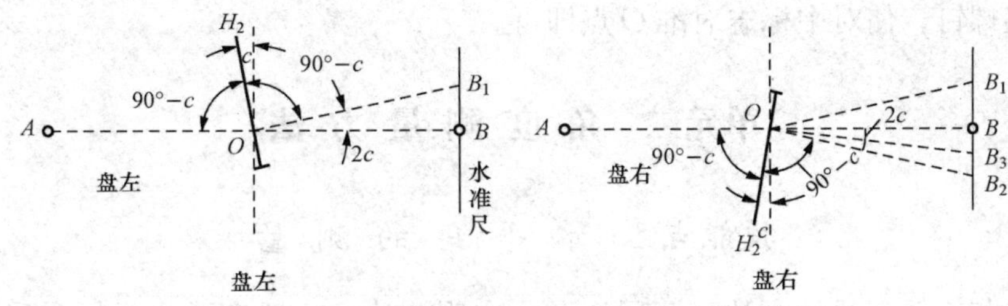

图 3-10　视准轴垂直于横轴的检验

四、横轴垂直于竖轴（$HH \perp VV$）的检验与校正

检验：如图 3-11 所示，在墙面 30m 处安置经纬仪，选择一个高目标 P，量出经纬仪到墙的水平距离 D。用盘左瞄准 P 点，然后将望远镜放平（竖盘读数为 90°）在墙上定出一点 P_1。再用盘右瞄准 P 点，然后将望远镜放平（竖盘读数为 270°）在墙上定出一点 P_2。如果 P_1 与 P_2 重合，则横轴垂直于竖轴；否则，横轴不垂直于竖轴。计算出横轴倾斜角 $i=\frac{P_1P_2}{2D}\rho''\cot\alpha$，如果 i 值大于 60″需校正。

校正：取 P_1P_2 两点的中点 P_m，转动水平微动螺旋使十字丝交点对准 P_m，然后上仰望远镜去观察 P 点，此时十字丝交点与 P 点必然不重合。转动横轴偏心环，改变横轴右支架的高度，使十字丝交点对准 P 点。

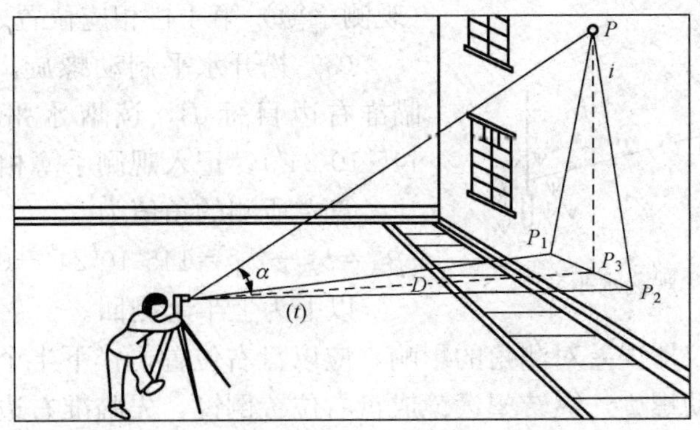

图 3-11　横轴垂直于竖轴的检验与校正

五、竖盘指标差的检验与校正

检验：用盘左盘右瞄准同一目标，读竖直度盘读数 R、L，计算出竖盘指标差。对于 DJ6 型仪器，如果指标差超过 1′则需校正。

校正：计算盘右位置不含指标差时的正确读数（$R'=R-x$），然后转动竖盘指标水准器微动螺旋使竖盘读数为 R'（因为指标在动，因此读数变化），此时竖盘指标水准管气泡必不居中。用校正针拨动竖盘指标水准器一端的校正螺钉，将气泡居中。

六、光学对中器的检验与校正

检验：在地面上放一张白纸，标出一点 P，将对中标志对准 P，然后旋转照准部 180°，若对中标志不再对准 P，则需校正。

校正：照准部旋转 180°后在白纸上定出对中标志点 P'，画出 PP' 的中点 O，拨动光学对中器的校正螺钉，使对中标志对准 O 点即可。

单元二　角度测量方法

技能点1　水平角的测量

水平角观测一般有两种方法：测回法和方向观测法。一般有两个目标时采用测回法观测，有三个或三个以上目标时采用全圆方向观测法。

一、测回法

经纬仪竖盘在望远镜视准轴的左侧时称为盘左，也称正镜；竖盘在视准轴方向的右侧则称盘右，也称为倒镜。

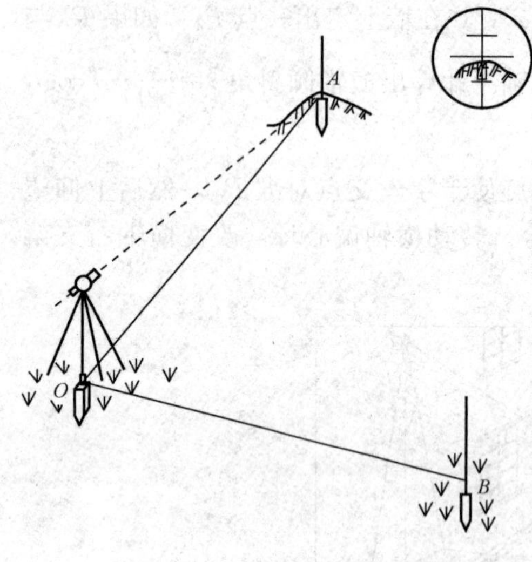

图 3-12　测回法观测水平角

测回法适用于观测两个方向之间的单角。如图 3-12 所示，欲测出地面上两方向间的水平角 β，可按下列步骤进行观测：

（1）在角顶点 O 上安置经纬仪，在 A、B 两点设置照准标志。

（2）以盘左位置正镜照准左边目标 A，并读取水平度盘读数 $a_{左}$（如为 0°01′12″），记入表 3-2（观测手簿）第 4 栏相应位置。

（3）松开水平制动螺旋，顺时针转动照准部，瞄准右边目标 B，读取水平度盘读数 $b_{左}$（如为 145°10′24″），记入观测手簿相应栏内。

盘左所测的角值为

$$\beta_{左}=b_{左}-a_{左}=145°10'24''-0°01'12''=145°09'12''$$

以上为上半个测回。

为了检核及消除仪器误差对测角的影响，应以盘右位置再作下半个测回观测。

（4）松开水平制动螺旋，纵转望远镜成盘右位置倒镜，先瞄准右边目标 B，得水平度盘读数 $b_{右}$（如为 325°10′48″），记入手簿。

（5）逆时针方向转动照准部，再次瞄准左边目标 A，得水平度盘读数 $a_{右}$（如为 180°01′48″），

记入手簿，则盘右所测下半测回的角值为

$$\beta_{右}=b_{右}-a_{右}=325°10'48''-180°01'48''=145°09'00''$$

计算时，均用右边目标读数 b 减去左边目标读数 a，不够减时，应加上 360°。

上、下两个半测回合称为一测回。用 DJ6 级经纬仪观测水平角时，上、下两个半测回所测角值之差应≤±40″，达到精度要求取平均值作为一测回的结果。

$$\beta=\frac{1}{2}(\beta_{左}+\beta_{右}) \tag{3-2}$$

本例中 $\beta_{左}-\beta_{右}=145°09'12''-145°09'00''=12''<+40''$ 符合要求，故 $\beta=\frac{1}{2}(\beta_{左}+\beta_{右})=\frac{1}{2}(145°09'12''+145°09'00'')=145°09'06''$。

若两个半测回的差值超过±40″时，则该水平角应重新观测。

测回法用盘左盘右观测（正倒镜）可消除某些系统误差，如视准差（c）和支架差（i）及水平度盘偏差误差等。当测角精度要求较高时，可观测 n 个测回。为了减少度盘刻划不均匀误差的影响，各测回应按 $180°/n$ 差值，变换度盘起始位置。如观测两个测回，第一测回起始方向为 0°，第二测回起始方向应为 90°。

表 3-2 是测回法测两个测回的水平角观测手簿。

表 3-2　　水平角观测手簿（测回法）

仪器型号＿DJ6＿　观测者＿＿＿＿　记录者＿＿＿＿　日期＿＿＿＿

<table>
<tr><th>测点</th><th>竖盘位置</th><th>目标</th><th>水平度盘读数</th><th>半测回角值</th><th>一测回角值</th><th>各测回平均角值</th></tr>
<tr><td rowspan="4">O</td><td rowspan="2">左</td><td>A</td><td>0°01′12″</td><td rowspan="2">145°09′12″</td><td rowspan="4">145°09′06″</td><td rowspan="8">145°09′06″</td></tr>
<tr><td>B</td><td>145°10′24″</td></tr>
<tr><td rowspan="2">右</td><td>A</td><td>180°01′48″</td><td rowspan="2">145°09′00″</td></tr>
<tr><td>B</td><td>325°10′48″</td></tr>
<tr><td rowspan="4">O</td><td rowspan="2">左</td><td>A</td><td>90°02′36″</td><td rowspan="2">145°09′00″</td><td rowspan="4">145°09′03″</td></tr>
<tr><td>B</td><td>235°11′36″</td></tr>
<tr><td rowspan="2">右</td><td>A</td><td>270°02′48″</td><td rowspan="2">145°09′06″</td></tr>
<tr><td>B</td><td>55°11′54″</td></tr>
</table>

二、全圆方向观测法

在一个测站上，当观测方向在三个以上时，采用全圆方向观测法，即从起始方向顺次观测各个方向后，回测起始方向。最后一步称为“归零”，这种半测回归零的方法称为“全圆方向法”，如图 3-13 中 OA 为起始方向，也称零方向。

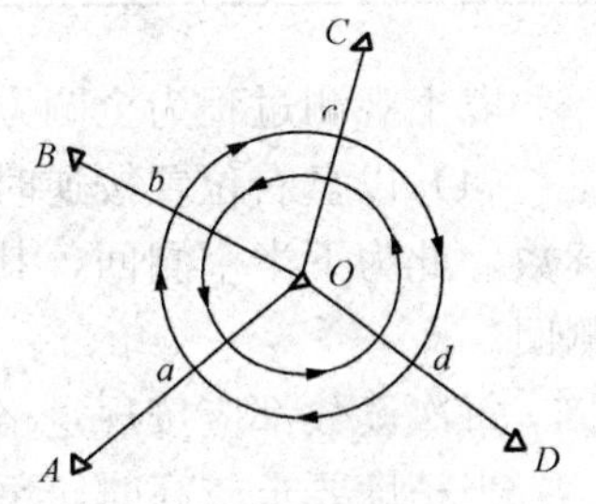

图 3-13　全圆测回法观测水平角

1. 观测步骤

（1）安置仪器于 O 点，盘左位置，将水平度盘设置成读数略大于 0°，观测所选定的起始方向 A 点，如图 3-13 所示，读取水平度盘读数 a，并记入表 3-3。

表 3-3　　**水平角观测手簿（全圆方向观测法）**

仪器型号________　观测者________　记录者________　日期________

测回	测站	目标	水平度盘读数 盘左 ° ′ ″	水平度盘读数 盘右 ° ′ ″	2c=左−(右±180°) ″	平均读数=1/2[左+(右±180°)] ° ′ ″	归零后之方向值 ° ′ ″	各测回归零方向值之平均值 ° ′ ″
1	O	A	0 01 00	180 01 18	−18	(0 01 15) 0 01 09	0 00 00	0 00 00
		B	91 54 06	271 54 00	+6	91 54 03	91 52 48	91 52 45
		C	153 32 48	333 32 48	0	153 32 48	153 31 33	151 31 33
		D	214 06 12	34 06 06	+06	214 06 09	214 04 54	214 05 00
		A	0 01 24	180 01 18	+06	0 01 21		
2	O	A	90 01 12	270 01 24	−12	(90 01 27) 90 01 18	0 00 00	
		B	181 54 00	1 54 18	−18	181 54 09	91 52 42	
		C	243 32 54	63 33 06	−18	243 33 00	153 31 33	
		D	304 06 36	124 06 30	+6	304 06 33	214 05 06	
		A	90 01 36	270 01 36	0	90 01 36		

（2）顺时针方向转动照准部，依次照准 B、C、D 各方向，分别读取水平度盘读数为 b、c、d。

（3）为了校核，再次瞄准起始方向 A，得水平度盘读数为 a'。这步观测为"归零"，a' 与 a 之差的绝对值，称为半测回归零差。其数值不应超过表 3-4 的规定，否则应重测。

表 3-4　　**方向观测法水平角观测限差**

项目＼仪器类型	DJ2	DJ6
半测回归零差	12″	18″
一测回 2c 变动范围	18″	36″
各测回同一归零方向值互差	12″	24″
光学测微器两次重合差	3″	

以上观测过程为全圆方向法的上半个测回。

（4）以盘右位置按逆时针方向依次照准 A、D、C、B，再回测 A，并分别读取水平度盘读数。此为下半个测回，其半测回归零差不应超过限差规定。上、下半测回合起来称为一测回。

每次读数都应按规定格式记入表 3-3 中。

当精度要求较高时，可观测 n 个测回，为消除度盘刻划不均匀误差，每测回仍按 $180°/n$ 的角度间隔变换水平度盘的起始位置。

2. 全圆方向观测法的计算与限差

（1）计算两倍照准误差 $2c$ 值。两倍照准误差是同一台仪器观测同一方向盘左、盘右读

数之差，简称 $2c$ 值。它是由于视准轴不垂直于横轴引起的观测误差，计算公式为

$$2c = 盘左读数 - (盘右读数 \pm 180°)$$

对于 DJ6 级经纬仪，$2c$ 值只作参考，不作限差规定。如其变动范围不大，说明仪器稳定，不需校正，取盘左、盘右读数的平均值即可消除视准轴误差的影响。

(2) 一测回内各方向平均读数的计算。同一方向的平均读数＝[盘左读数＋(盘右读数±180°)]/2。

起始方向有两个平均读数，应再取其平均值，将算出的结果填入同一栏的括号内，如第一测回中的（0°01′15″）。

(3) 一测回归零方向值的计算。将各个方向（包括起始方向）的平均读数减去起始方向的平均读数，即得各个方向的归零方向值。显然，起始方向归零后的值为 0°00′00″。

(4) 各测回平均方向值的计算。每一测回各个方向都有一个归零方向值，当各测回同一方向的归零方向值之差不大于 24″（针对 DJ6 级经纬仪）时，则可取其平均值作为该方向的最后结果。

(5) 水平角值的计算。将右方向值减去左方向值即为该两方向的夹角。

三、水平角观测注意事项

(1) 仪器高度要和观测者的身高相适应；三脚架要踩实，仪器与脚架连接要牢固，操作仪器时不要用手扶三脚架；转动照准部和望远镜之前，应先松开制动螺旋，使用各种螺旋时用力要轻。

(2) 精确对中，特别是对短边测角，对中要求应更严格。

(3) 当观测目标间高低相差较大时，更应注意仪器整平。

(4) 照准标志要竖直，尽可能用十字丝交点瞄准标杆或测钎底部。

(5) 记录要清楚，应当场计算，发现错误，立即重测。

(6) 一测回水平角观测过程中，不得再调整照准部管水准气泡，如气泡偏离中央超过 2 格时，应重新整平与对中仪器，重新观测。

技能点 2　竖 直 角 的 测 量

如前所述，竖直角是同一竖直平面内视线与水平线的夹角。

一、竖直度盘的构造

竖直度盘简称竖盘，如图 3-14 所示，竖盘装置包括竖盘、竖盘指标水准管和竖盘指标水准管微动螺旋。竖盘固定在横轴的一侧，随望远镜一起在竖直面内转动。竖盘读数指标不随望远镜转动，它与竖盘指标水准管连接在一个微动架上。转动竖盘指标水准管微动螺旋，可使竖盘读数指标在竖直面内做微小移动。当竖盘指标水准管气泡居中时，指标应处于竖直位置，即在正确位置。一个校正好的竖盘，当望远镜视准轴水平、竖盘指标水准管气泡居中时，读数窗中指标所指的读数应是 90°或 270°，此读数即为视线水平时的竖盘读数。

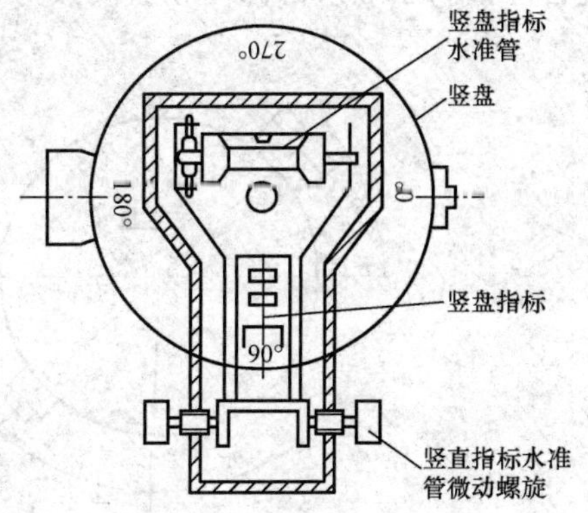

图 3-14　竖盘结构示意图

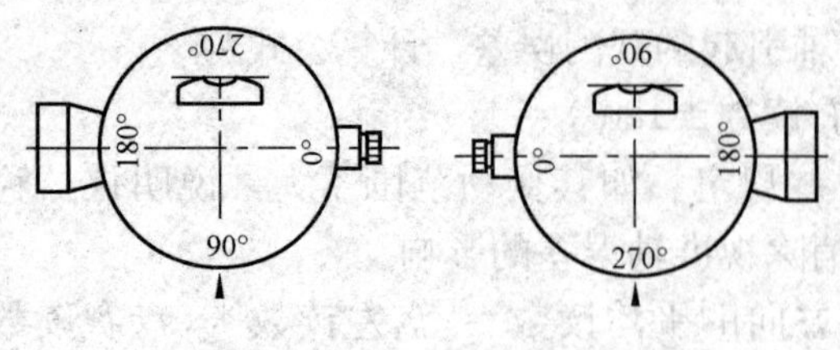

图 3-15 竖盘的顺时针刻划

竖盘的刻划注记形式很多，常见的光学经纬仪竖盘都为全圆式刻划，可分为顺时针和逆时针两种注记，盘左位置视线水平时，竖盘读数均为 90°，盘右位置视线水平时，竖盘读数均为 270°。多数 DJ6 级经纬仪采用的是顺时针注记的竖盘，如图 3-15 所示。

二、竖直角的观测和计算

1. 竖直角的观测

（1）仪器安置在测站点上对中、整平，盘左位置瞄准目标点 M，使十字丝精确切准目标顶端。

（2）转动竖盘指标水准管微动螺旋，使气泡居中。读取竖盘读数 L，记入竖直角观测手簿。

（3）倒转望远镜，以盘右位置再瞄准目标上 M 点，调节竖盘指标水准管气泡居中，读取竖盘读数 R，记入竖直角观测手簿，见表 3-5。

表 3-5 **竖直角观测手簿**

仪器型号________ 观测者________ 记录者________ 日期________

测站	目标	竖盘位置	竖盘读数 ° ′ ″	半测回竖直角 ° ′ ″	指标差 ″	一测回竖直角 ° ′ ″	备注
O	*A*	左	80 20 36	9 39 24	+15	9 39 39	盘左时竖盘注记 270° 180° 0° 90°
		右	279 39 54	9 39 54			
	B	左	96 05 24	−6 05 24	+6	−6 05 18	
		右	263 54 48	−6 05 12			

2. 竖直角的计算

竖直角 a 是观测目标读数与水平视线方向读数之差，如图 3-16 所示，在盘左位置将望远镜置平，水准管气泡居中，竖盘读数为 90°；将望远镜上仰，照准一目标，竖盘读数为 L，盘右位置仍照准该目标，竖盘读数为 R，则竖直角计算公式为

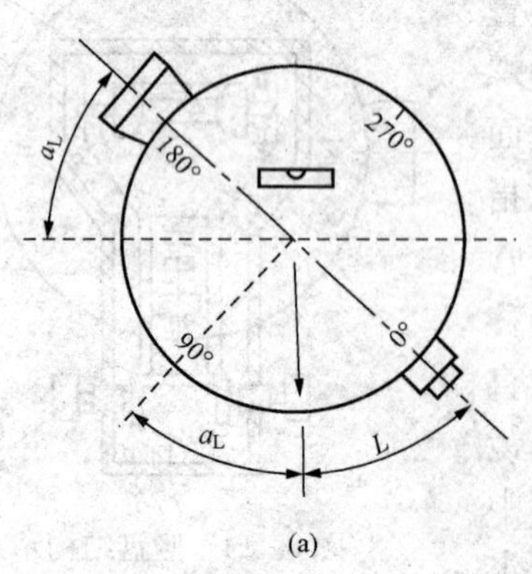

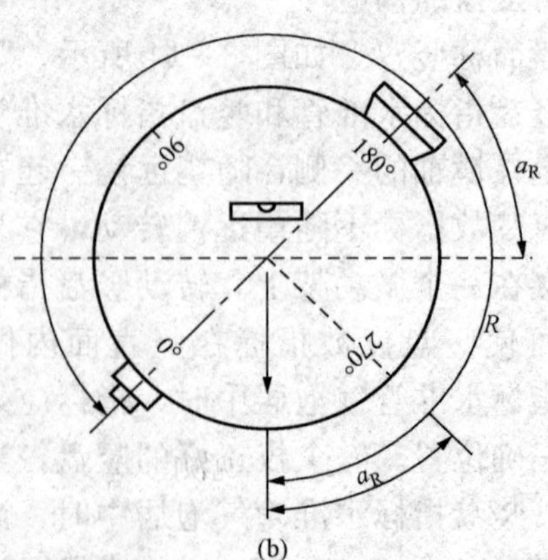

图 3-16 竖直角的测角原理

盘左　$a_L = 90° - L$　(3-3)

盘右　$a_R = R - 270°$　(3-4)

故一测回的角值取盘左盘右平均值为观测结果，即

$$a = \frac{1}{2}(a_L + a_R) = \frac{1}{2}(R - L - 180°) \tag{3-5}$$

若使用逆时针方式注记的仪器，则竖直角计算公式为

盘左　$a_L = L - 90°$

盘右　$a_R = 270° - R$

则一测回的竖直角值为

$$a = \frac{1}{2}(a_L + a_R) = \frac{1}{2}(L - R) + 90°$$

3. 竖盘指标差

当望远镜的视线水平，竖盘指标水准管气泡居中时，竖盘指标所指的读数理论上应为90°或270°，事实上，读数指标往往是偏离正确位置，与正确位置相差一个小角度 x，x 称为竖盘指标差。

如图 3-17 所示，对顺时针刻划竖直度盘，盘左起始读数为 $90° + x$，则正确的竖直角应为

$$a_L = (90° + x) - L$$

同样，盘右时正确的竖直角应为

$$a_R = R - (270° + x)$$

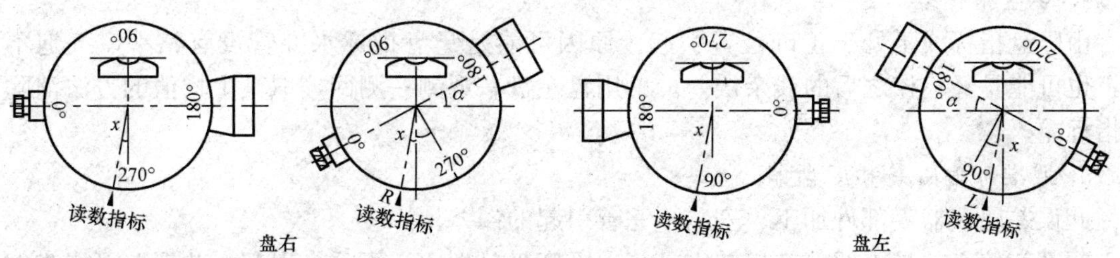

图 3-17　指标差的计算方法

则一测回竖直角为盘左盘右平均值，代入得

$$a = \frac{1}{2}(a_L + a_R) = \frac{1}{2}(R - L - 180°)$$

此式与竖盘指标差无关。可见在竖直角观测中，盘左盘右观测一测回即可以消除竖盘指标差的影响。

将盘左盘右两竖直角相减，可得竖盘指标差计算公式

$$x = \frac{1}{2}(a_R - a_L) = \frac{1}{2}(L + R - 360°)$$

指标差的大小 x 可以检查观测质量。在同一测站上观测不同的目标时，指标差的变动范围，对于DJ6级经纬仪，竖盘指标差不应超过25″。

由表 3-5 中的观测数据和公式，可求出 OA、OB 方向的竖盘指标差分别为 +15″ 和 +6″。

知识点1 角度观测误差及减弱措施

在水平角观测过程中，存在各种各样的误差，与水准测量一样，角度测量误差来源包括三个方面，即经纬仪本身误差、观测误差和外界条件的影响。这些误差对水平角观测有着不同程度的影响。

一、仪器误差

1. 视准轴误差

望远镜视准轴不垂直于横轴时，其偏离垂直位置的角值 c 称为视准差或照准差。盘左盘右观测时，视准轴倾斜误差对水平方向的影响，数值相等，符号相反，取盘左、盘右读数的平均值可以消除视准轴倾斜误差的影响。

2. 横轴误差

当竖轴铅垂时，横轴不水平，而有一偏离值 i，称为横轴误差或支架差。取盘左、盘右读数的平均值可以消除视准轴倾斜误差的影响。

3. 竖轴误差

由于仪器竖轴与测站垂线不重合，或仪器竖轴不垂直于水准管轴，水准管轴整平不完善、气泡不居中引起，竖轴不处于铅直位置偏移了一小角度，从而引起横轴不水平带来的误差，此误差大小随望远镜瞄准不同方向、横轴处于不同位置而变化。同时由于竖轴倾斜方向与盘左盘右观测无关，因此竖轴误差不能用盘左盘右取平均值的方法消除。观测前应仔细整平，保持照准部水准管气泡居中，气泡偏移量不得超过一格。

4. 竖盘指标差

由竖盘指标线不处于正确位置引起。原因可能是竖盘指标水准管没有整平，气泡不居中，也可能是经检校之后的残余误差。可用盘左盘右观测一测回，取其平均值的方法消除竖盘指标差。

5. 照准部偏心差和度盘偏心差

此误差属仪器零部件加工、安装不完善引起的误差。

照准部偏心差是由照准部旋转中心与水平度盘分划中心不重合引起。此误差可取盘左盘右平均值予以减小。

水平度盘偏心差是水平度盘旋转中心与水平度盘中心不重合的误差。可采用对镜180°读数取平均数予以减弱。

竖直度盘偏心差是竖直度盘圆心与仪器横轴中心线不重合带来的误差，此误差在竖直角测量中影响较小，可忽略。

6. 度盘刻划不均匀误差

此误差也属仪器零部件加工不完善引起的误差，度盘刻划误差可通过变换度盘位置的办法减弱影响。

二、观测误差

1. 对中误差

观测水平角时，对中不准确，使得仪器中心与测站点的标志中心不在同一铅垂线上，即是对中误差，也称测站偏心误差。此误差不能通过观测方法予以消除，因此在测量时，应认真仔细，严格对中。

2. 目标偏心误差

当照准的目标与其他地面标志中心不在一条铅垂线上时，两点位置的差异称为目标偏心误差或照准点偏心。其影响类似对中误差，边长越短，偏心距越大，影响也越大。观测时应尽量使标志竖直，极可能瞄准标杆底部。

3. 瞄准误差

测量角度时人眼分辨两个的最小视角约为 60″，瞄准误差为 $m_V=\pm 60''/V$。对 DJ6 经纬仪，一般 $V=26$，$m_V=\pm 2.3''$。

4. 读数误差

用分微尺测微器读数，可估读到最小格值 1/10。以此作为读数误差。

在观测过程中，只要认真对待测量工作，仔细瞄准，认真读数，就可以有效避免误差的产生，提高测量工作的质量和效率。

三、外界条件的影响

观测在一定的条件下进行，外界条件对观测质量有直接影响，例如，松软的土壤和大风影响仪器的稳定；日晒和温度变化影响水准管气泡的运动；大气层受地面热辐射的影响会引起目标影像的跳动等，这些都会给观测带来误差。因此，要选择目标成像清晰稳定的有利时间观测，设法克服或避开不利条件的影响，以提高观测成果的质量。

技能点 3　电子经纬仪角度测量

电子经纬仪（也称电子数字经纬仪）是近年来发展较快的新型经纬仪，其主要结构与普通光学经纬仪相同，不同点是采用了光电度盘，即将度盘的角值符号变成能被光电器件识别和接收的特定信号，然后转换成常规的角值，从而实现了读数记录的数字化和自动化。角值和光电信号的转换，大致分为两类：一类是把度盘分成区、环进行编码，称为编码度盘，它直接把角度转换成二进制代码，所以称绝对转换系统；另一类是利用光栅度盘把单位角度转换成脉冲信号，然后用计算机累计变化的脉冲数，求得相应的角度值称为增量转换系统。

一、电子经纬仪构造

电子经纬仪与光学经纬仪相比，其不同之处有：电子经纬仪多一个机载电池盒、一个测距仪数据接口和一个电子手簿接口，增加了电子显示屏和操作键盘，去掉了读数显微镜，其外观构造和部件名称如图 3-18 所示。

二、电子经纬仪的测角原理

1. 光栅度盘的测角原理

在光学玻璃上均匀地刻划出许多等间隔的条纹就构成了光栅。刻在直尺上用于直线测量的称为直线光栅，如图 3-19（a）所示；刻在圆盘上由圆心向外辐射的等角距光栅称为径向光栅，在电子经纬仪中就称为光栅度盘，如图 3-19（c）所示。光栅的基本参数是刻划线的密度和栅距，密度即 1mm 内刻划线的条数，栅距为相邻两栅的间距。如图 3-19（a）所示，光栅宽度为 a，缝隙宽度为 b，栅距为 $d=a+b$，通常 $a=b$。

由于栅线不透光，而缝隙通光，若在光栅度盘的上下对称位置分别安装光源和光电接收管，则可将光栅盘是否透光的信号转变为电信号。当光栅度盘与光线产生相对移动（转动）时，可利用光电接收管的计数器，累计求得所移动的栅距数，从而得到转动的角度值。这种

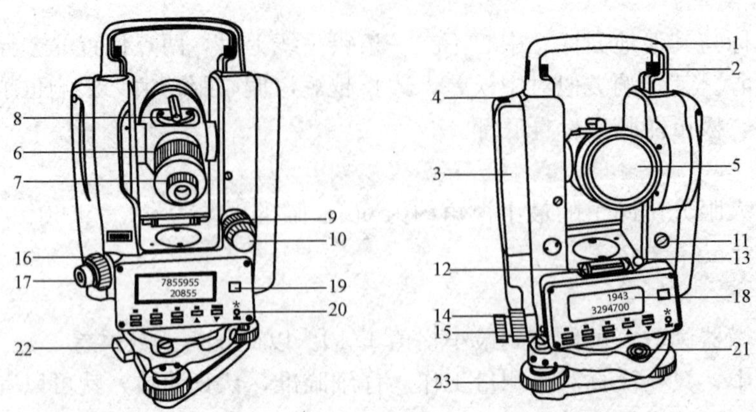

图 3-18 电子经纬仪

1—手柄；2—手柄固定螺钉；3—电池盒；4—电池盒按钮；5—物镜；6—物镜调焦螺旋；7—目镜调焦螺旋；8—光学瞄准器；9—望远镜制动螺旋；10—望远镜微动螺旋；11—光电测距仪数据接口；12—管水准器；13—管水准器校正螺钉；14—水平制动螺旋；15—水平微动螺旋；16—光学对中器物镜调焦螺旋；17—光学对中器目镜调焦螺旋；18—显示窗；19—电源开关键；20—显示窗照明开关键；21—圆水准器；22—轴套锁定钮；23—脚螺旋

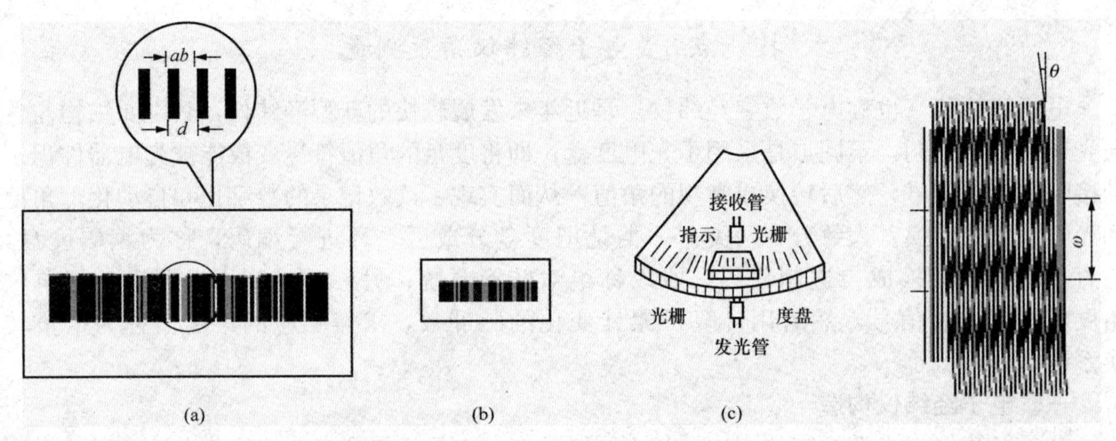

图 3-19 光栅度盘与指示光栅

(a) 直线光栅；(b) 指示光栅；(c) 径向光栅

靠累计计数而无绝对刻度数的读数系统，称为增量式读数系统。由此可见，光栅度盘的栅距就相当于光学度盘的分划，栅距越小，则角度分划值越小，即测角精度越高。要想再提高测角精度，必须对其做进一步的细分。然而，这样小的栅距再细分或计数都不易准确。所以，在光栅度盘测角系统中，采用了莫尔条纹技术。

所谓莫尔条纹就是将两块密度相同的光栅（如图 3-19 中的径向光栅和指示光栅）重合，并使它们的刻划线相互倾斜一个小的角度 θ，所产生的明暗相间的条纹。当指示光栅横向移动一个栅距 d 时，就会造成莫尔条纹上下移动一个纹距 ω。两者之间的关系式为

$$\omega = d/\theta' \times 3438' \tag{3-6}$$

由式（3-6）可知，当 $\theta = 20'$时，$\omega = 172 \times d$，即莫尔条纹的纹距比栅距放大 172 倍，明显可以提高精度。

电子经纬仪使用的光栅度盘如图 3-19（c）所示，其指示光栅、发光管（光源）和接收二极管等部件位置固定，而光栅度盘与经纬仪照准部一起转动。发光管发出的光信号通过莫尔条纹落到光电接收管上，度盘每转动一栅距（d），莫尔条纹就移动一个周期（ω）。光电接收管将正弦信号整形后成为方波，所以，当望远镜从一个方向转动到另一个方向时，流过光电管光信号的脉冲（周期）数，进行计数就可求得度盘旋转的角值。为了提高测角精度和角度分辨率，仪器工作时，在每个脉冲（周期）内再均匀地内插 n 个脉冲信号，计数器对脉冲计数，则相当于光栅刻划线的条数又增加了 n 倍，即角度分辨率就提高了 n 倍。

为了判别测角时照准部旋转的方向，采用光栅度盘的电子经纬仪，其电子线路中还必须有判向电路和可逆计数器。判向电路用于判别照准时旋转的方向，若顺时针旋转，则计数器累加；若逆时针旋转，则计数器累减。

上述测角方法是通过对两光栅相对转动的计数束确定角值的，故称为增量式测角。

2. 编码度盘测角原理

如图 3-20 所示，在度盘上划分许多码道，并根据码道数将其划分为一定数量的扇区，设码道数为 n，扇区数为 2^n，扇区按透光和不透光间隔排列，将每个扇区赋予一个二进制码，其值为 $0\sim2^n$。这样便将度盘划分为 2^n 份。图 3-20为 4 个码道的编码度盘，显然度盘外环码道的编码为 $2^4=16$。角度的分辨率为

$$\delta=\frac{360°}{2^4}=22.5°$$

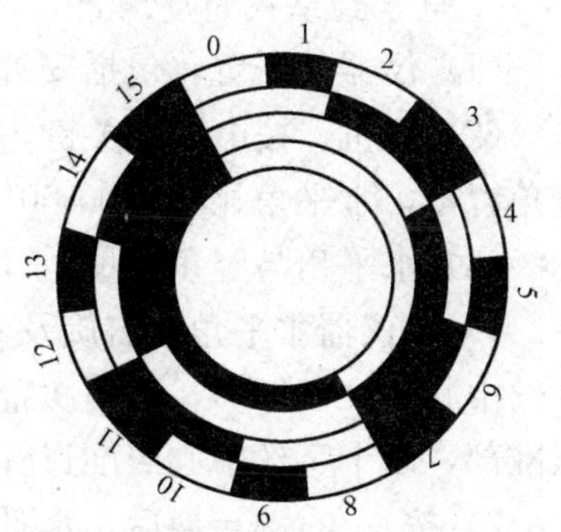

图 3-20　编码度盘测角原理

在度盘径向对应每个码道的两面，像光栅度盘一样分别设置有发光二极管和光敏器件，两者与照准部固连在一起，随照准部转动。这样，当照准目标后，视准轴方向的投影落在度盘的某一扇区上，由微处理器将光敏器件的电信号转换为二进制码，即得到该方向的角值。由此可见，每个方向都对应一个编码输出，可得到绝对方向值，因此，这种测角方法也称为绝对式测角法。

显然，4 个码道 16 个码区的编码度盘分辨率是不能满足实测要求的，为了获得较高的角度分辨率，可以增加码道数和相应的扇区数。但是从实际工艺、技术上受到了限制，因而除适当增加扇区数和码道数，还应设置测微装置，才能获得较高的测角精度。编码度盘能实时反映角度的绝对值，可靠性高，误差不积累，调试简单，有较强的环境适应性。

三、电子经纬仪的使用

下面以北京博飞 DJD2-C 系列电子经纬仪为例介绍电子经纬仪的使用，其采用增量式角度测角系统。水平、垂直角读数分辨率为 1″、5″，测角精度为 2″。

1. 显示屏与操作键盘

电子经纬仪一般采用液晶显示屏，如图 3-21 所示。左侧为显示屏，右侧为操作键盘。键盘功能见表 3-6。

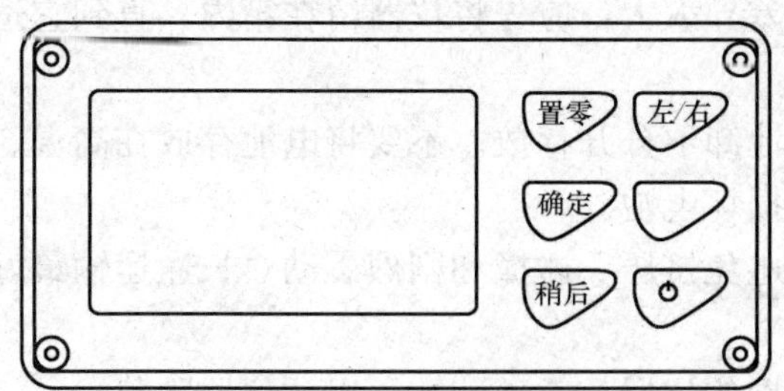

图 3-21　液晶显示屏

表 3-6 键盘功能说明

按键	功能 1	功能 2
置零	水平角置零	距离测量
锁定	水平角锁定	水平角复测
照明	显示器照明和视距板照明	第二功能选择
左/右	水平角左旋增量或右旋增量	设置模式
角/斜	垂直角/坡度百分比	测量数据输出
⏻	电源开关	

2. 电子经纬仪角度测量

(1) 仪器的安置，包括安置仪器，对中整平，其方法同光学经纬仪。

(2) 开机，按电源开关键，打开电源开关，显示要求垂直角置零符号，旋转望远镜使垂直角置零，水平角显示 0°00′00″。

(3) 水平角与竖角测量。

1）当仪器水平角为右旋及竖角天顶为 0°的测量方式时，顺时针方向转动照准部，以十字丝中心照准目标 A，按两次置零键，使目标 A 的水平角设置为 0°00′00″。顺时针方向转动照准部，以十字丝中心照准目标 B，即显示 AB 目标的水平角和 B 目标的竖角。

2）按左/右键转换后，水平角设置成左旋测量方式，逆时针方向转动照准部，以十字丝中心照准目标 A，按两次置零键，将目标 A 方向水平角置为 0°00′00″。逆时针方向转动照准部，以十字丝中心照准目 B，即显示 AB 目标的水平角和 B 目标的竖角。

3）盘左、盘右观测，可以有效地消除仪器相应的系统误差。因此在进行水平角和竖角观测时，应在完成盘左观测后，纵转望远镜 180°，进行盘右观测。

四、注意事项

(1) 日光下测量应避免将物镜直接瞄准太阳。若在太阳下作业应安装滤光器。

(2) 避免在高温或低温下存放和使用仪器，也应避免温度骤变（使用时气温变化除外）时使用仪器。

(3) 仪器不使用时，应将其装入箱内，置于干燥处，并注意防震、防尘和防潮。

(4) 若仪器工作处的温度与存放处的温度差异太大，应先将仪器留在箱内，直到它适应环境温度后再使用仪器。

(5) 仪器长期不使用时，应将仪器上的电池卸下分开存放。不要将电池存放在高温、高热或潮湿的地方，更不要将电池短路，否则会损坏电池。

(6) 仪器运输时，应将仪器装于箱内，并避免挤压、碰撞和剧烈震动，长途运输最好在箱子周围使用软垫。

(7) 仪器安装至三脚架或拆卸时，要一手握住仪器，一手装卸，以防仪器跌落。

(8) 外露光学器件需要清洁时，应用脱脂棉或镜头纸轻轻擦净，切不可用其他物品擦拭。

(9) 不可用化学试剂擦拭塑料部件及有机玻璃表面，可用浸水的软布擦拭。

（10）仪器使用完毕后，用绒布或毛刷清除仪器表面灰尘。仪器被雨水淋湿后，切勿通电开机，应及时用干净软布擦干并在通风处放一段时间。

（11）作业前应仔细全面检查仪器，确信仪器各项指标、功能、电源、初始设置和改正参数均符合要求时再进行作业。

（12）即使发现仪器功能异常，非专业维修人员不可擅自拆开仪器，以免发生不必要的损坏。

项目四

距 离 测 量

本单元主要介绍地面点标定、直线定线概念，钢尺量距的一般方法、精密方法，电磁波测距仪的构造及使用方法，以及视距测量的方法等内容。

学习目标：通过本单元的学习，了解地面点标定、直线定线知识，掌握钢尺量距方法和利用经纬仪进行视距测量的方法，掌握电磁波测距仪的构造及使用方法。

能力标准：通过本单元的学习，学生应熟练掌握钢尺量距的方法和利用经纬仪进行视距测量的方法，掌握光电测距仪的使用方法。

知识点1　地面点的标定与直线定线

距离测量是确定地面点位的基本工作之一，它是量测地面上两点间水平距离，即通过该两点的铅垂线投影到水平面的距离。

一、地面点的标定

在测量时为了使观测者能在远处瞄准点位，需在点位标志上竖立各种形状的觇标，常用的有花竿、旗杆等。花竿一般长 2～3m，直径为 3～4cm，杆身涂有 20cm 相间的红、白油漆。

二、直线定线

如果地面两点之间的距离较长或地面起伏较大，需分几段进行丈量。为了使所量线段在一条直线上，需要将每一尺段首尾的标杆标定在待测直线上，这一工作称为直线定线。定线可采用目测定线法或经纬仪定线法两种方法。

1. 目测定线法

如图 4-1 所示，欲测 A、B 两点间距离，先在 A、B 两点竖上标杆，作业员甲站于端点 A 点上的标杆后 1～2m 处，瞄 A、B 处标杆，并指挥作业员乙左右移动标杆 2，直到三个标杆在一条直线上，然后将标杆竖直插下。直线定线一般应由远到近，即先定点 1，再定点 2。

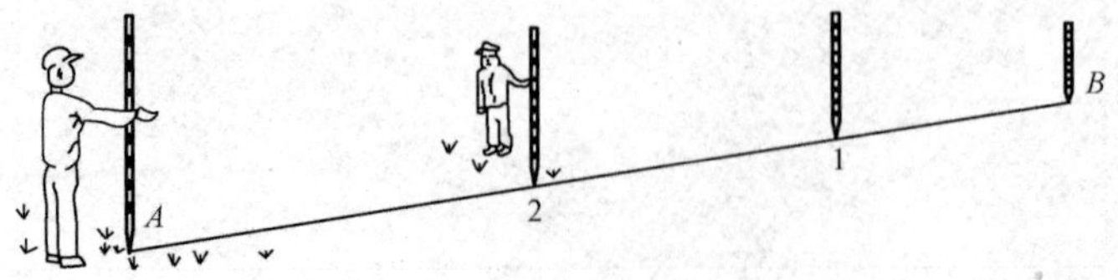

图 4-1　目测定线

2. 经纬仪定线法

当丈量距离的精度要求较高或测角量边同时进行时，可直接用经纬仪定线。设 A、B 两点通视，把经纬仪安置在 A 点后（对中、整平），用望远镜十字丝交点瞄准 B 点，制动照准部，望远镜上下转动，指挥在两点间某一点上的助手，左右移动标杆，直至标杆像为十字丝交点所平分。为了减少照准误差，使用经纬仪精密定线时，可以用直径更细的测钎或垂球线代替标杆。

技能点1 钢尺量距方法

钢尺量距是利用钢尺以及辅助工具直接量测地面上两点间的水平距离，通常在短距离测量中使用。精度要求较高的测量应采用光电测距仪测距。

一、量距工具

直线丈量的工具通常有钢尺和皮尺。钢尺丈量较为精确，皮尺则较为粗略。这里仅介绍用钢尺直接量距。

钢尺也称钢卷尺，如图 4-2 所示。钢尺长度有 20、30m 及 50m 等几种。钢尺的分划有三种，一种以厘米为基本分划，适用于一般量距；另一种以厘米为基本分划，但钢尺起始 10cm 内有毫米分划；第三种以毫米为基本分划。后两种适用于较精密的量距。

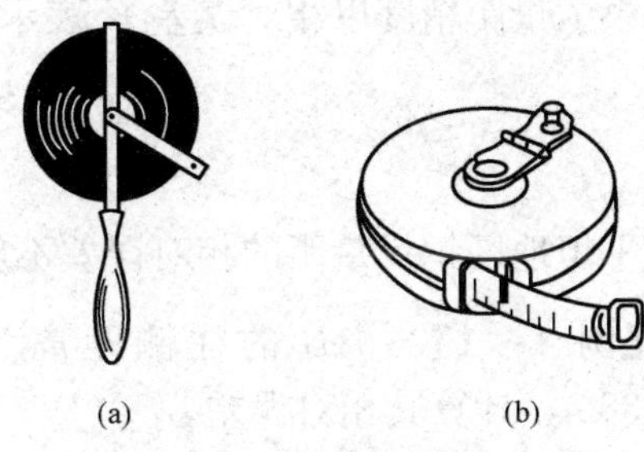

图 4-2 钢尺和皮尺
(a) 钢尺；(b) 皮尺

根据钢尺上零点位置的不同，有端点尺和刻线尺的区分。端点尺是以尺的最外端点作为尺的零点，如图 4-3（a）所示，当从建筑物墙边开始丈量时使用很方便。刻线尺是以尺前端的一刻线作为尺长的零点，如图 4-3（b）所示，刻线尺可得较高的丈量精度。较精密的钢尺在尺端有的刻有“30m，20℃，10kg”等字样，表明该钢尺的标定温度为 20℃，拉力为 10kg（100N），在这个条件下其长度应为 30m。

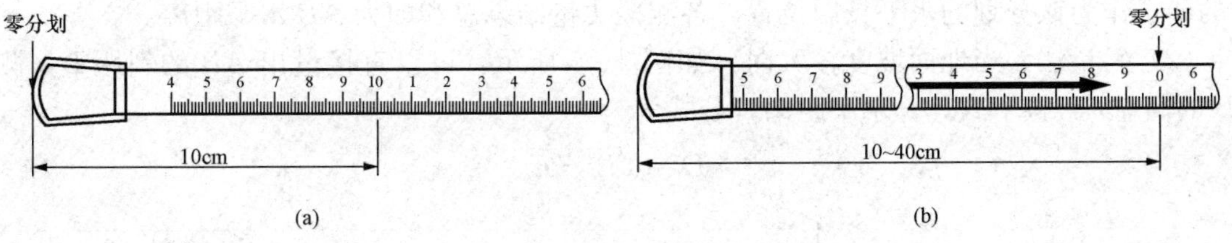

图 4-3 钢尺
(a) 端点尺；(b) 刻线尺

钢尺量距中辅助工具还有测钎、花杆、锤球、弹簧秤和温度计等。花杆长 3m，杆上涂以 20cm 间隔的红、白漆，以便远处清晰可见，用作标定直线方向。测钎一组为 6 根或 11 根，用来标志所量尺段的起、迄点和计算已量过的整尺段数。锤球用来投点，弹簧秤和温度计用于控制拉力和测定温度。

二、钢尺量距的一般方法

1. 平坦地面的距离丈量

丈量前，先将待测距离的两个端点 A、B 用木桩（桩上钉一小钉）标志出来，然后在端点的外侧各立一标杆，清除直线上的障碍物后，即可开始丈量。丈量工作由两人进行。后尺手持尺的零端对准地面标定点，前尺手拿一组测钎持钢尺的末端，丈量时前、后尺手按定线方向沿地面拉紧钢尺，前尺手在尺的末端分划线处垂直插下一测钎，这样就完成了一个尺段。然后，前、后尺手同时将钢尺抬起前进。后尺手走到第一根测钎处，用零端对准测钎，前尺手拉紧钢尺在整尺端处插下第二根测钎。依次继续丈量。每量完一尺段，后尺手要注意收回测钎，最后一尺段不足一整尺时，前尺手在 B 点标志处读取尺上毫米刻划值，后尺手手中测钎数为整尺数。不足一整尺段的余长，设为 Δl，则 AB 的水平距离 D 可按下式计算

$$D=nl+\Delta l \tag{4-1}$$

式中 n——尺段数；

l——钢尺整尺长；

Δl——不足一整尺的余长。

为了提高测量精度防止丈量错误，通常采用往、返丈量。取往、返测距离的平均值为丈量结果。量距精度以相对误差 K 表示，即

$$K=\frac{|D_{往}-D_{返}|}{D_{平均}}=\frac{1}{\dfrac{D_{平均}}{|D_{往}-D_{返}|}} \tag{4-2}$$

平坦地区钢尺量距的相对误差不应大于 1/3000。在困难的地区也不应大于 1/1000。

【例 4-1】 AB 的往测距离为 213.41m，返测距离为 213.35m，距离平均值为 213.38m，计算其相对误差。

解

$$K=\frac{1}{\dfrac{213.38}{|213.41-213.35|}}\approx\frac{1}{3556}$$

2. 倾斜地面的距离丈量

（1）平量法。当倾斜地面地势起伏不大时，可将钢尺水平拉直丈量，如图 4-4 所示，即尺子一端靠地，另一端用锤球线紧靠尺子的某分划，使锤球自由下坠，其尖端在地面上击出的印子作为该分划的水平投影位置。各测段丈量结果总和即为 AB 水平距离。

（2）斜量法。当地面坡度较大时，如图 4-5 所示，可以直接量出 AB 的斜距 L，测出 AB 的高差 h，按下式计算水平距离，公式为

$$D=\sqrt{L^2-h^2} \tag{4-3}$$

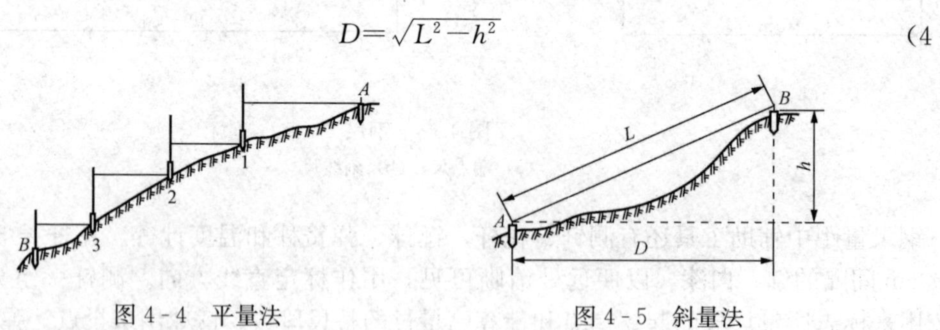

图 4-4 平量法　　图 4-5 斜量法

三、钢尺量距的精密方法

用一般方法量距，量距精度只能达到 1/1000～1/5000，当量距精度要求在 1/10 000 以上时，要用精密的方法进行丈量。

1. 测距成果改正

钢尺量距时，由于测量环境与钢尺标定环境不同，造成钢尺实际长度与其标定长度存在

差异，因此对丈量结果要加以改正，才能保证测量精度。

(1) 尺长改正。钢尺名义长度 l_0，一般和实际长度不等，每量一段都需加入尺长改正。在标准拉力、标准温度下经过检定实际长度为 l'，其差值 Δl 为整尺段的尺长改正，即

$$\Delta l=l'-l_0$$

任一长度 l 尺长改正公式为

$$\Delta l_d=\frac{\Delta l}{l_0}l \tag{4-4}$$

(2) 温度改正。钢尺受温度影响会伸缩。野外量距时，当温度 t 与检定钢尺时温度 t_0 不一致时，要进行温度改正，其改正公式为

$$\Delta l_t=\alpha(t-t_0)l \tag{4-5}$$

式中　α——钢尺的膨胀系数，$\alpha=1.25\times10^{-5}/℃$。

2. 钢尺精密量距的外业

(1) 定线。如图 4-6 所示，欲精密丈量直线 AB 的距离，安置经纬仪于 A 点上，瞄准 B 点，用经纬仪进行定线。先用钢尺进行概量，在视线上依次定出比钢尺一整尺段略短的 $A1$、12、23 等尺段。在各尺段端点打下木桩，桩顶高出地面 3～5cm。在桩顶钉一白铁皮。利用 A 点的经纬仪定线，在各白铁皮上划一条线，使其与 AB 方向重合，另划一条线垂直于 AB 方向，形成十字，作为丈量时的标志。

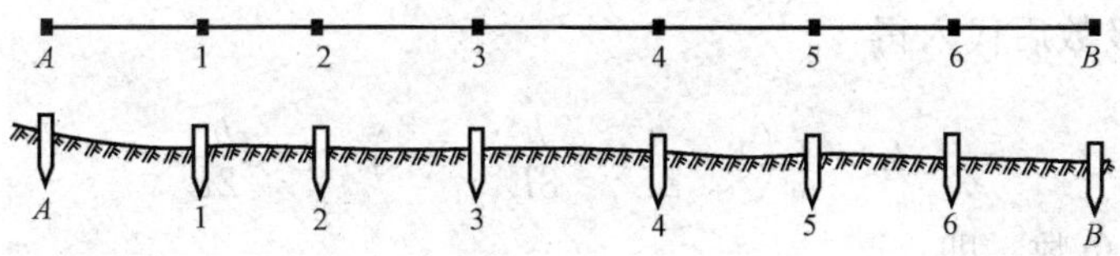

图 4-6　钢尺精密量距

(2) 量距。用检定过的钢尺丈量相邻两木桩之间的距离。丈量组一般由五人组成，两人拉尺，两人读数，一人指挥兼记录和读温度。丈量时，拉伸钢尺置于相邻两木桩顶上，并能使钢尺有刻划的一侧贴切十字线。后尺手将弹簧秤挂在尺的零端，以便施加钢尺检定时的标准拉力（30m 钢尺，标准拉力为 100N）。钢尺拉紧后，前尺手以尺上某一整数分划对准桩顶十字交点，发出读数口令"预备"，后尺手回答"好"。在喊好的一瞬间，两端的读尺员同时根据十字线交点读取读数，估读到 0.5mm 计入手簿（见表 4-1）。每尺段要移动钢尺位置丈量三次，三次测得结果的较差按要求而定，一般不得超过 2～3mm，否则要重量。如在限差之内，则取三次结果的平均值作为此尺段的观测成果。每量一尺段都要读记温度一次，估读到 0.5℃。

上述由直线起点丈量到终点是往测，往测完毕后立即返测，根据式（4-2）计算其相对误差，并控制误差在限差范围内。

(3) 测量桩顶高程。上述所量的距离，是桩顶点的倾斜距离，为了改算成水平距离，要用水准测量的方法测出各桩顶的高程，以便进行倾斜改正。水准测量宜在量距前或量距后往、返观测一次，以便检核。相邻两桩顶往、返所测高差之差，一般不得超过 10mm；如在限差之内，取其平均值作为观测的成果。

3. 钢尺精密量距的内业

(1) 水平距离的成果整理。丈量结果若为水平距离 D'，可根据钢尺的尺长方程式算出尺子的实际长度（l_t），求出每米尺长的实际长度（l_t/l_0），则所量距离的实际长度应为

$$D=D'\frac{l_t}{l_0} \tag{4-6}$$

(2) 倾斜距离的成果整理。丈量结果若为倾斜距离 L，需对 L 进行尺长、温度和倾斜三项改正。地面倾斜坡度不同时，可分段进行改正；地面倾斜坡度基本一致时，可按整条边长的长度进行改正。

1) 尺长改正数 ΔL_d

$$\Delta L_d=L\frac{\Delta l}{l_0} \tag{4-7}$$

2) 温度改正数 ΔL_t

$$\Delta L_t=L\alpha(t-t_0) \tag{4-8}$$

3) 倾斜改正数 ΔL_h。设 L 为量得的斜距，h 为尺段两端点之间的高差，现在要将 L 改算成水平距离 D，所以要加倾斜改正数 ΔL_h，从图 4-7 可以看出

$$\Delta L_h=D-L=\sqrt{L^2-h^2}-L=L\left(1-\frac{h^2}{L^2}\right)^{\frac{1}{2}}-L$$

将 $\left(1-\frac{h^2}{L^2}\right)^{\frac{1}{2}}$ 展成级数后代入得

$$\Delta L_h=L\left(1-\frac{h^2}{2L^2}-\frac{h^4}{8L^4}-\cdots\right)-L\approx\frac{h^2}{2L}$$

倾斜改正数永远为负数，即

$$\Delta L_h=-\frac{h^2}{2L} \tag{4-9}$$

水平距离 D 为

$$D=L+\Delta L_d+\Delta L_t+\Delta L_h \tag{4-10}$$

钢尺量距记录计算手簿见表 4-1。

表 4-1　　钢尺量距记录计算手簿

钢尺号：N0.099　钢尺线膨胀系数：0.000 012 5m/℃　检定温度：20℃　计算者：

名义尺长：30m　钢尺检定长度：30.0015m　检定拉力：10kg　日期：　　年　　月　　日

尺段	丈量次数	前尺读数 (m)	后尺读数 (m)	尺段长度 (m)	温度 (℃)	高差 (m)	温度改正 (mm)	高差改正 (mm)	尺长改正 (mm)	改正后尺段长 (m)
1	2	3	4	5	6	7	8	9	10	11
A1	1	29.9910	0.0700	29.9210	25.5	−0.152	+2.0	−0.4	+1.5	29.9249
	2	29.9920	0.0695	29.9225						
	3	29.9910	0.0690	29.9220						
	平均			29.9218						

续表

尺段	丈量次数	前尺读数(m)	后尺读数(m)	尺段长度(m)	温度(℃)	高差(m)	温度改正(mm)	高差改正(mm)	尺长改正(mm)	改正后尺段长(m)
12	1	29.8710	0.0510	29.8200	25.4	−0.071	+1.9	−0.08	+1.5	29.8228
	2	29.8705	0.0515	29.8190						
	3	29.8715	0.0520	29.8195						
	平均			29.8195						
2B	1	24.1610	0.0515	24.1095	25.7	−0.210	+1.6	−0.9	+1.2	24.1121
	2	24.1625	0.0505	24.1120						
	3	24.1615	0.0524	24.1091						
	平均			24.1102						
总和										83.8598

对表4-1中$A1$段距离进行三项改正计算。

尺长改正 $\Delta l_d=0.0015(\text{m})$

温度改正 $\Delta l_t=0.000\,0125\times(25.5-20)\times29.9218=0.0020(\text{m})$

倾斜改正 $\Delta l_h=\dfrac{(-0.152)^2}{2\times29.9218}=-0.0004(\text{m})$

经上述三项改正后的$A1$段的水平距离为

$$D_{A1}=29.9218+0.020+(-0.0004)+0.0015=29.9249(\text{m})$$

其余各段改正计算与$A1$段相同，然后将各段相加为83.8598m。表4-1中，设返测的总长度为83.8524m，可以求出相对误差，用来检查量距的精度

$$\text{相对误差 } K=\frac{|D_{往}-D_{返}|}{D_{平均}}=\frac{0.0074}{83.8561}=\frac{1}{11\,332}$$

符合精度要求，则取往返测的平均值83.8561m为最终丈量结果。

技能点2 视 距 测 量

视距测量是一种间接测距方法，普通视距测量所用的视距装置是测量仪器望远镜内十字丝分划板上刻制的上下对称的两条短线（视距丝）。

视距测量作业方便，测距精度为1/200～1/300，精密视距测量可达1/2000。其观测时可同时测定平距和高差，操作简便。但随着电磁波测距的发展和广泛的应用，视距测量使用得越来越少，只用于小的测量任务。

一、视距测量的基本公式

如图4-7所示，为了测定两点（如A、B两点）间的水平距离和高差，可以在一点（如A点）安置经纬仪（包括对中、整平），在另一点（如B点）竖立水准尺，并测量仪器高度i，读取上、中、下三丝在水准尺上的读数以及竖直角α，两点间的水平距离D和高差h的计算公式分别为

$$D=L\cos\alpha=Kl\cos^2\alpha \tag{4-11}$$

$$h=h'+i-v=\frac{1}{2}Kl\sin\alpha+i-v=D\tan\alpha+i-v \tag{4-12}$$

式中　D——两点间的水平距离；

L——望远镜旋转中心 Q 与视距尺旋转中心 O 的视距；

K——视距常数，通常为 100；

l——下、上两视距丝在水准尺上的读数之差；

α——竖直角；

h——两点间的高差；

h'——初算高差；

i——仪器高；

v——中丝在水准尺上的读数。

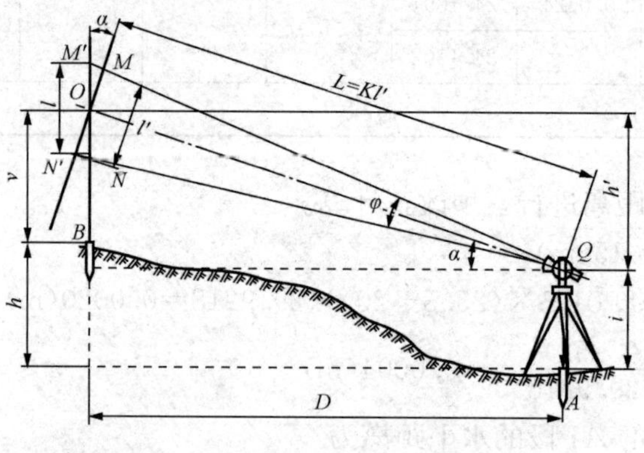

图 4-7　视准轴倾斜时的视距测量

当视线水平时，即竖直角为零，式（4-11）、式（4-12）可变为

$$D=Kl=100l \tag{4-13}$$

$$h=i-v \tag{4-14}$$

在实际工作中，尽可能使十字丝照准在水准尺上的读数 v（视准高）等于仪器高 i，使高差 h 的计算进一步简化为

$$h=\frac{1}{2}Kl\sin2\alpha \tag{4-15}$$

用视距法测出两点之间的高差后，可以根据测站点的高程，计算出目标点的高程。

二、视距测量观测方法

（1）在控制点 A 上安置经纬仪，作为测站点。量取仪器高 i（取至厘米数）并抄录测站点的高程 H_A（也取至厘米数）。

（2）立标尺于欲测定的地形点上，尽量使尺子竖直，尺面对准仪器。

（3）视距测量一般用经纬仪盘左位置进行观测，望远镜瞄准标尺后，消除视差读取下丝读数 m 及上丝读数 n，计算视距间隔 $l=m-n$；读取中丝的读数；使竖盘水准管气泡居中，读竖盘读数。

（4）按公式计算出水平距离和高差，然后根据 A 点高程计算出 B 点高程。

以上完成对一个点的观测，然后重复各步骤，测定其他地形点。

三、视距测量计算

视距测量记录见表 4-2。

表 4-2　　视 距 测 量 记 录

测站：A　　测站高程：41.40m　　仪器高：1.42m

照准点号	下丝读数上丝读数视距间隔	中丝读数 v	竖直角 α	水平距离 D (m)	高差 h (mm)	高程 H (m)
B	1.768 0.934 0.834	1.35	+2°45′	83.21	+4.07	45.47
C	2.182 0.660 1.522	1.42	+5°27′	150.83	+14.39	55.79
D	2.440 1.862 0.578	2.15	−1°35′	57.76	−2.33	39.07

技能点 3　电磁波测距仪测距

前面介绍的测距方法中，钢尺量距的速度慢，而且在山地、沼泽地区使用起来困难。视距测量的精度又太低。因此，人们需要采用其他方法进行距离测量。随着电子技术的发展，在 20 世纪 40 年代末人们发明了电磁波测距仪。电磁波测距具有测程长、精度高、作业快、工作强度低、不受地形限制等优点。

电磁波测距是利用电磁波（微波、光波）作为载波，在其上调制测距信号，测量两点间的距离。若测定它在两点间的传播时间为 t，则计算两点间的距离 D，如图 4-8 所示

$$D=\frac{1}{2}ct \tag{4-16}$$

式中　c——电磁波在大气中的传播速度。

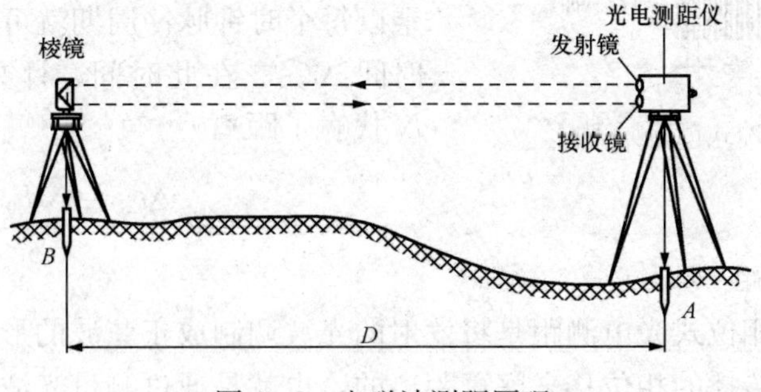

图 4-8　电磁波测距原理

以电磁波为载波的测距仪器统称为电磁波测距仪，按其所采用的载波可分为微波测距仪、激光测距仪、红外测距仪。根据测量工作原理的不同，又可分为脉冲式和相位式两种。

红外测距仪用于中、短程测距，以砷化镓（GaAs）发光二极管作光源，仪器轻便，用相位式测距工作的原理，相对脉冲测距而言，测距更精确，广泛应用于小面积控制测量、地形测量、地籍测量和建筑施工测量中。本节主要介绍红外测距仪。

一、电磁波测距原理

1. 脉冲式测距

用电磁波测距仪测定 A、B 两点间的距离 D，在待测距离一端安置测距仪，另一端安放反光镜，见图 4-9。测距仪发出光脉冲后，经反光镜反射，回到测距仪。若能测定光在距离 D 上往返传播的时间，即测定发射光脉冲与接收光脉冲的时间差 Δt_{2D}，则测出距离 D

$$D=\frac{1}{2}\frac{c_0}{n_g}\Delta t_{2D} \tag{4-17}$$

式中 c_0——光在真空中的速度；

n_g——光在大气中的传输折射率。

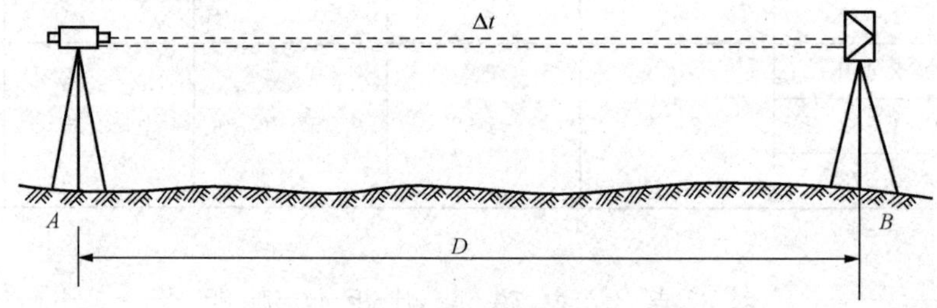

图 4-9 脉冲式测距

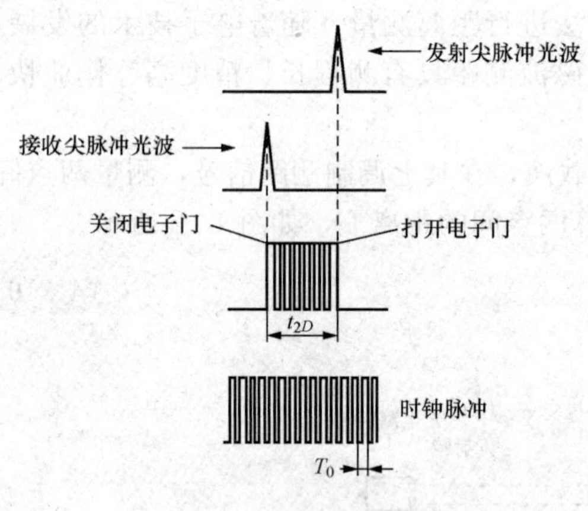

图 4-10 脉冲式测距原理

脉冲式光电测距是采用直接测定光脉冲在待测距离上往返的时间。测距仪将光波调制成一定频率的尖脉冲发送出去。如图 4-10 所示，在尖脉冲光波离开测距仪发射镜的瞬间，触发打开了电子门，此时，时钟脉冲进入电子门填充，计数器开始计数。在仪器接收镜接收到由反光棱镜反射回的尖脉冲光波的瞬间，关闭电子门，计数器停止计数。然后根据计数器得到的时钟脉冲个数乘以每个时钟脉冲周期就可以得到光脉冲往返的时间 Δt_{2D}。在此时间，计数器显示的时标个数 N 代表了距离

$$\Delta t_{2D}=NT_0=\frac{N}{f_0} \tag{4-18}$$

2. 相位式光电测距

（1）基本原理。相位式光电测距是将发射的光波调制成正弦波的形式，通过测量正弦光波在待测距离上往返传播的相位移来解算距离的，也就是通过测量光波传播了多少个周期来解算距离。

如图 4-11 所示为从发射镜发射的光波经反射棱镜反射并由接收镜接收后所展开的图形。正弦光波一个周期的相位移为 2π，假设正弦光波经过发射和接收后的相位移为 φ，则 φ

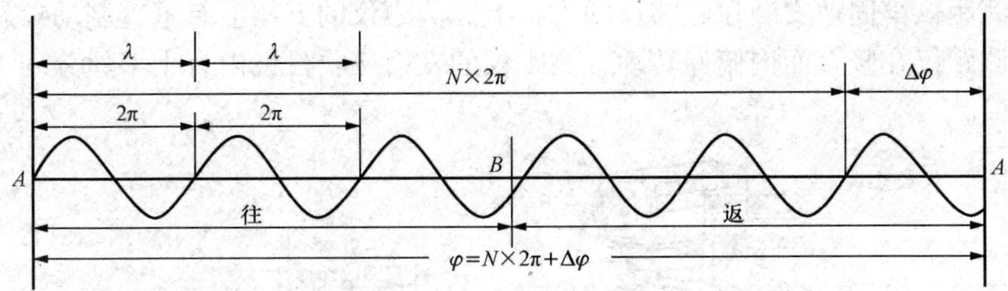

图 4-11　相位法测距原理

可以分解为 N 个（整数个）2π 周期和不足一个周期的相位移 $\Delta\varphi$，即

$$\varphi = N\times 2\pi + \Delta\varphi = 2\pi\left(N + \frac{\Delta\varphi}{2\pi}\right) = 2\pi(N+\Delta N)$$

因为 $$v=\lambda f, T=\frac{1}{f}, 2\pi=\lambda, \Delta\varphi=\Delta\lambda$$

所以 $$\frac{\Delta\varphi}{2\pi}=\frac{\Delta\lambda}{\lambda}$$

则对应的距离值为 $$D=\frac{1}{2}ct$$

$$D=\frac{1}{2}\lambda f(NT+\Delta NT)=\frac{1}{2}\lambda\frac{1}{T}[T(N+\Delta N)]=\frac{\lambda}{2}\left(N+\frac{\Delta\lambda}{\lambda}\right) \tag{4-19}$$

式中　N——相位移的整周期数或调制光整波长的个数，其值可为零或正整数；

λ——调制光的波长；

$\Delta\lambda$——不足一个波长的调制光的长度；

$\Delta\varphi$——不足一个整周期的相位移尾数。

通常令 $u=\frac{\lambda}{2}$，则 $D=u(N+\Delta N)$。

该式就是相位式测距的基本公式。这种方法的实质是相当于用一把长度为 u 的尺子来丈量欲测的距离。

(2) N 值的确定。在相位式测距仪中，一般只能测定 $\Delta\varphi$ 而无法测定整周期数 N，因此使式（4-19）产生多值解，距离 D 无法确定。由光的特性可知，当测尺长度 u 大于待测距离 D 时，则 $N=0$，此时可求得确定的距离值

$$D=u\Delta N=u\frac{\Delta\varphi}{2\pi}$$

显然，为了扩大测程，必须选用较长的测尺，即选用较低的调制频率。由

$$u=\frac{\lambda}{2}=\frac{c}{2f}$$

可算出与测尺长度相应的测尺频率（调制频率）。

由于仪器测相误差一般可达 10^{-3}，它对测距误差的影响将随测尺长度的增大而增大。因此，为了解决扩大测程与提高精度的矛盾，可以采用一组测尺共同测距。

二、电磁波测距仪测距

1. 电磁波测距仪构造

如图 4-12 所示，测距仪常安置在经纬仪上同时使用。测距仪的支架座下有插孔及制紧

螺旋，可使测距仪牢固地安装在经纬仪的支架上。测距仪的支架上有垂直制动螺旋和微动螺旋，可以使测距仪在竖直面内俯仰转动。测距仪的发射接收目镜内有十字丝分划板，用以瞄准反射棱镜。

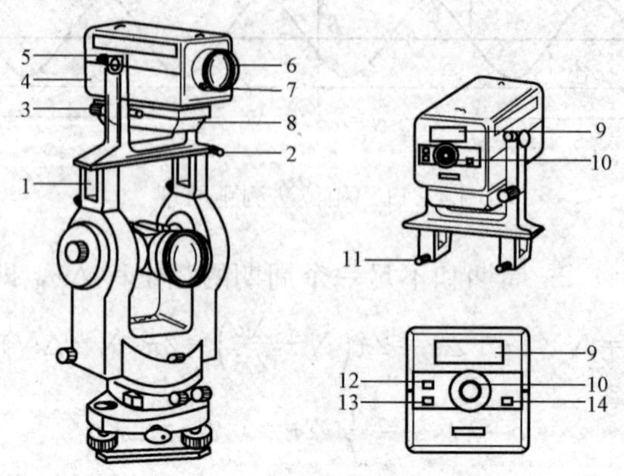

图 4-12 电磁波测距仪

1—支架座；2—水平方向调节螺旋；3—垂直微动螺旋；4—测距仪主机；5—垂直制动螺旋；6—发射接收镜物镜；7—数据输入输出插座；8—电池；9—显示窗；10—发射接收镜目镜；11—支架固定螺旋；12—测距模式键；13—电源开关；14—测量键

反射棱镜通常与照准觇牌一起安置在单独的基座上，如图 4-13 所示，测程较近时（通常在 500m 以内）用单棱镜，测程较远时可使用三棱镜组。

2. 电磁波测距仪测距方法

(1) 安置仪器。在测站上安置经纬仪（对中、整平），将测距仪主机安装在经纬仪照准部支架的连接器上，拧紧连接螺旋；在目标点上安置棱镜、觇牌，安置方法同光学经纬仪的安置。

(2) 用气压表、温度计测定气压、温度。

(3) 用经纬仪盘左位置瞄准觇牌中心，读取竖直度盘读数（如图 4-14)。

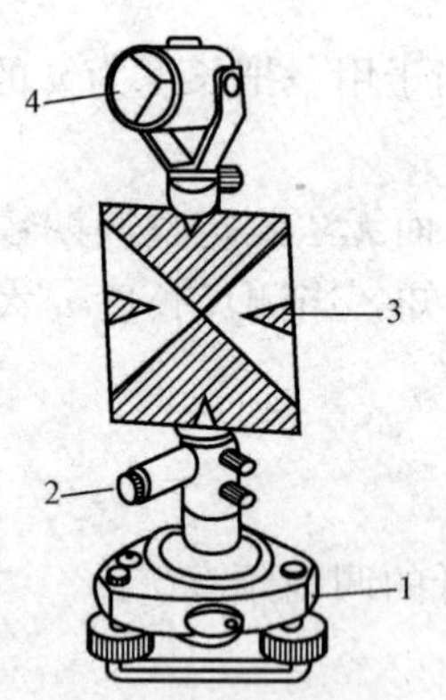

图 4-13 反射棱镜及照准觇牌

1—基座；2—光学对中器；3—照准觇牌；4—反射棱镜

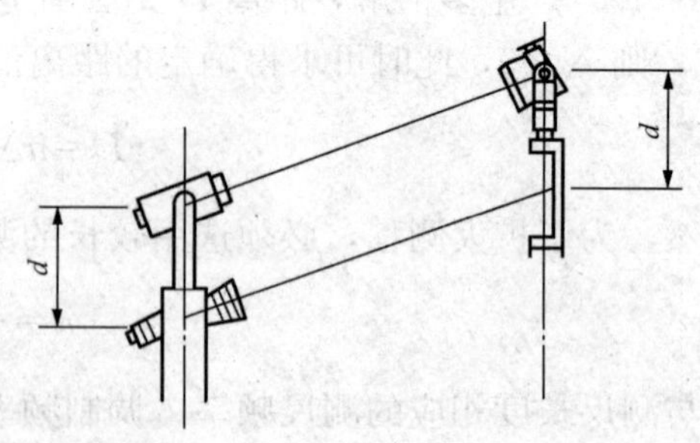

图 4-14 反射棱镜及瞄准位置

(4) 开机自检，依次显示温度、气压、棱镜常数和自检符号，自检正常后分别预置温度、气压与棱镜常数。

(5) 用测距仪瞄准棱镜中心，主机在接收到正常光强信号后，将鸣叫（按 SIG 键后，进入手动减光状态，此时不鸣叫），并出现“ * ”号，如无“ * ”号出现，应分析原因，及时排除故障。

（6）输入天顶距，按度分秒依次输入。

（7）距离测量。根据操作框提示按测距键，显示距离。

3. 边长改正

设测距仪测定的距离是斜距，并且也未预置仪器常数，则需对所测距离进行仪器常数改正、气象改正、倾斜改正等，最后求得水平距离。

现代测距仪（全站仪）都可进行改正数预置，测量时自动进行改正，无须计算。下面简述改正内容。

（1）仪器常数改正。仪器常数有加常数和乘常数两项。加常数是由发光管的发射面、接收面与仪器中心不一致，反光镜的等效反射面与反光镜中心不一致，内光路产生相位延迟及电子元件的相位延迟等因素的影响所致。

仪器的测尺长度与仪器振荡频率有关，仪器经过一段时间使用，晶体老化，致使测距时仪器的振荡频率与设计时的频率有偏移，因此产生与测试距离成正比的系统误差，其比例称为乘常数。例如，晶振频率有 15Hz 误差，会产生 1×10^{-6} 的系统误差，1km 的距离产生 1mm 误差。此项误差也应通过检测求定，在所测距离加以改正。

（2）气象改正。光的传播速度受大气状态的影响。仪器制造时只能选取某个大气状态（假定大气状态）来定出调制光的波长，而实际测距时的大气状态一般不会与假定大气状态相同，所以必须加气象改正。气象改正可按厂家提供的气象改正公式计算。

（3）倾斜改正。测距仪测试结果经过前几项改正后的距离是测距仪几何中心到反光镜几何中心的斜距。要改算成平距还应进行倾斜改正。现代测距仪一般都与光学经纬仪或电子经纬仪组合，测距时可以同时测出竖直角 α 或天顶角 z（天顶角是从天顶方向到目标方向的角度）。

当已知测线两端之间的高差 h 时，可按下式计算倾斜改正数，即

$$\Delta D=-\frac{h^2}{2D}-\frac{h^4}{8D^3}$$

式中 h——测距仪与反射棱镜之间的高差。

水平距离

$$S=D+\Delta D_{倾}$$

若测得测线的竖角，用下式计算水平距离

$$S=D\cos\alpha=D\sin z$$

以上三式中的 D 均为经气象、加常数等改正后的倾斜距离。

（4）测距仪的标称精度。测距误差可以分为两类：一类是与待测距离成比例的误差，如乘常数误差、温度和气压等外界环境引起的误差；另一类是与待测距离无关的误差，如加常数误差。所以一般将测距仪的精度表达为下面形式

$$m_D=\pm(A+BD)$$

A 为固定误差，B 为比例误差系数，单位为 mm/km，常称 ppm，1ppm＝1mm/km。D 为所测距离。

项目五

直 线 定 向

本单元主要包括标准方向的种类、直线方向的表示方法和坐标方位角推算等三个知识点。

学习目标：通过本单元的学习，学生应该了解标准方向的种类，掌握直线方向的表示方法，掌握坐标方位角推算的方法，能够熟练进行坐标方位角的计算。

能力标准：建筑物定向是建筑工程测量的主要内容，在开展建筑物定位放样工作前，应了解标准方向的种类，掌握直线方向的表示方法，掌握坐标方位角推算的方法。

知识点1 标准方向的种类

一、真子午线方向

过地球南北极的子午线，称为真子午线。过真子午线上任意一点所作的切线方向，称为该点的真子午线方向。真子午线方向可用天文测量的方法测定。指向北极星的方向可近似地作为真子午线方向。

二、磁子午线方向

磁子午线方向是磁针在地球磁场作用下，磁针自由静止时其轴线所指的方向。磁子午线方向可用罗盘仪测定。

三、坐标纵轴方向

在高斯平面直角坐标中，坐标纵轴方向就是地面点所在投影带的中央子午线方向。在同一投影带内，各点的坐标纵轴方向是彼此平行的。

由于不同点处的真、磁子午线不是互相平行的，不便使用，所以在工程测量中通常采用坐标纵轴方向作为定向的基本方向，即以坐标方位角确定直线的方向，应为各点的坐标纵轴是相互平行的。

知识点2 直线方向的表示方法

一、方位角

以基本方向的北端起顺时针方向到某一方向线的夹角，称为该方向线的方位角，它的取值范围是0°～360°。

以真子午线方向为基本方向的方位角，称为真方位角，一般以A表示；以磁子午线方向为基本方向的方位角，称为磁方位角，一般以A_m表示；以坐标纵轴方向为基本方向的方位角，称为坐标方位角，一般用α表示。

二、象限角

从基本方向线的一端量至某一直线的锐角，叫做该直线的象限角。它是由基本方向线的北端或南端按顺时针或逆时针量至该直线的角度，其取值范围为 0°～90°。

因为象限角的数值均在 0°～90°之间，所以若用象限角定向，除了需要知道它的数值外，还要知道它所在的象限名称。如图 5 - 1 所示，OA 的象限角为北东 70°21′，OC 的象限角为南西 55°40′。

三、方位角与象限角的关系

方位角与象限角的关系见表 5 - 1。

表 5 - 1　　方位角与象限角的关系

直线方向	象限	象限角与方位角的关系
北东	Ⅰ	$\alpha=R$
南东	Ⅱ	$\alpha=180°-R$
南西	Ⅲ	$\alpha=180°+R$
北西	Ⅳ	$\alpha=360°-R$

四、正反坐标方位角

测量工作中，通常用坐标方位角表示直线方向，坐标方位角有正、反之分。直线前进方向的坐标方位角成为正坐标方位角，其相反方向的坐标方位角称为反坐标方位角。同一条直线的正、反坐标方位角相差 180°，如图 5 - 2 所示，即

$$\alpha_{正}=\alpha_{反}\pm180° \tag{5-1}$$

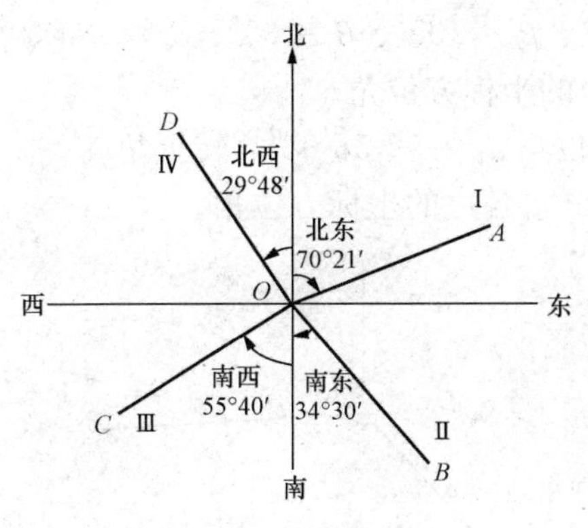

图 5 - 1　象限角示意

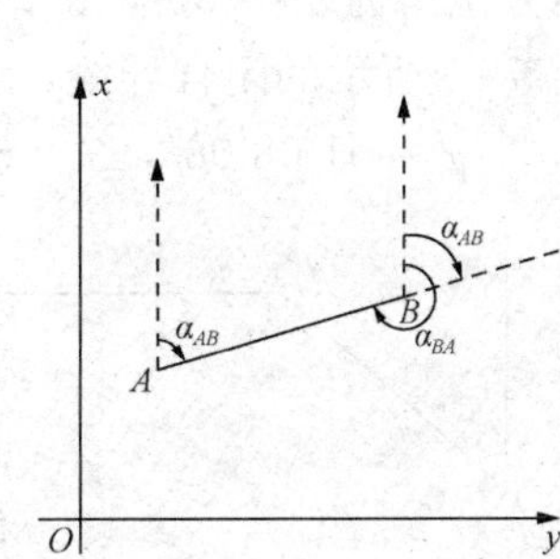

图 5 - 2　正、反方位角

知识点 3　坐标方位角推算

在实际工作中并不需要测定每条直线的坐标方位角，而是通过与已知坐标方位角的直线连测后，推算出各条直线的坐标方位角。如图 5 - 3 所示，已知直线 12 的坐标方位角 α_{12}，观测水平角 β_2 和 β_3，要求推算直线 23 和直线 34 的坐标方位角。

由图 5 - 3 可知，首先推算直线 23 的坐标方位角 α_{23}，将水平角 β_2 分解为 β_{2A} 和 β_{2B}，可以得到如下关系

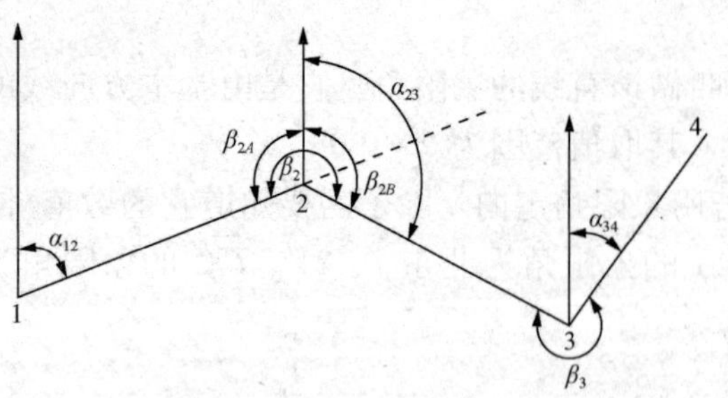

图 5-3　坐标方位角的推算

$$\begin{cases}\beta_2=\beta_{2A}+\beta_{2B}\\ \alpha_{12}+\beta_{2A}=180^\circ\\ \alpha_{23}=\beta_{2B}\end{cases}$$

由上述关系可以推出

$$\alpha_{23}=\beta_{2B}=\beta_2-\beta_{2A}=\beta_2-(180^\circ-\alpha_{12})$$
$$=\alpha_{12}+\beta_2-180^\circ$$

因 β_2 在推算路线前进方向的左侧，称为左角。β_3 在前进方向的右侧，称为右角。可以看出 $\beta_{左}+\beta_{右}=360^\circ$，可以推出

$$\alpha_{34}=\alpha_{23}+(360^\circ-\beta_3)-180^\circ=\alpha_{23}-\beta_3+180^\circ$$

从而可归纳出坐标方位角推算的一般公式

$$\alpha_{前}=\alpha_{后}+\beta_{左}-180^\circ \tag{5-2}$$

$$\alpha_{前}=\alpha_{后}-\beta_{右}+180^\circ \tag{5-3}$$

计算中，如果推算出 $\alpha_{前}>360^\circ$，应减去 360°；如果 $\alpha_{前}<0^\circ$，应加上 360°转换为正角，坐标方位角取值范围为 0°～360°。

练习题

1. 标准方向的种类有几种？在工程测量中通常以何种方向作为定向的基本方向？

2. 直线方向表示有几种？范围各是多少？

3. 正反坐标方位角的关系是什么？

4. 如图 5-4 所示，五边形内角为：$\beta_1=90^\circ$、$\beta_2=135^\circ$、$\beta_3=65^\circ$、$\beta_4=130^\circ$、$\beta_5=120^\circ$，12 边的坐标方位角为 $\alpha_{12}=30^\circ$，试计算其他各边的坐标方位角。

5. 如图 5-5 所示的闭合导线，已知坐标方位角 $\alpha_{12}=97^\circ58'08''$，转折角 $\beta_1=125^\circ51'49''$，$\beta_2=82^\circ46'15''$，$\beta_3=91^\circ08'08''$，$\beta_4=60^\circ13'48''$，试求各边的坐标方位角。

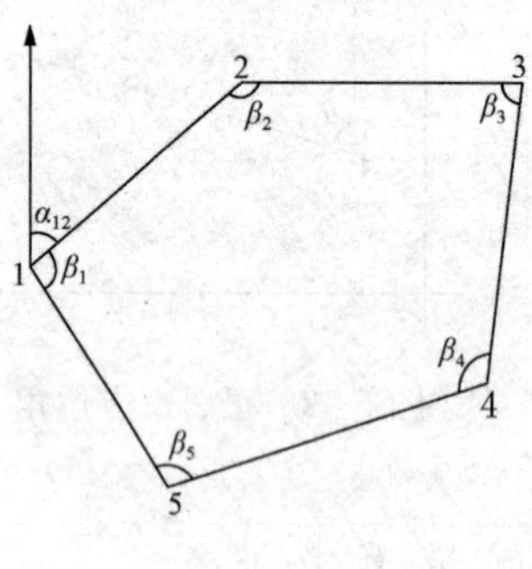

图 5-4

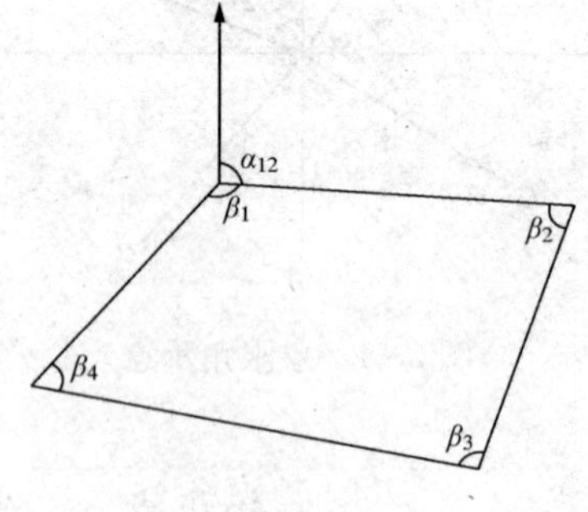

图 5-5

项目六

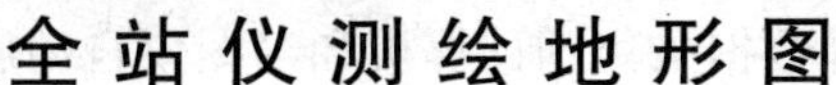

全站仪测绘地形图

单元一　全　站　仪

本单元主要包括全站仪的概述、全站仪的使用、全站仪的应用测量和全站仪安全使用注意事项等技能点。

学习目标：通过本单元的学习，学生应了解全站仪的基本构造，掌握全站仪的使用方法及其在施工测量上的应用。

能力标准：通过学习，能运用全站仪进行角度测量和距离测量，并能结合实际用全站仪进行各种施工测量。

知识点1　全 站 仪 的 认 识

一、概述

随着现代科学技术的发展和计算机的广泛应用，一种集测距装置、测角装置和微处理器为一体的新型测量仪器应运而生。这种能自动测量和计算，并通过电子手簿或直接实现自动记录、存储和输出的测量仪器，称为全站型电子速测仪（Electronic Total Station），简称全站仪。全站型电子速测仪是数字测图中常用的数据采集设备。

全站仪主要由五个系统组成：控制系统、测角系统、测距系统、记录系统和通信系统。全站仪组成及各系统间关系见图6-1。

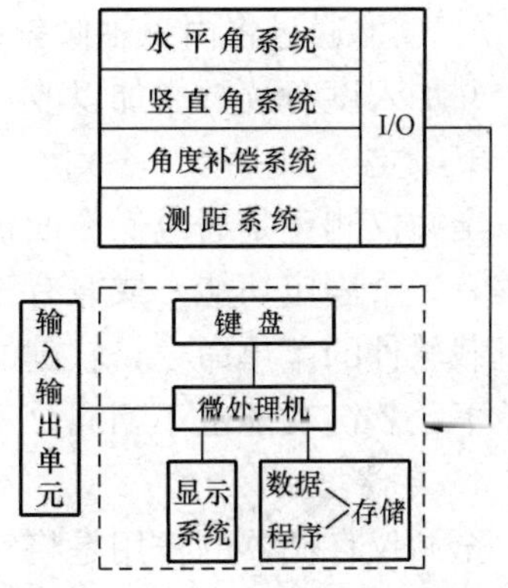

图6-1　全站仪组成及各系统间关系示意图

控制系统是全站仪的核心，主要由微处理机、键盘、显示器、存储卡、制动和微动旋钮、控制模块和通信接口等软硬件组成。根据要求，通过键盘（面板）可以进行各种控制操作，如参数预置、选择显示和记录模式、进行存储卡格式化、建立或选择工作文件、数据输入输出、确定测量模式等。

全站仪的测角系统与传统光学经纬仪测角系统相比较，主要有两个方面的不同：

（1）传统的光学度盘被绝对编码度盘或光电增量编码器所代替，用电子细分系统代替了传统的光学测微器。

（2）由传统的观测者判读观测值及手工记录变为观测者直接读数并自动记录。

全站仪的测距系统，是通过测定光波在测线两端点间往返传播的时间来测量距离，通常采用半导体砷化镓发光二极管作为光源。不同厂家生产的不同类型及系列的全站仪，其最大测程和距离测量误差均有较大变化。

全站仪的记录系统又称为电子数据记录器，它是一种存储测量资料的具有特定软件的硬件设备。数据记录器也有许多类型，但基本功能都一样，起着全站仪与电子计算机之间的桥梁作用，它使野外记录工作实现了自动化，减少了记录计算的差错，大大提高了野外作业的效率。目前，全站仪记录系统主要有接口式、磁卡式和内存式三种形式。

全站仪的通信系统是野外数据采集到计算机和绘图仪自动成图的桥梁。所涉及的仪器设备有全站仪、计算机、存储卡和读卡器、电子手簿、接口电缆等。根据全站仪记录系统的不同，有三种不同的的通信方案：

（1）全站仪→电子手簿→计算机（接口式全站仪）。

（2）全站仪→存储卡→读卡器→计算机（磁卡式全站仪）。

（3）全站仪→计算机（内存式全站仪）。

全站仪以控制系统为核心，由控制系统进行测前准备，选择测量模式，控制数据记录，保证数据通信。控制系统是中枢系统，其他系统均需与其进行信息互访而完成自身使命。

二、全站仪的主要特点

同电子经纬仪、光学经纬仪相比，全站仪增加了许多特殊部件，因此使其具有比其他测角、测距仪器更多的功能，使用也更方便，这些特殊部件构成了全站仪在结构方面独树一帜的特点。

1. 三同轴望远镜

全站仪望远镜的视准轴、测距红外光发射光轴和接受光轴同轴，测量时使望远镜照准目标棱镜中心，就能同时测定目标点的水平角、竖直角和斜距。

2. 双轴自动补偿

全站仪特有的双轴（或单轴）倾斜自动补偿系统，可对纵轴的倾斜进行监测，并在度盘读数中对因纵轴倾斜造成的测角误差自动加以改正（某些全站仪纵轴最大倾斜可允许至$\pm 6'$），也可通过将由纵轴倾斜引起的角度误差，由微处理器自动按纵轴倾斜改正计算式计算，并加入度盘读数中加以改正，使度盘显示读数为正确值，即所谓纵轴倾斜自动补偿。

3. 键盘

全站仪测量是通过操作面板按键选择命令进行的，面板按键分为硬键和软键两种。每个硬键有一个固定功能，或兼有第二、第三功能；软键（一般为F1、F2、F3、F4等）用于执行机载软件的菜单命令，软键的功能通过显示窗最下一行对应位置的字符提示，在不同模式菜单下，软键功能也不相同。

4. 存储器

全站仪存储器的作用是将实时采集的测量数据存储起来，再根据需要传送到其他设备如计算机等中，供进一步的处理或利用，全站仪的存储器有内存储器和存储卡两种。全站仪内存储器相当于计算机的内存（RAM），存储卡是一种外存储媒体，又称PC卡，作用相当于计算机的磁盘。

5. 通信接口

全站仪可以通过数据通信接口和通信电缆将内存中存储的数据输入计算机，或将计算机中的数据和信息经通信电缆传输给全站仪，实现双向信息传输。

技能点1　全站仪的功能模式与基本按键

下面以博飞BTS-800全站仪为例，介绍全站仪的测量功能，如图6-2所示。

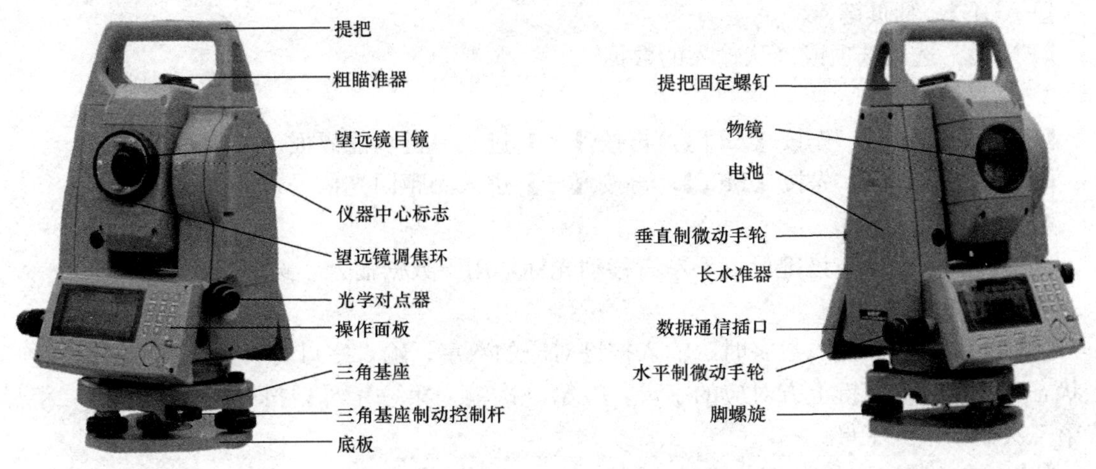

图6-2　BTS-800全站仪的外形结构

一、全站仪的测量功能

全站仪基本测量功能包括角度测量、距离测量、坐标测量、放样测量、后方交会、对边测量、悬高测量等，如图6-3所示。

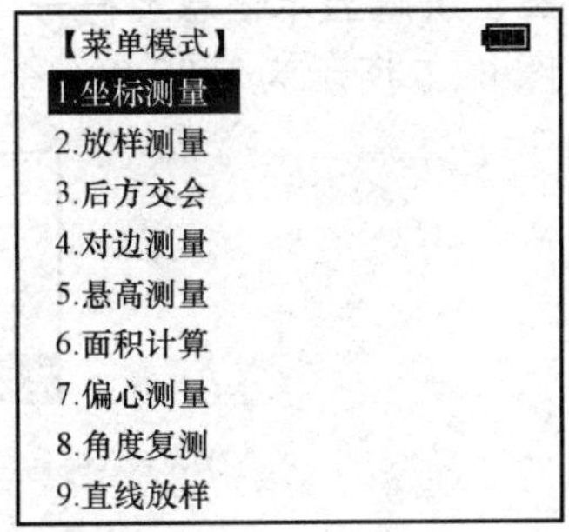

图6-3　BTS-800全站仪测量功能显示

二、全站仪的基本按键（见图6-4）

1. 电源开关键

开机：按电源开关键。

关机：长按电源开关键超过2s。

2. 功能键

【F1】～【F4】：按【F1】～【F4】选取对应的功能，该功能键随模式不同而改变。

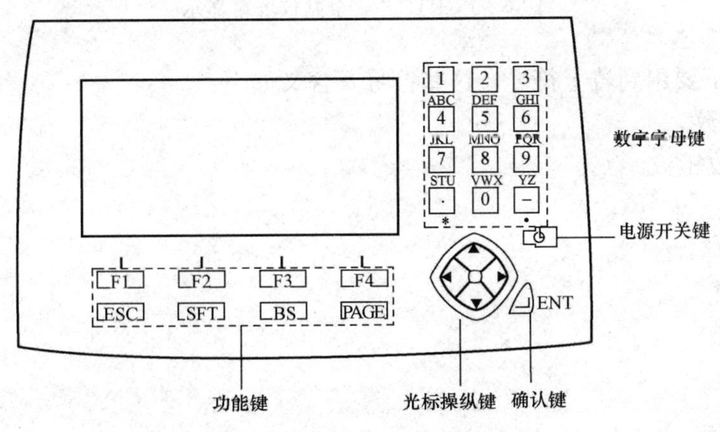

图6-4　BTS-800全站仪按键

【ESC】：取消输入或返回至上一状态。

【SFT】：功能切换键，用于键盘数字字母输入切换及进入快捷键功能。

【BS】：删除光标左侧的一个字符。

【PAGE】：翻页键。

【ENT】：选取选项或确认输入的数据。

3. 快捷键

【SFT】＋【＊】：先按【SFT】，再按【＊】进入星键功能界面。

【SFT】＋【－】：先按【SFT】，再按【－】进入测距回光信号检测。

4. 光标操纵键

光标操纵键：操作该键可上下左右移动光标，用于数据输入、选取选择项。

5. 字母数字键

【0】～【9】：在输入数字时，输入按键对应的数字；输入字母时，先按【SFT】切换输入状态，然后输入按键上方对应的字母，按第一次输入第一字母，按第二次输入第二字母，按第三次输入第三字母。

【.】：输入数字中的小数点。

【－】：输入数字中的负号。

三、屏幕显示信息及符号

图 6-5 所示为 BTS-800 全站仪屏幕显示。

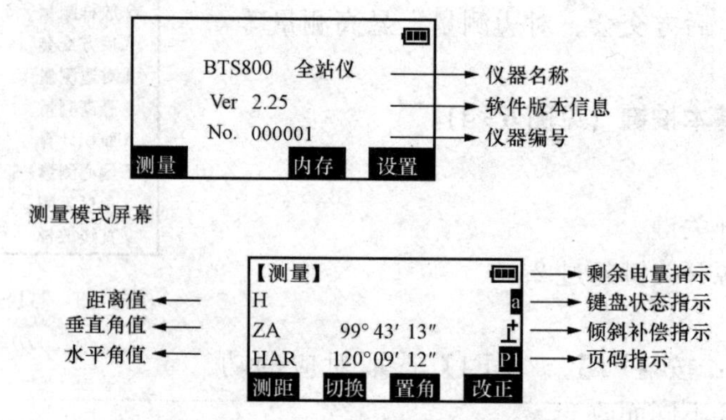

图 6-5 BTS-800 全站仪屏幕显示

在测量模式下要用到若干符号，这些符号及含义如下：

PC：棱镜常数。

ppm：气象改正数。

S：斜距。

H：平距。

V：高差。

ZA：天顶距。

VA：垂直角。

HAR：右角。

HAL：左角。

HAh：水平角锁定。

技能点 2　全站仪的安置及设置

一、全站仪的安置

全站仪的安置包括对中和整平，安置方法与经纬仪相同。

注意：整平仪器前应先装上电池，因为装上电池后仪器会发生微小的倾斜。

（1）将三脚架打开，伸长到适当高度，拧紧三个固定螺钉。

（2）将仪器安装在三脚架上，然后拧紧连接螺钉。

（3）利用圆水准器粗略整平仪器。

1）旋转两个脚螺旋 A、B，使圆水准器气泡移到与上述两个脚螺旋连线垂直的水泡中心线上。

2）旋转脚螺旋 C，使圆水准器气泡居中，如图 6－6 所示。

（4）利用长水准器精确整平仪器：

1）松开水平制动螺旋，水平旋转仪器使长水准器平行于某一对脚螺旋的连线 AB，旋转 A、B 两个脚螺旋使长水准器气泡居中。

2）将仪器绕竖轴旋转 90°（100g），旋转第三个脚螺旋 C，使长水准器管气泡居中，再次旋转 90°（100g）。重复 1）、2）步骤，直至四个位置处的长水准器管气泡始终居中为止，如图 6－7 所示。

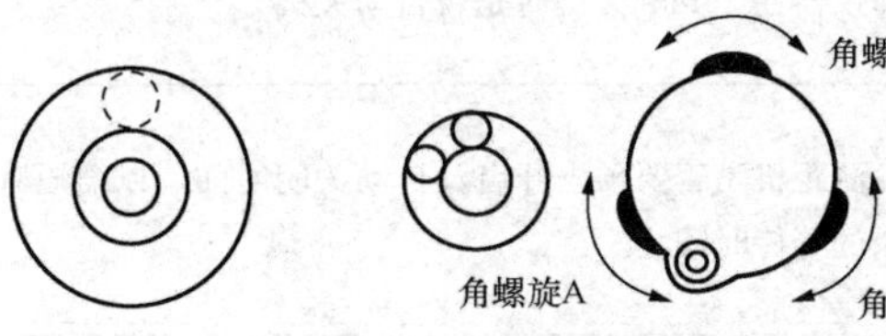

图 6－6　圆水准器粗平

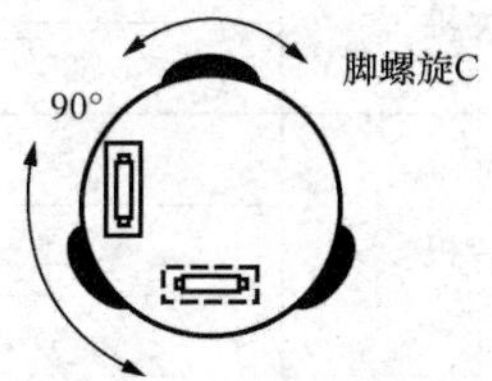

图 6－7　管水准器精平

（5）利用光学对点器对中。调节光学对点器的目镜，看清对点器分划板。松开三脚架上的中心手把，轻移仪器，使光学对点器的中心标志对准测站点。如仪器为激光对点器，则打开激光，用激光点对准测站点。

注意：尽量平移仪器，不要让仪器在架头上有转动，以尽量减少气泡的偏移。

（6）最后精确整平仪器。按第（4）步精确整平仪器，直到仪器旋转到任何位置时，长水准器气泡始终居中为止，最后拧紧中心手把。

二、全站仪设置

测量模式下，按 ESC 键，屏幕显示（见图 6－8）；按设置对应的功能键，即进入仪器设置操作，全站仪设置内容包括观测条件、仪器设置、功能定制、单位设置 4 项（见图 6－9）。

图 6－8　BTS-800 全站仪屏显

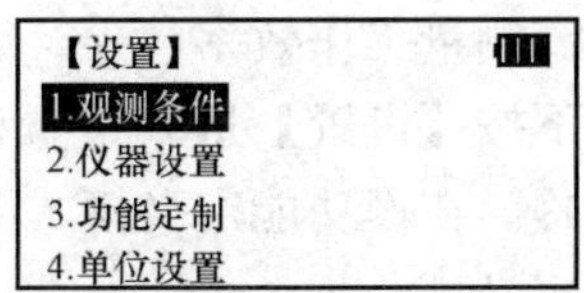

图 6－9

1. 观测条件设置

设置方法：

（1）在测量模式下按【ESC】进入状态屏幕。

（2）按【设置】进入设置模式（见图 6 - 10）。

（3）选取“1. 观测条件”后按确认，进入观测条件设置操作（见图 6 - 11）。

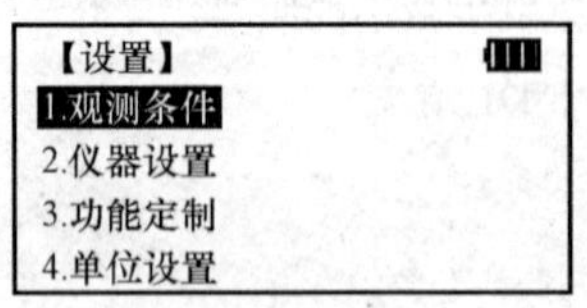

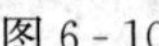
图 6 - 10

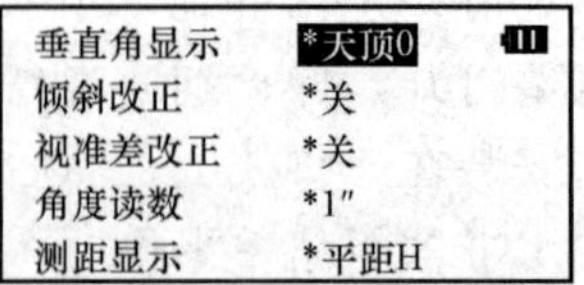

图 6 - 11 BTS-800 全站仪屏显

（4）按光标操纵键选择设置参数项。

（5）按确认接受设置更改并返回设置模式菜单屏幕。

2. 仪器设置

全站仪设置见表 6 - 1。

表 6 - 1 全 站 仪 设 置

参数	选择项	说 明
自动关机	*关	选择仪器在 20min 无键时是否自动关机
	20′	
测距待机	关	设置测距机是否要预先开启及自动关闭时间，以缩短获得第一次测距结果的等待时间
	*2′	
	5′	
通信设置	1200	选择仪器在测量模式下输出测量数据及内存模式下数据下载上转的通信波特率。 此项设置不影响双向通信模式下的通信设置
	2400	
	4800	
	*9600	
	19 200	

3. 键功能定义

全站仪允许用户根据所进行的测量工作，对测量模式下的键功能进行定义。所定义的键位将被永久保存至再次被改变为止。内部存储器为用户提供三个寄存位置，即用户定义键位1～3。经寄存的用户定义键位可随时恢复。

这种仪器由观测人员针对不同的测量工作，自由地定义键功能位置的特点，无疑将大大地方便使用，提高测量工作效率。

在屏幕状态下按【设置】进入设置模式屏幕。选取“3. 功能定制”后，按确定进入键功能定义菜单屏幕。在键功能定义模式下可进行下列操作：

（1）键功能定义。

（2）键功能保存。

（3）键功能恢复。

当观测员将所定义的功能键位进行寄存时，原寄存位置中的内容将被清除。而当恢复寄存的功能键位时，原软键上定义的功能键位将被寄存的键位取代。

仪器出厂时，测量模式下各页菜单功能键位定义如下：

第一页菜单【测距】【切换】【置角】【改正】。

第二页菜单【置零】【坐标】【放样】【记录】。

第三页菜单【对边】【后交】【菜单】【高程】。

4. 单位设置

全站仪单位设置如图 6-12 所示。

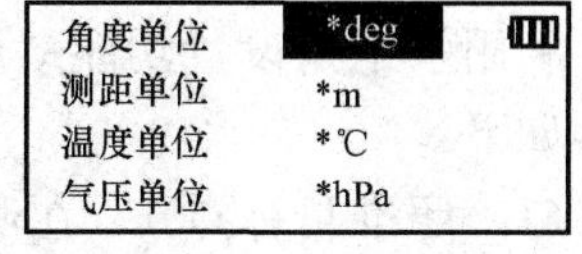

图 6-12　BTS-800 全站仪屏显

5. 高程设置

进行高程测量前应首先完成以下设置：①仪器高设置；②棱镜高设置。

在测量模式下，按高程对应的功能键，并量取相应高度输入。

（1）量取仪器高度，从键盘输入仪器高。

（2）读取棱镜高度，从键盘输入棱镜高度。

技能点 3　全站仪测角

全站仪开机即进入基本模式，测角在基本模式下进行。

一、水平角测量

利用水平角置零功能“置零”测定两方向间的夹角，该功能可将任何方向的水平角度值设置为零。利用置零键，将角度的起始方向设置为零，顺时针旋转望远镜，瞄准角度终边，即可测出角度。

水平角度测量步骤如下：

（1）开机。

1）按下开关键，听到一声鸣响，电源接通，仪器首先进行工作是否正常的自检，随后显示仪器型号信息、版本号，并提示“转动望远镜，设置垂直角零位”。

2）旋转望远镜，听到一声鸣响，垂直角零位设置完毕，仪器进入测量模式（见图 6-13）。

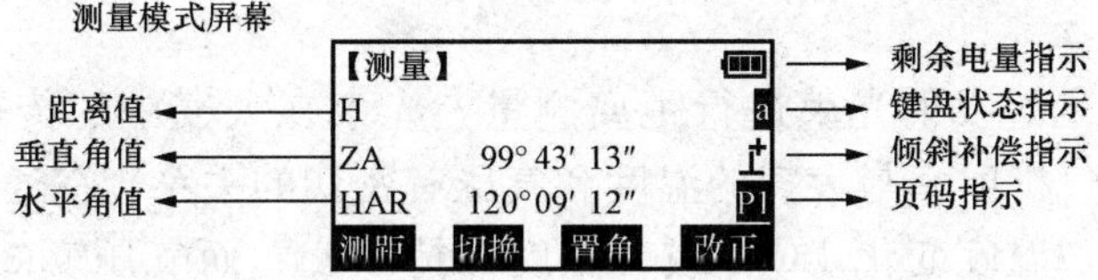

图 6-13　BTS-800 全站仪屏幕显示

（2）照准目标点（见图 6-14）。

（3）在测量模式第二页菜单下按【置零】，在【置零】闪动时再次按下该键。此时目标点 1 方向值已设置为零（见图 6-15）。

（4）照准目标点 2，所显示的“HAR”即为两目标点间的夹角。

注意：HAR 为顺时针旋转所得角度，HAL 为逆时针旋转所得角度，两角和为 360°。按左右键可以进行测量左右角的选择。

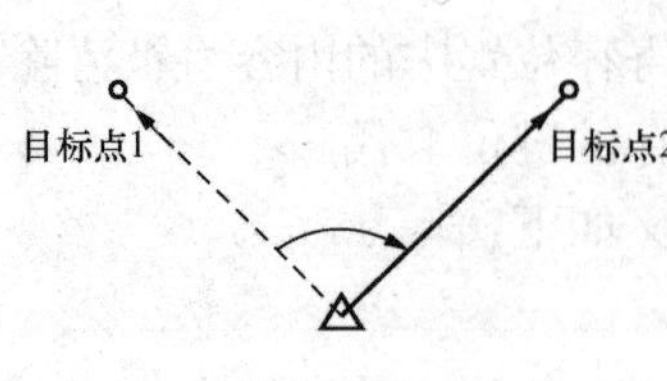

图 6-14　照准目标点

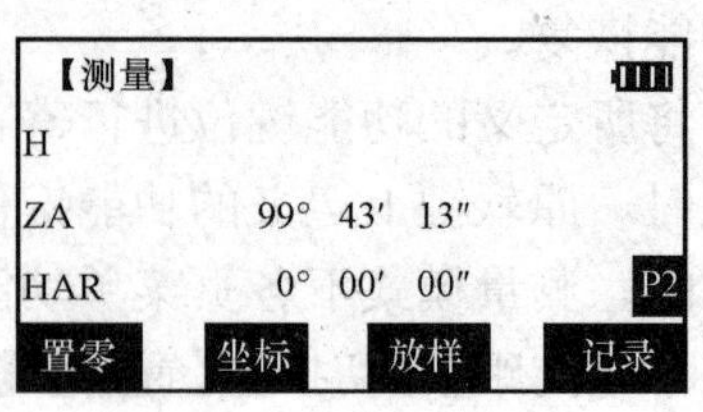

图 6-15　全站仪置零

二、将水平方向设置成所需方向值

利用水平角设置功能“置角”，可将照准方向设置为所需值，然后进行角度测量。具体步骤如下：

(1) 照准目标点 1，在测量模式第一页菜单下按【置角】。

(2) 输入已知方向值后，按回车键将照准方向设置为所需值。

(3) 照准目标点 2，所显示的“HAR”即为目标点 2 的方向值，该值与目标 1 的设置值之差为两目标点间的夹角。

角度输入规则：度值和分值之间以“.”间隔，分值和秒值之间不必间隔。例如，角度值为 120°09′12″时，应输入 120.0912。

三、竖直角度测量

测量模式下，瞄准目标点，仪器设置为竖直角显示天顶为 0，屏幕显示 ZA 即为竖直角度。如仪器设置为竖直角显示水平为零，屏幕显示度数，盘左时减 90°为竖直角度，盘右 270°减屏幕显示 ZA 为竖直角度。

按【A/%】键，垂直角读数显示由角度转换成坡度。

技能点 4　全站仪测距

一、距离测量设置

进行距离测量前应首先完成以下设置：①气象改正；②棱镜常数；③测距模式。

在测量模式下，按“改正”对应的功能键，即可完成距离测量设置。

1. 气象改正值

在进行高精度距离测量时，应使用精确的量测设备测定温度和气压值，以对测量结果施加气象改正。

BTS 电子全站仪通过发射光束进行距离测量，光束在大气中的传播速度会因大气折射率不同而变化，而大气折射率与大气的温度和气压有密切的关系。在通常的温度和气压环境下，当气压保持不变，温度变化 1℃，或者温度保持不变，而气压变 3.6hPa 时，都将引起所测距离 1mm 的变化，即每千米变化 1mm（1ppm）。因此，为了精确计算出气象改正数，需要求取光束传播路径上的气温和气压平均值。在山区测量作业时尤其要注意，不同高程的点上其气象条件会有差异。

(1) 仪器是按温度为 15℃、气压为 1013hPa 时，气象改正数为“0”设计的。

(2) 仪器可根据输入的温度和气压值计算出相应的气象改正数并存储在内存中，计算公式如下

$$\text{ppm}=278.96-\frac{0.2904\times\text{气压值(hPa)}}{1+0.003\,661\times\text{温度值(℃)}}$$

（3）不需进行气象改正时，将 ppm 值设为零。

（4）气象改正还可以从气象改正表中查取改正数 ppm 值后直接输入来进行。

2. 棱镜常数改正

不同棱镜具有不同的棱镜常数改正值，现在多数棱镜的棱镜常数为“－30”，测量前应将所用棱镜的常数改正值设置好。仪器出厂前，棱镜常数设置为“0”。

3. 距离测量模式

可选择如下几种距离测量模式：

（1）单次精测。

（2）重复精测。

（3）精测均值。

（4）单次快测。

测量模式下按【改正】进入测距参数设置。按光标操纵键可改变距离测量模式。

二、回光信号检测

回光信号检测功能用于检查经棱镜反射回来的光信号强度是否足以进行距离测量，这对远距离测量尤为适用。

短距离测量时，即使照准稍稍偏离棱镜中心，返回的光信号也足够强，但这种情况下的测距结果精度难以保证，因此测量时必须精确照准棱镜中心。

操作如下：

（1）按【SFT】再按【一】，进入回光检测。

（2）按【ESC】结束回光信号检测，返回前一状态。

三、距离测量

（1）测量模式下，照准目标。

（2）在测量模式第一页菜单下按【测距】开始距离测量。

（3）距离测量完成时，仪器发出一声短声响后屏幕上显示出距离“H”（见图 6 - 16）。

（4）按【切换】，显示斜距“S”、平距“H”及高差“V”（图 6 - 17）。

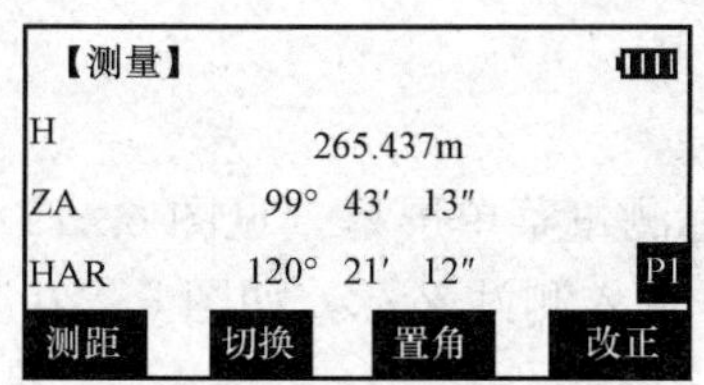

图 6 - 16　BTS-800 全站仪测距

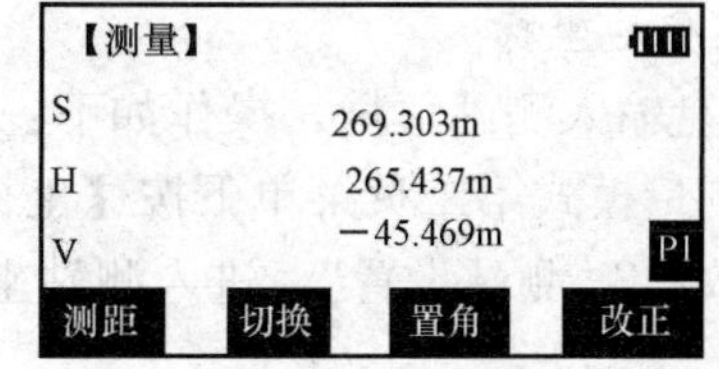

图 6 - 17　BTS 800 全站仪屏显切换

技能点 5　全站仪测坐标

坐标测量是根据两个已知坐标点，确定另一个待测点坐标的工作。

在输入测站点坐标、仪器高、目标高和后视方位角后，用坐标测量功能可以测定目标点的三维坐标。

一、三维坐标测量原理

在测站及其后视方位角设置完成后便可测定目标点的三维坐标。

目标点三维坐标计算公式为

$$\left.\begin{aligned}N_1&=N_0+S\times\sin Z\times\cos A_z\\E_1&=E_0+S\times\sin Z\times\sin A_z\\Z_1&=Z_0+S\times\cos Z+i_h-f_h\end{aligned}\right\}\tag{6-1}$$

式中 N_0——测站点纵轴坐标；

S——斜距；

i_h——仪器高；

E_0——测站点横轴坐标；

Z——天顶距；

f_h——目标高；

Z_0——测站点高程；

A_z——坐标方位角。

二、坐标测量

坐标测量如图 6-18 所示。

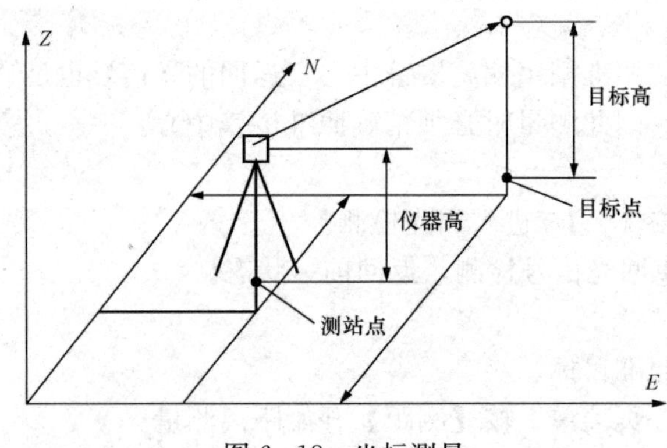

图 6-18 坐标测量

坐标测量前应首先进行电子测距的有关设置，参考上节内容。

1. 输入测站坐标

(1) 键盘输入测站数据，操作如下：

1) 在测量模式第二页菜单下按【坐标】进入坐标测量菜单屏幕（见图 6-19）。

2) 选取“2. 测站设置”，进入测站坐标输入屏，输入测站坐标，如图 6-20 所示。

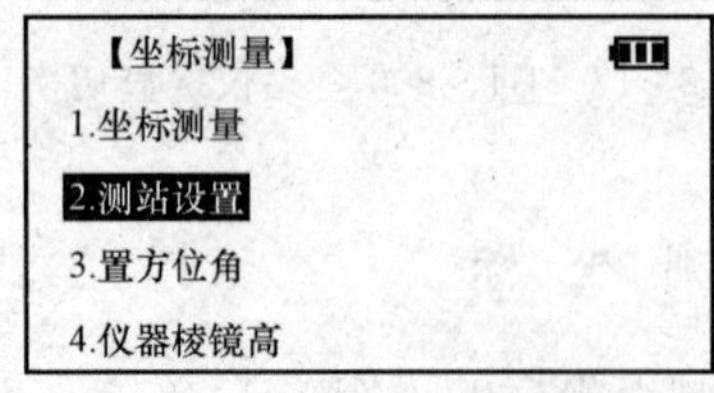

图 6-19 BTS-800 全站仪测坐标

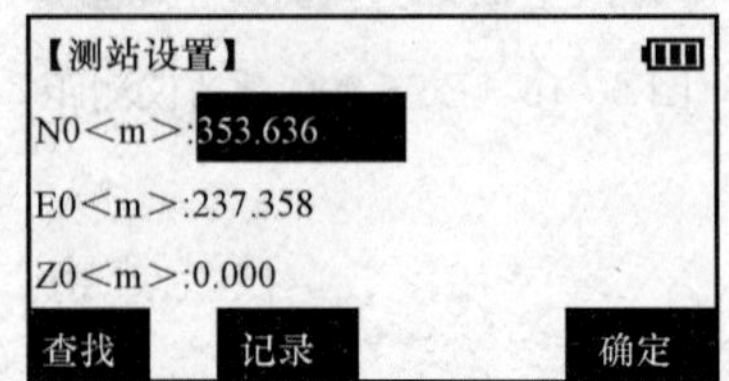

图 6-20 测站设置

3) 按【确定】确认输入的测站坐标值，并返回上级菜单。

(2) 调用内存中已知坐标数据。若希望使用预先存入的坐标数据作为测站点的数据，可在测站数据输入屏下按【查找】读取所需的坐标数据。

读取的既可以是内存已知点中的坐标数据，也可以是所选定的工作文件中的坐标数据及内存任意文件中的坐标数据。

1）在输入测站数据时按【查找】，屏幕上显示出当前内存中用于读取坐标数据的文件。按【文件】可重新选择坐标数据文件。

2）输入已知坐标数据的点号。

3）仪器显示从当前文件中查找到坐标数据。

2. 后视方位角设置

在输入测站点和后视点的坐标后，便可计算并设置后视点方向的方位角。

照准后视点，通过按键操作，仪器便根据测站点和后视点的坐标，自动完成后视方位角的设置（见图 6-21）。

方法一：直接输入方位角。

(1) 在坐标测量菜单屏幕下选取“3. 置方位角”后按确认，进入方位角设置。

(2) 此时可直接输入后视点的方位角，并照准后视点，按确认，确定后完成定向。

方法二：输入后视点坐标计算方位角。

(1) 按定向键输入后视点坐标，按【确定】（见图 6-22）。

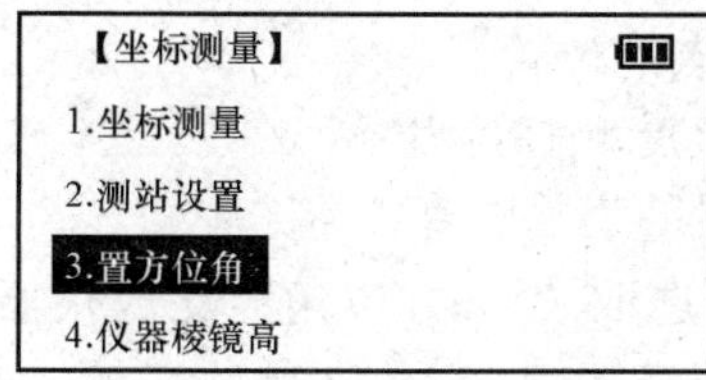

图 6-21 后视方位角设置

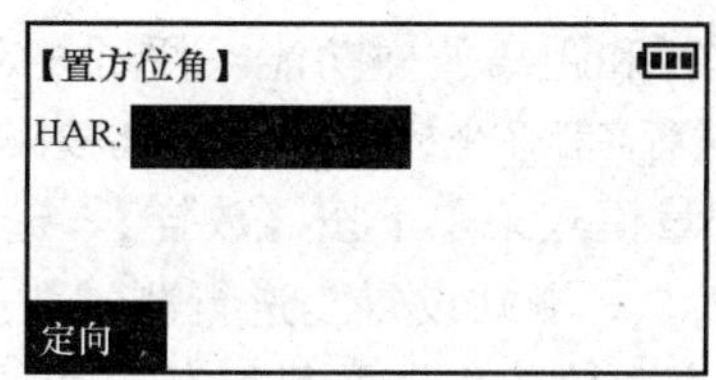

图 6-22 置方位角

(2) 仪器自动计算出后视方位角，并提示照准后视点（见图 6-23）。

(3) 照准后视点后，按【确定】，设置方位角完毕，返回坐标测量菜单。

3. 输入棱镜高及仪器高

如要测定目标的 Z 坐标，还需要量取棱镜高及仪器高，输入仪器中。

(1) 在坐标测量菜单中选取“4. 仪器棱镜高”后确定。

(2) 输入棱镜高和仪器高，按【确定】，返回坐标测量菜单，如图 6-24 所示。

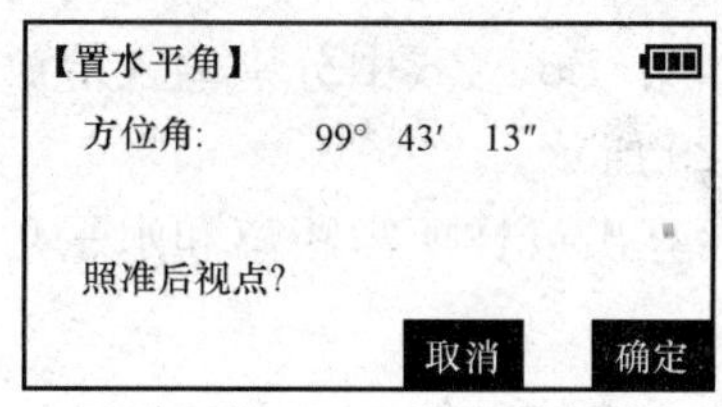

图 6-23 照准后视点提示

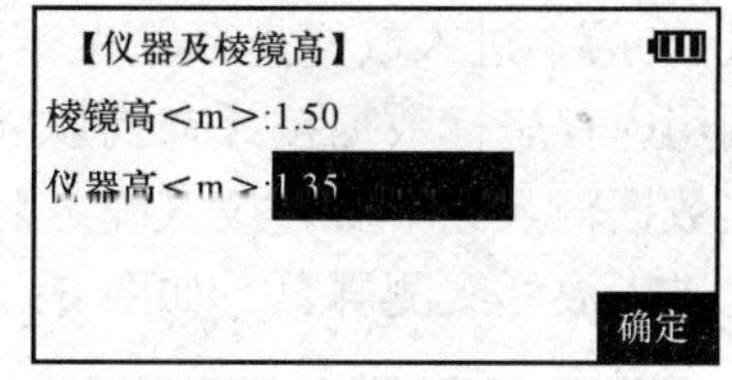

图 6-24 设置仪器高和棱镜高

4. 三维坐标测量

(1) 照准目标点上的棱镜，在坐标测量菜单屏幕下选取“1. 坐标测量”后确认，开始坐标测量（见图 6-25）。

(2) 测量完成，屏幕上显示出所测目标点的坐标值，如图 6-26 所示。

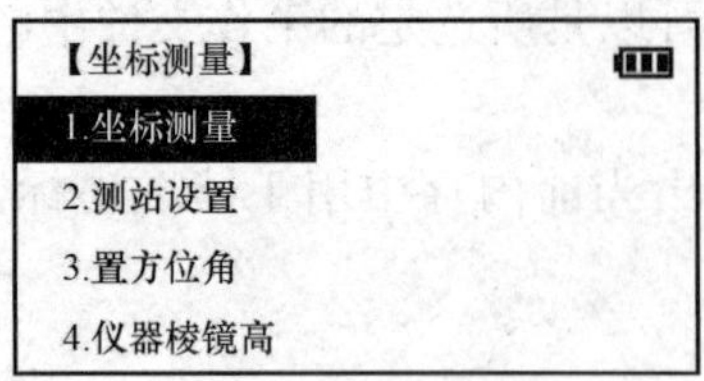

图 6 - 25　坐标测量界面

图 6 - 26　坐标测量结果

技能点 6　全站仪放样测量

放样测量用于在实地上测设出所要求的点位。在放样过程中，通过对照准点的角度、距离或坐标测量，仪器将显示出预先输入的放样值与实测值之差以指导放样，即

显示值＝实测值－放样值

注意：放样测量应使用盘左位置进行。

一、坐标放样测量

坐标放样测量用于在实地上测定出其坐标值为已知的点。

在输入待放样点的坐标后，仪器计算出所需水平角值和平距值并存储于内部存储器中。借助于角度放样和距离放样功能，便可设定待放样点的位置。

注意：为进行高程 Z 坐标的放样最好将棱镜安置在同高度测杆等物上。

（1）在测量模式菜单下按【放样】，进入放样测量菜单屏幕。

（2）选取“3. 测站设置”进行测站数据输入，选取“4. 方位角”完成仪器定向，选取“5. 仪器棱镜高”输入仪器及目标高，如图 6 - 27 所示。

（3）选取“1. 放样数据”后确认，进入放样数据输入屏幕，如图 6 - 28 所示。

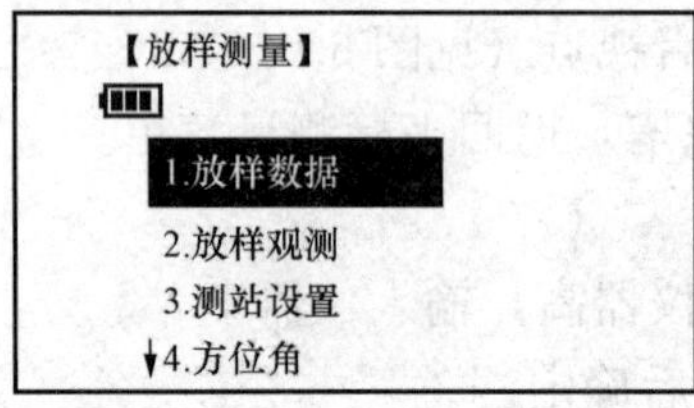

图 6 - 27　BTS-800 全站仪放样

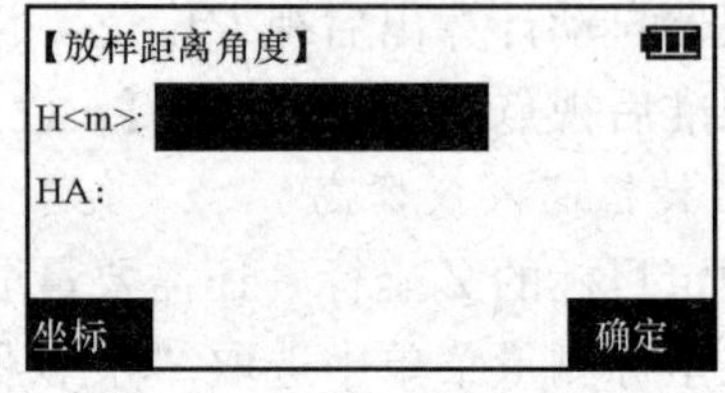

图 6 - 28　放样数据输入

（4）按【坐标】，进入放样坐标输入屏幕。在 Np、Ep、Zp 中分别输入待放样点的三个坐标值，需调用内存坐标数据按【查找】，如图 6 - 29 所示。

（5）上述数据输入完毕后，按【确定】。仪器计算出放样所需距离和水平角并显示在屏幕上，按确定进入放样观测屏幕，如图 6 - 30 所示。

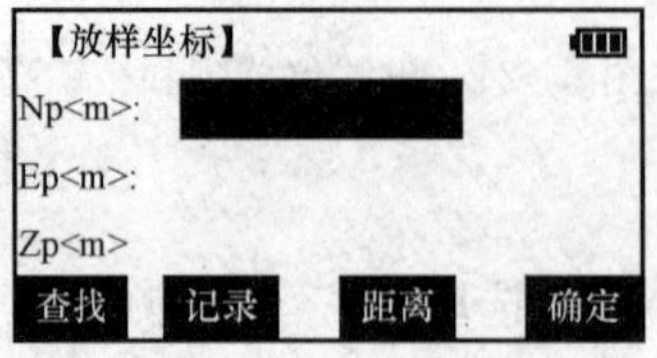

图 6 - 29　放样坐标输入

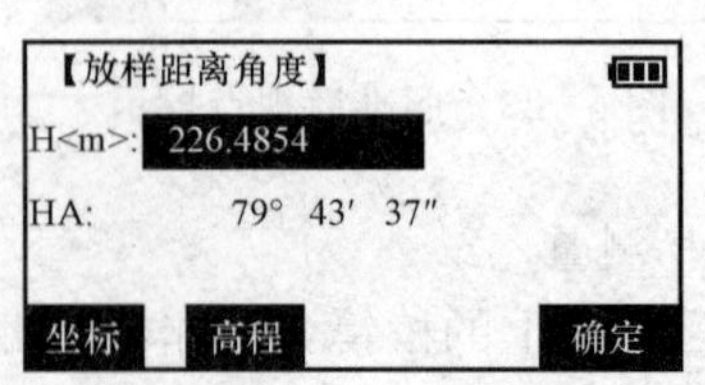

图 6 - 30　放样数据显示

(6) 按【引导】进入放样引导屏幕，第二行所显示的角度值为角度实测值与放样值之差，如图 6-31 所示。dH 为目标与待放样点的平距差值；dHA 为目标与待放样点的水平角差值。

(7) 旋转仪器照准部至第二行显示的角度值为 0°，如图 6-32 所示。

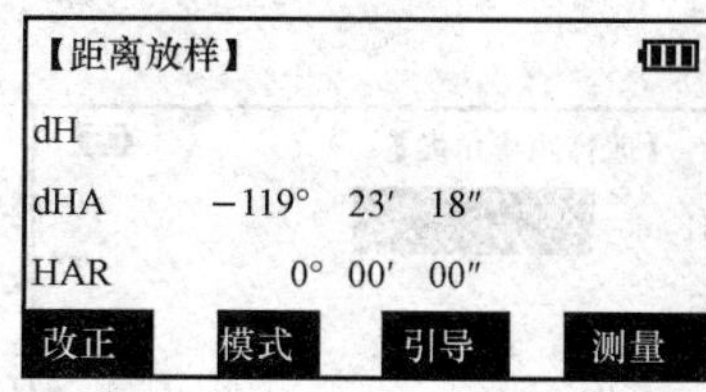

图 6-31 放样实测值与放样值

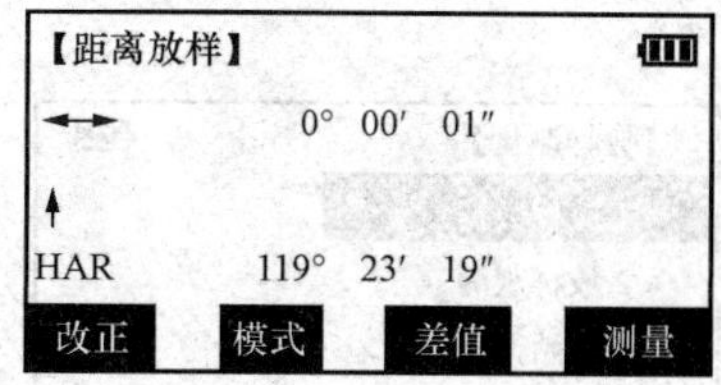

图 6-32 放样角度值

(8) 在望远镜照准方向上安置棱镜并照准。按【测量】开始距离放样测量。

(9) 距离测量进行后，屏幕显示如图 6-33 所示。第三行所显示的距离值为距离放样值与实测值之差，而箭头方向为棱镜应移动的方向。

箭头的含义：↓为向测站方向移动棱镜；↑为向远离测站方向移动棱镜。

(10) 按键头移动方向移动棱镜至第三行显示的距离值为 0m，再次按下【测量】进行测量（见图 6-34）。

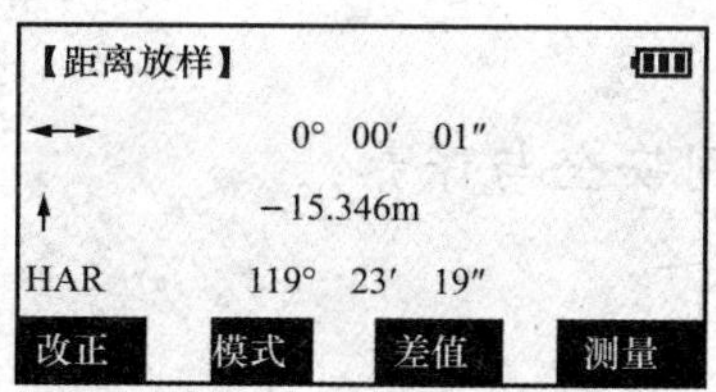

图 6-33 距离放样值（一）

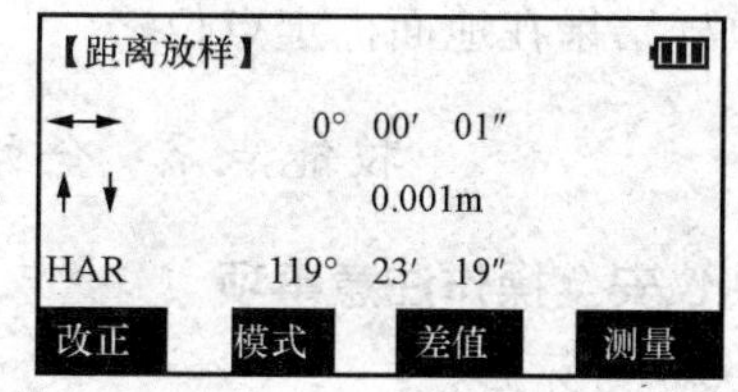

图 6-34 距离放样值（二）

(11) 按【差值】显示放样成果。按【ESC】返回放样测量菜单屏幕。

以上即完成了按照放样点坐标进行放样的工作。

注意：如放样点距离较近，可用钢尺直接放样距离。如距离较远，可用棱镜放样距离。

二、距离放样测量

根据某参考方向转过的水平角和至测站点的距离来设定所要求的点，如图 6-35 所示。

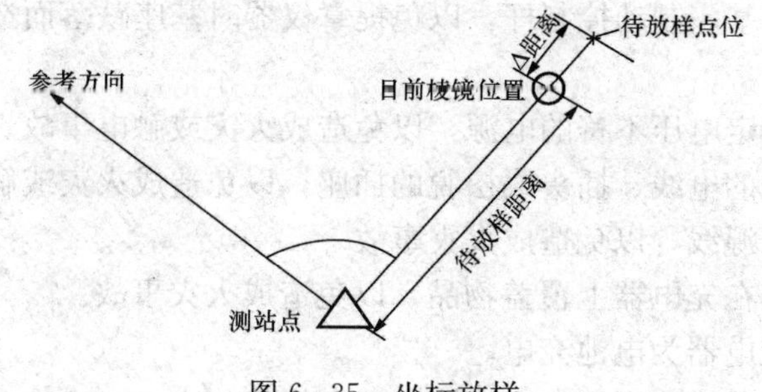

图 6-35 坐标放样

(1) 按图 6-35 所示照准参考方向。

（2）在测量模式第二页菜单下按【置零】，在【置零】闪动时再次按下该键，将参考方向设置为零。

（3）在测量模式第二页菜单下按【放样】，进入放样测量模式，如图 6－36 所示。

（4）选取“1. 放样数据”后按确认，进入放样数据输入屏幕。输入放样平距和放样角度（见图 6－37）。

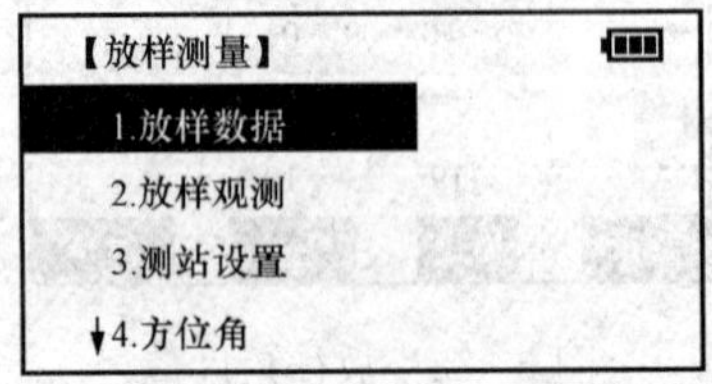

图 6－36　放样测量模式

图 6－37　BTS-800 全站仪屏显

（5）按【确定】进入放样观测屏幕。

以下放样同按照坐标放样过程。

（6）按【引导】进入放样引导屏幕。

（7）旋转仪器照准部至第二行显示的角度值为 0°。

（8）在望远镜照准方向上安置棱镜并照准。按【测量】开始距离放样测量。

（9）按放样结果在地面标定点位。

技能点 7　全站仪使用安全与保养

一、全站仪安全操作注意事项

1. 全站仪常规安全

（1）禁止在高粉尘、无良好排风设备或靠近易燃物品环境下使用仪器，以免发生意外。

（2）禁止自行拆卸和重装仪器，以免引起意外事故。

（3）禁止直接用望远镜观察太阳，以免造成眼睛失明。

（4）观测太阳时务必使用阳光滤色镜。

（5）禁止坐在仪器箱上，以免滑倒造成人员受伤。

（6）禁止挥动或抛甩垂球，以免伤人。

（7）确保固紧提柄固定螺钉，以免提拿仪器时仪器跌落而造成人员受伤或仪器受损。

（8）确保固紧三角基座制动控制杆，以免提拿仪器时基座跌落而造成人员受伤。

2. 电源系统安全

（1）禁止使用与指定电压不符的电源，以免造成火灾或触电事故。

（2）禁止使用受损的电线、插头或松脱的插座，以免造成火灾或触电事故。

（3）使用指定的电源线，以免造成火灾事故。

（4）充电时，严禁在充电器上覆盖物品，以免造成火灾事故。

（5）使用指定的充电器为电池充电。

（6）严禁给电池加热或将电池扔入火中，以免爆炸伤人。

（7）为防止电池存放时发生短路，可用绝缘胶带贴于电池电极处。

（8）严禁使用潮湿的电池或充电器，以免短路引发火灾。

（9）不要用湿手插拔电池或充电器，以免造成触电事故。

（10）不要接触电池渗漏出来的液体，以免有害化学物质造成皮肤烧伤。

（11）仪器长期不用时，应将电池取下分开存放，电池应至少每月充电一次。

二、全站仪操作注意事项

1. 防尘防水

（1）禁止将仪器浸入水中，按照国标防水标准 IPX4 进行设计的全站仪，可保护仪器免受普通雨水的损害。

（2）为确保仪器的防尘防水性，务必正确地合上电池护盖和通信接口护套。

（3）确保电池护盖和通信接口内部干燥、无尘，以免损坏仪器。

（4）关闭仪器箱时应确保仪器和箱内干燥、无尘，防止仪器锈蚀。

（5）严禁将仪器直接置于地面上，避免沙土、灰尘损坏中心螺旋或螺孔。

2. 使用

（1）安置仪器时应尽可能使用木质三脚架，使用金属三脚架可能会因晃动而影响观测精度。

（2）三角基座安装不正确将会影响观测精度，应时常检查基座上的校正螺钉，确保基座固定钮锁好，基座固定螺钉旋紧，防止仪器受震。

（3）作业前应仔细全面检查仪器，确信仪器各项指标、功能、电源、初始设置和各项参数均符合要求时再进行作业。

（4）迁站时必须将仪器从三脚架上取下。

（5）取下电池前务必先关闭电源开关。

3. 其他

（1）当仪器从温暖的地方移至寒冷的地方操作时，由于内部空气与外界存在温差，可能导致键盘操作粘连，此时请先打开电池盖，置放一段时间。

（2）避免仪器受到强烈的冲击或震动。

三、仪器的保养

使用仪器后，保养仪器方法如下：

（1）若在测量中仪器被雨水淋湿，应尽快彻底擦干。

（2）每次放入仪器箱前应仔细清洁仪器。要特别注意保护镜头，先用镜头刷刷去灰尘，再用干净的绒布或镜头纸轻擦干净。

（3）严禁用有机溶剂擦拭显示窗、键盘或者仪器箱。

（4）应将仪器保存在干燥、室温变化不大的场所。

（5）三脚架在经过长时间使用后，可能会出现螺钉松动或损坏而无法正常使用的情况，应注意经常检查。

（6）若仪器长时间不使用，应每 3 个月检验与校正一次。

（7）从仪器箱中取出仪器时，应避免强行拉出。取出仪器后应及时将仪器箱关好，以防受潮。

（8）为保证仪器的精度，应定期检验和校正仪器。

单元二 地形图控制测量

本单元主要包括控制测量的基本知识、平面控制测量中全站仪坐标导线测量方法及内业计算、高程控制测量的基本原理及方法等知识点。

学习目标： 通过本单元的学习，学生应了解控制测量的基本知识，掌握导线测量方法及内业计算，熟悉高程测量的基本方法。

能力标准： 能够进行导线测量的外业工作即踏勘选点、测坐标。

技能点1 导线控制测量外业

控制测量分为平面控制测量和高程控制测量，建立平面控制的方法有三角测量和导线测量；建立高程控制主要是水准测量，其次是三角高程测量。控制测量可以用传统的光学仪器如经纬仪和水准仪来完成，也可以用现代的电子仪器来完成，如全站仪。

全站仪是一种将光电测距仪、电子经纬仪、微处理机合为一体的仪器，它可以通过机内的微处理机完成一个测站上的全部测量工作，而且自动化程度高，测量速度快，观测精度高，性能稳定，全站仪可以进行角度测量和坐标测量，以下介绍近距离利用全站仪测角，钢尺量距，进行导线控制测量的外业和内业，以及用全站仪直接进行坐标测量外业，直接采用坐标平差法进行成果处理的坐标导线控制测量。全站仪坐标导线控制测量工作极为简便，所以全站仪坐标导线的测量方法、平差计算等与角度距离导线测量的通过边、角平差求取坐标的方法发生了深刻变化，测量和计算都更为简便易行。这就使全站仪在工程测量中得到了更为广泛的应用。

一、外业测量定义及适用范围

（1）导线的定义。将测区内相邻控制点（导线点）连成直线而构成的折线图形如图6-38所示。

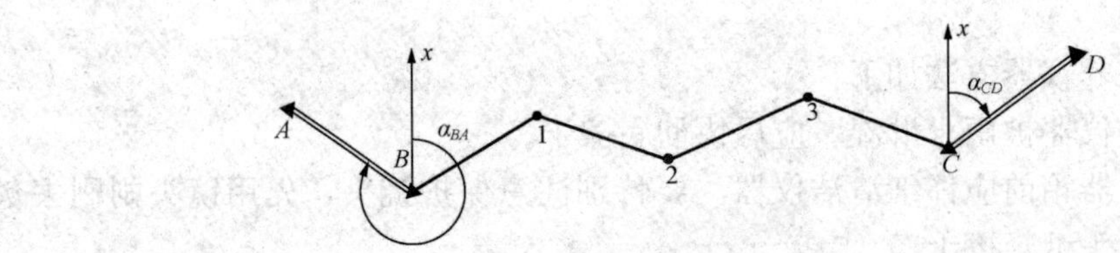

图6-38 导线

（2）经纬仪导线测量。测转折角及量导线边边长，根据已知边的方位角和已知点的坐标，推算出各导线点的坐标。

二、导线布设形式

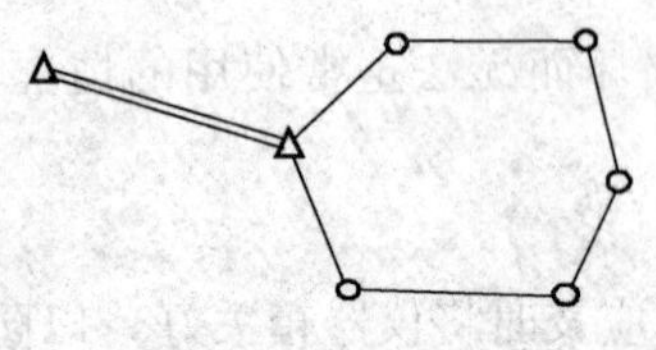

图6-39 闭合导线

（1）闭合导线（如图6-39所示）。从已知控制点和已知方向出发，经过各导线点最后仍回到起始控制点，形成一个闭合多边形，这样的导线称为闭合导线。多用于面积较宽阔的独立地区。闭合导线本身存在着严密的几何条件，具有检核作用。

（2）附合导线（如图6-40所示）。从已知控制点和已知方向出发，经过各导线点，最后附合到另一已知点和已知方向上，这样的导线称为附合导线，多用于带状地区及公路、铁路、水利等工程的勘测与施工。这种布设形式，也具有检核观测成果的作用。

（3）支导线（如图6-41所示）。由一已知点和已知方向出发，既不附合到另一已知点，又不回到原起始点的导线，称为支导线。由于支导线没有终止到已知高级点上，没有检核限制条件，出现错误不易发现，所以支导线的点数不宜超过2个，仅作补点使用。

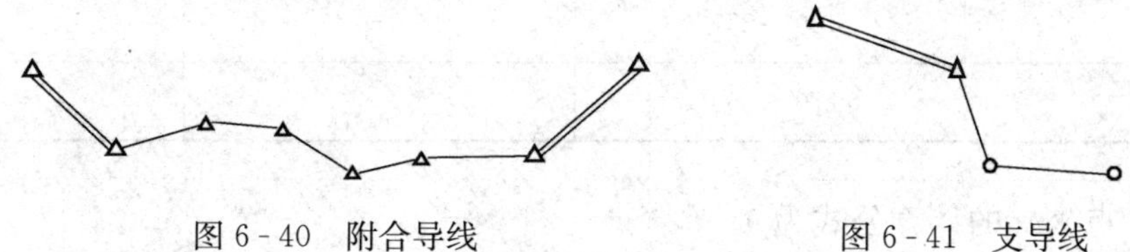

图6-40　附合导线　　　图6-41　支导线

三、导线测量的外业

1. 踏勘选点及建立标志

（1）相邻点间应相互通视良好，地势平坦，便于测角和量距。

（2）点位应选在土质坚实，便于安置仪器和保存标志的地方。

（3）导线点应选在视野开阔的地方，便于碎部测量。

（4）导线边长应大致相等，其平均边长应符合技术要求。

（5）导线点应有足够的密度，分布均匀，便于控制整个测区。

导线点应统一编号。为了便于寻找，应量出导线点与附近明显地物的距离，绘出草图，注明尺寸，该图称为“点之记”。

2. 测水平角——转折角（左角、右角）、连接角

导线边的夹角称为导线转折角，一般采用全站仪测回法观测。全站仪测角方法前面已经叙述，不再重复。

导线与高级控制点进行连接，以取得坐标和坐标方位角的起算数据，称为连接测量。导线边与高级控制点连线边的夹角，称为连接角。测量方法同转折角。

3. 量水平边长

导线边长可用钢尺直接丈量，或用光电测距仪直接测定。

技能点2　导线控制测量的内业

一、几个基本公式

1. 坐标正算公式

根据直线起点的坐标、直线长度及其坐标方位角计算直线终点的坐标，称为坐标正算。直线两端点A、B的坐标值之差，称为坐标增量，用Δx_{AB}、Δy_{AB}表示。

坐标增量的计算公式为

$$\begin{aligned}\Delta x_{AB}&=x_B-x_A=D_{AB}\cos\alpha_{AB}\\ \Delta y_{AB}&=y_B-y_A=D_{AB}\sin\alpha_{AB}\end{aligned}\qquad(6-2)$$

坐标增量正、负号的规律见表6-2。

表 6-2 **坐标增量正、负号的规律**

象限	坐标方位角 α	Δx	Δy
Ⅰ	0°～90°	+	+
Ⅱ	90°～180°	−	+
Ⅲ	180°～270°	−	−
Ⅳ	270°～360°	+	−

因此，B 点坐标的计算公式为

$$\left.\begin{aligned}x_B=x_A+\Delta x_{AB}=x_A+D_{AB}\cos\alpha_{AB}\\ y_B=y_A+\Delta y_{AB}=y_A+D_{AB}\sin\alpha_{AB}\end{aligned}\right\}\qquad(6-3)$$

【例 6-1】 已知 AB 边的边长及坐标方位角为，$D_{AB}=135.62\text{m}$，$\alpha_{AB}=80°36'54''$。若 A 点的坐标为，$x_A=435.56\text{m}$，$y_A=658.82\text{m}$，试计算终点 B 的坐标。

解

$$x_B=x_A+D_{AB}\cos\alpha_{AB}=435.56\text{m}+135.62\text{m}\times\sin80°36'54''=457.68\text{m}$$

$$y_B=y_A+D_{AB}\sin\alpha_{AB}=658.82\text{m}+135.62\text{m}\times\sin80°36'54''=792.62\text{m}$$

2. 坐标反算公式

根据直线起点和终点的坐标，计算直线的边长和坐标方位角，称为坐标反算，即

$$\left.\begin{aligned}D_{AB}=\sqrt{\Delta x_{AB}^2+\Delta y_{AB}^2}\\ R_{AB}=\arctan\frac{\Delta y_{AB}}{\Delta x_{AB}}\end{aligned}\right\}\qquad(6-4)$$

按式（6-4）计算坐标方位角时，计算出的是象限角，因此，应根据坐标增量 Δx、Δy 的正、负号，按表 6-2 决定其所在象限，再把象限角换算成相应的坐标方位角。

【例 6-2】 已知 A、B 两点的坐标分别为 $x_A=342.99\text{m}$，$y_A=814.29\text{m}$，$x_B=304.50\text{m}$，$y_B=525.72\text{m}$。试计算 AB 的边长及坐标方位角。

解 计算 A、B 两点的坐标增量

$$\Delta x_{AB}=x_B-x_A=304.50\text{m}-342.99\text{m}=-38.94\text{m}$$

$$\Delta y_{AB}=y_B-y_A=525.72\text{m}-814.29\text{m}=-288.57\text{m}$$

$$D_{AB}=\sqrt{\Delta x_{AB}^2+\Delta y_{AB}^2}=\sqrt{(-38.49\text{m})^2+(-288.57\text{m})^2}=291.13\text{m}$$

$$R_{AB}=\arctan\frac{\Delta y_{AB}}{\Delta x_{AB}}=\arctan\frac{-288.57\text{m}}{-38.49\text{m}}=82°24'09''$$

AB 方向在第三象限

$$\alpha_{AB}=180°+82°24'09''=262°24'09''$$

3. 坐标方位角的推算公式

$$\left.\begin{aligned}\alpha_{前}=\alpha_{后}+\beta_{左}\pm180°\\ \alpha_{前}=\alpha_{后}-\beta_{右}\pm180°\end{aligned}\right\}\qquad(6-5)$$

注意：若计算出的方位角大于 360°，则减去 360°；若为负值，则加上 360°。

【例 6-3】 方位角的推算，已知 $\alpha_{12}=30°$，各观测角 β 如图 6-42 所示，试求各边坐标方位角 α_{23}、α_{34}、α_{45}、α_{51}。

解

$$\alpha_{23}=\alpha_{12}-\beta_2\pm180°=80°$$
$$\alpha_{34}=\alpha_{23}-\beta_3\pm180°=195°$$
$$\alpha_{45}=\alpha_{34}-\beta_4\pm180°=247°$$
$$\alpha_{51}=\alpha_{45}-\beta_5\pm180°=305°$$
$$\alpha_{12}=\alpha_{51}-\beta_1\pm180°=30°(\text{检查})$$

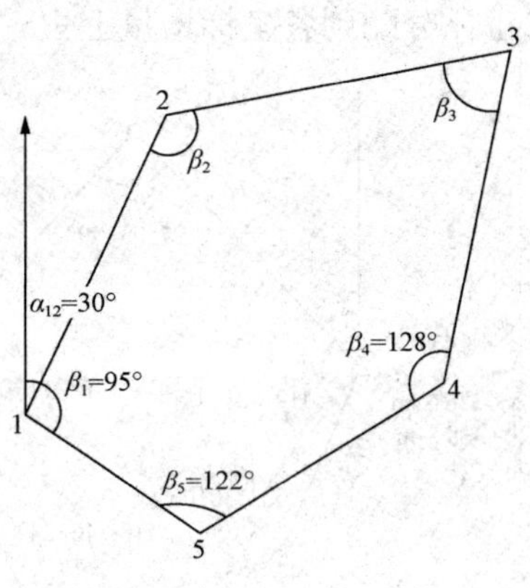

图 6-42　方位角的推算图

二、闭合导线平差计算步骤

（1）将校核过的外业观测数据及起算数据填入“闭合导线坐标计算表”（见表 6-3）中，起算数据用双线标明。

（2）角度闭合差的计算与调整。

1）计算角度闭合差

$$f_\beta=\sum\beta_{测}-\sum\beta_{理}=\sum\beta_{测}-(n-2)\times180° \quad (6-6)$$

2）计算限差

$$f_{\beta允}=\pm40''\sqrt{n} \quad (6-7)$$

3）若在限差内，则按平均分配原则，计算改正数为

$$V_\beta=\frac{-f_\beta}{n} \quad (6-8)$$

4）计算改正后新的角值为

$$\hat{\beta}_i=\beta_i+V_\beta \quad (6-9)$$

5）按新的角值，推算各边坐标方位角。坐标方位角推算公式为

$$\alpha_{前}=\alpha_{后}+\beta_{左}\pm180°$$

或

$$\alpha_{前}=\alpha_{后}-\beta_{右}\pm180°$$

计算图 6-42 中的 12 边

$$\alpha_{12}=\alpha_{51}-\hat{\beta}_1\pm180° \quad (6-10)$$

6）按坐标正算公式，计算各边坐标增量。计算图 6-42 中的 12 边

$$\left.\begin{aligned}\Delta x_{12}=D_{12}\times\cos\alpha_{12}\\ \Delta y_{12}=D_{12}\times\sin\alpha_{12}\end{aligned}\right\} \quad (6-11)$$

（3）坐标增量闭合差计算与调整。

1）计算坐标增量闭合差

$$f_x=\sum\Delta x_{测}-\sum\Delta x_{理}=\sum\Delta x_{测}(\sum\Delta x_{理}=0)$$
$$f_y=\sum\Delta y_{测}-\sum\Delta y_{理}=\sum\Delta y_{测}(\sum\Delta y_{理}=0)$$

导线全长闭合差

$$f=\sqrt{f_x^2+f_y^2} \quad (6-12)$$

导线全长相对闭合差

$$K=\frac{f}{\sum D}=1/M \quad (6-13)$$

2）分配坐标增量闭合差。若 $K<1/2000$（图根级），则将 f_x、f_y 以相反符号，按边长

成正比分配到各坐标增量上去，并计算改正后的坐标增量，即

$$\left.\begin{aligned}V_{\Delta xi}=-\frac{f_x}{\sum D}D_i\quad \Delta\hat{x}_i=\Delta x_i+V_{\Delta xi}\\ V_{\Delta yi}=-\frac{f_y}{\sum D}D_i\quad \Delta\hat{y}_i=\Delta y_i+V_{\Delta yi}\end{aligned}\right\}\qquad(6-14)$$

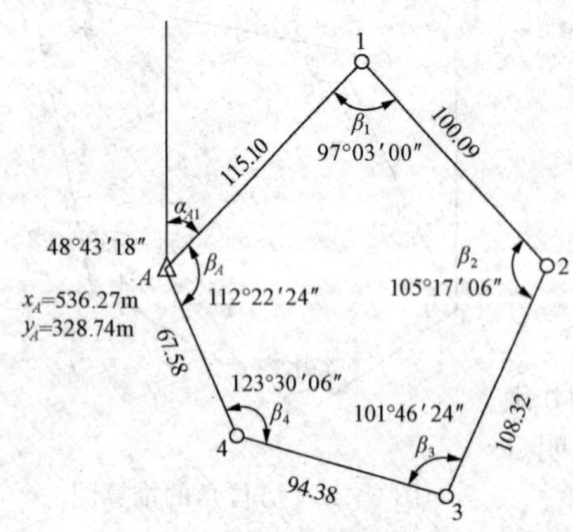

图 6-43　闭合导线计算图

（4）坐标计算。根据起始点的已知坐标和经改正的新的坐标增量，依次计算各导线点的坐标，即

$$\left.\begin{aligned}x_2=x_1+\Delta\hat{x}_{12}\\ y_2=y_1+\Delta\hat{y}_{12}\end{aligned}\right\}\qquad(6-15)$$

【例 6-4】 如图 6-43 所示的闭合导线：各个观测角、各导线边的边长、已知点 A 的坐标以及已知边 $A1$ 的坐标方位角均已给出，试计算各导线点的坐标。

解　计算过程及结果已列于表 6-3。

表 6-3　　　　闭合导线坐标计算表

点号	转折角（右）(° ′ ″)	改正后转折角 (° ′ ″)	方位角 α (° ′ ″)	边长 D (m)	坐标增量（m） Δx	Δy	改正后增量（m） Δx	Δy	坐标（m） x	y	点号
A									536.27	328.74	A
			48 43 18	115.10	−2 +75.93	+2 +86.50	+75.91	+86.52			
1	+12 97 03 00	97 03 12							612.18	415.26	1
			131 40 06	100.09	−2 −66.54	+2 +74.77	−66.56	+74.79			
2	+12 105 17 06	105 17 18							545.62	490.05	2
			206 22 48	108.32	−2 −97.04	+2 −48.13	−97.06	−48.11			
3	+12 101 46 24	101 46 36							448.56	441.94	3
			284 36 12	94.38	−2 +23.80	+1 −91.33	+23.78	−91.32			
4	+12 123 30 06	123 30 18							472.34	350.62	4
			341 05 54	67.58	−1 +63.94	+1 −21.89	+63.93	−21.88			
A	+12 112 22 24	112 22 36							536.27	328.74	A
			48 43 18								
1											
				485.47	+0.09	−0.08	0	0			
Σ	539 59 00	540 00 00									

$\sum\beta_{理}=540°00'00''$，　　$f_x=+0.09$

$f_\beta=\sum\beta_{测}-\sum\beta_{理}=-60''$，　　$f_y=-0.08$，　　$K=\frac{f}{\sum D}=\frac{1}{4000}<\frac{1}{2000}$

$f_{\beta允}=\pm40''\sqrt{5}=\pm89''$，　　$f=\sqrt{f_x^2+f_y^2}=0.120$

三、附合导线平差计算

与闭合导线基本相同，以下是两者的不同点。

（一）角度闭合差的分配与调整

1. 计算角度闭合差

$$f_\beta=\sum\beta_{测}-\sum\beta_{理}$$

其中，$\sum\beta_{理}$的计算公式为

$$\left.\begin{aligned}&左角\ \alpha_{终}=\alpha_{始}+\sum\beta_{理(左)}\pm n\times180°\Rightarrow\sum\beta_{理(左)}=\alpha_{终}-\alpha_{始}\pm n\times180°\\&右角\ \alpha_{终}=\alpha_{始}-\sum\beta_{理(右)}\pm n\times180°\Rightarrow\sum\beta_{理(左)}=\alpha_{始}-\alpha_{终}\pm n\times180°\end{aligned}\right\}\tag{6-16}$$

2. 满足精度要求

将 f_β 反符号平均分配到各观测角上。

（二）坐标增量闭合差的计算

$$\left.\begin{aligned}f_x=\sum\Delta x_{测}-\sum\Delta x_{理}=\sum\Delta x_{测}-(x_{终}-x_{始})\\f_y=\sum\Delta y_{测}-\sum\Delta y_{理}=\sum\Delta y_{测}-(y_{终}-y_{始})\end{aligned}\right\}\tag{6-17}$$

【例 6-5】 已知边 AB 和 CD 的坐标方位角，如图 6-44 所示，各个观测角、各导线边的边长已在表 6-4 中给出，试计算各导线点的坐标。

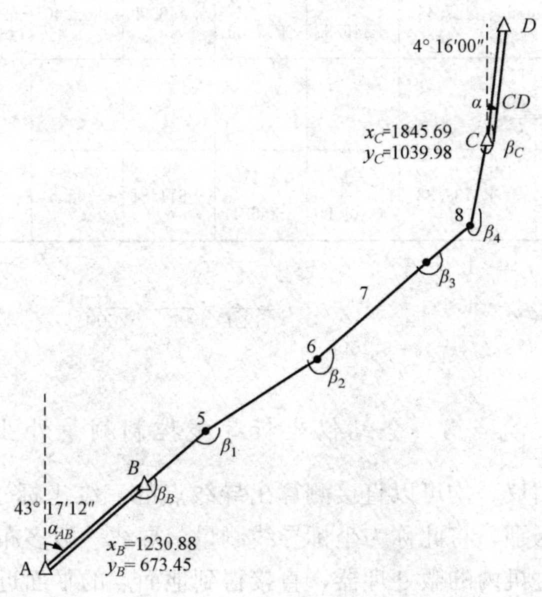

图 6-44　附合导线计算图

解　计算步骤如下：

(1) 绘制计算草图，在表内填写已知数据和观测数据。

(2) 角度闭合差的计算与调整。

(3) 各边方向角的推算。

(4) 坐标增量闭合差的计算与调整。

(5) 推算各点坐标。

计算结果见表 6-4。

表 6-4 **附合导线坐标计算**

点号	转折角（右）(° ′ ″)	改正后转折角 (° ′ ″)	方位角 α (° ′ ″)	边长 D (m)	坐标增量 (m) Δx	坐标增量 (m) Δy	改正后增量 (m) Δx	改正后增量 (m) Δy	坐标 (m) x	坐标 (m) y	点号
A											
			43 17 12								
B	+8 180 13 36	180 13 44							1230.88	673.45	B
			43 03 28	124.08	−2 +90.66	+2 +84.71	−90.64	+84.73			
5	+8 178 22 30	178 22 38							1321.52	758.18	5
			44 40 50	164.10	−2 +116.68	+3 −115.39	+116.66	+115.42			
6	+8 193 44 00	193 44 08							1438.18	783.60	6
			30 56 42	208.53	−2 +178.85	+3 +107.23	+178.83	+107.26			
7	+8 181 13 00	181 13 08							1617.01	980.86	7
			29 43 34	94.18	−1 +81.79	+2 +46.70	+81.78	+46.72			
8	+8 204 54 30	204 54 38							1698.79	1027.58	8
			4 48 56	147.44	−2 +146.92	+2 +12.38	+146.90	+12.40			
C	+8 180 32 48	180 32 56							1845.69	1039.98	C
			4 16 00								
D											
$\sum$	1119 00 24	1119 01 12		738.33	−9 +614.90	+12 +366.41	+614.81	+366.53	+614.81	+366.53	

$\sum\beta_{理}=1119°01'12''$， $f_x=+0.09$

$f_\beta=\sum\beta_{测}-\sum\beta_{理}=-48''$， $f_y=-0.12$， $K=\dfrac{f}{\sum D}=\dfrac{1}{4900}<\dfrac{1}{2000}$

$f_{\beta允}=\pm40''\sqrt{6}=\pm98''$， $f=\sqrt{f_x^2+f_y^2}=0.150$

技能点 3 全站仪坐标导线控制测量外业

目前一些先进的全站仪，均可以直接测算出导线点的三维坐标（平面坐标和高程）。为了与传统的导线测量相区别，将此称为坐标导线测量。导线一般多布设成单一导线。应用全站仪观测导线，可以通过机内的微处理器，直接得到地面点的平面近似坐标，因此在成果处理时可以应用这些近似坐标直接按坐标平差法进行平差。

全站仪导线的布设形式与普通导线一样，其外业工作内容如下。

一、踏勘选点

控制点选择应满足：

(1) 控制点控制整个测区范围。

(2) 控制点相互通视。

(3) 控制点应设在方便安置仪器的地方。

二、导线起始数据确定

全站仪进行导线测量，必须知道两点的直角坐标，或是知道一个起始点的坐标和一条边的坐标方位角。起始点的坐标通常是已知的；在测区或测区附近一般可以找到的高一级控制点及其坐标。

如果起始点未知，可由 GPS 测得起始坐标，或者可采用交会法求得。如前方交会、侧方交会和后方交会等方法。

三、控制点坐标测量

在全站仪坐标测量模式下观测导线点的三维坐标（x，y，z），以此可获得各个导线点的坐标。然后切换到距离、角度测量模式测得距离 D、水平角、高差 h，以备后用检核，并且记入记录簿。

控制点坐标测量可以分成两类：①有提供大地坐标系的，即提供地上固定的两个可通视的点及其坐标；②不能提供大地坐标系统的，可以自己假定坐标系统。

(1) 无已知的大地坐标，坐标系统是假定的。假定坐标时应注意坐标的起点位置，数据最好能大，以免测量时出现负坐标。如第一点的坐标假定为（10 000，10 000），如图 6-45 所示）。

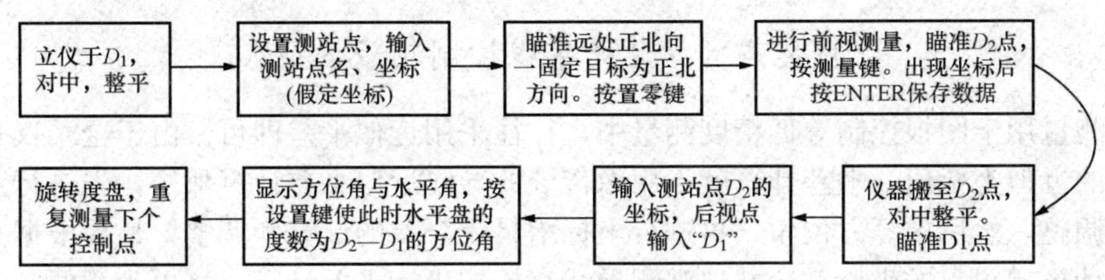

图 6-45　控制点测量程序 1

(2) 有已知的大地坐标，坐标系统是已知的。大地坐标系统是已知的，必须提供已知的两点坐标和实地的点位。其测量出来的坐标均是大地坐标。如提供两点点位与坐标，S_1、S_2，如图 6-46 所示。

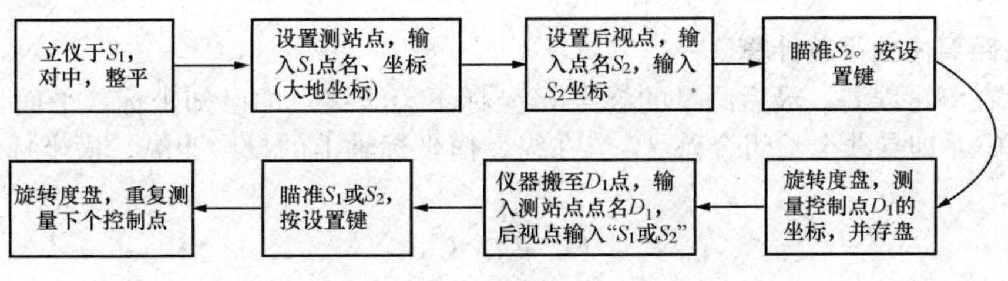

图 6-46　控制点测量程序 2

表 6-5　　全站仪导线控制测量记录表 1

测站点点号	1	仪高＝	测站点 x＝		测站点 y＝		测站点 z＝	
后视点 4 前视点 2	水平方位角	水平夹角	平距（m）	高差（m）	目标高	x（m）	y（m）	z（m）
4								
2								

表 6-6 全站仪导线控制测量记录表 2

测站点点号	2	仪高=	测站点 x=		测站点 y=		测站点 z=	
后视点 1 前视点 3	水平方位角	水平夹角	平距（m）	高差（m）	目标高	x（m）	y（m）	z（m）
1								
3								

填表说明：

（1）表 6-5 中水平夹角为水平方位角之差，由于全站仪高程测量误差较大，Z 坐标值仅作为校核用。

（2）表 6-6 中测站点 2 的坐标值为表 6-5 中测出的 2 点的坐标。

（3）两表中所测出的后视点坐标用于校核，如果发现和上一站中坐标相差过大，应仔细检查操作过程是否有错误。

技能点 4 坐标导线控制测量内业

导线测量用于图根控制等低精度测量中，往往采用近似平差即可。由于全站仪直接测定各导线点的近似坐标值，平差计算就不用像传统的导线近似平差计算那样，先进行角度闭合差计算和调整，然后推算方位角，再进行坐标增量闭合差的计算和调整，最后根据平差后的坐标增量计算导线点的坐标。全站仪观测导线直接按坐标平差计算，将更为简便。

采用坐标法进行导线近似平差，直接在已经测得导线点的坐标上进行改正，方法简单，易于掌握，避免了传统近似平差法的方位角的推算和改正，以及坐标增量的计算和改正，能大大提高工作效率，而且不易出错。同时可以看出，传统附合导线测量需要两条已知边作为方位角的检核条件，而直接坐标法，只需要一条已知边和一个已知点即可，使导线的布网更加灵活。

一、按距离内业平差计算

由于存在测量误差，最后测量的终点 C 坐标不等于终点的已知坐标，平面位置产生了一个缺口 CC'，即导线全长闭合差 f，f 在纵、横坐标轴上的投影为纵、横坐标闭合差 f_x、f_y，即

$$\left.\begin{aligned} f_x &= x_c - x_c' \\ f_y &= y_c - y_c' \end{aligned}\right\} \tag{6-18}$$

式中 x_c'、y_c'——C 点的观测坐标；

x_c、y_c——C 点的已知坐标。

导线全长闭合差
$$f=\sqrt{f_x^2+f_y^2} \tag{6-19}$$

导线全长相对误差
$$K=\frac{1}{\sum D/f} \tag{6-20}$$

式中 D——各导线边长，各个导线点的坐标改正值为

$$\left.\begin{aligned} U_{x_i} &= \frac{f_x}{\sum D}(D_1+D_2+\cdots+D_i) \\ U_{y_i} &= \frac{f_y}{\sum D}(D_1+D_2+\cdots+D_i) \end{aligned}\right\} \tag{6-21}$$

改正后各点坐标 x_i、y_i 为

$$\left.\begin{aligned} x_i &= x_i' + U_{x_i} \\ y_i &= y_i' + U_{y_i} \end{aligned}\right\} \tag{6-22}$$

表 6-7　　全站仪坐标导线计算表

点号	坐标观测值（m）		边长 D m	坐标改正值（mm）		坐标平差值（m）	
	x	y		v_x	v_y	x	y
A						31 242. 685	19 631. 274
B						27 654. 173	16 814. 216
2	26 861. 436	18 173. 156	1 573. 261	−5	＋4	26 861. 431	18 173. 160
3	27 150. 098	18 988. 951	865. 300	−8	＋6	27 150. 090	18 988. 957
4	27 286. 434	20 219. 444	1 238. 023	−12	＋9	27 286. 422	20 219. 453
5	29 104. 742	20 331. 319	1 821. 746	−18	＋14	29 104. 724	20 331. 333
C	29 564. 269	20 547. 130	507. 681	−19	＋16	29 564. 250	20 547. 146
D			$\sum D=6006$			30 666. 551	21 880. 362

二、按坐标平差法计算

假设有一条附合导线，由于存在观测误差，最后测得的一点（假设为 C）（x_c'，y_c'）坐标与该点已知坐标（x_c，y_c）不一致，其差值即为纵、横坐标增量闭合差，即

$$\left.\begin{aligned} f_x &= x_c - x_c' \\ f_y &= y_c - y_c' \end{aligned}\right\} \tag{6-23}$$

导线全长闭合差为

$$f=\sqrt{f_x^2+f_y^2} \tag{6-24}$$

导线全长相对闭合差为

$$K=\frac{1}{\sum D/f} \tag{6-25}$$

此时若满足要求的精度，就可以直接根据坐标增量闭合差来计算各个导线点的坐标改正数，各导线点的坐标改正值。计算公式为

$$\left.\begin{aligned} U_{x_i} &= \frac{f_x}{\sum|\Delta x|}(|\Delta x_1|+|\Delta x_2|+\cdots+|\Delta x_i|) \\ U_{y_i} &= \frac{f_y}{\sum|\Delta y|}(|\Delta y_1|+|\Delta y_2|+\cdots+|\Delta y_i|) \end{aligned}\right\} \tag{6-26}$$

改正后各点坐标 x_i、y_i 为

$$\left.\begin{aligned} x_i &= x_i' + U_{x_i} \\ y_i &= y_i' + U_{y_i} \end{aligned}\right\} \tag{6-27}$$

式中　Δx_1、Δx_2、Δx_i、Δy_1、Δy_2、Δy_i——第一、第二和第 i 条边的近似坐标增量；

x'_i、y'_i——各待定点坐标的观测值（即全站仪外业直接观测的导线点的坐标）。

【例 6-6】 导线起点、终点位置分别有 GPS1、DF1；SGA4、SGA5 四个高级点，前两点及后两点分别构成导线两个基准边，并与在沿线合适位置加设的 D_1、D_2、D_3、D_4、D_5 五点一起，组成一条附合导线。计算表见表 6-8。

表 6-8　　全站仪坐标导线计算表

点号	已知坐标		实测坐标		坐标增量/		改正值		最终坐标		边长（m）
	x	y	x	y	Δx	Δy	vx	vy	x	y	
GPS1	5992.250	5701.916									
DF1	6147.538	5217.473			138.285	−435.771					
							−0.004	0.004	6285.819	4781.706	457.185
D_1			6285.823	4781.702	−302.258	−534.567					
							−0.009	0.009	5983.556	4247.144	614.100
D_2			5983.565	4247.135	−22.722	−210.272					
							−0.011	0.011	5960.830	4036.874	211.525
D_3			5960.843	4036.863	−11.675	−389.580					
							−0.014	0.014	5949.154	3647.297	389.754
D_4			5949.168	3647.283	−110.886	−455.384					
							−0.018	0.018	5838.264	3191.917	468.686
D_5			5838.282	3191.899	236.266	31.011					
							−0.020	0.020	6074.528	3222.930	238.293
SGA5	6074.528	3222.930	6074.548	3222.910							
SGA4	5972.500	3008.293									

$f_x=\sum\Delta x-(SGA5_x-DF1_x)=0.020$　　$f_y=\sum\Delta y-(SGA5_y-DF1_y)=-0.020$

$\sum D=2379.543$　　$f=\sqrt{f_x^2+f_y^2}=0.0283$

$K=f_D/\sum D=0.0283/2379.543\approx1/84\ 132<1/10\ 000$

技能点 5　全站仪碎部测量

一、全站仪的测图方法

全站仪测图的工作过程主要有数据采集、数据处理、图形编辑和图形输出。数据采集的目的是获取数字化成图所必需的数据信息，包括描述地图实体的空间位置信息（坐标和连接关系）和属性信息。数据采集主要有两大类方法：外业采集和内业采集。外业采集就是数据采集在野外完成。外业采集有两种工作方式，一种是在野外用全站仪采集数据，将数据存入与仪器相连的电子手簿或全站仪内存中，然后将测量数据（一般为测点坐标）传入计算机供进一步处理；另一种作业方式是在野外直接将全站仪与计算机（便携机）连接在一起，测量数据实时传入计算机，现场加入地理属性和连接关系后直接成图。当在外业采集数据时，测点的连接关系及地图实体的地理属性一般也在工作现场采集和记录，而且有两种不同的采集和记录方法，一种方法是用约定的编码表示，野外测量时，将对应的编码存储到电子手簿或全站仪的存储器，最后与测量数据一起传入计算机；另一种方法则用草图来描绘测点的连接关系和实体的地理属性，野外测量时绘制相应的草图（不输入到电子手簿或全站仪存储器），在内业工作中，再将草图上的信息与电子手簿传入的测量数据进行联合处理。外业采集的另一个基础性的工作是控制测量，包括等级控制与图根控制。内业采集主要是指对已有地图的数字化，它主要用数字化仪或扫描仪完成。

数据处理是将采集的数据进行处理，使之成为符合成图软件要求的数据，包括数据格式或结构的转换、投影变换、图幅接边、误差检验等内容。图形编辑是对已经处理的数据所生成的图形（包括地理属性）进行编辑、修改的过程。图形输出则是将已经编辑好的图形输出到所需介质上的过程，一般用绘图仪或打印机输出。图形输出也包括以某种指定的或标准的格式输出数据文件。

由于实际工作中数据处理、图形编辑、图形输出都是在室内完成的，因此，一般将它们与内业数据采集一起统称为数字化成图的内业；而将外业数据采集称为数字化成图的外业。在实施测量前，还必须定义使用的坐标系统。本节将全站仪（数字）测图方法从测量准备（坐标系统建立）、数据采集（外业）和数据处理（内业）三个方面作一阐述。

二、平面控制坐标系的建立

在测量之前，首先应确立对每个站使用哪种平面坐标系。一般来说，通常都是选择大地坐标系作为测图用的坐标系，以方便使用测区范围内的国家三角点或各等级的 GPS 点，通过已知点建立平面控制坐标系。在测图范围内若没有可利用的已知控制点时，则可建立测区独立的平面直角坐标系（地方坐标系），起始方位角可考虑以地球正磁北为零度。独立坐标系可按下列过程建立。

1. 确定起始方向

对于地形变化不太复杂的站点，首先在测绘地形图的范围内选择一个仪器设站点（O），该站点要求视线开阔，能看到测图范围内的大多数碎部测点，设站点确定后需（用红漆）标记。然后在设站点上架设全站仪并进行对中整平，全站仪安置完成后将指北针放在全站仪上，使全站仪视线的方向与指北针的正北方向一致，将全站仪水平方向制动，在其视线前方一定距离的位置选择一点（A）并（用红漆）标注好，然后用四等水准测量的方法测出设站点与标记点之间的高差，在（假设）已知测站点高程的情况下，则标记点的高程也为已知。

2. 确定起始点坐标

通常是把架站点作为测图区域中的参考起始点，一般可假定为：北向 N(x)＝10 000.000，东向 E(y)＝10 000.000，其高程 H(z) 为测量值或自行设定。然后，测定后视站点（A）坐标，方法是用全站仪测定测站点（O）到（磁北）方向标记点（A）之间的水平距离（平距）S，那么后视站点（A）的坐标则为：北向 N(x)＝10 000.000＋S，东向 E(y)＝10 000.000，其高程 z 为测量值（或设定值）。

3. 建立存储文件夹

观测完成后需将相应观测数据存入全站仪的内存中，建立起测量坐标的文件夹，为使用方便起见，一般可考虑用日期来命名文件夹。坐标定义点测量完成后将两站点的坐标编号输入至文件中［测站点（O）编为 1 号，后视站点（A）编为 2 号］，保存之后退出来，重新测量后视点的坐标，检查误差是否在允许范围之内。如果误差过大，需重新测量或进行调整；如果误差在允许范围内，则可以开始进行下一步测量。

三、外业测绘工作

外业测绘工作的主要内容就是数据采集，测量每个特征（碎部）点的坐标。在具体进行测量时，一般是采用草图测绘法，即边测量边绘制测区的草图，将各特征（碎部）测量点上的点号记录在草图的相应位置上，并尽可能多地标注一些重要的地物地貌，以便准确地绘制地形图。

1. 测站的建立

首先将全站仪在架站点上进行整置（对中、整平），然后量出仪器上红漆点至全站仪横轴中心的高度（仪器高，该高度也可通过测量计算得出），测量温度、气压、棱镜高，一并输入到全站仪中，开始建站。

2. 测区转站点建立

如果测区中在一个架站点设站不能测量测区内的全部碎部点时，就需要在多个点设站，这些点称为转站点，这些点的平面坐标须已知。在选定的转站点点位上须标记（用红漆标注），并编号命名，如 ZZ1、ZZ2 等。

3. 测区支导点坐标的求取

在测图过程中，有时会出现任何一个已知点设站都有看不到的碎部点，这时可以通过已知点（站）测绘出一个合适位置（点）的坐标，使该点成为已知坐标的点，然后在此处架站（摆仪器）测绘碎部点，这样的设站点称为支导点。支导点的坐标可用坐标测量或后方交会法等方法求取。

4. 碎部点坐标的求取

全站仪测图要求先确定所有碎部点的坐标及记录碎部点的绘图信息（及数据采集），才能利用计算机自动成图。在野外数据采集中，若用全站仪测定所有独立物的定位点、现状地物、面状地物的转折点（通称碎部点）的坐标，不仅工作量大，而且有些点无法直接测定。因此，必须灵活运用测算法，测、算结合来确定碎部点坐标。

碎部点坐标测算法的基本思想是：在野外数据采集时，利用全站仪适当用极坐标法或照准偏心法等方法测定一些基本碎部点的位置（坐标），然后充分利用直线、直角、平行、对称、全等等几何特征，在室内（或现场）计算出所有碎部点的坐标。基本碎部点是指能满足各种测定碎部点方法（除极坐标法）的必要起算点。常用的碎部点测算方法主要有全仪器法（极坐标法、照准偏心法）、半仪器法（方向交会法、角度交会法）、勘丈法、计算法等方法。

5. 数据传输

测量完后，需把全站仪内存中的数据文件传到计算机中，才能进行数据处理分析和地形图的绘制。南方全站仪通常采用南方测绘仪器公司的专用传输软件 NTS 进行数据传输，在传输前需在全站仪和 NTS 软件上先设置好通信参数，两方的通信参数必须一致才能进行数据传输。

单元三　大比例尺地形图的测绘

本单元主要包括地形图的基本知识及大比例尺地形图测绘的基本步骤和方法等内容。

学习目标：通过本单元的学习，学生应了解地形图的基本知识，掌握大比例尺地形图测绘的方法及地形图的绘制。

能力标准：利用所学知识能够进行大比例尺地形图的测绘工作。

知识点 1　地形图的基本知识

一、地形图的比例尺

1. 基本概念

（1）平面图。主要表示地物平面位置的图，称为平面图。

（2）地形图。将地面上各种地物和地貌沿垂直方向投影到水平面上，并按一定的比例尺，用统一规定的符号和注记，将其缩绘在图纸上，这种表示地物的平面位置和地貌起伏情况的图，称为地形图。

（3）地形图比例尺。地形图上任一线段的长度与它所代表的实地水平距离之比，称为地形图比例尺。

2. 比例尺的表示方法

（1）数字比例尺。数字比例尺是用分子为 1，分母为整数的分数表示。设图上一线段长度为 d，相应实地的水平距离为 D，则该地形图的比例尺为

$$d/D=1/M \tag{6-28}$$

如 1∶500，1∶1000，1∶5000…

M 为比例尺分母。M 越大，比例尺越小。

（2）图示比例尺。常见的图示比例尺为直线比例尺。直线比例尺由间距为 2mm 的两条平行直线构成，以 2cm 为单位分成若干大格，左边第一大格十等分，大小格分界处注以 0，右边其他大格分界处标记按绘图比例尺换算的实际长度。可消除图纸伸缩的影响。

（3）地形图按比例尺分类。

大比例尺地形图：1∶500、1∶1000、1∶2000、1∶5000。

中比例尺地形图：1∶10 000、1∶25 000、1∶50 000、1∶100 000。

小比例尺地形图：1∶200 000、1∶500 000、1∶1 000 000。

（4）比例尺的精度。相当于图上 0.1mm 的实地水平距离，用 ε 表示，即

$$\varepsilon=0.1M \tag{6-29}$$

几种常用地形图的比例尺精度见表 6-9。

表 6-9　地形图的比例尺精度

比例尺	1∶500	1∶1000	1∶2000	1∶5000	1∶10 000
比例尺精度（cm）	5	10	20	50	100

根据比例尺的精度，可确定测绘地形图时测量距离的精度；另外，如果规定了地物图上要表示的最短长度，根据比例尺的精度，可确定测图的比例尺。

3. 地形图的识读——图廓和图廓外注记

（1）图名。每幅地形图都应标注图名，通常以图幅内最著名的地名、厂矿企业或村庄的名称作为图名。图名一般标注在地形图北图廓外上方中央。

（2）图号。为了区别各幅地形图所在的位置，每幅地形图上都编有图号。图号就是该图幅相应分幅方法的编号，标注在北图廓上方的中央、图名的下方。大比例尺地形图大多采用矩形分幅法，它是按统一的直角坐标格网划分的。采用矩形分幅时，大比例尺地形图的编

号，一般采用图幅西南角坐标千米数编号法。其西南角的坐标 $x=3530.0$km，$y=531.0$km，所以其编号为“3530.0—531.0”。编号时，比例尺为1∶500的地形图，坐标值取至0.01km，而1∶1000、1∶2000的地形图取至0.1km。如果测区范围比较小，图幅数量少，可采用数字顺序编号法。

(3) 图廓。图廓是地形图的边界，矩形图幅只有内、外图廓之分。内图廓就是坐标格网线，也是图幅的边界线。在内图廓外四角处注有坐标值，并在内廓线内侧，每隔10cm绘有5mm的短线，表示坐标格网线的位置。在图幅内绘有每隔10cm的坐标格网交叉点。外图廓是最外边的粗线。在城市规划以及给排水线路等设计工作中，有时需用1∶10 000或1∶25 000的地形图。这种图的图廓有内图廓、分度带和外图廓之分（见图6-47）。内图廓是经线和纬线，也是该图幅的边界线。内、外图廓之间为分度带，它绘成若干段黑白相间的线条，每段黑线或白线的长度，表示实地经差或纬差1′。分度带与内图廓之间，注记了以千米为单位的平面直角坐标值。

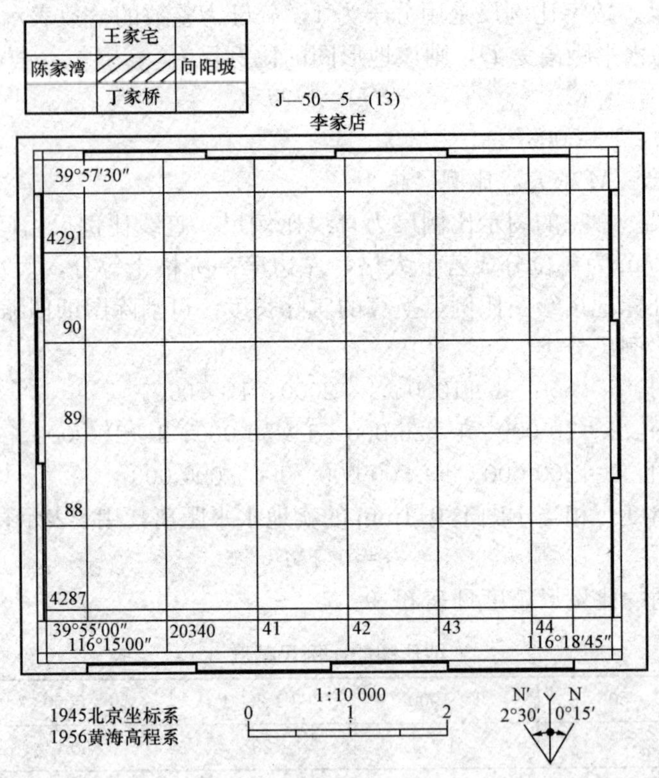

图6-47 地形图的图廓

(4) 三北方向线。在中、小比例尺图的南图廓线的右下方，还绘有真子午线、磁子午线和坐标纵轴（中央子午线）方向这三者之间的角度关系，称为三北方向图。利用该关系图，可对图上任一方向的真方位角、磁方位角和坐标方位角三者间作相互换算。此外，在南、北内图廓线上，还绘有标志点 P 和 P'，该两点的连线即为该图幅的磁子午线方向，有了它利用罗盘可将地形图进行实地定向。

(5) 接图表。说明本图幅与相邻图幅的关系，供索取相邻图幅时用。通常是中间一格画有斜线的代表本图幅，四邻分别注明相应的图号（或图名），并绘注在图廓的左上方。在中比例尺各种图上，除了接图表以外，还把相邻图幅的图号分别注在东、西、南、北图廓线中间，进一步表明与四邻图幅的相互关系。

4. 地形图图式

（1）地物符号（见表6-10）。

表6-10　地物符号

编号	地物名称	符号	编号	地物名称	符号
1	三角点	△ $\frac{II06}{148.456}$	13	道桥	
2	导线点	⊡ $\frac{II26}{61.32}$	14	阶梯路	
3	水准点	⊗ $\frac{III9}{51.636}$	15	简易公路	碎石
4	水塔		16	树林	松
5	烟		17	苗圃	苗
6	碑，柱		18	耕地	旱
7	独立树 1）阔叶 2）针叶		19	地类界	
8	坚固房屋 4—层数	坚4	20	乡、农、林场界	
9	普遍房屋	2	21	围墙	
10	简易房屋	木	22	输电线	
11	公路		23	小路	
12	池塘	塘	24	堤	

1）比例符号。将地物的形状和大小按测图比例尺缩绘在图纸上的相似图形，如表6-10中编号8～13地物。

2）非比例符号。当地物的实际轮廓无法按测图比例尺缩绘在图纸上，而又必须表示的重要地物，就采用规定的符号来表示，如表6-10中编号1～7地物。

3）半比例尺符号。某些带状的狭长地物，长度可按比例尺缩绘，但宽度不能按比例尺缩绘，如表 6 - 10 中编号 19～23 地物。

4）注记符号。用文字、数字或特殊的标记对地物加以说明的符号称为注记符号，如表 6 - 10 中编号 16～18 地物。

（2）地貌符号——等高线。

1）等高线的定义。地面上高程相同的相邻各点连成的闭合曲线，称为等高线。例如，雨后地面上静止的积水，积水面与地面的交线就是一条等高线。将这些等高线沿铅垂方向投影到水平面 H 上，并用规定的比例尺缩绘在图纸上，这就将小山用等高线表示在地形图上了（见图 6 - 48）。

2）等高距、等高线平距及地面坡度。

a. 等高距。相邻等高线之间的高差称为等高距，也称为等高线间隔，用 h 表示。

b. 等高线平距。相邻等高线之间的水平距离称为等高线平距，用 d 表示（见图 6 - 49）。

地面坡度

$$i=\frac{h}{dM} \tag{6-30}$$

式中 M——比例尺分母。

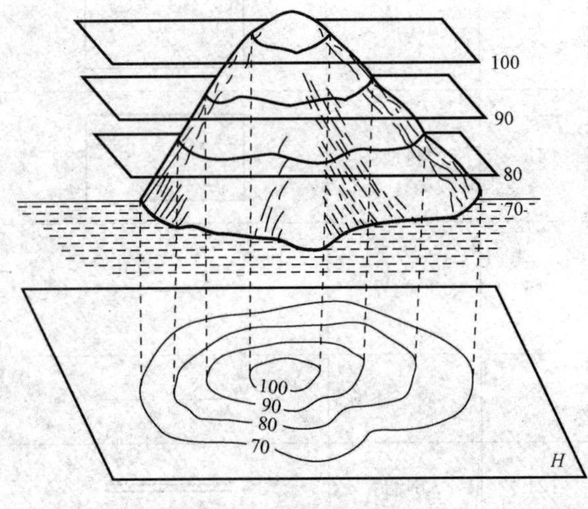

图 6 - 48 等高线表示地貌

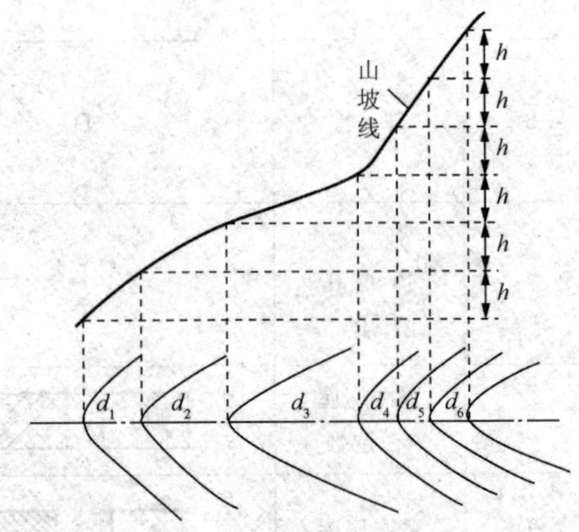

图 6 - 49 等高距及等高线的平距

地面坡度较缓，其等高线平距较大，等高线显得稀疏；地面坡度较陡，其等高线平距较小，等高线十分密集。

3）典型地貌的等高线。

a. 山头和洼地的等高线。山头和洼地（又称盆地）的等高线都是一组闭合曲线，见图 6 - 50、图 6 - 51。山头内圈等高线高程大于外圈等高线的高程，洼地则相反。示坡线是垂直于等高线并指示坡度降落方向的短线。示坡线往外标注是山头，往内标注的则是洼地。

b. 山脊与山谷的等高线。沿着一个方向延伸的高地称为山脊，山脊上最高点的连线称为山脊线或分水线。山脊的等高线（见图 6 - 52）是一组凸向低处的曲线。在两山脊间沿着一个方向延伸的洼地称为山谷，山谷中最低点的连线称为山谷线。山谷等高线（见图 6 - 53）是一组凸向高处的曲线。山脊线、山谷线与等高线正交。

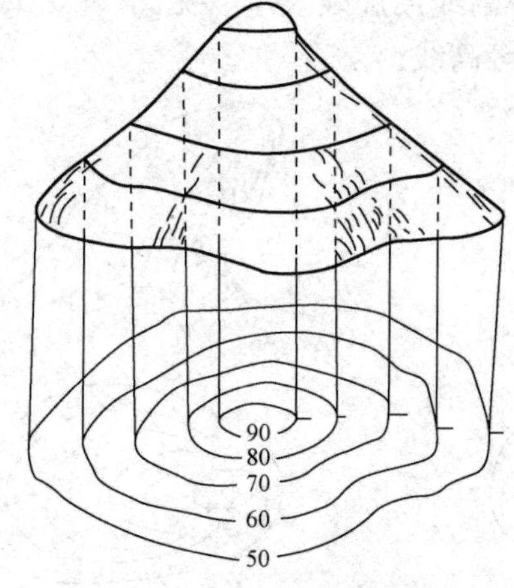

图 6-50　山头等高线

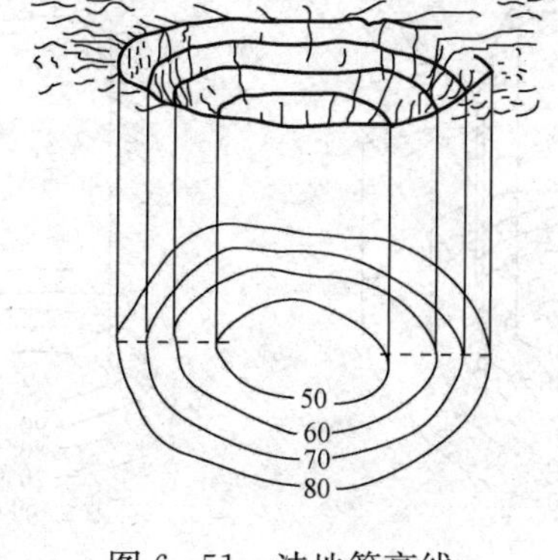

图 6-51　洼地等高线

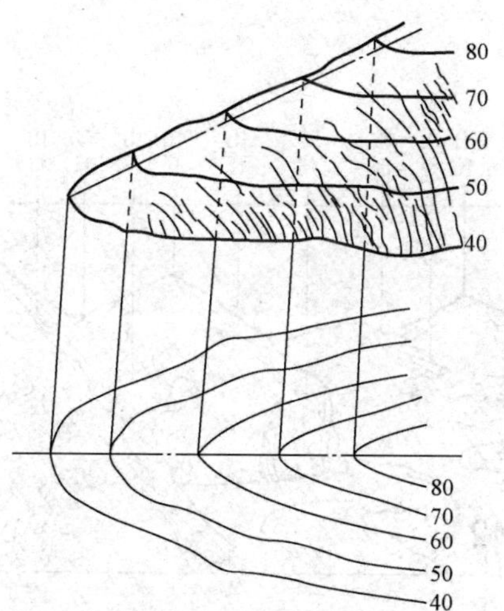

图 6-52　山脊等高线

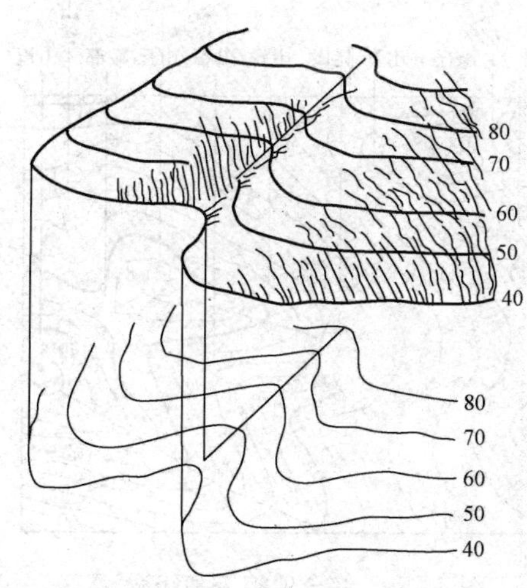

图 6-53　山谷等高线

c. 鞍部的等高线。相邻两山头之间呈马鞍形的低凹部分称为鞍部，鞍部是两个山脊和两个山谷会合的地方。

鞍部的等高线由两组相对的山脊和山谷的等高线组成，即在一圈大的闭合曲线内，套有两组小的闭合曲线（见图 6-54）。

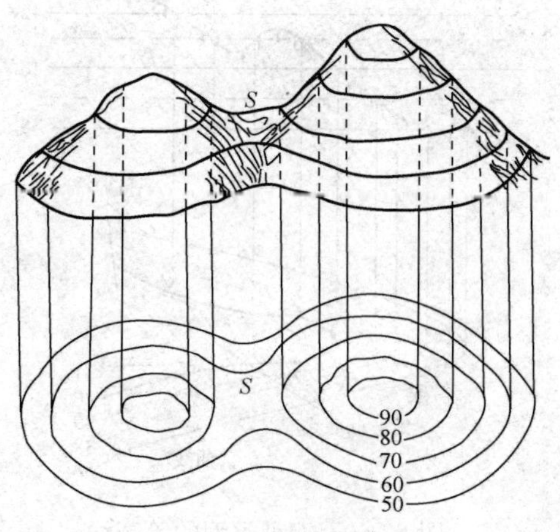

图 6-54　鞍部等高线

d. 陡崖和悬崖的表示方法。坡度在 70°以上或为 90°的陡峭崖壁称陡崖。陡崖分为石质陡崖（见图 6-55）和土质陡崖（见图 6-56）。陡崖处的等高线非常密集，甚至会重叠，因此，在陡崖处不再绘制等高线，改用陡崖符号表示。上部向外突出，中间凹进的陡崖称为悬崖。上部的等高线投影到水平面时与下部的等高线相交，下部凹进的等高线用虚线表示（见图 6-57）。图 6-58 是由基本地貌组成的综合地貌图（见图 6-59）的等高线。

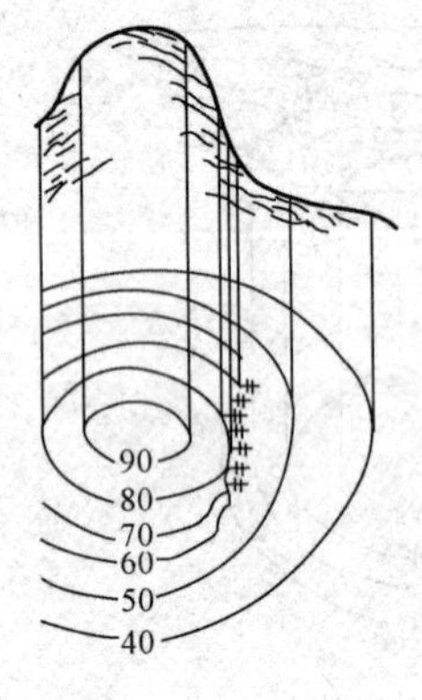

图 6-55 石质陡崖

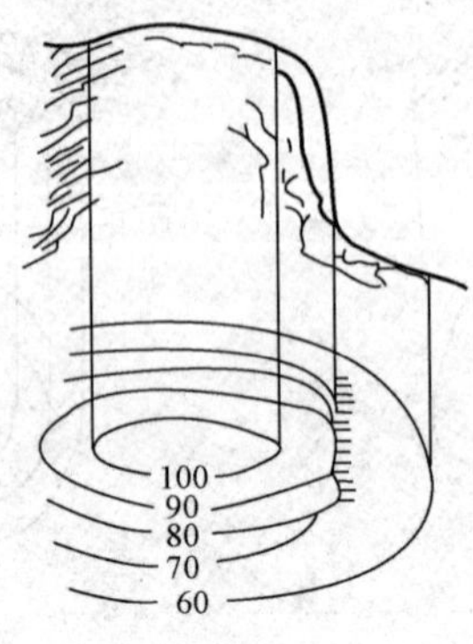

图 6-56 土质陡崖

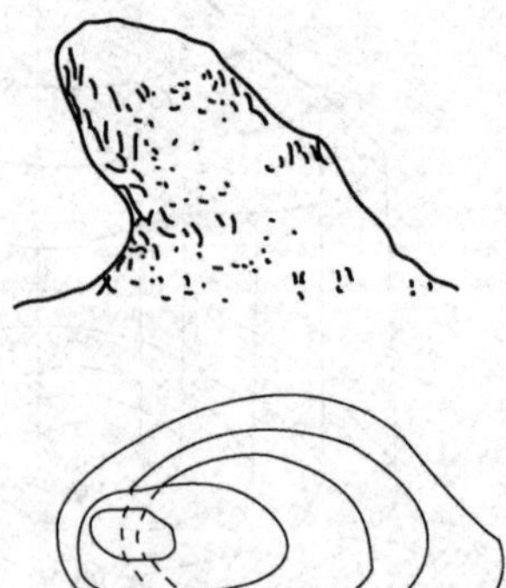
图 6-57 悬崖等高线

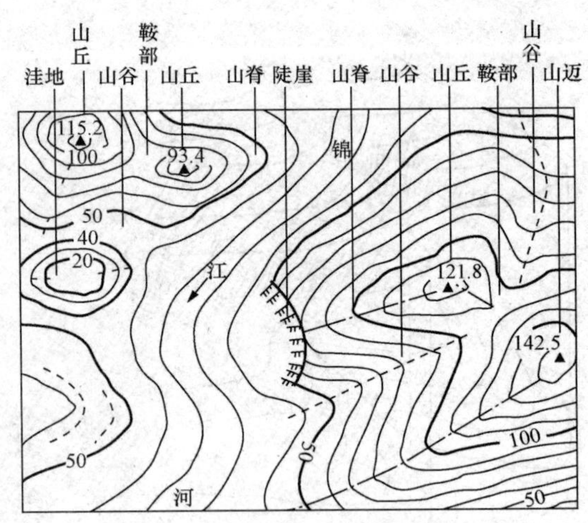

图 6-58 综合地貌等高线

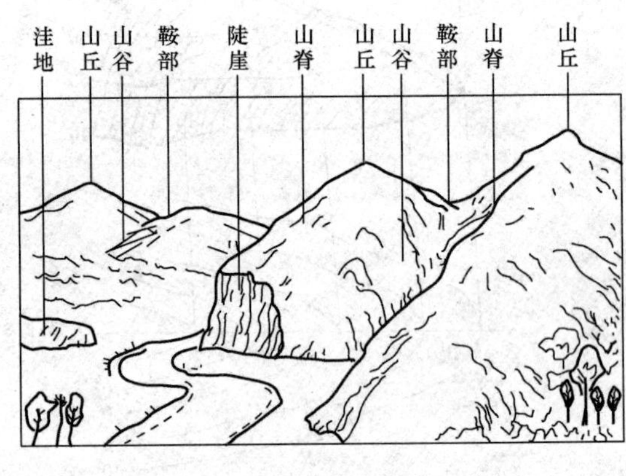

图 6-59 典型地貌综合地貌图

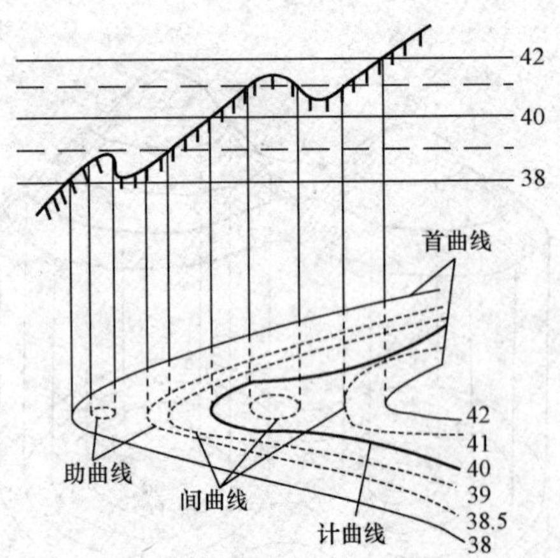

图 6-60 四种类型的等高线

4）等高线按用途分类。为了更详尽地表示地貌的特征，地形图上常用下面四种类型的等高线（见图 6-60）。

a. 首曲线。在同一幅地形图上，按规定的基本等高距描绘的等高线称为首曲线，也称基本等高线。首曲线用 0.15mm 的细实线描绘。

b. 计曲线。凡是高程能被 5 倍基本等高距整除的等高线称为计曲线，也称加粗等高线。计曲线要加粗描绘并注记高程。计曲线用 0.3mm 粗实线绘出。

c. 间曲线。为了显示首曲线不能表示出的局部地貌，按 1/2 基本等高距描绘的等高线称为间曲线，也称半距等高线。间曲线用 0.15mm 的细长虚线表示。

d. 助曲线。用间曲线还不能表示出的局部地貌，可按 1/4 基本等高距描绘的等高线称为助曲线。助曲线用 0.15mm 的细短虚线表示。

5）等高线的特性。

a. 等高性，同一条等高线上各点的高程相同。

b. 闭合性，等高线必定是闭合曲线。如不在本图幅内闭合，则必在相邻的图幅内闭合。所以，在描绘等高线时，凡在本图幅内不闭合的等高线，应绘到内图廓，不能在图幅内中断。

c. 非交性，除在悬崖、陡崖处外，不同高程的等高线不能相交。

d. 正交性，山脊、山谷的等高线与山脊线、山谷线正交。

技能点 1　地 形 图 测 绘

一、测图前的准备工作

1. 图纸的选用

测绘地形图的图纸，以往都是采用优质绘图纸（磅纸）。为了减小图纸的变形，将图纸裱糊在锌板、铝板或胶合板上。聚酯薄膜是一面打毛的半透明图纸，其厚度为 0.07～0.1mm，伸缩率很小，且坚韧耐湿，沾污后可洗，可直接在图纸上着墨，复晒蓝图。但聚酯薄膜图纸怕折、易燃，在测图、使用和保管时应注意防折防火。

2. 坐标格网的绘制

为了精确地将控制点展绘在测图纸上，首先要在图纸上精确地绘制 10cm×10cm 的直角坐标方格网。绘制坐标格网的方法有对角线法、坐标格网尺法及计算机绘制等。图 6-61 就是用对角线法所绘制的坐标格网。绘完后，需进行格网的检查，要求格网交点应在一条直线上，偏离不应大于 0.2mm。每格长度误差也不应超过 0.2mm。目前有一种印有坐标方格网的聚酯薄膜图纸，使用更为方便。

3. 控制点的展绘

根据平面控制点坐标值，将其点位在图纸上标出，称为展绘控制点。控制点展绘后，应进行检核，用比例尺在图上量取相邻两点间的长度，与已知的距离相比较，其差值不得超过图上的 0.3mm，否则应重新展绘。

例如，展绘控制点 A（647.43，634.52，4.50）、B（913.46，748.63，6.45），如图 6-62所示。步骤如下：

（1）确定格网线的坐标、注记；

（2）确定控制点所在的方格，按比例尺展出；

（3）图上检查，在图上量取相邻控制点间的距离，其与理论值之差小于或等于图上 0.3mm。

4. 碎部点的选择及测定方法与要求

在地形图测绘中，决定地物、地貌位置的特征点称为地形特征点，也称碎部点。测绘地形图就是测定碎部点平面位置和高程。

（1）地物特征点和地貌特征点的选择。

1）地物特征点的选择。地物特征点主要是地物轮廓的转折点，如房屋的房角，围墙、电力线的转折点，道路河岸线的转弯点、交叉点，电杆、独立树的中心点等。

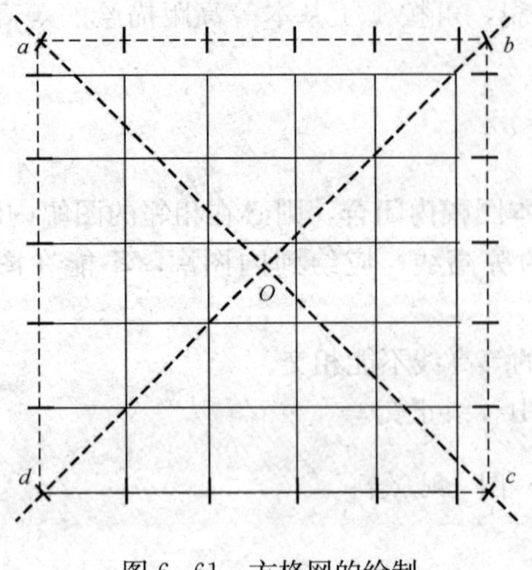

图 6-61　方格网的绘制

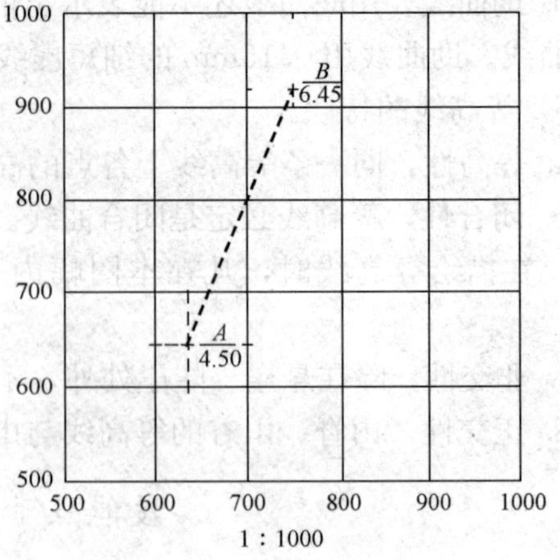

图 6-62　展绘控制点

连接这些特征点，便可得到与实地相似的地物形状。由于地物形状极不规则，一般规定，主要地物凹凸部分在地形图上大于 0.4mm 时，均应表示出来；在地形图上小于 0.4mm，可以用直线连接。

2）地貌特征点的选择。地貌特征点应选在最能反映地貌特征的山脊线、山谷线等地性线上，如山顶、鞍部、山脊和山谷的地形变换处、山坡倾斜变换处和山脚地形变换的地方。

为了能真实地表示实地情况，在地面平坦或坡度无明显变化的地区，碎部点的间距、碎部点的最大视距和城市建筑区的最大视距均应符合相应的规定。

碎部点的最大间距和最大视距见表 6-11。

表 6-11　　　　碎部点的最大间距和最大视距

测图比例尺	地貌点最大间距（m）	最大视距（m）			
		主要地物点		次要地物点和地貌点	
		一般地区	城市建筑区	一般地区	城市建筑区
1∶500	15	60	50	100	70
1∶1000	30	100	80	150	120
1∶2000	50	180	120	250	200
1∶5000	100	300	—	350	—

（2）地形图的精度要求。地形图的精度衡量：地物点相对于邻近图根点的位置中误差和等高线相对于邻近图根点的高程中误差。地形图的精度要求见表 6-12。

表 6-12　　　　地形图的精度要求

测区类别	图上地物点的位置中误差（mm）		等高线的高程中误差（基本等高距）		
	轮廓明显地物	轮廓不明显地物	6°以下	6°～15°	15°以下
一般地区	±0.6	±0.8	1/3	1/2	1
城市建筑区	±0.4	±0.6			1

5. 测角测距绘图

除了全站仪测坐标成图外，还可以用仪器测角、测距绘制地形图。

将仪器安置在控制点上，测绘板安置于测站旁，用全站仪测出碎部点方向与已知方向之间的水平夹角。测出测站到碎部点的水平距离及碎部点的高程。然后根据测定的水平角和水平距离，用量角器和比例尺将碎部点展绘在图纸上，并在点的右侧注记其高程。最后对照实地情况，按照地形图图式规定的符号绘出地形图。

(1) 配置。

1) 工具：全站仪、图板、塔尺、小钢尺、量角器、三棱尺、计算器、铅笔、橡皮等。

2) 人员：观测员、记录计算员、绘图员各1人、立尺员2人。

(2) 步骤。

1) 安置仪器（见图6-63）。将全站仪安置在控制点 A 上，量取仪器高，并记入碎部测量手薄。后视另一控制点 B，安置水平度盘读数为 $0°00'00''$，则 AB 称为起始方向。将小平板安置在测站附近，使图纸上控制边方向与地面上相应控制边方向大致一致。连接图上相应控制点 a、b，并适当延长 ab 线，则 ab 线为图上起始方向线。用小针通过量角器圆心的小孔插在 a 点，使量角器圆心固定在 a 点。

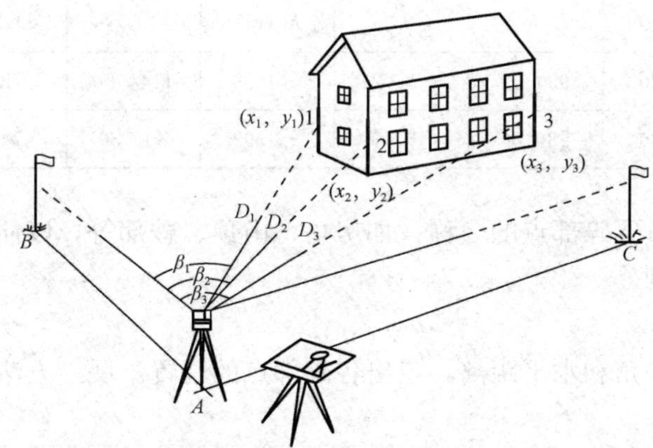

图6-63 经纬仪测绘法测图

2) 立点。将棱镜立在地物、地貌特征点上。现将棱镜立于1点上。地物取轮廓转折点（见图6-64）。地貌取地性线上坡度或方向变化点（见图6-65）。

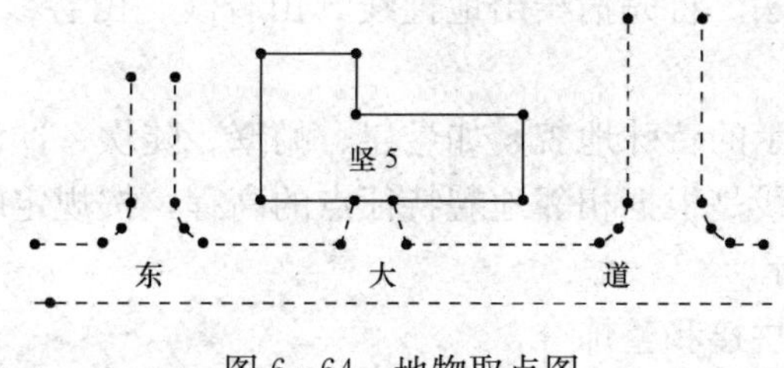

图6-64 地物取点图

3) 观测。观测员将全站仪瞄准1点棱镜，读水平距离、水平角 β 及高程。

4) 记录与计算。将观测数据水平距离及水平角 β 逐项记入碎部测量手簿相应栏内。根据观测数据，用视距测量计算公式，计算出水平距离和高程，填入碎部测量手簿相应栏内

图 6-65　地貌取点图

(见表 6-13)。

表 6-13　碎部测量手簿

测站：A　定向点：B　仪器高：1.42m
测站高程：207.40m　指标差：$x=0''$　仪器：DJ6

测点	尺间隔 l (m)	中丝读数 v (m)	竖盘读数 L (°′)	垂直角 α (°′)	高差 h (m)	水平角 β (°′)	水平距离 D (m)	高程 H (m)	备注
1	0.760	1.420	93，28	−3，28	−4.59	114，00	75.7	202.81	山脚
2	0.750	2.420	93，00	−3，00	−4.92	80，30	74.8	202.48	房角

在备注栏内注明重要碎部点的名称，如房角、山顶、鞍部等，以便必要时查对和作图。

二、地形图的绘制

1. 展绘碎部点

在图纸上，按水平角和水平距离，定出各碎部点的位置。展绘方法有半圆仪展点法和坐标展点器展点法。

2. 绘制地形图（地物和等高线）

(1) 地物的绘制。地物要按地形图图式规定的符号表示。例如：房屋按其轮廓用直线连接；河流、道路的弯曲部分，则用圆滑的曲线连接；对于不能按比例描绘的地物，应按相应的非比例符号表示。根据地物符号按具体情况绘制。

(2) 等高线的绘制方法。首先描绘出地性线（山脊线、山谷线）；再在相邻碎部点之间内插出等高线。

对于不能用等高线表示的特殊地貌，如悬崖、峭壁、陡坎、冲沟、雨裂等，则用相应图式规定的符号表示。等高线是根据相邻地貌特征点的高程，按规定的等高距绘制的。等高线的绘制方法如图 6-66 所示。

三、地形图的检查、拼接和整饰

1. 地形图的检查

(1) 室内检查。室内检查的内容有图面地物、地貌是否清晰易读，各种符号、注记是否正确，等高线与地貌特征点的高程是否相符，接边精度是否合乎要求等。如发现错误和疑点，不可随意修改，应加记录，并到野外进行实地检查、修改。

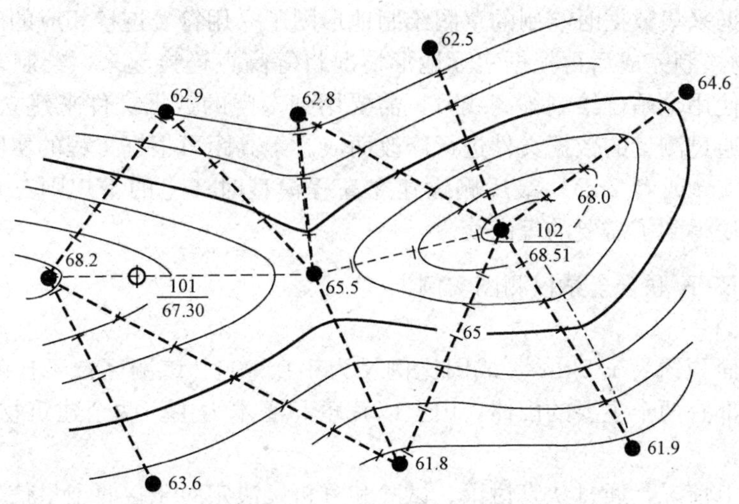

图 6-66　等高线的绘制方法

(2) 野外检查。野外检查是在室内检查的基础上进行重点抽查。检查方法分巡视检查和仪器检查两种。检查时应携带测图板，根据室内检查的重点，按预定的巡视检查路线，进行实地对照查看。主要查看地物、地貌各要素测绘是否正确、齐全，取舍是否恰当。等高线的绘制是否逼真，图式符号运用是否正确等。仪器检查是在室内检查和野外巡视检查的基础上进行的。除对发现的问题进行补测和修正外，还要对本测站所测地形进行检查，看所测地形图是否符合要求，如果发现点位的误差超限，应按正确的观测结果修正。

2. 地形图的拼接

采用分幅测图时，为了保证相邻图幅的拼接，每幅图的四边均须测出图廓线外 5mm，拼接时将相邻两幅的相应图边，按坐标格网叠合在一起进行拼接。如果不吻合，其接图误差不超过地形图精度要求所规定的平面与高差中误差的 2 倍，可按平均位置修改（见图 6-67）。若超过限差，应到现场检查予以纠正或重测。

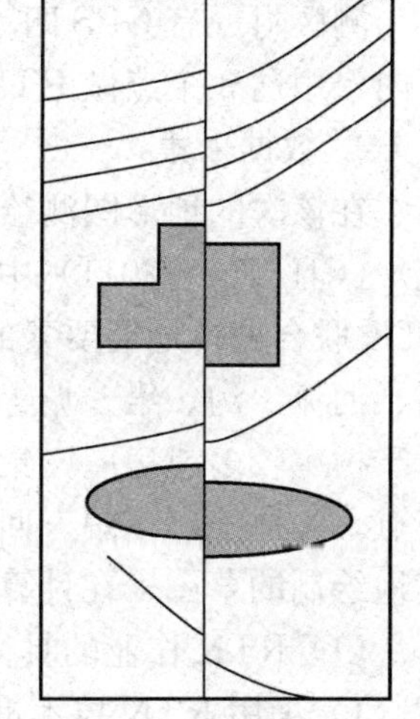

图 6-67　地形图的拼接

3. 地形图的整饰

原图经过拼接和检查后，还应按规定的地形图图式符号对地物、地貌进行清绘和整饰，使图面更加合理、清晰、美观。整饰的顺序是先图内后图外，先注记后符号，先地物后地貌。

最后写出图名、比例尺、坐标系统及高程系统、施测单位、测绘者及施测日期等。如果是独立坐标系统，还需画出指北方向。

四、CASS 软件地形图绘制（内业数据处理）

地形图绘制工作的主要内容就是根据测绘的碎部点坐标结合地图图示按照测图要求绘制地形图，全站仪测图可通过专门的测图软件实施，例如，南方测绘仪器公司开发的 CASS 软件等，目前常用的为 CASS9.0 版本，操作方法如下：

打开南方 CASS9.0 绘图软件，点击绘图处理下的展野外测点点号，设定好绘图比例尺，然后在对话框中选文件路径并打开传输的 ＊＊＊.DAT 测量文件，注记高程点的距离。此时，便可开始根据采集数据时绘制的草图绘制地形图了（用符号连接相应的碎部点或绘制独立符号等），地物绘制完成后再根据实际地形情况将等高点连接起来，绘制等高线，从而完成地貌的测绘。使用全站仪绘制等高线时，需要用到专门的数据文件来建立DTM，这份专门的数据文件可通过测量的数据文件进行修改而成。等高距可根据工程的实际需要设置（一般等高距设置为1m或者2m），最后删除建立高程模型时产生的不规则三角形网（TIN），进行适当的修补便得到了需要的等高线。

【例6-7】 RTK联合全站仪测图实例。

1. 测区概况

某测区，总面积约为1.5km²，成图比例尺为1∶2000。该测区位于丘陵地带，地形条件复杂，测区内部有两个主要的山体，山上以荒草和灌木为主。两个建筑物密集区（村庄、矿山集中区）。

综合测区以上情况，通过认真讨论、试验和分析，决定对于接收卫星信号较好的山坡和平坦地区采用RTK进行碎部测量；其余地区采用全站仪进行碎部测量；全站仪所需图根控制点采用RTK进行测定。测图方式为野外数字化测图，使用一套徕卡1200（1+3）动态GPS接收机、两台徕卡全站仪进行外业采集，应用南方测绘仪器公司开发的CASS5.0地形地籍软件成图，为便于规划设计，地形图不进行分幅，等高距为1m。

2. 人员配置

在人员分工上，RTK分为3组（每个流动站为一组），每组2人，一人操作RTK，一人画草图；另有一人留守基准站，负责基准站的安全；每组画草图的人员将野外采集的数据导入计算机，根据野外草图进行数字化成图。全站仪组为3人，一人施仪，一人跑尺，一人画草图。人员配置共7人，所以RTK与全站仪分开时段测图。

3. 已有资料分析

测区附近有GPS四等点3个，保存完好，精度满足要求。1个点在测区外，2个点在测区内，用这3个点做RTK的点校正。

4. 数据采集

在该次的地形图测绘中，利用RTK随时为全站仪测图测量图根点。按照《城市测量规范》（CJJ/T 8—2011）中地形测量的要求进行地形图的碎部测量。测量方法是全站仪与RTK联合进行地形要素的自动采集和存储，合并成图。对于开阔的地段（主要是田野、公路、河流、沟、渠、塘等）直接采用RTK进行全数字野外数据采集。实地绘制地形草图，对于树木较多或房屋密集的村庄等采用RTK给定图根点位，利用全站仪采集地形地物等特征点，实地绘制草图。回到室内将野外采集的坐标数据通过数据传输线传输到计算机，根据实地绘制的草图，在计算机上利用CASS9.0成图软件进行制图。

（1）RTK作业的具体操作。

1）采用RTK技术进行碎部点采集，所采集的数据为当地平面坐标。

2）应用RTK采集碎部点时，遇到一些对卫星信号有遮蔽的地带，这时可采用RTK给出图根点的点位坐标，然后采用全站仪测碎部点坐标。

（2）全站仪作业的具体操作。

1）整平对中，对中偏差不得超过1mm。

2）启动全站仪，进入文件管理界面，建立文件名，并存储该文件。

3）以后视点为检核点进行检核，偏差在限差范围内方可进行点收集，否则查明原因，符合限差要求方可采集数据。

4）采集碎部点数据信息。

（3）全站仪注意事项。

1）一个测站应在一个方向观测，切勿盘左盘右不分。

2）测站仪器如有碰动，需重新对中整平检核。

5. RTK 成果的质量检验

为了检验 RTK 图根点实际精度，RTK 测量结束后，应用徕卡全站仪对部分通视图根点间的相对位置关系进行实测检查。检查工作共布设了两条附合导线，导线起算点为已知 GPS 点，共联测检查了 20 个图根点。根据导线测量成果与 RTK 结果的较差，可算出图根点相对于相邻点点位中误差和高程中误差，见表 6 - 14。根据表 6 - 14 中的数据可算出图根点点位中误差为±4.3cm，高程中误差为±6.3cm；分别小于预设精度±10cm，也小于《城市测量规范》（CJJ/T 8—2011）规定值±20cm；完全符合图根控制和碎部点精度要求。

由于 RTK 测设的相邻图根点之间并没有直接联系，因此，其“相邻点”与导线测量中所讲的相邻点意义不同，它仅仅是地理位置的相邻，彼此之间没有误差传递，相邻点之间的点位误差只与卫星信号的质量以及卫星的分布质量有关。因此，不能以导线测量的相对误差、角度中误差等指标作为衡量 RTK 相邻点精度的指标。

表 6 - 14　　图根点与导线点精度对比分析表

点号	坐标较差（cm）		点位较差	高程较差
	dx	dy	dp（cm）	dH（cm）
T1	+3.1	−2.3	3.9	+7.1
T2	−0.9	+3.5	3.6	+5.0
T3	+4.3	+4.0	5.9	+8.0
T4	+3.7	+5.1	6.3	+7.8
T5	+1.1	+3.9	4.1	+6.5
T6	+2.7	−2.2	3.5	−4.3
T7	+4.8	−3.7	6.1	−9.7
T8	−1.1	+0.8	1.4	+6.0
T9	+0.7	+1.8	1.9	−0.8
T10	+3.5	+4.7	5.9	+9.3
T11	+5.0	+3.7	6.3	+10.1
T12	−0.9	+1.1	1.4	+4.3
T13	+0.2	+1.8	1.8	−0.2

续表

点号	坐标较差（cm）		点位较差	高程较差
	dx	dy	dp（cm）	dH（cm）
T14	−0.1	+1.5	1.5	+0.6
T15	+3.4	+2.1	4.0	−3.7
T16	+5.8	+3.1	6.6	+7.0
T17	+1.2	+0.8	1.4	+4.6
T18	+4.7	+3.4	5.8	+6.1
T19	+4.3	−0.9	4.4	−40.7
T20	−0.9	+6.3	6.4	+5.7

6. 应注意的问题

此次实验表明，全站仪联合RTK测图，能大大加快工作进度，节省工程成本。与常规测量相比，RTK测量需要的测量人员少、作业时间短，能够极大地提高工作效率。但是在实施时，也可能会出现一些问题，影响工作进度，主要有以下几个方面：

1）各作业小组要注意协作分工，不要漏测重测。在RTK测量困难地区，应利用全站仪测图。尽量保证当天成图，以便对漏测地区进行及时补测。

2）选择基准站时要考虑数据链能否正常工作，因为电台的功率一般比较低，又是"近直线"方式传播，所以要考虑距离和"视场"。一般基准站选择在靠近测区中央、位置较高的地方。基准站也可采用网络模式，移动站可以较远距离测量。

练习题

1. 何谓比例尺？何谓测图比例尺精度？它对测图和用图有何作用？
2. 地物符号分为哪几类？地物符号中的比例符号、非比例符号和半比例符号各用在什么情况下？
3. 何谓等高线？等高线有哪些特性？
4. 等高线平距、等高距与地面坡度三者有何关系？
5. 何谓山脊线？为什么称山脊线为分水线？何谓山谷线？为什么称山谷线为集水线？
6. 用对角线法如何绘制方格网？如何展绘控制点？
7. 测绘地形图时如何选择地貌和地物的特征点？
8. 简述仪器测绘法在一个测站上测绘地形图的步骤。
9. 如何进行地形图的拼接和检查？
10. 如图6-68所示，按以下指定的符号表示出山顶、鞍部、山脊线、山谷线。
11. 根据图6-69所示地形点，用目估内插法勾绘规定等高距的等高线图。

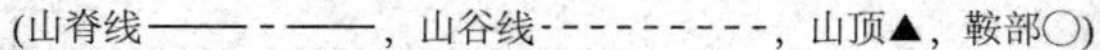
(山脊线——·——，山谷线---------，山顶▲，鞍部○)

75
75
50
50
75
75
50

图 6-68

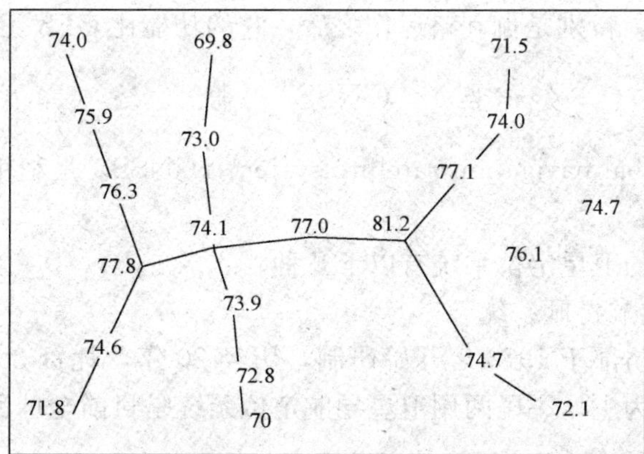
74.0
69.8
71.5
75.9
73.0
74.0
77.1
76.3
74.7
74.1
77.0
81.2
76.1
77.8
73.9
74.6
74.7
72.8
71.8
70
72.1

图 6-69

项目七

全球定位系统

本单元主要包括GNSS概述、GNSS定位原理、卫星定位系统的构成、GNSS接收机构成及工作原理、卫星定位基本方法、GNSS控制测量等知识点。

学习目标：通过本单元的学习，了解GNSS定位原理、GNSS接收机工作原理，掌握卫星定位基本方法，了解GNSS控制测量有关知识。

能力标准：通过本单元的学习，学生应了解GNSS定位原理、GNSS接收机工作原理，了解卫星定位基本方法和GNSS控制测量有关知识。

过去只有美国的GPS全球定位系统，后来苏联、东欧等国有了卫星定位系统，中国有了北斗星同步定位系统。它们不能都以美国的GPS为代表，因此，在这一领域，除非是特指，都以GNSS为代表，特别是伽利略运作之后，它的功能比GPS还强大。

知识点1 GNSS 概述

全球定位系统（global navigation satellite system，GNSS）是利用卫星信号进行导航定位的各种定位系统统称。

目前已建和正在建的卫星定位系统有以下几种。

1. GPS全球定位导航授时系统

该系统是由美国国防部于1973年开始研制，历经20年，耗资300亿美元，于1993年建成。它是以军事应用为主，军民两用卫星导航定位系统是目前全球民用应用最多的系统。

2. GLONASS定位系统

该系统是由苏联国防部于1978年开始研制，于1995年建设成功，它也是以军事应用为主的军民两用卫星导航定位系统，该系统受苏联解体、经济滑坡及技术因素影响，很长一段时间空间卫星数不能满足实时定位要求。近几年，俄罗斯经济复苏，卫星数增加，已基本可以用于定位。

3. GALILEO定位系统

该系统是由欧盟于2004年开始研制，2013年建成，是以民用为主的全球导航定位系统。

4. 北斗卫星导航定位系统

北斗卫星导航定位系统是我国自主研发的定位系统，简称BD系统，它分为两个阶段，前期为北斗实验系统，它是由三颗地球同步卫星组成，已于2003年建成；后期的北斗卫星导航定位系统由12颗卫星组成，在2012年建成。

今后卫星定位将是多种卫星定位系统并列发展的趋势。目前有四个导航系统，共90颗导航卫星。接收机也将以能同时接收多种卫星定位系统信号的兼容接收机为主。目前已有GPS/GLONASS、GPS/BD双系统接收机及GPS/GLONASS/GALILEO三系统接收机。多系统兼容接收机将会提高定位可靠性、定位精度和加快定位速度。

知识点2　GNSS 定位原理

GNSS定位是一种无线电定位技术，是利用空间测距交会定点原理研制的。现以GPS定位系统为例。如图7-1所示，设想地面有三个无线电信号发射台，其坐标x_S^i、y_S^i、z_S^i已知。当用户接收机在某一时刻同时测定接收机天线至三个发射台的距离R_G^1、R_G^2、R_G^3。只需以三个发射台为球心，以所测距离为半径，即可交出用户接收机天线的空间位置。其数学模型为

$$R_G^i = [(x_S^i - x_G)^2 + (y_S^i - y_G)^2 + (z_S^i - z_G)^2]^{1/2} \tag{7-1}$$

式中　x_G、y_G、z_G——待测点三维坐标。

GNSS卫星定位是将三个无线电信号发射台放到卫星上。所以需要知道某时刻卫星空间位置，并同时测定该时刻的卫星至接收机天线间距离，即可定位。这里卫星空间位置由卫星发射的导航电文给出。而卫星至接收机天线距离是通过接收卫星测距信号，并与接收机内信号进行相关处理求定。由于一般卫星接收机是采用石英晶体振荡器，精度低。加之卫星从2万km高空向地面传输，空中经过电离层、对流层，会产生时延。因此接收机测得的距离含有误差。通常将此距离称为伪距，用ρ_G^i表示。经改正后可得

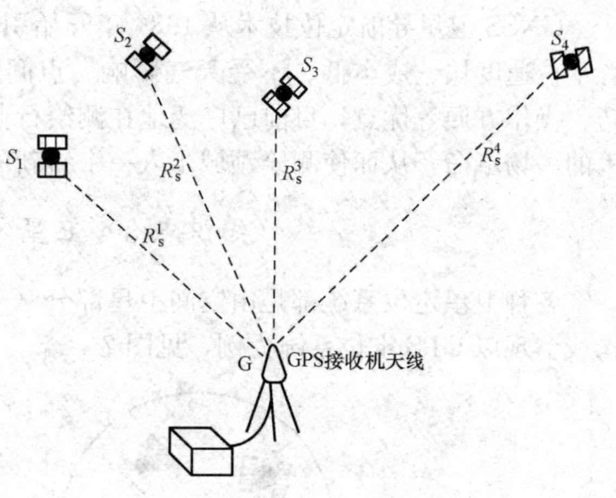

图7-1　GNSS定位原理

$$R_G^i = \rho_G^i + \delta_{\rho I} + \delta_{\rho T} - c\delta_t^S + c\delta_{tG} \tag{7-2}$$

式中　$\delta_{\rho I}$——电离层延迟改正；

$\delta_{\rho T}$——对流层延迟改正；

δ_t^S——卫星钟差改正；

δ_{tG}——接收机钟差改正。

这些误差中$\delta_{\rho I}$、$\delta_{\rho T}$可以用模型改正。δ_t^S可用卫星发播的广播星历文件中提供的卫星钟修正参数修正。由式（7-1）、式（7-2）可知，有四个未知数：x_G、y_G、z_G、δ_{tG}。所以GNSS三维定位至少需要四颗卫星，建立四个方程式才能解算。当地面高程已知时，也可用三颗卫星定位。

卫星向地面发射的含有卫星空间位置的导航电文是由GNSS卫星地面监控站测定，并由地面注入站天线送入GNSS卫星。

GNSS卫星定位有如下特点：

（1）可在全球任何地方、任何时间、全天候、进行导航定位。

（2）卫星定位是直接接收卫星信号进行定位，测站间不需要通视，所以定位速度快，测量距离远，用双频机可以测定几百千米到几千千米点间距离。

(3) 采样率高，最快可达 50Hz，可实现快速实时导航定位。

(4) 定位精度高。实时定位精度为 15m，高精度定位可达到 1mm，相对定位精度可达到1×10^{-9}。

(5) 具有多种功能，除定位、导航外，还可测速（0.1m/s），测时（50ns），测姿态、测方位（1m，0.1°）；测电离层电子含量；测大气水蒸气含量。

(6) 用户无限，仪器体积小，质量轻，价格便宜。

GNSS卫星导航定位技术不但可以用于军事上各种兵种和武器的导航定位，而且在民用上也发挥重大作用。例如，智能交通系统中车辆导航、车辆管理和救援；民用飞机和船只导航及姿态测量；大气参数测试；电力和通信系统中的时间控制；地震和地球板块运动监测；地球动力学研究等。特别是在大地测量、城市和矿山控制测量、建筑物变形测量、水下地形测量等方面得到广泛的应用。

GNSS卫星导航定位技术从 1986 年开始引入到我国测绘界，由于其比常规测量方法具有定位速度快、成本低、不受天气影响、点间无须通视、不建标等优越性，且具有仪器轻巧、操作方便等优点，目前已广泛地在测绘行业中使用。卫星定位技术的引入已引起测绘技术的一场革命，从而使测绘领域步入一个崭新的时代。

知识点 3 卫星定位系统的构成

各种卫星定位系统都是由空间卫星部分（卫星星座）、地面监控部分和用户设备三部分构成。现以 GPS 定位系统为例，见图 7-2。

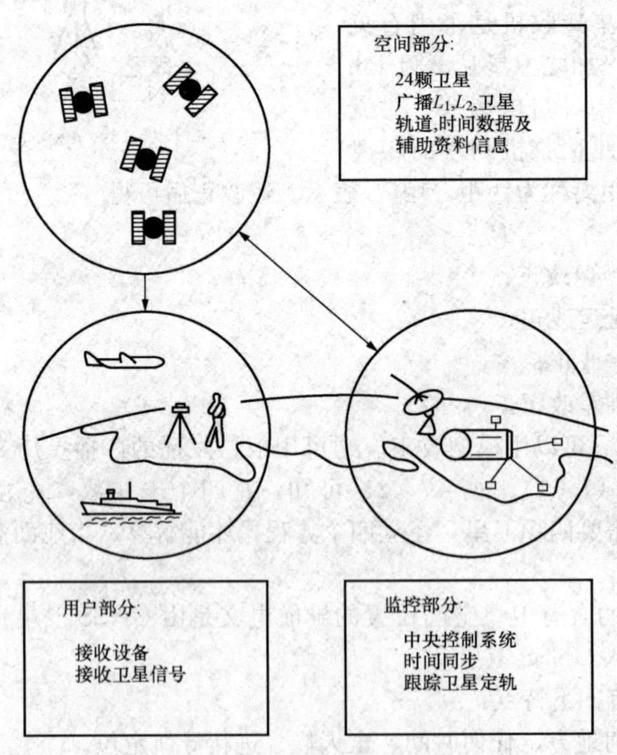

图 7-2 卫星定位系统构成

一、空间星座部分

（一）卫星星座

GPS卫星星座由24颗卫星组成。其中21颗工作卫星，3颗备用卫星。工作卫星分布在6个近圆形轨道面内。每个轨道上有4颗卫星。卫星轨道面相对地球赤道面倾角为55°，如图7-3（a）所示。各轨道面升交点赤径相差60°。轨道平均高度为20 200km。卫星运行周期为11h58min。卫星同时在地平线以上至少有4颗，最多可达11颗。这样的布设方案将保证在世界任何地方，任何时间，都可进行实时三维定位。GPS卫星星座基本参数见表7-1。

表7-1 GPS卫星星座基本参数

内　容	GPS	内　容	GPS
卫星数（颗）	21+3	运行周期	11h58m
轨道数（个）	6	卫星轨道高度	20 200km
倾角	55°	覆盖面	38%
轨道平面间距	60°	载波频率	1572MHz 波长19.05cm 1227MHz 波长24.45cm

（二）GPS卫星及功能

GPS卫星主体呈圆柱形，直径为1.5m，重约774kg，两侧有双叶太阳能板，能自动对日定向，以提供卫星正常工作所需用电，见图7-3（b）。每颗卫星装有4台高精度原子钟（2台铷钟，2台铯钟），频率稳定度为$10^{-13}\sim10^{-12}$，为GPS测量提供高精度时间标准。

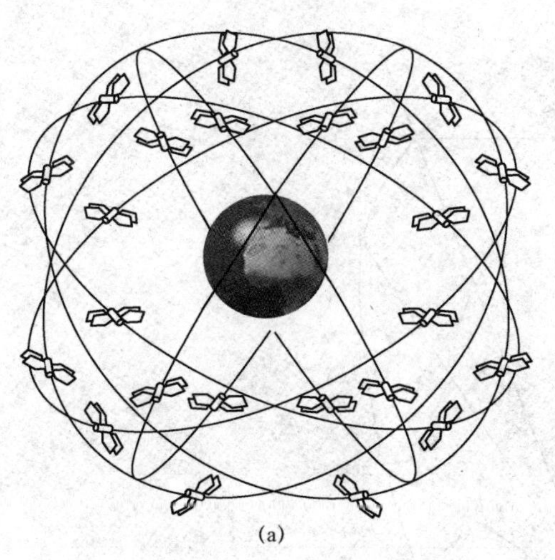

(a)

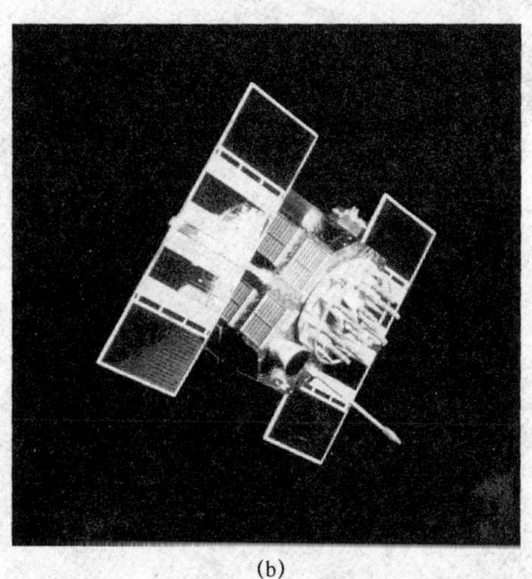

(b)

图7-3 GPS星座
（a）24颗卫星；（b）卫星主体

GPS卫星主要功能是接收并存储由地面监控站发来的导航信息；接收并执行主控站发出的控制命令，如调整卫星姿态、启用备用卫星等；向用户连续发送卫星导航定位所需信息，如卫星轨道参数、卫星健康状态、卫星钟改正数及卫星信号发射时间标准等。

(三) GPS 卫星信号的组成

GPS 卫星向地面发射的信号是经过两次调制的组合信息。它是由铷钟和铯钟提供的基准信号(F=10.23MHz),经过产生 $D(t)$ 码(50Hz)、C/A 码(1.023MHz,波长 293m)、P 码(10.23MHz,波长 29.3m)、L_1 载波(F=1575.42MHz)和 L_2 载波(F_2=1227.60MHz)。$D(t)$ 码是卫星导航电文。其中含有卫星广播星历(它是以 6 个开普勒轨道参数和 9 个反映轨道摄动力影响的参数组成)和空中 24 颗卫星历书(卫星概略坐标)。利用广播星历可以计算卫星空间坐标(x_S^i,y_S^i,z_S^i),如图 7-4 所示。导航电文中的星历参数列入表 7-2。

表 7-2　导航电文中的星历参数

M_0	参考时刻的平近点角	$\dot{\Omega}$	升交点赤径变率
Δn	平均运行速度差	$\dot{i}$	轨道倾角变率
e_S	轨道偏心率	C_{uc},C_{uS}	升交距角的调和改正项振幅
$\sqrt{a}$	轨道长半轴的方根	C_{rc},C_{rS}	卫星地心距的调和改正项振幅
Ω_0	参考时刻的长交点赤径	C_{ic},C_{iS}	轨道倾角的调和改正项振幅
i_0	参考时刻的轨道倾角	t_0	星历参数的参考历元
w_S	近地点角距	AODE	星历数据的龄期

C/A 码是用于快速捕获卫星的码,不同卫星有不同 C/A 码。$D(t)$ 码与 C/A 码或 P(码)模 2 相加,然后分别调制在 L_1、L_2 载波上。合成后向地面发射。图 7-4 为卫星多普勒轨道参数。

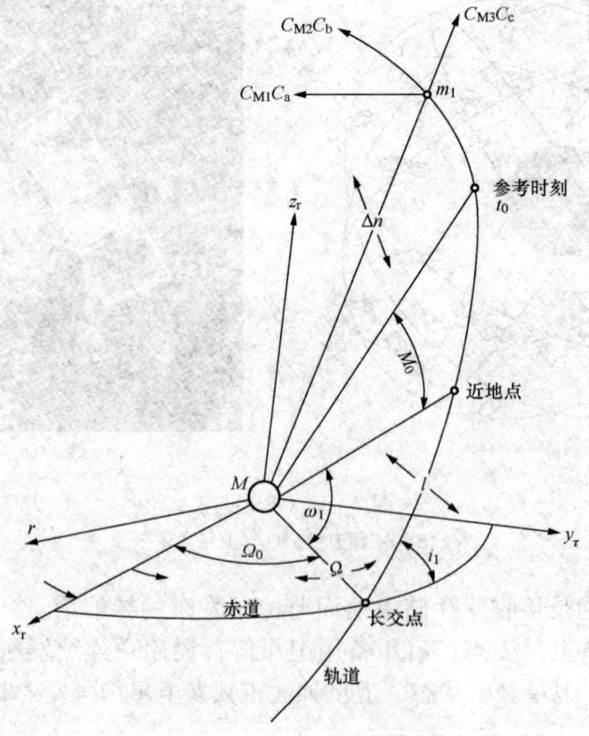

图 7-4　卫星多普勒轨道参数

图 7-5 为 GPS 信号组成图，其数学表达式为

$$\begin{cases} S_{L1}^{i}=A_{P}P_{i}(t)D_{i}(t)\cos(\omega_{1}t+\varphi_{1i})+A_{c}G_{i}(t)D(t)\sin(\omega_{1}t+\varphi_{1i}) \\ S_{L2}^{i}(t)=B_{P}P_{i}(t)D_{i}(t)\cos(\omega_{2}t+\varphi_{2i}) \end{cases} \tag{7-3}$$

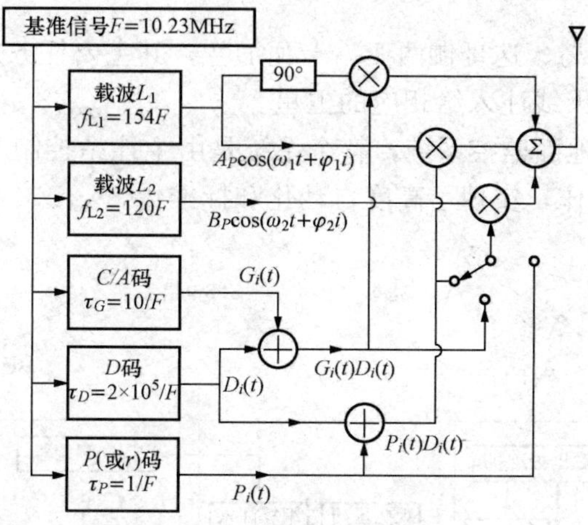

图 7-5 GPS 信号组成图

二、地面监控部分

GPS 地面监控部分是由分布在世界各地五个地面站组成，按功能可分为监测站、主控站和注入站三种，见图 7-6。

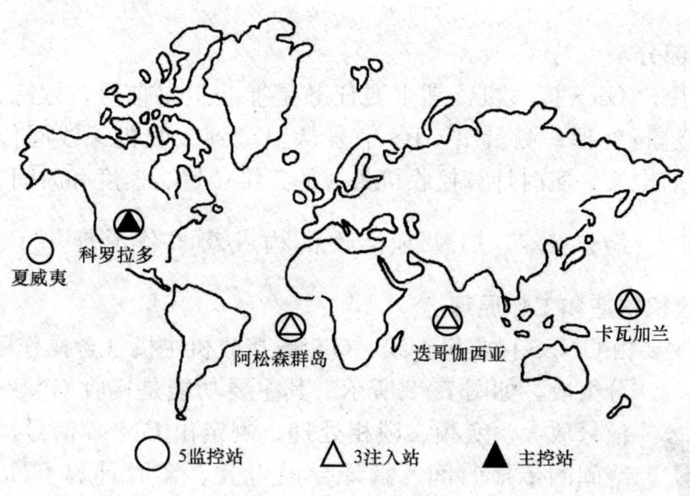

图 7-6 地面监控站

1. 监测站

监测站设在科罗拉多、阿松森群岛、迭哥伽西亚、卡瓦加兰和夏威夷。站内设有双频 GPS 接收机、高精度原子钟、气象参数测试仪和计算机等设备，主要任务是完成对 GPS 卫星信号连续观测，并将搜集的数据和当地气象观测资料经处理后传送到主控站。

2. 主控站

主控站设在美国本土科罗拉多空间中心。它除了协调管理地面监控系统外，还负责将监

测站的观测资料联合处理推算卫星星历、卫星钟差和大气修正参数，并将这些数据编制成导航电文送到注入站。另外，它还可以调整偏离轨道的卫星，使之沿预定轨道运行或启用备用卫星。

3. 注入站

注入站设在阿松森群岛、迭哥伽西亚、卡瓦加兰，其主要任务是将主控站编制的导航电文，通过直径为 3.6m 的天线注入给相应的卫星。

图 7 - 7 所示为 GPS 地面监控系统，整个系统是由主控站控制，地面站之间由现代化通信系统联系，无须人工操作，实现了高度自动化和标准化。

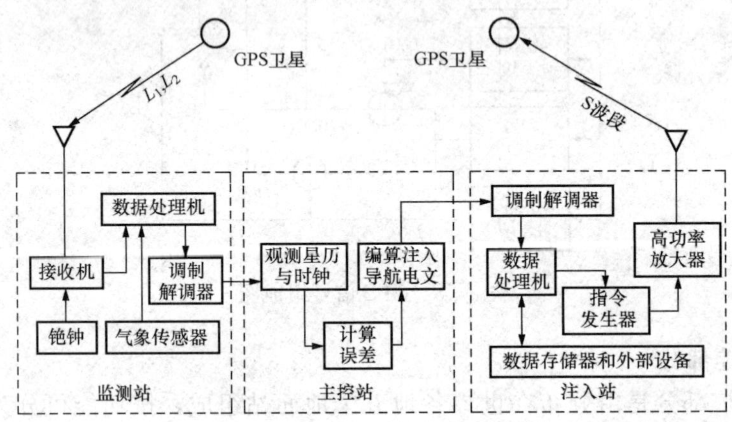

图 7 - 7 GPS 地面监控系统

三、用户设备部分

用户设备是指用户 GPS 接收机，其主要任务是捕获卫星信号，跟踪并锁定卫星信号。对接收的卫星信号进行处理；测量出 GPS 信号从卫星到接收机天线间传播时间；能译出 GPS 卫星发射的导航电文，实时计算接收机天线的三维位置、速度和时间。

知识点 4 GNSS 接收机构成及工作原理

一、GNSS 接收机构造和工作原理

GNSS 接收机主要由 GNSS 接收机天线、GNSS 接收机主机（含操作手簿）和电源三部分组成，如图 7 - 8 所示。其主要功能是接收 GNSS 卫星信号并经过信号放大、变频、锁相处理，测定出 GNSS 信号从卫星到接收机天线间的传播时间、解译导航电文、实时计算 GNSS 天线所在位置（三维坐标）及运行速度。

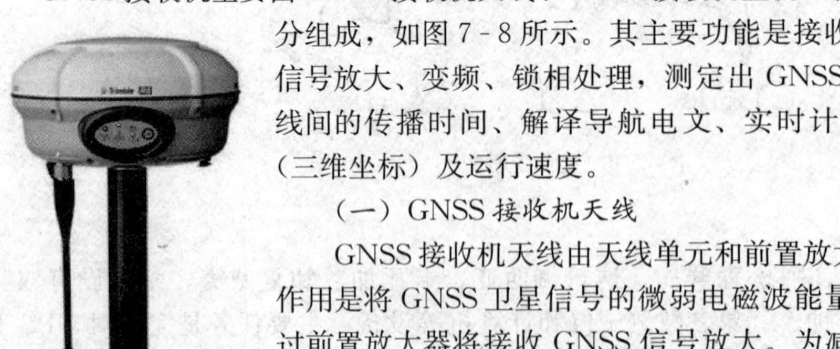

图 7 - 8 GNSS 接收机

（一）GNSS 接收机天线

GNSS 接收机天线由天线单元和前置放大器两部分组成。天线的作用是将 GNSS 卫星信号的微弱电磁波能量转化为相应电流，并通过前置放大器将接收 GNSS 信号放大。为减少信号损失，一般将天线和前置放大器封装成一体。

目前，常用天线有四螺旋形天线、微带天线、陶瓷天线。

（二）接收机主机及工作原理

GNSS 接收机主机目前只有 GPS 接收机主机在使用，其他接收主机尚在研发中。GPS 接收机主机由射频、基带、微处理器、存储器和显示器组成，如图 7-9 所示。

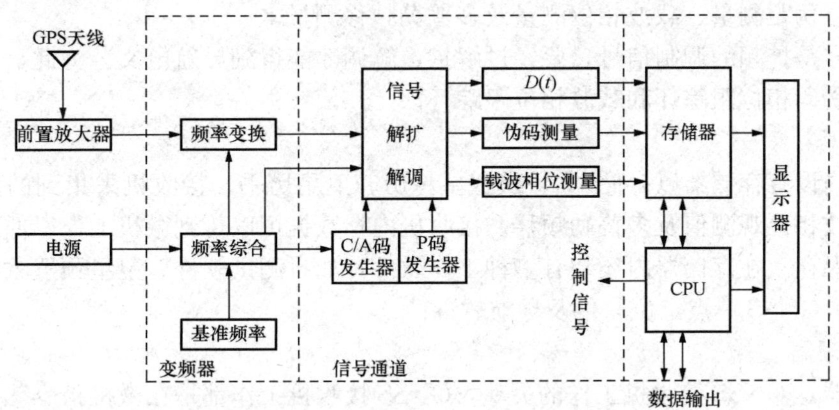

图 7-9　GPS 接收机工作原理

1. 射频部分

经过天线和前置放大器的信号仍然很微弱，为了使接收机通道得到稳定高增益，将接收到的 L 频段射频信号经过混频、滤波、变频器得到中频信号。

2. 基带

基带也称为信号通道。GNSS 卫星由卫星时钟产生一定结构的伪随机码，与卫星星历数据码模 2 相加后，调制在载波上向地面发送，经过 τ 时间的延迟到达接收机天线，如图 7-10 所示。接收机基带在自己的时钟控制下产生一组结构与卫星伪随机码一样的测距码，称为复制码，并通过延时器使其延迟时间 τ'。将卫星传来的测距码和接收机内产生的复制码送入相关器进行相关处理。若自相关系数 $R(\tau')\neq1$，继续调整延迟时间 τ'，直至相关系数 $R(\tau')=1$ 为止。这时复制码与测距码完全对齐。测定的延迟时间 τ' 为卫星信号从卫星传送到接收机天线的时间。该时间乘以光速 c，即为卫星到接收机间距离 ρ_G^i，同时完成载波相位和多普勒频移测量，如图 7-11 所示。基带是接收机的核心部分，它将用于捕获、跟踪卫星、得到测距信息和广播电文。GNSS 信号通道可由硬件实现，也可由软件或软硬件结合实现。

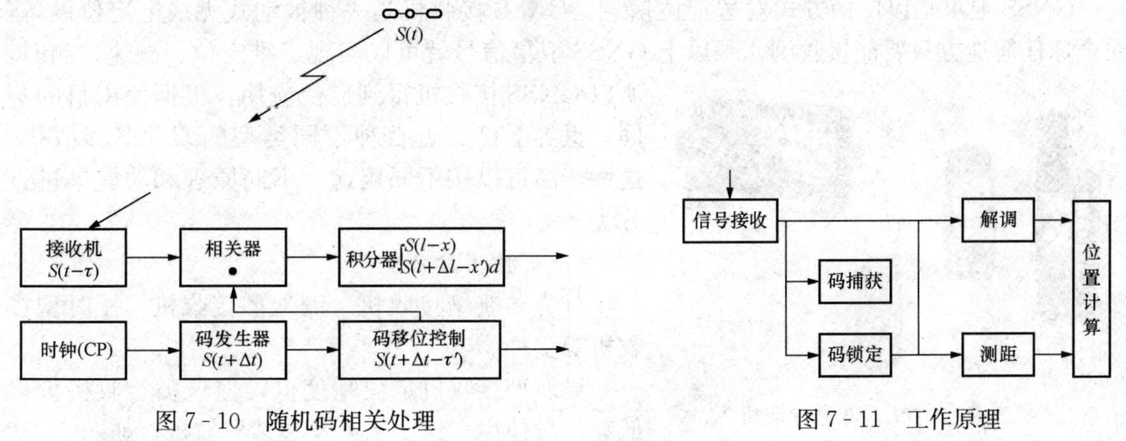

图 7-10　随机码相关处理　　图 7-11　工作原理

GNSS 信号通道的作用有：

（1）搜索卫星、牵引并跟踪卫星。

（2）对卫星信号进行解扩、解调得到导航电文。

（3）进行伪距测量、载波相位测量及多普勒频移测量。

卫星信号是扩频的调制信号，要经过解扩、解调才能得到导航电文。为此，在相关通道电路中设有伪码相位跟踪环和载波相位跟踪环。

3. 存储器

接收机内设有存储器以存储 1h 一次卫星星历、卫星历书、接收机采集到的码相位伪距观测值、载波相位观测值及多普勒频移。接收机内存数据可以传到微机上，以便进行数据后处理和数据保存。在存储器内还装有多种工作软件，如自测试软件、卫星预置软件、导航电文解码软件、GNSS 单点定位软件及导航软件。

4. 微处理器

微处理器是 GNSS 接收机工作的灵魂，GNSS 接收机工作都是在微机指令统一协同下进行的。其主要工作步骤为：

（1）控制接收机进行工作状况自检，并测定、校正、存储各通道的时延值。

（2）控制接收机对卫星进行搜索、捕捉。当锁定 4 颗卫星时，利用 C/A 码伪距观测值及星历计算测站的三维坐标，并按预置的更新率计算坐标。

（3）根据机内存储的卫星历书和测站近似位置，计算所有在轨卫星升降时间、方位和高度角。

（4）存储测站名、测站号、天线高、气象参数及卫星观测值（包括伪距和载波相位观测值及广播星历）等。

5. 显示器

GNSS 接收机都有液晶显示屏以提供 GNSS 接收机工作信息。用户可通过键盘控制接收机工作。

（三）电源

GNSS 接收机电源有两种：一种为内电源，一般采用锂电池，主要对 RAM 存储器供电；另一种为外接电源，这种电源常用可充电的 12V 直流镍镉电池组。

二、GNSS 接收机分类

GNSS 卫星是以广播方式发送定位信息。GNSS 接收机是一种被动式无线电定位设备，在全球任何地方只要能接收到 4 颗以上 GNSS 卫星信号就可以实现三维定位、测速、测时，所以 GNSS 接收机得到广泛应用。根据使用目的的不同，世界上已有近百种不同类型的 GNSS 接收机。这些产品可以按不同用途、不同原理和功能来进行分类。

图 7-12　个人及车载导航机

（一）按用途分类

分为导航型接收机、测地型接收机、授时型接收机等多种。

导航型接收机定位精度低，但这类接收机价格低廉，故使用广泛。个人及车载导航机，如图 7-12

所示。

测地型接收机主要用于精密大地测量、工程测量、地壳形变测量等领域。这类仪器主要采用载波相位观测值进行相对定位，定位精度高，一般相对精度可达±($5mm+10^{-6}D$)（D为基线长度，km)。这类仪器构造复杂、价格较贵，如图7-8所示。

（二）按接收机通道数分类

GPS定位系统有多通道接收机、序贯通道接收机、多路复用通道接收机等几种。

GPS接收机从捕获卫星信号到跟踪、处理、测量卫星信号的无线电器件称为信号通道。接收机定位至少要同步接收4颗卫星信号。而同时最多可观测11颗卫星，所以单系统接收机最多信号通道为24个。不同类型的接收机对卫星信号捕获方法也不同。

（三）按系统类型分类

1. 单系统接收机

只能接收一种类型导航卫星信号的接收机，如GPS接收机、GLONASS接收机、GALILEO接收机、北斗星接收机等。

2. 多系统接收机

能同时接收多种类型导航卫星信号的接收机，如GPS/GLONASS双系统接收机、GPS/北斗双系统接收机、GPS/GLONASS/GALILEO三系统接收机等。

技能点1 卫星定位基本方法

一、卫星定位方法概述

卫星定位原理是空间距离交会，根据接收到的不同卫星信号和处理方法，其定位方法有多种。主要定位方法有伪距法定位、载波相位测量定位和差分定位。对于待定点位，根据其运动状态可分为静态定位和动态定位。静态定位是指用GNSS测定相对于地球不运动的点位，GNSS接收机安置在待定点上接收数分钟乃至更长时间，以确定其三维坐标。动态定位是确定运动物体的三维坐标。利用单台接收机进行定位称为单点定位，又称为绝对定位。若将两台或两台以上GNSS接收机分别安置在不同的点位上，通过同步接收卫星信号，确定待测点间的相对位置，称为相对定位。

利用伪距和载波相位均可进行静态单点定位。利用伪距定位精度较低，为了能高精度定位常采用两台及两台以上接收机在不同测站，同时接收卫星信号的载波相位观测值进行相对定位。这样获得的是两点间坐标差即基线向量，其测量精度可达到±($5mm+10^{-6}D$)。利用差分方法以减弱卫星轨道误差、卫星钟差、接收机钟差、电离层和对流层延迟等误差影响称为差分定位。不同差分方法将达到不同精度。

GNSS接收机接收卫星信号后进行定位信息的解算，然后求得点位数据，接收机接收的信号有伪距观测值、载波相位观测值和卫星广播星历等。国际上为了统一接收的导航卫星数据，常采用《接收机数据自主交换格式（RINEX)》存储。RINEX文件有统一规定的格式内容，可参见有关资料。

二、伪距观测值及伪距单点定位

伪距法单点定位，就是利用GPS接收机在某一时刻测定的4颗以上GPS卫星伪距ρ_G^i，以及从卫星导航电文中获得的卫星位置，采用距离交会法求定天线所在的三维坐标，其数学模型为式（7-2)。

由于大气延迟、卫星钟差、接收机钟差等误差影响，伪距法单点定位精度不高。用C/A码伪距定位误差一般为25m，P码伪距定位误差为10m。但是由于伪距单点定位速度快、无多值性问题，因此在运动载体的导航定位上应用很广泛。另外，伪距还可以作为载波相位测量中解决整周模糊度的参考数据。

三、载波相位观测值及观测方程

由于测距码的码元较长，测距分辨率低，这是伪随机码定位低的主要原因。如C/A码码长293m，测量精度为1/100时，伪距精度为3m。P码码长29.3m，P码伪距精度为0.3m，用这样精度的观测值去定位，只能达到几十米精度，满足不了一些工程的需要。而如果将载波作为量测信号，由于载波波长较短，L_1 载波 $\lambda_{L1}=19$cm，L_2 载波 $\lambda_{L2}=24$cm，按测量精度为1/100，载波相位测量精度为2mm。但是由于载波信号是一种周期性正弦信号，在相位测量中只能测定其不足一个周期（即波长）的小数部分，存在着整周数不确定性问题。因此载波相位解算过程比较复杂。

载波相位测量是测定GNSS卫星载波信号到接收机天线之间相位延迟。GNSS卫星载位上调制了测距码和导航电文。所以GNSS接收机接收到卫星信号后要将调制在载波上的测距码和卫星电文去掉，重新获得载波，这一工作称为重建载波。接收机将卫星重建载波与接收机内由振荡器产生的本振信号通过相位计比相，即可得到相位差。

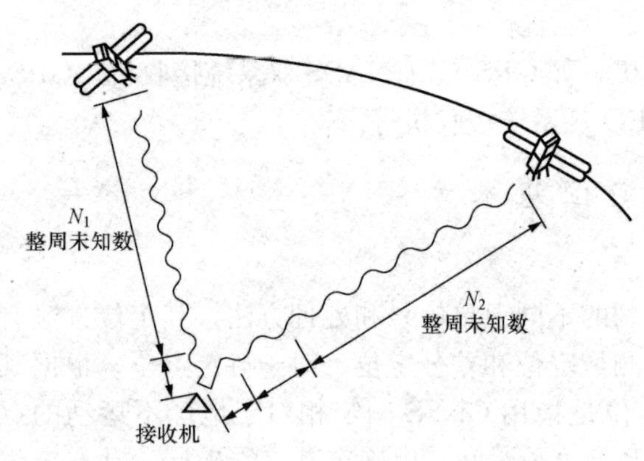

图7-13 卫星载波相位信号

如图7-13所示，假设卫星在 t_0 时刻发出载波信号，其相位为 $\varphi(S)$。若接收机产生一个频率与初相位与卫星载波信号完全一致的基准信号，在 t_0 时刻相位为 $\varphi(R)$，将卫星载波与接收机基准信号进行相位测量，即可得到卫星到接收机天线间用载波相位表达的距离观测值

$$\rho=\lambda[\varphi(R)-\varphi(S)]/2\pi=\lambda\left(N_0+\frac{\Delta\varphi}{2\pi}\right) \tag{7-4}$$

式中 N_0——整周数；

$\Delta\varphi$——不到一周的相位值。

由于载波是个余弦波，在载波相位测量中，接收机无法测定载波的整周数 N_0，故 N_0 也称为整周模糊度。但是可以精确测定 $\Delta\varphi$。如对 L_1 载波，其波长为19cm，若测量分辨率为$\frac{1}{100}$，则载波相位量测精度为1.9mm。当接收机对卫星进行连续跟踪观测时，由于接收机内有多普勒频移计数器，只要卫星信号不失锁，N_0 值就不变，即可从累计计数器中得到载波信号的整周变化计数 $\mathrm{Int}(\varphi)$。所以 K 时刻接收机的相位观测值为

$$\varphi'_K=\mathrm{Int}(\varphi)+\Delta\varphi_K$$

卫星到天线相位观测值为

$$\varphi_K=N_0+\varphi_K=N_0+\mathrm{Int}(\varphi)+\Delta\varphi_K \tag{7-5}$$

与伪距测量一样，考虑到卫星钟差改正、接收机钟差改正、电离层延迟改正、对流层折

射改正，即可得到载波相位测量观测方程

$$\tilde{\varphi}=\frac{f}{c}(R-\delta_{\rho\mathrm{I}}-\delta_{\rho\mathrm{T}})+f\delta_t^{\mathrm{S}}-f\delta_{t\mathrm{G}}-N_0 \quad (7-6)$$

将式（7 - 5）两边都乘以 $\lambda=\frac{c}{f}$，则有

$$R=\tilde{\rho}+\delta_{\rho\mathrm{I}}+\delta_{\rho\mathrm{T}}-c\delta_t^{\mathrm{S}}+c\delta_{tG}+\lambda N_0 \quad (7-7)$$

由式（7 - 6）与式（7 - 2）比较可知，载波相位观测方程中多了一项整周未知数 N_0。虽然载波相位观测值精度很高，但是由于每颗卫星载波相位观测方程中都有 N_0^i，所以无法像伪距单点定位那样用单机实时定位。而是采用两台以上的接收机进行相对定位。其中 N_0 的准确解算是载波相位测量中的关键问题，其具体处理方法这里不再详述，请参阅有关书籍。

四、载波相位测量相对定位

用载波相位测量进行相对定位一般是用两台 GPS 接收机，分别安置在测线两端（该测线称为基线），固定不动，同步接收 GPS 卫星信号。利用相同卫星的相位观测值进行解算，求定基线端点在 WGS-84 坐标系中的相对位置或基线向量。当其中一个端点坐标已知，则可推算另一个待定点的坐标。

载波相位相对定位普遍采用将相位观测值进行线性组合的方法。其具体方法有三种，即单差法、双差法和三差法。

1. 单差法

如图 7 - 14 所示，单差法是将不同测站（T_1、T_2）同步观测相同卫星 S_i 所得到的相位观测值 $\tilde{\varphi}_1$、$\tilde{\varphi}_2$ 求差，这种求差方法称为站间单差。站间单差可以消去卫星钟差。当 T_1、T_2 两测站距离较近时，两站电离层和对流层延迟相关性较强，还可以消除这些误差。

2. 双差法

双差法是在不同测站同步观测一组卫星得到的单差之差，见图 7 - 15，这种求差称为站间星间差。双差法可以消除两个测站接收机相对钟差改正数。因此，经过双差处理后大大地减小了各种系统误差，在 GNSS 相对定位中都是采用双差法作为基线解算的基本方法。

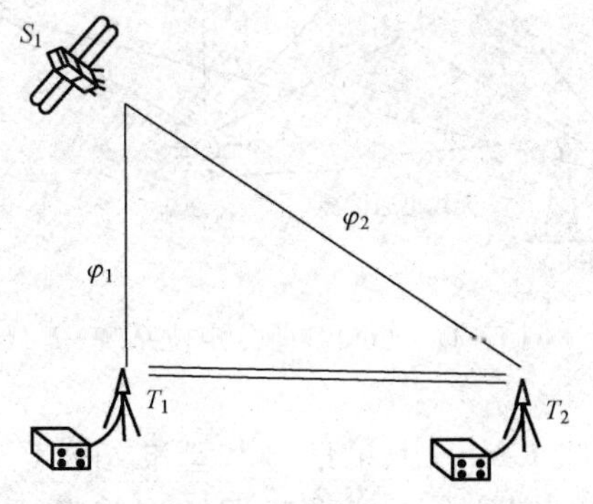

图 7 - 14 单差法

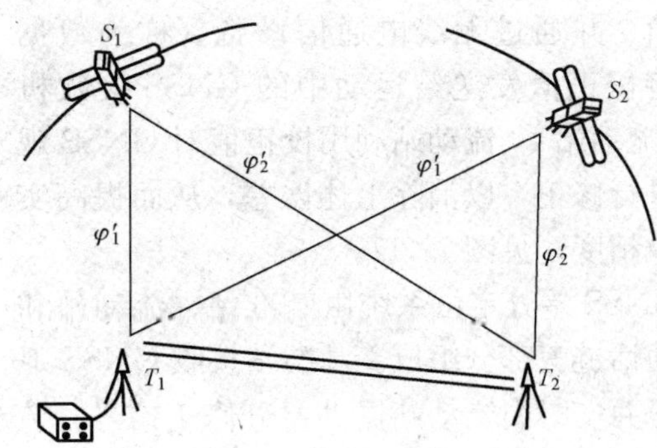

图 7 - 15 双差法

为了提高相对定位精度，同步观测时间要比较长。同步观测时间和基线长度、使用仪器类型（单频机还是双频机）及解算方法有关。目前在短基线上（<15km）使用双频机，采用快速处理软件，野外每个测站同步观测时间只需 10～15min 即可达到 $\pm(5\mathrm{mm}+10^{-6}D)$ 精度。在双差法解算中重要的是将整周模糊度求准。整周模糊度值理论上是整数，但由于测

量噪声的存在，整周模糊度有时不为整数。当误差小于 0.2 周时可以取整，此时坐标增量解为整数解。当测量距离超过 30km 时，受各误差影响，整周模糊度求准较困难，常采用浮点解。

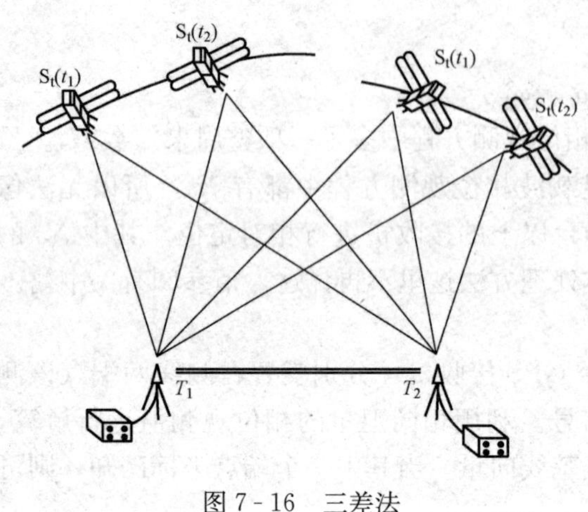

图 7-16　三差法

3. 三差法

三差法是对于不同历元（t 和 $t+1$ 时刻）同步观测同一组卫星所得观测值的双差之差。如图 7-16 所示，由于在跟踪观测中测站对于各个卫星的整周模糊度 N_0 是不变的，因此经过站间、星间、历元之间三差后消去了整周模糊度差。三差方程中只剩下基线坐标增量，故可解基线坐标增量。利用三差法求定的坐标增量为三差解。由于三差模型中是将观测方程经过三次求差，方程个数大大减少。这对未知数解算会产生不良影响。实际工作中都采用双差法进行解算。

五、GNSS 实时差分定位

利用 GNSS 对运动物体进行实时定位（如 1Hz 或 10Hz 采样率），常采用 GNSS 导航接收机单点定位。由于 GNSS 定位精度受 GNSS 卫星钟差、接收机钟差、大气中电离层和对流层对 GNSS 信号延迟等误差的影响，利用 C/A 码单点定位精度是 25m。在海湾战争后，美国对 GPS 施加了 SA 技术（即选择利用技术），它在 GPS 卫星钟和卫星广播星历上施加人为的干扰信号，致使 C/A 码伪距单电定位精度降到 50m。为了提高实时定位精度，可采用 GPS 差分定位技术。

GNSS 差分定位的原理是在已有精确地心坐标的点上安放 GNSS 接收机（称为基准站），利用已知地心坐标和星历计算 GNSS 观测值的校正值，并通过无线电通信设备（称为数据链）将校正值发送给运动中的 GNSS 接收机（称为流动站）。流动站利用校正值对 GNSS 观测值进行修正，以消除上述误差，从而提高实时定位精度，见图 7-17。

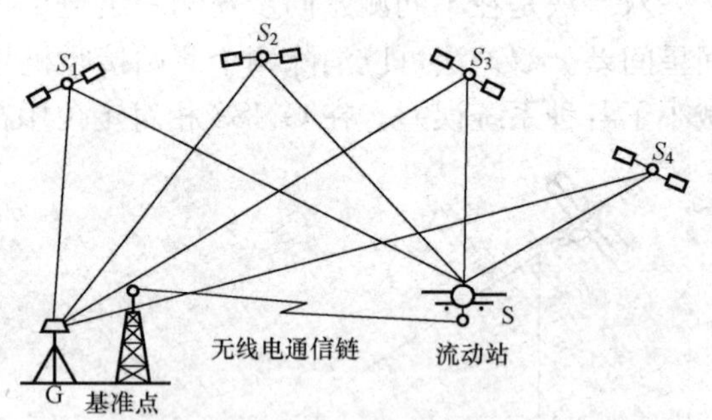

图 7-17　GNSS 差分定位系统

GNSS 差分定位系统由基准站、流动站和无线通话链三部分组成。基准站接收 GNSS 卫星信号并实时向流动站提供差分修正信号；流动站接收 GNSS 卫星信号和基准站发送的差分修正信号，对 GNSS 卫星信号进行修正，并进行实时定位；无线电数据链将基准站差分值信息传送到流动站。

GNSS 动态差分方法有多种。

1. 位置差分

位置差分是将基准站 GNSS 接收机伪距单点定位得到的坐标值与已知坐标作差分，无线电传送的是坐标修正值，流动站用坐标修正值对其坐标进行修正。其数学模型为

$$\begin{cases}\Delta x = x_G^0 - x_G, x_S^0 = x_S + \Delta x \\ \Delta y = y_G^0 - y_G, y_S^0 = y_S + \Delta y \\ \Delta z = z_G^0 - z_G, z_S^0 = z_S + \Delta z\end{cases} \tag{7-8}$$

式中　x_G^0、y_G^0、z_G^0——基准站已知坐标；

x_G、y_G、z_G、x_S、y_S、z_S——基准站、流动站单点定位结果；

x_S^0、y_S^0、z_S^0——经修正后的流动站坐标。

位置差分精度可达 5～10m。但是位置差分要求流动站接收机单点定位所用的卫星与基准站求修正值时所用的卫星要完全一致。若有一颗卫星不一样就可能产生 45m 以上的误差。

2. 伪距差分（RTD）

利用基准站已知坐标和卫星星历，求卫星到基准站几何距离，作为距离精确值 R_{G0}^i，将此值与基准站所测伪距值 ρ_G^i 求差，作为差分修正值，通过数据链传给流动站。流动站接收差分信号后，对所接收的每颗卫星伪距观测值进行修正。然后进行单点定位。式（7-9）、式（7-10）为差分数学模型。

基准站发布的差分信息，是某时刻 T 卫星 SV_i 的伪距修正值 $\Delta\rho_G^i$ 和伪距修正值的变化率 $\Delta\rho_G^i$

$$\Delta\rho_G^i = R_{G0}^i - \rho_G^i, \Delta\rho_G^i = \frac{\Delta\rho_G^i(t+\Delta t) - \Delta\rho_G^i(t)}{\Delta t} \tag{7-9}$$

流动站伪距修正模型

$$\rho_{S0}^i = \rho_S^i + \Delta\rho_G^i + \Delta\rho_G^i \cdot \Delta t \tag{7-10}$$

由于伪距差分是对每颗卫星伪距观测值进行修正，所以不要求基准站和流动站接收的卫星完全一致。只要有 4 颗以上相同卫星即可。其差分精度取决于差分卫星个数、卫星空中分布状况及差分修正值延迟时间。伪距差分精度为 3～10m，基准站距流动站距离可选 200～300km。

近年来又发展利用相位观测值精化伪距值以提高差分精度，称为相位平滑伪距差分。其差分精度可达到 1m。

3. 载波相位实时差分定位（RTK）

该差分技术是实时地处理基准站和流动站载波相位观测量的差分方法。由于载波相位观测值精度高，若通过数据链将基准站载波相位观测值传到流动站，在流动站进行实时载波相位数据处理，其定位精度可达到 1～2cm。它分为修正法和差分法两类，修正法是将基准站采集的载波相位修正值发送流动站，改正流动站观测的载波相位；差分法则是将基准站采集的载波相位发送给流动站，与流动站观测的载波相位进行求差解算坐标。RTK 分为单站 RTK 和网络 RTK。单站 RTK 差分距离一般可达到 30km。另外，流动站是否能进行 RTK 差分，还取决于数据通信链可靠性。在城市测量中因受高楼遮挡的影响，采用 UHF 或 VHF 电台，一般只能到十几千米。网络 PTK 的出现，由于使用无线通信网，使差分距离可以多达 40～50km。差分速度大大提高。目前，RTK 技术可应用于地形测图、海上测量、地籍测量和一般的工程测量等，应用范围较广。

4. 局域 GPS 差分（LADGPS）

在局部区域中布设 GPS 差分网，由若干个 GPS 差分基准站组成，其中包括一个或数个监控站。用户可利用基准站由无线数据链发来的改正信息，采用加权平均法或最小方差法进行平差计算以求得自己所测坐标或距离的改正数。这种GPS差分定位称为局域GPS差分定位。通常当用户与基准站之间的距离在500km以内时，局域GPS差分定位技术才能获得较好的精度。

5. 广域GPS差分

广域GPS差分是利用大范围内建立的卫星跟踪网，跟踪卫星信号。它的基本思路是对影响GPS观测量的误差源（星历误差、大气延迟误差、卫星钟差等）单独加以区分，对每种误差源建立校正模型，并将每种误差校正值通过无线数据通信链传输给用户，从而对用户流动站的定位误差加以校正，以提高用户GPS定位精度。差分修正后的精度可达到1～3m，差分范围可达到2000km。

为削弱各类误差源的影响，广域GPS差分系统一般由一个中心站、几个监测站及其相应的数据通信网络和覆盖范围内的用户组成。监测站跟踪观测GPS卫星的伪距、相位及电离层延迟等信息，并将观测结果全部传输到中心站；中心站在区域精密定轨计算的基础上，计算出各项误差改正，并将这些误差改正通过数据通信链传输给用户；用户利用这些误差改正自己观测到的伪距、相位和星历等，计算出高精度的GPS定位结果。这种广域GPS差分技术克服了局域GPS差分对时空的强依赖性，通常用户与中心站、监测站的距离即使达到2000km，定位精度也不会出现明显下降。

6. 精密单点定位（precise point positioning，PPP）技术

传统GPS单点定位是指利用伪距及广播星历的卫星轨道参数和卫星钟差改正进行定位。由于伪距（即使是P码伪距）的观测噪声一般为分米级精度，广播星历的轨道参数精度为米级，卫星钟差改正精度为纳秒级，因此传统单点定位的坐标分量精度只能达到十米级（P码单点定位精度约为3m），仅能满足一般的导航定位需求。

高精度GNSS单点定位技术是指采用单台卫星定位接收机独立工作，对全球范围内的任何动态目标进行高精度定位、测速和授时。它利用载波相位观测值和若干个全球国际导航定位服务组织（IGS）的跟踪站或区域CORS提供的高精度或适时的卫星星历及卫星钟差，使用GNSS双频接收机采集的非差相位数据作为主要观测值来进行单点定位计算，实现厘米级的静态、分米级的动态定位。此种非差相位精密单点定位是最近几年发展起来的一项GNSS定位技术，也是精密实时定位与导航的关键技术。近年来，精密单点定位技术已成为国内外的研究热点之一，加拿大、澳大利亚、美国、瑞士和我国武汉大学等在这方面都取得了较好的成果。进一步还可研究利用多个卫星系统进行高精度单点定位的PPP技术，提高GNSS的高精度单点定位软件水平，为实现高精度定位、测速和授时服务。

综上所述，GNSS高精度单点定位技术是卫星导航定位领域的高新技术，它具有广阔的发展前景。

六、网络RTK定位技术

早在1999年Trimble公司开发出网络RTK系统软件——VRS（virtual reference station）系统后，网络RTK在国际上得到了推广和应用。这种虚拟参考站系统几乎覆盖了整个欧洲、美洲，当时它所代表的网络RTK技术受到了测绘界及有关领域的重视。

当前，利用多基站网络PTK技术建立的连续运行卫星定位服务综合系统（continuous operational reference system，CORS）已成为城市GPS应用的发展热点之一。该系统是卫星定位技术、计算机网络技术、数字通信技术等高新科技多方位、深度结晶的产物。

CORS技术有：VRS虚拟参考站技术、德国的FKP区域改正技术和瑞士莱卡的主辅站技术。

CORS系统由基准站网、数据处理中心、数据传输系统、数据播发系统、用户应用系统五个部分组成，各基准站与监控分析中心间通过数据传输系统连接成一体，形成专用网络。

（1）基准站网。基准站网由范围内均匀分布的基准站组成。负责采集GPS卫星观测数据并输送至数据处理中心，同时提供系统完好性监测服务。

（2）数据处理中心。系统的控制中心，用于接收各基准站数据，进行数据处理，形成多基准站差分定位用户数据，中心24h连续不断地根据各基准站所采集的实时观测数据自动生成对应于流动站点位的虚拟参考站，并通过现有的数据通信网络和无线数据播发网，向各类用户提供码相位/载波相位差分修正信息，以便实时解算出流动站的精确点位。

（3）数据传输系统。各基准站数据通过光纤专线传输至监控分析中心，该系统包括数据传输硬件设备及软件控制模块。

（4）数据播发系统。系统通过移动网络、UHF电台、Internet等形式向用户播发定位导航数据。

（5）用户应用系统。包括用户信息接收系统、网络型RTK定位系统、事后和快速精密定位系统，以及自主式导航系统和监控定位系统等。用户服务子系统可以分为毫米、厘米、分米级和米级用户系统等；还可以分为测绘与工程用户（厘米、分米级），车辆导航与定位用户（米级），高精度用户（事后处理）、气象用户等几类。

CORS系统彻底改变了传统PTK测量作业方式，其主要优势体现在：

1）改进了初始化时间、扩大了有效工作的范围；

2）采用连续基站，用户随时可以观测，使用方便，提高了工作效率；

3）拥有完善的数据监控系统，可以有效地消除系统误差和周跳，增强差分作业的可靠性；

4）用户不需架设参考站，真正实现单机作业，减少了费用；

5）使用固定可靠的数据链通信方式，减少了噪声干扰；

6）提供远程Internet服务，实现了数据的共享；

7）扩大了GPS在动态领域的应用范围，更有利于车辆、飞机和船舶的精密导航；

8）为建设数字化城市提供了新的契机。

该系统在世界范围内已得到了广泛的应用。当前，国内用网络RTK技术在建或建成的连续运行卫星定位系统的城市有深圳、广州、成都、天津、北京、上海、武汉、苏州、东莞、青岛、常州、南京、合肥等。合肥市的卫星定位综合服务系统由合肥市测绘研究院于2007年5月开始筹建，2007年12月2日通过省级验收。该系统是基于GPS+GLONASS的双卫星连续运行参考站，外业检测结果表明，正常情况下（卫星条件和定位点周边环境较好），系统初始固定解的时间一般小于20s，系统内符合精度x和y坐标检测中误差为±0.7cm，高程检测中误差为±1.5cm，外符合精度平面和高程最大误差不大于6cm，x和y坐标检测中误差为±2.3cm，高程检测中误差为±2.9cm。系统能够在合肥市域内完成厘米级至分米级的实时定位，后处理可达到毫米级精度。四川地震局的CORS系统从立项到建成花了3年多的时间，现在已商业化运营，CORS系统平均基线长度超过60km，6个站覆盖范围超过13 000km^2，网络无故障运行时间超过99%，作业的外符合精度能够在水平方向达到 2.5cm，竖直方向达到 4.5cm。深圳国土规划局的深圳市连续运行卫星定位系统（SZ-CORS）项目，2000 年 5 月已启动，2001 年 9 月建成并投入试验和试运行，目前，SZCORS 已具备 GSM 方式全天候的厘米级定位服务和事后精密定位服务功能。

技能点 2 GNSS 控制测量

卫星定位技术的出现大大提高了控制测量的速度和精度。已成为建立国家控制网、城市控制网、各种工程控制网的主要手段。这些控制网有两类：一种和常规大地测量一样，地面布控制点，只是采用卫星定位技术建立控制网；另一类是在一些地面点上安置固定的 GNSS 接收机，长年连续接收卫星信号，如建立 CORS 系统进行城市控制测量。

常规 GNSS 控制测量实施过程与常规大地测量一样，包括方案设计、外业测量和内业数据处理三部分。由于以载波相位观测值为主的相对定位法是当前 GNSS 精密测量中普遍采用的方法，作业的依据是《全球定位系统（GPS）测量规范》（GB/T 18314—2009）及《卫星定位城市测量技术规范》（CJJ/T 73—2010）。

一、GNSS 控制测量精度指标

城市卫星定位网包括城市 CORS 网和城市 GNSS 网。

1. GNSS 网的精度指标

通常是以网中相邻点之间距离误差 m_D 来表示

$$m_D = a + b \times 10^{-6} D \tag{7-11}$$

式中 D——相邻点间距离，km。

不同用途 GNSS 网其精度是不一样的，地壳形变和国家基本控制网分为 A、B 级，见表 7-3。

表 7-3 国家基本 GNSS 控制网精度指标

级别	主要用途	固定误差 a（mm）	比例误差 b（10^{-6}）
A	地壳形变测量及国家高精度 GNSS 网建立	≤5	≤0.1
B	国家基本控制测量	≤8	≤1

2. 城市 CORS 网的主要技术指标

城市 CORS 网应单独布设，一个城市只应建设一个 CORS 网，城市 CORS 网的主技术指标见表 7-4。

表 7-4 城市 CORS 网的主要技术指标

平均距离（km）	固定误差 a（mm）	比例误差 b（10^{-6}）	最弱中边相对中误差
40	≤5	≤1	1/800 000

CORS 网各基准站的绝对坐标变化量应符合下列要求：

（1）平面位置变化应不大于 1.5cm。

（2）高程变化应不大于 3cm。

3. GNSS 网可以逐级布网、越级布网或布设同级全面网

GNSS 网按相邻站点的平均和精度应划分为二、三、四等及一、二级网。城市及工程

GNSS 网的主要技术指标见表 7-5。

表 7-5　城市及工程 GNSS 网的主要技术指标

等级	平均距离（km）	a（mm）	b（10^{-6}）	最弱中边相对中误差
二等	9	≤5	≤2	1/120 000
三等	5	≤5	≤2	1/80 000
四等	2	≤10	≤5	1/45 000
一级	1	≤10	≤5	1/20 000
二级	<1	≤10	≤5	1/10 000

注　当边长小于 200m 时，边长中误差应小于±2cm。

4. 在城市 CORS 网基础上可进行 GNSS RTK 测量

GNSS RTK 测量按精度划分为一级、二级、三级、图根和碎部，技术要求应符合表 7-6 的规定。

表 7-6　GNSS RTK 测量技术指标

<table>
<tr><th>等级</th><th>相邻点间距离（m）</th><th>点位中误差（cm）</th><th>相对中误差</th><th>起算点等级</th><th>流动站到单基准站间距离（km）</th><th>测回数</th></tr>
<tr><td>一级</td><td>≥500</td><td>5</td><td>≤1/20 000</td><td>—</td><td>—</td><td>≥4</td></tr>
<tr><td>二级</td><td>≥300</td><td>5</td><td>≤1/10 000</td><td>四等及以上</td><td>≤6</td><td>≥3</td></tr>
<tr><td rowspan="2">三级</td><td rowspan="2">≥200</td><td rowspan="2">5</td><td rowspan="2">≤1/6000</td><td>四等及以上</td><td>≤6</td><td rowspan="2">≥3</td></tr>
<tr><td>二级及以上</td><td>≤3</td></tr>
<tr><td rowspan="2">图根</td><td rowspan="2">≥100</td><td rowspan="2">5</td><td rowspan="2">≤1/4000</td><td>四等及以上</td><td>≤6</td><td rowspan="2">≥2</td></tr>
<tr><td>三级及以上</td><td>≤3</td></tr>
<tr><td rowspan="2">碎部</td><td rowspan="2">—</td><td rowspan="2">图上 0.5mm</td><td rowspan="2">—</td><td>四等及以上</td><td>≤15</td><td rowspan="2">≥1</td></tr>
<tr><td>三级及以上</td><td>≤10</td></tr>
</table>

注　一级 GNSS 控制点布设应采用网络 RTK 测量技术。

二、常规城市 GNSS 控制网建设

常规城市 GNSS 控制网建设应根据用户提交的任务书或测量合同所规定的测量任务进行设计。其内容包括测区范围、测量精度、提交成果方式、完成时间等。

1. 网形设计

常规控制测量中，控制网的图形设计十分重要。而在 GNSS 测量时由于不需要点间通视，因此图形设计灵活性比较大。GNSS 网设计主要考虑以下几个问题：

（1）GNSS 测量有很多优点如测量速度快、测量精度高等，但是由于是无线电定位，受外界环境影响大，因此在图形设计时应重点考虑成果的准确可靠。应考虑有较可靠的检验方法，GNSS 网一般应通过独立观测边构成闭合图形，以增加检查条件，提高网的可靠性。GNSS 网的布设通常有点连式、边连式、网连式及边点混合连接式四种方式。

1）点连式。指相邻同步图形（多台仪器同步观测卫星获得基线构成的闭合图形）仅用

一个公共点连接，这样构成的图形检查条件太少，一般很少使用，如图7-18（a）所示。

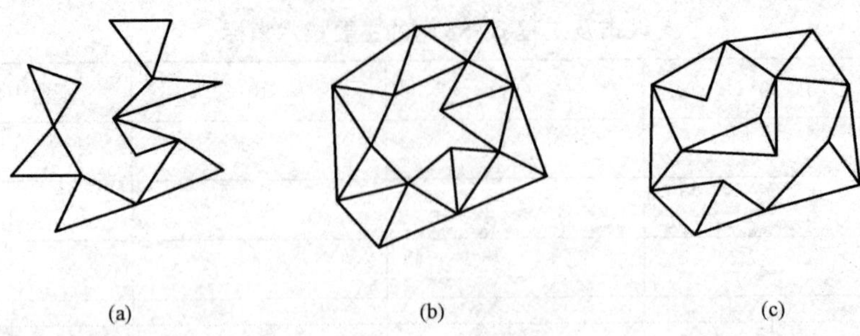

图7-18 GNSS网的布网方式

（a）点连式（7个三角形）；（b）边连式（15个三角形）；（c）边点混合连接（10个三角形）

2）边连式。指同步图形之间由一条公共边连接。这种方案边较多，非同步图形的观测基线可组成异步观测环（称为异步环），异步环常用于观测成果质量检查。所以边连式比点连式可靠，见图7-18（b）。

3）网连式。指相邻同步图形之间有两个以上公共点相连接。这种方法需要4台以上的仪器。这种方法几何强度和可靠性更高，但是花费的时间和经费也更多，常用于高精度控制网。

4）边点混合连接式。指将点连接和边连接有机结合起来，组成GNSS网，这种网布设特点是周围的图形尽量以边连接方式，在图形内部形成多个异步环。利用异步环闭合差检验保证测量的可靠性。

在低等级GNSS测量或碎部测量时可用星形布设，见图7-19。这种方式常用于快速静态测量，优点是测量速度快，但是没有检核条件，为了保证质量可选两个点作基准站。

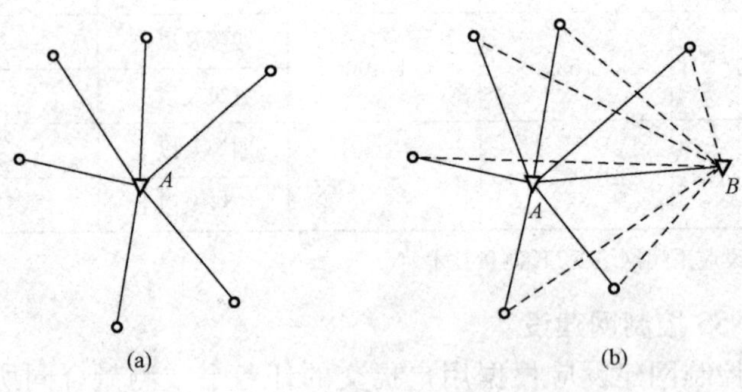

图7-19 星形布设

（2）GNSS点虽然不需要通视，但是为了便于用经典方法联测和扩展，要求控制点至少与一个其他控制点通视，或者在控制点附近300m外，布设一个通视良好的方位点，以便建立联测方向。

（3）为了求定GNSS网坐标与原有地面控制网坐标之间的坐标转换参数，要求至少有三个GPS控制网点与地面控制网点重合。

（4）为了利用GNSS网进行高程测量，在测区内GNSS点应尽可能与水准点重合或者进行等级水准联测。

（5）GNSS点尽量选在天空视野开阔、交通方便的地点，并要远离高压线、变电所及微波辐射干扰源。

2. 选点、建标志

该项工作同常规控制测量，但无须建观测标。

3. 外业观测

（1）外业观测计划设计。

1）编制GNSS卫星可见性预报图。利用卫星预报软件，输入测区中心点概略坐标、作业时间、卫星截止高度角（不低于15°）等，利用不超过20天的星历文件即可编制卫星预报图。

2）编制作业调度表。应根据仪器数量、交通工具状况、测区交通环境及卫星预报状况制定作业调度表。作业表应包括：①观测时段（测站上开始接收卫星信号到停止观测，连续工作的时间段）注明开、关机时间；②测站号、测站名；③接收机号、作业员；④车辆调度表。

（2）野外观测。野外观测应严格按照技术设计要求进行。

1）安置天线。天线安置是GNSS精密测量的重要保证。要仔细对中、整平、量取仪器高。仪器高要用钢尺在互为120°方向量三次，互差小于3mm。取平均值后输入GNSS接收机。

2）安置GNSS接收机。GNSS接收机应安置在距天线不远安全处，连接天线及电源电缆，并确保无误。

3）接收机顺序操作。按规定时间打开GNSS接收机，输入测站名、卫星截止高度角、卫星信号采样间隔等。详细可见仪器操作手册。

GNSS接收机一般3min即可锁定卫星进行定位，若仪器长期不用，超过3个月，仪器内星历过期，仪器要重新捕获卫星，这就需要12.5min。GNSS接收机自动化程度很高，仪器一旦跟踪卫星进行定位，接收机自动将观测到的卫星星历、导航文件及测站输入信息以文件形式存入在接收机内。作业员只需要定期查看接收机工作状况。发现故障及时排除，并做好记录。接收机正常工作过程中不要随意开关电源、更改设置参数、关闭文件等。

4）一个时段测量结束后。要查看仪器高和测站名是否输入。确保无误再关机、关电源、迁站。

5）GNSS接收机记录的数据。①GNSS卫星星历和卫星钟差参数；②观测历元的时刻及伪距观测值和载波相位观测值；③GNSS绝对定位结果；④测站信息。

（3）观测数据下载及数据预处理。观测成果的外业检核是确保外业观测质量和实现定位精度的重要环节。所以外业观测数据在测区时就要及时进行严格检查，对外业预处理成果，按规范要求，严格检查、分析，根据情况进行必要的重测和补测。确保外业成果无误方可离开测区。

4. 内业数据处理

（1）基线解算。对于两台及两台以上接收机同步观测值进行独立基线向量（坐标差）的平差计算，称为基线解算，也称观测数据预处理，主要过程如图7-20所示。

（2）观测成果检核。

1）每个时段同步检验。同一时段多台仪器组成的闭合环，坐标增量闭合差应为零。由

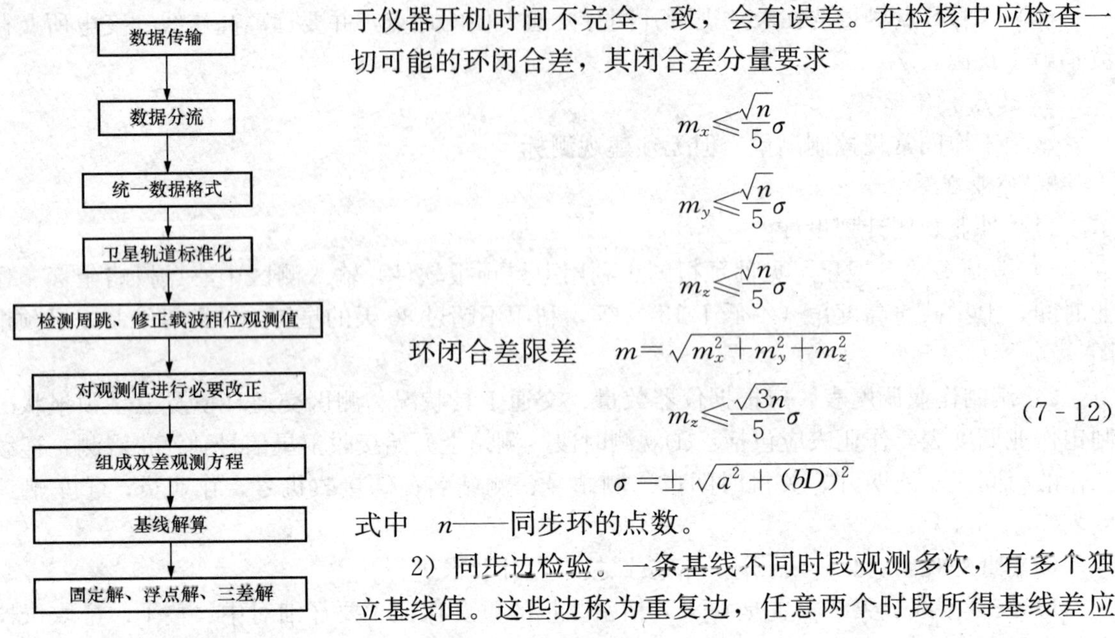

图 7-20 基线解算框图

于仪器开机时间不完全一致，会有误差。在检核中应检查一切可能的环闭合差，其闭合差分量要求

$$m_x \leqslant \frac{\sqrt{n}}{5}\sigma$$

$$m_y \leqslant \frac{\sqrt{n}}{5}\sigma$$

$$m_z \leqslant \frac{\sqrt{n}}{5}\sigma$$

环闭合差限差 $m = \sqrt{m_x^2 + m_y^2 + m_z^2}$

$$m_z \leqslant \frac{\sqrt{3n}}{5}\sigma \tag{7-12}$$

$$\sigma = \pm\sqrt{a^2 + (bD)^2}$$

式中 n——同步环的点数。

2）同步边检验。一条基线不同时段观测多次，有多个独立基线值。这些边称为重复边，任意两个时段所得基线差应小于相应等级规定精度的 $2\sqrt{2}$倍。

3）异步环检验。在构成多边形环路的基线向量中，只要有非同步观测基线，则该多边形环路称为异步环。

异步环检验应选择一组完全独立的基线构成环进行检验，并应符合下式要求

$$\begin{cases} m_x \leqslant 2\sigma\sqrt{n} \\ m_y \leqslant 2\sigma\sqrt{n} \\ m_z \leqslant 2\sigma\sqrt{n} \\ m \leqslant 2\sigma\sqrt{3n} \end{cases} \tag{7-13}$$

（3）GNSS 网平差。在各项检查通过之后，得到各独立基线向量和相应协方差阵，在此基础上便可以进行平差计算。平差计算包括如下几项：

1）GNSS 网无约束平差。利用基线处理结果和协方差阵，以网中一个点的 WGS-84 三维坐标为起算值，在 WGS-84 坐标系中进行网整体无约束平差。平差结果提供各控制点在 WGS-84 坐标系中的三维坐标、基线向量和三个坐标差，以及基线边长和相应精度信息。

值得注意的是，由于起始点坐标往往采用 GNSS 单点定位结果，其值与精确 WGS-84 地心坐标有较大偏差，因此平差后得到各点坐标不是真正的 WGS-84 地心坐标。

无约束平差基线向量改正数绝对值应满足

$$\begin{cases} V_{\Delta x} \leqslant 3\sigma \\ V_{\Delta y} \leqslant 3\sigma \\ V_{\Delta z} \leqslant 3\sigma \end{cases} \tag{7-14}$$

2）与地面网联合平差。在工程中常采用国家坐标系或城市、矿区地方坐标系，需要将 GNSS 网平差结果进行坐标转换。若无条件与国家 GNSS 网联测，则可以在网中联测原有地面控制网，进行三维约束平差或二维约束平差。原有点已知坐标、已知距离及已知方位角作为强制约束条件，平差结果应是在国家坐标系或地方地标系中的三维或二维坐标。

约束平差后，应用网中不参与约束平差的各控制点，将其坐标与平差后该点坐标求差进行校核，若发现有较大误差应检查原地面点是否有误。约束平差后的基线向量改正数与该基线无约束平差改正数的较差应符合下式要求

$$\begin{cases} dv_{cx} \leqslant 2\sigma \\ dv_{cy} \leqslant 2\sigma \\ dv_{cz} \leqslant 2\sigma \end{cases} \tag{7-15}$$

5. 技术总结和上交资料

(1) 技术总结报告。GNSS 测量工作结束后，应按要求编写技术总结报告，其内容如下：

1) 项目名称、任务来源、施测目的与精度要求；

2) 测区位置与范围，测区环境及条件；

3) 测区已有地面控制点情况及选点埋石情况；

4) 施测技术依据及采用规范；

5) 施测 GNSS 接收设备类型、数量及检验结果；

6) 施测单位、作业时间、技术要求及作业人员情况；

7) 实测时观测方法、观测时段选择，重测、补测情况，实测中发生或存在的问题说明；

8) 观测数据检核内容、方法和数据处理采用的软件、数据删除情况；

9) GNSS 网平差选用的软件及处理结果分析；

10) 工作量及定额计算；

11) 成果中存在的问题及需说明的其他问题。

(2) 上交资料。GNSS 测量任务完成后，需上交资料：

1) 测量任务书及技术设计书；

2) GNSS 网展点图；

3) 控制点点之记，环视图和测量标志委托保管书；

4) 测量期间卫星可见性预报表，施测观测计划；

5) 外业观测记录，包括测量手簿、原始观测数据的存储介质、偏心观测记录等；

6) GNSS 接收机及气象仪器检验证书；

7) 外业观测数据质量分析及野外检核计算资料；

8) 数据处理资料、网平差结果生成的文件及成果表和磁盘文件；

9) 技术总结；

10) 成果验收报告。

模块三

建 筑 施 工 测 量

项目八　建筑施工测量基本工作

单元一　施工测量基本工作

本单元主要讲解建筑施工测量的工作内容、工作要求以及建筑施工测量的基本工作，是建筑测量工的基本工作技能。只有掌握本章所讲内容才有可能胜任建筑测量这一工作岗位。

学习目标：通过本单元学习，学生应熟悉建筑施工测量的基本工作内容、基本要求及工作原则，掌握建筑施工测量基本工作的工作原理和操作方法。

能力标准：通过本单元学习，学生应达到的能力目标是熟练掌握水平距离测设与水平角测设的操作方法与步骤；高程测设与高程传递的操作方法与步骤；水平线测设与坡度线测设的操作方法与步骤；测设地面点位方法的操作方法与步骤等技能。

知识点 1　施工测量基本工作概述

各种工程在施工阶段所进行的测量工作称为施工测量，也称为测设。

测设工作就是根据施工场地上已有的控制点或地物点，按照工程设计的要求，将建（构）筑物的特征点在实地上标定出来。因此，在测设前，首先要确定这些特征点与控制点或地物点之间的角度、距离和高程之间的关系，这些位置关系被称为测设数据。然后利用测量仪器，根据测设数据，将这些特征点在地面上标定出来。作为施工的依据，并在施工过程中进行一系列的测量工作，以指导和衔接各施工阶段和工种间的施工工作。

测设已知水平距离、测设已知水平角度、测设已知高程点是测设的三项基本工作。施工测量即测设，测设的三项基本工作应与测量的三项基本工作区分开来。测量的三项基本工作是以已知的地面点位为前提，通过测量得到反映地面点位位置关系的数据。测设的三项基本工作是以已知的地面点位和点位间的数据关系为前提，通过测量确定未知点的地面位置。

建筑施工测量的内容包括：施工前施工控制网的建立；施工期间将图纸上所设计建（构）筑物的平面位置和高程标定在实地上的测设工作；工程竣工后测绘各种建（构）筑物建成后的实际情况的竣工测量，以及在施工和管理期间测定建筑物的平面和高程方面产生位移和沉降的变形观测。这些工作内容都以测设的三项基本工作为基础得以开展。

技能点1　测　设　高　程

一、测设高程

1. 原理

已知高程的测设是利用水准测量的方法，根据附近已知水准点，将设计高程测设到实地上。如图8-1所示，A点为已知水准点，高程H_A已知。地面上B点有一木桩，要测设的已知高程H_B，现需要在B点的木桩上画一条红线，使其高程正好是H_B。

2. 方法

下面通过一个实例来说明已知高程测设的一般方法。

【例8-1】 如图8-1所示，已知水准点A的高程$H_A=21.370\text{m}$，测设于B桩上的已知设计高程$H_B=22.400\text{m}$，水准仪在水准点A上的后视读数$a=1.783\text{m}$，请在B桩上画一水平线，使该线的高程正好等于H_B。

解　设B桩的前视读数为b，则b应满足关系式

$$b=(H_A+a)-H_B=21.370+1.783-22.400=0.753(\text{m})$$

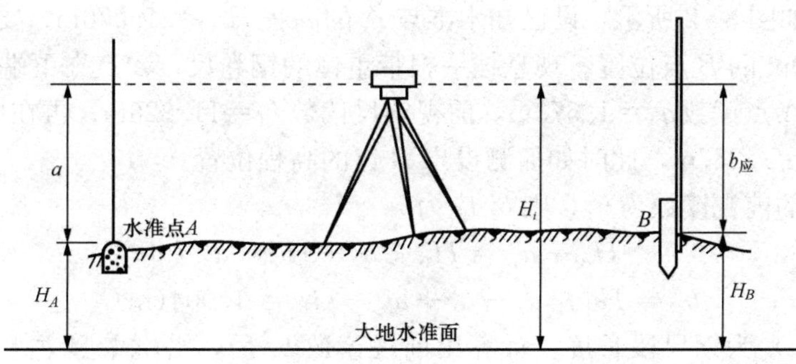

图8-1　高程测设

测设时，将水准尺沿B桩的侧面上下移动，当水准尺上的读数刚好为0.753m时，紧靠水准标尺底部在B桩上画一红线，该红线的高程H即为$H_B=22.400\text{m}$。

在实际工程中，可能会碰到下面两种特殊情况。

测设点的高程太低，位于原地面以下。此时，应根据实际情况可以测设（H_B+C）的高程位置，C为0.3、0.7、1.0m等。测设结束后，应在标志线上注明高程，如标注"$H_B+1.0\text{m}$"，则表示再往标志线以下挖1.0m才是H_B的高程位置。

当测设点的高程比原地面高出许多时，可以测设H_D-C的高程位置。同样，测设结束后，应在标志线上注明高程，如标注"$H_B-1.5\text{m}$"，则表示在标志线以上1.5m才是H_B的高程位置。

二、测设已知水平线

1. 原理

根据已知点，测设出已知高程的点的地面位置，相等高程点间弹线，即为测设已知水平线。

2. 方法

【例8-2】 以测设"五零线"为例，墙体砌完后要用水准仪在室内墙上测设一条比地面

高 50cm 的水平线，俗称“五零线”，弹上墨线，作为室内其他工程施工及地面抹灰时掌握标高的依据。

解　(1) 根据控制桩上±0.000 标高线（或已知高程的水准点），在控制桩和墙之间安置水准仪。

(2) 读取控制桩上的标尺读数 a，则仪器视线的相对高程为

$$H_i=\pm 0.000+a$$

(3) 计算“五零线”的尺上读数应为

$$b=H_i-0.500=a-0.500$$

(4) 紧贴墙的一端移动标尺，使其读数为 b，在尺底端画线；在墙的另一端同样使尺上读数为 b，在尺底端画线，以两端为端点弹墨线，即为“五零线”。

三、高程传递

当向较深的基坑或较高的建筑物上测设已知高程时，除用水准尺外，还应借助钢尺，采用高程上下传递的方法来进行。

1. 向基坑测设高程

【例 8-3】　如图 8-2 所示，设已知水准点 A 的高程 $H_A=21.370$m，要在基坑内侧测出高程 $H_B=12.000$m 的 B 点位置。现悬挂一根带重锤的钢卷尺，零点在下端。先在地面上安置水准仪，后视 A 点读数 $a_1=1.573$m，前视钢尺读数 $b_1=11.326$m；再在坑内安置水准仪，后视钢尺读数 $a_2=1.387$m，此时如何测设出 B 点的高程位置。

解　设 B 桩的前视读数为 b_2，则 b_2 应为

$$H_A+a_1=H_B+b_2+(b_1-a_2)$$

$$b_2=H_A+a_1-b_1+a_2-H_B=1.004(\mathrm{m})$$

式中 (b_1-a_2) 为钢尺段长度。计算出前视读数 b_2 后，沿坑壁竖立水准标尺，上下移动水准标尺，当其读数正好为 b_2 时，此时，不要移动标尺，沿水准标尺底面向基坑壁钉设木桩（或粗钢筋），则木桩顶面的高程即为 H_B。

2. 向高处建筑物测设高程

如图 8-3 所示，向高处建筑物 B 处测设高程 H_B，则可于该处悬吊钢尺，钢尺零端朝下，上下移动钢尺，使水准仪的中丝对准钢尺零端（0 分划线），则钢尺上端分划读数为 b 时，$b=H_B-(H_A+a)$，该点即为 B 点。

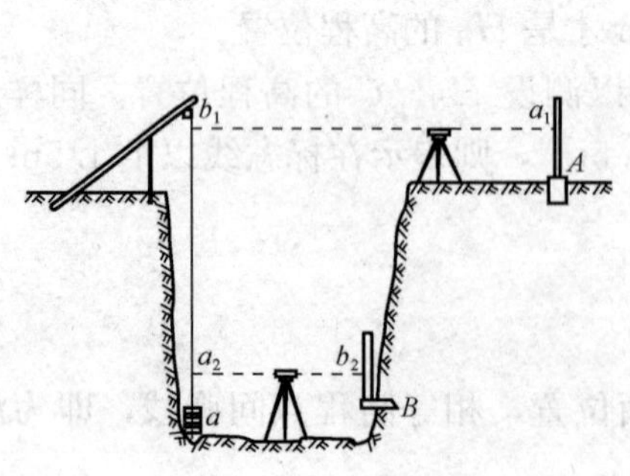

图 8-2　向基坑测设高程

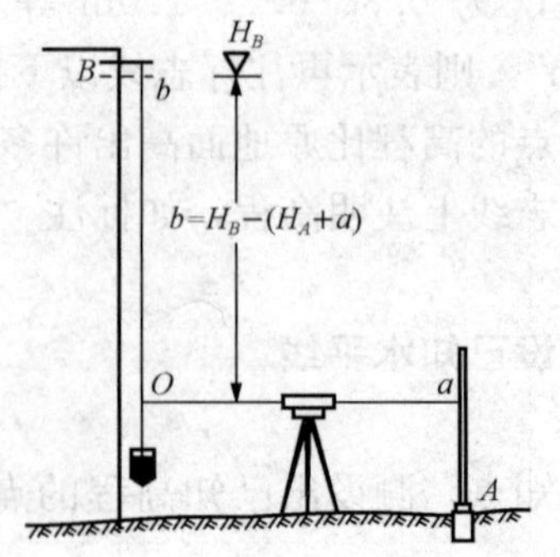

图 8-3　向高处测设高程

另外，也可以在墙面上先测设和 A 点同标高点，再用钢尺向上量取 $b=H_B-H_A$ 的高度，标定 B 点即可。

四、测设坡度线

测设方法有水平视线法和倾斜视线法两种。倾斜度较大时用倾斜视线法，用经纬仪或水准仪操作。水平视线法用于倾斜度较小时，可用水准仪完成。

1. 水平视线法

(1) 原理。水准仪提供一条水平视线，根据高程测设方法，测设坡度线上各桩点的位置。

(2) 方法。

【例 8-4】 已知水准点高程及 A 点高程，沿 AB 测设一条坡度为 i 的坡度线（见图 8-4）。

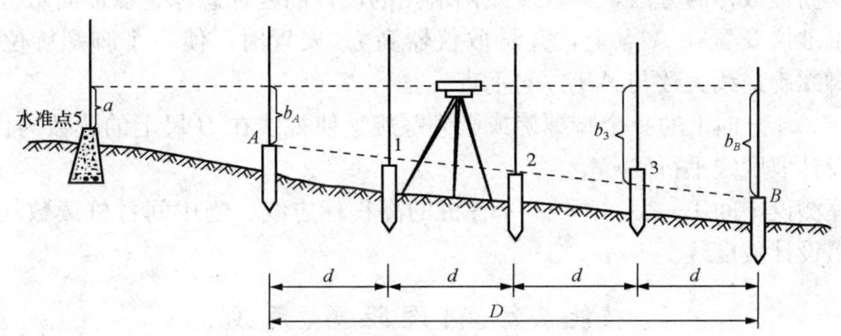

图 8-4　水平视线法测设坡度线

测设方法：

(1) 按照下列公式计算各桩点的设计高程

$$H_{设}=H_{起}+id$$

第 1 点的设计高程

$$H_1=H_A+i\times d$$

B 点的设计高程

$$H_B=H_A+i\times D_{AB}$$

(2) 沿 AB 方向，按规定间距 d 标定出中间 1、2、3、…、n 各点。

(3) 安置水准仪于水准点 5 附近，读后视读数 a，并计算视线高程 H_i。

(4) 根据各桩的设计高程，计算各桩点上水准尺的应读前视数；如各桩等距，则各桩前视读数应为等差数列。

(5) 在各桩处立水准尺，上下移动水准尺，当水准仪对准应读前视数时，水准尺零端对应位置即为测设出的高程标志线。

2. 倾斜视线法

(1) 原理。倾斜视线法是根据视线与设计坡度相同时，其竖直距离相等的原理，确定设计坡度线上各点高程位置的一种方法。当地面坡度较大，且设计坡度与地面自然坡度较一致时，适宜采用这种方法。

(2) 方法。

【例 8-5】 已知 A 点高程，沿 AB 测设一条坡度为 i 的坡度线（见图 8-5）。

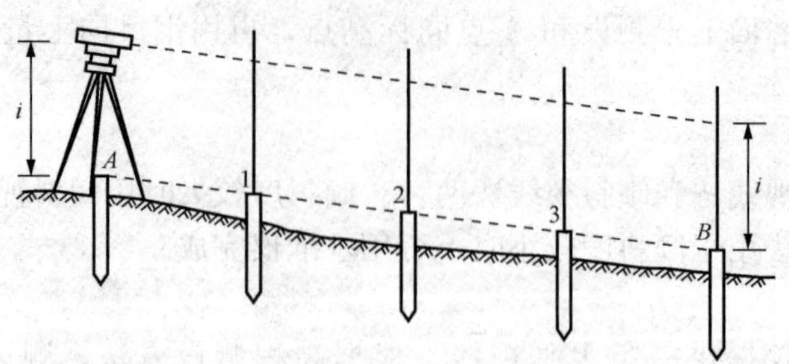

图 8-5 倾斜视线法测设坡度线

测设方法：

（1）先用高程放样的方法，将坡度线两端点的设计高程标志标定在地面木桩上。

（2）将水准仪安置在 A 点上，并量取仪器高 i。安置时，使一个脚螺旋位于 AB 方向上，另两个脚螺旋连线大致与 AB 方向垂直。

（3）旋转 AB 方向上的一个脚螺旋或微倾螺旋，使视线在 B 尺上的读数为仪器高 i。此时，视线与设计坡度线平行。

（4）指挥测设中间 1、2、3、…、n 各桩的高程标志线。当中间各桩读数均为 i 时，各桩顶连线就是设计坡度线。

技能点 2 测设距离、角度

一、测设水平距离

1. 原理

测设已知水平距离就是从地面直线的一个端点开始，沿指定直线的方向测设一段已知的水平距离，定出直线的另一端点的测设工作。

2. 方法

如图 8-6 所示，测设水平距离的工作，按使用仪器工具不同，有使用钢尺测设和使用光电测距仪测设两种。按测设精度划分，有一般方法和精确方法两种。

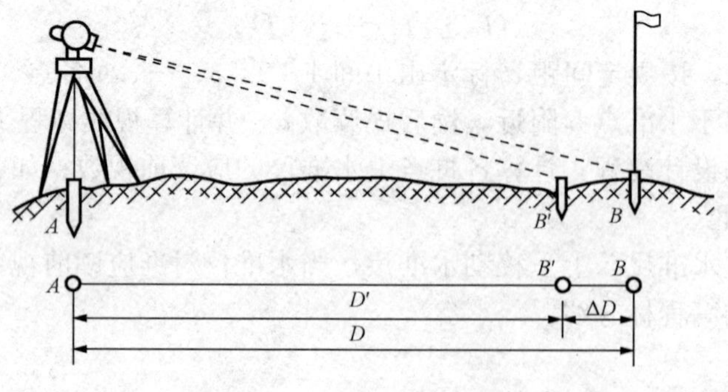

图 8-6 水平距离的测设

（1）钢尺测设的一般方法。

1）初设。从 A 点开始，沿 AB 方向用钢尺拉平丈量，按已知设计长度 D 在地面上定出 B' 点位置。

2）测定。按常规方法量取 A、B'之间水平距离 D'，可往返观测多次取其平均值，要求测量相对误差在允许范围（1/3000～1/5000）内。

（2）精确方法。当测设精度要求较高时，可先根据设计水平距离 $D_{设}$，按一般方法在地面概略地定出 B'点，如图 8-6 所示，精密丈量 AB'的水平距离，设求出 AB'的水平距离为 D'。若 D'不等于设计值 D，则按式 $\Delta D=D'-D_{设}$ 计算改正数 ΔD，并进行改正，以标定 B 点位置。改正时，沿 AB 方向，以 B'为准，当 $\Delta D<0$ 时，向外改正；反之，则向内改正。

二、测设已知水平角

1. 原理

已知水平角的测设，就是在已知角顶点并根据一已知角边方向标定出另一角边方向，使两方向的水平夹角等于已知角值。

2. 方法

如图 8-7 所示，设地面已知方向 AB，A 为角顶，β 为已知测设角值，AC 为欲定的方向线。

（1）一般方法。当测设水平角的精度要求不高时，可用盘左、盘右分中的方法测设，具体操作过程如下：

1）在 A 点安置经纬仪，对中、整平，用盘左位置照准 B 点，调节水平度盘位置变换轮，使水平度盘读数为 $0°00'00''$；

2）转动照准部使水平度盘读数为 β 值，按视线方向定出 C'点；

3）然后用盘右位置重复上述步骤，定出 C''点；

4）取 C'与 C''点连线的中点 C，则 AC 即为测设角值为 β 的另一方向线，$\angle BAC$ 即为测设的 β 角。

（2）精确方法（归化方法）。当测设水平角的精度要求较高时，可先用一般方法按已知角值测设出 AC 方向线，如图 8-8 所示，然后对$\angle BAC$ 进行多测回水平角观测，设其观测值为 β'。根据 β'与 β 之间的差值，以及 AC 边的长度 D。通过计算对 C 点位置进行改正。具体操作过程如下：

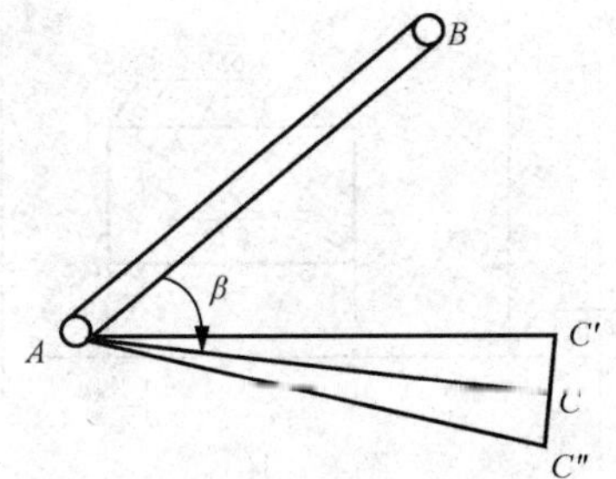

图 8-7　水平角度测设一般方法

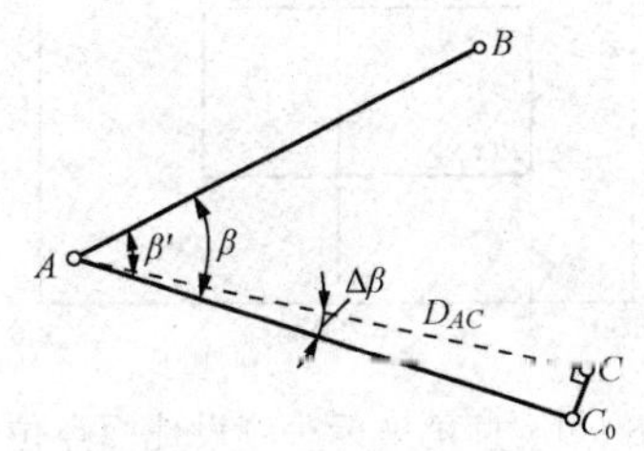

图 8-8　水平角度测设精确方法

1）初设。按前述一般方法测设出 AC 方向线，在实地标出 C 点位置。

2）测定。用经纬仪对$\angle BAC$ 进行多测回水平角观测，设其观测值为 β'。

3）计算。可以按式（8-1）计算改正垂距 CC_0

$$\Delta\beta=\beta-\beta',\quad CC_0=D_{AC}\times\tan\Delta\beta=D_{AC}\times\Delta\beta''/\rho'' \tag{8-1}$$

$$\rho''=206265''$$

4）改正。从 C 点起沿 AC 边的垂直方向量出垂距 CC_0，定出 C_0 点，则 AC_0 即为测设角值为 β 的另一方向线。

必须注意，从 C 点起向外还是向内量垂距，要根据 $\Delta\beta$ 的正负号来决定。若设计角值 β 较大，即 $\Delta\beta$ 为正值，则从 C 点向外量垂距；反之，则向内改正。

技能点3 测 设 点 位

一、直角坐标法

直角坐标法是按直角坐标原理确定某点的平面位置的一种方法。当建筑场地已有相互垂直的主轴线或矩形方格网时，常采用直角坐标法测设点的平面位置。

1. 实践测设步骤

计算测设数据，求出横纵坐标之差 Δx、Δy，如图 8－9 所示。

2. 测设方法

（1）安置经纬仪于 A 点，瞄准 B 点，沿视线方向用钢尺测设横距 Δy，在地面上定出 C 点。

（2）安置经纬仪于 C 点，瞄准 A 点，顺时针测设 90°水平角，沿直角方向用钢尺测设纵距 Δx，即获得 P 点在地面上的位置。

（3）重复操作或利用 P 点与其他点之间的关系检核 P 点的位置。

【例 8－6】 如图 8－10 所示，设Ⅰ、Ⅱ、Ⅲ、Ⅳ为建筑场地的建筑方格网点，a、b、c、d 为需测没的某厂房的四个角点，根据设计图上各点坐标，可计算建筑物的长度、宽度及测设数据。利用直角坐标法来放样建筑物上 a 点的位置。

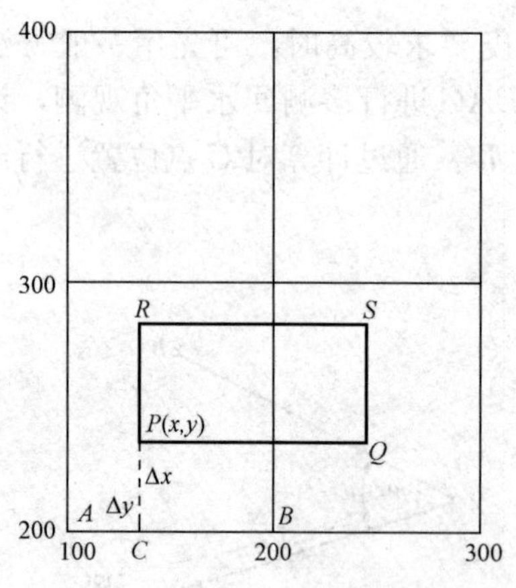

图 8－9 直角坐标法测设地面点位

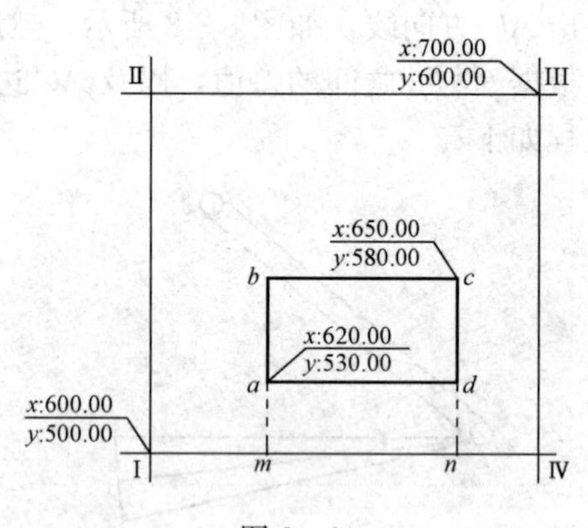

图 8－10

1. 计算步骤

首先计算测设数据。根据Ⅰ点的坐标及 a 点的设计坐标算出纵横坐标之差

$$\Delta y=30.00\text{m}, \quad \Delta x=20.00\text{m}$$

2. 放样方法

（1）直角坐标法测设 a 点位置。

1）安置经纬仪于Ⅰ点上，瞄准Ⅳ点，沿Ⅰ～Ⅳ方向测设长度 $\Delta y=30.00$m，定出 m 点；

2）再搬仪器于 m 点，瞄准Ⅳ点，向左测设 90°角，得 ma 方向线；

3）在该方向上测设长度 $\Delta x=20.00\text{m}$，即得 a 点在地面上的位置。

（2）依据测设 a 点位置的方法，测设 b、c、d 点在地面上的位置。

3. 现场校核

当 a、b、c、d 四点都放好后，应检查建筑物四角是否等于 90°，各边是否等于设计长度，其误差均应在限差以内。

用同样方法可测设建筑物其余各点的位置。

二、极坐标法

极坐标法是根据极坐标原理确定某点平面位置的方法。当已知点与待测设点之间的距离较近时常采用极坐标法。实践测设步骤如下（见图 8-11）：

（1）计算测设数据 β、D_{AP}。用坐标反算方法计算出 α_{AP}、α_{AB} 和 D_{AP}。

1）距离

$$D_{AP}=\sqrt{(x_P-x_A)^2+(y_P-y_A)^2} \tag{8-2}$$

2）象限角

$$R_{AP}=\arctan\left|\frac{y_P-y_A}{x_P-x_A}\right| \tag{8-3}$$

$$R_{AB}=\arctan\left|\frac{y_B-y_A}{x_B-x_A}\right| \tag{8-4}$$

3）方位角。根据象限角与方位角的换算方式，计算出 α_{AP} 和 α_{AB}（见直线定向）。

4）夹角

$$\beta=\alpha_{AP}-\alpha_{AB} \tag{8-5}$$

（2）测设方法。

1）安置经纬仪于 A 点，瞄准 B 点，测设水平角 β（$\beta>0$ 时，顺时针转 β 角；$\beta<0$ 时，逆时针转 β 角），在地面上标定出 AP 方向线；

2）自 A 点开始，用钢尺沿 AP 方向线测设水平距离 D_{AP}，在地面上标定出 P 点的位置；

3）检核 P 点的位置。

【例 8-7】 如图 8-12 所示，1、2 是建筑物轴线交点，A、B 为附近的控制点。1、2、A、B 点的坐标均为已知，试测设 1 点位置。

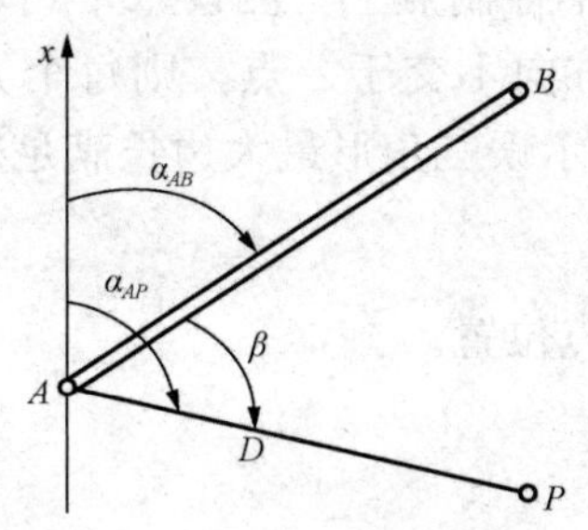

图 8-11　极坐标法测设地面点位

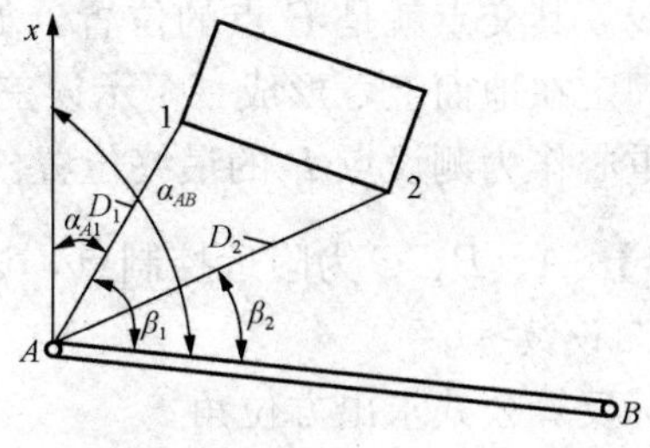

图 8-12

1. 计算测设数据

需按坐标反算公式求出象限角

$$R_{A1}=\arctan\left|\frac{y_1-y_A}{x_1-x_A}\right|$$

$$R_{AB}=\arctan\left|\frac{y_B-y_A}{x_B-x_A}\right|$$

根据方位角所在象限不同，分情况推算其方位角

$$\beta_1=\alpha_{A1}-\alpha_{AB}\quad(\beta_1<0,\text{逆时针旋转})$$

$$D_1=\sqrt{(x_1-x_A)^2+(y_1-y_A)^2}$$

2. 测设方法

1）安置经纬仪于 A 点，瞄准 B 点，逆时针测设水平角 β_1，在地面上标定出 $A1$ 方向；

2）自 A 点开始，用钢尺沿 $A1$ 方向线测设水平距离 D_1，在地面上标定出 1 点的位置。

3. 现场检核

丈量 12 间距离，与设计长度相比，误差符合要求；若应用全站仪，输入控制点及待测设点的坐标后，即可。

同理，可测设出 2 点的位置。

三、角度交会法

角度交会法是根据测设角度所定方向线相交会定出点的平面位置的一种方法。适用于不便测设距离的地方。测设步骤如下（见图 8 - 13）：

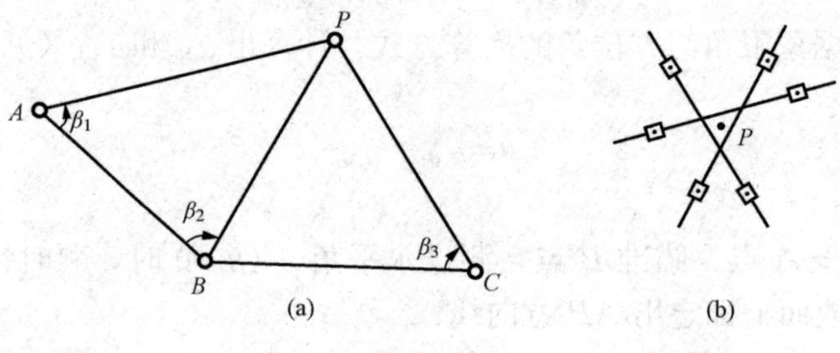

图 8 - 13

（a）角度交会法测设地面点位；（b）示误三角形

（1）计算测设数据 β_1、β_2、β_3。根据坐标反算公式先反算出相应边的坐标方位角，然后计算水平角 β_1、β_2、β_3。

（2）测设方法。分别安置经纬仪于 A、B、C 三个控制点上，测设水平角，在地面上定出三条方向线。其交点就是 P 点的位置。如果三个方向不交于一点，则每个方向可用两个小木桩临时固定在地面上，形成一个示误三角形。若示误三角形最大边长满足规范要求，取其三角形的重心作为测设点 P 的最终位置。

【例 8 - 8】 A、B、C 为附近控制点，试测设 P 点位置。

1. 计算测设数据

需按坐标反算公式求出方位角

$$R_{AP}=\arctan\left|\frac{y_P-y_A}{x_P-x_A}\right|$$

$$R_{AB}=\arctan\left|\frac{y_B-y_A}{x_B-x_A}\right|$$

根据方位角所在象限不同，分情况计算具体角值

$$\beta_1 = \alpha_{AB} - \alpha_{AP}$$

同法可求得 $\beta_1 \beta_2$。

2. 测设方法

(1) 安置经纬仪于 A 点，瞄准 B 点，逆时针测设水平角 β_1，在地面上标定出 AP 方向；

(2) 安置经纬仪于 B 点，瞄准 A 点，顺时针测设水平角 β_2，在地面上标定出 BP 方向；

(3) 两方向线交点即为 P 点位置。

3. 现场检核

安置经纬仪于 C 点，瞄准 B 点，顺时针测设水平角 β_3，在地面上标定出方向线；如果该方向线过 P 点，则 P 点即为所测点位。如该方向线不过 P 点，则该方向线与 AP、BP 方向线形成示误三角形。若示误三角形最大边长满足规范要求，取其三角形的重心作为测设点 P 的最终位置。

四、距离交会法

距离交会法是根据测设距离相交会定出点的平面位置的一种方法。当测设时，不便安置仪器、测设精度要求不高，且距离小于一钢尺长度的情况下常采用这种方法。测设步骤如下（见图 8 - 14）：

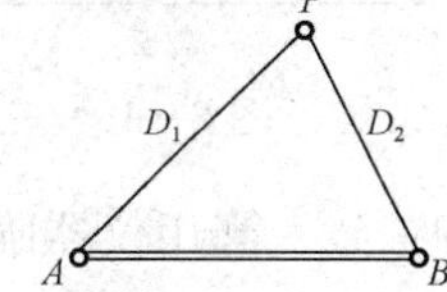

图 8 - 14　距离交会法测设地面点位

(1) 计算测设数据 D_1、D_2。

(2) 测设方法。测设时，使用两根钢尺，分别使两钢尺的零刻线对准 A、B 两点，同时拉紧和移动钢尺，两尺上读数 D_1、D_2 的交点就是 P 点的位置。测设后，应对 P 点进行检核。

技能点 4　全站仪测设点位

全站仪的普及带来了施工放样的技术进步，大大简化了传统的施工测量方法，使施工测量方法变得灵活、方便、精度高、劳动强度小、工作效率高，并带来了施工测量的数字化、自动化和信息化。

全站仪用于施工测量除了精度高外，最大的优点在于能实施三维定位放样和测量，所以，三维直角坐标法和三维极坐标法已成为施工测量的常用方法，前者一般用于位置测定，后者用于定位放样。其实对于全站仪而言，实际测量值是距离、水平角度和天顶距，由于仪器自身具有自动计算和存储功能，可以通过计算获得所测点的坐标元素和极坐标元素，因此，全站仪直角坐标法和全站仪极坐标法只是在概念上有区别，在现场施工测量中完全可以认为是同一种方法。

一、原理

利用全站仪进行三维坐标测量是在预先输入测站数据后，便可直接测定目标点的三维坐标。测站数据包括测站坐标、仪器高、目标高和后视方位角。仪器高和目标高可用小钢尺等量取；坐标数据可以预先输入仪器或从预先存入的文件中调用；后视方位角可通过输入测站点和后视点坐标后照准后视点进行设置。在完成了测站数据的输入和后视方位角的设置后，通过测量便可确定放样点的位置。

二、测设方法

首先，输入测站数据（测站点坐标、仪器高、目标高和后视点坐标），后视方位角可通

过输入测站点和后视点坐标后照准后视点，通过全站仪自行计算进行设置；然后，输入放样点的点号及其二维或三维坐标。具体步骤详见全站仪单元。

【例 8-9】 如图 8-15 所示，O 为测站点，坐标为（X_O，Y_O，H_O），A 为后视点，坐标为（X_A，Y_A，H_A）P 点为待测点（目标点），坐标为（X_P，Y_P，H_P）。测设 P 点的位置。

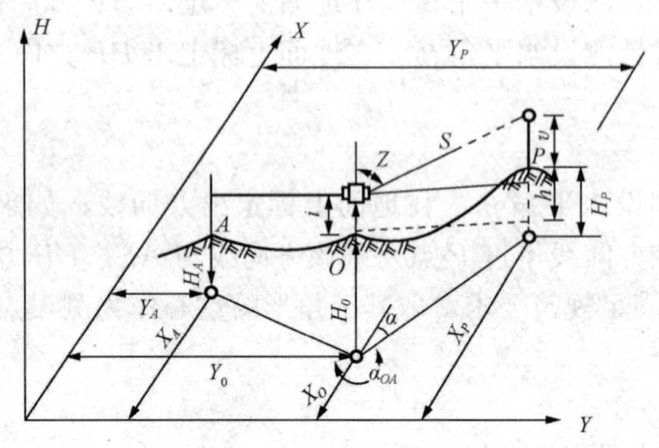

图 8-15 三维极坐标法放样

测设步骤：

（1）根据坐标反算公式先计算出 α_{OA} 边的坐标方位角 α_{OA}（称后视方位角）

$$\alpha_{OA}=\arctan\frac{Y_A-Y_O}{X_A-X_O}$$

在测站点和后视点坐标输入到仪器之后，全站仪能自动进行这项计算。

（2）在瞄准后视点后，通过键盘操作，能将水平度盘读数自动设置为计算出的该方向的坐标方位角，即 X 方向的水平度盘读数为 0°时，仪器的水平度盘读数就与坐标方位角相一致。当用仪器瞄准 A 点时，显示的水平读数就是测站 O 点至目标 A 点的坐标方位角 α_{OA}。

（3）仪器按 P 点的坐标，便会自动计算出该点的二维或三维极坐标法放样数据（α，S）或（α，S，z），α 为测站点与放样点之间的方位角（即水平读数），S 为测站点与放样点之间的斜距，z 为测站点至目标点的天顶距。

（4）实地放样时，全站仪瞄准任意位置的棱镜测量后，仪器会显示出该棱镜位置与放样点位置的差值（$\Delta\alpha$，ΔS，Δz），然后根据这些差值而指挥移动棱镜，全站仪不断跟踪棱镜测量（注：仪器要设置为“跟踪测量”状态），直至 $\Delta\alpha=0$、$\Delta S=0$，即可标定出放样点位置。

三、放样步骤（操作步骤详见全站仪单元）

坐标数据设置新点，内存中的坐标数据，可通过键盘输入，存入内存，也可通过计算机从传输电缆装入仪器内存。如果坐标数据未存入内存，则可从键盘直接输入坐标，实施放样。

（1）放样模式。

（2）设置测站点（与数据采集模式下设置测站点相同）。

（3）设置后视点，确定方位角（与数据采集模式下设置方位角相同）。

（4）输入或调用放样坐标，开始放样。

练 习 题

1. 施工测量遵循的基本原则是什么？
2. 施工测量的内容及其特点是什么？
3. 什么是测设？
4. 测设的基本工作有哪些？

5. 简述精密测设水平角的方法。

6. 简述测设“五零线”的步骤。

7. 测设点的平面位置有哪几种方法？各适用于什么情况下？

8. 水准测量法高差放样的设计高差 $h=-1.500$m，设站观测后视尺 $a=0.657$m，高差放样的 b 计算值为 2.157m。作出高差测设的图形。

9. 如图 8－16 所示，已知点 A、B 和待测设点 P 坐标是：A：$x_A=2250.346$m，$y_A=4520.671$m；B：$x_B=2786.386$m，$y_B=4472.145$m；P：$x_P=2285.834$m，$y_P=4780.617$m。

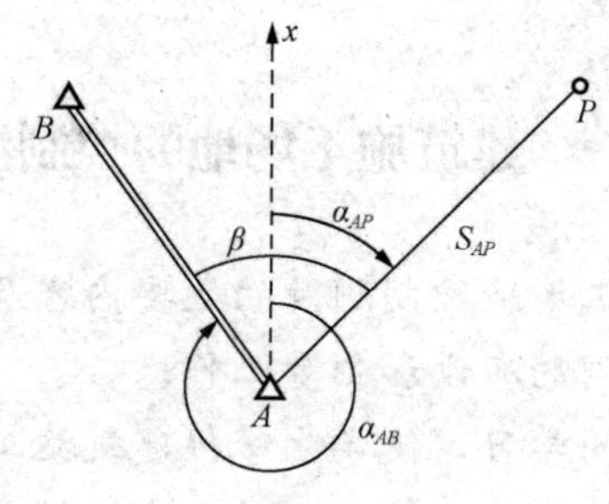

图 8－16

按极坐标法计算放样的 β、S_{AP}。试简述极坐标法放样点 P 的步骤。

项目九

民用建筑施工测量

单元一　建筑施工场地的控制测量

本单元所讲的内容是建筑施工场地控制测量的主要内容及实施方法；场地平面控制网的布设及测量工作，以及高程控制网的布设和测量工作。

学习目标：通过本单元内容的学习，使学生掌握建筑施工场地控制测量的主要测量工作内容，以及测量方法。掌握建筑场地平整施工测量方法，控制测量、内容与方法。

能力标准：通过学习掌握建筑平整场地的施工测量、施工控制测量并能熟练实施，具备开展建筑施工控制测量的工作能力。

在勘测设计阶段布设的控制网主要是为测图服务，控制点的点位是根据地形条件来确定的，并未考虑待建建筑物的总体布置，因而在点位的分布与密度方面都不能满足放样的要求。在测量精度上，测图控制网的精度按测图比例尺的大小确定，施工控制网的精度则要根据工程建设的性质来决定，通常要高于测图控制网。因此，为了进行施工放样测量，必须以测图控制点为定向条件建立施工控制网。

施工控制网分为平面控制网和高程控制网两种。平面控制网常采用三角网、导线网、建筑基线或建筑方格网等，高程控制网采用水准网。

施工平面控制网的布设，应根据总平面图和施工地区的地形条件来确定。当厂区地势起伏较大，通视条件较好时采用三角网的形式扩展原有控制网；对于地形平坦而通视又比较困难的地区，例如扩建或改建工程的工业场地，则采用导线网；对于建筑物多为矩形且布置比较规则和密集的工业场地，可以将施工控制网布置成规则的矩形格网，即建筑方格网；对于地面平坦而又简单的小型施工场地，常布置一条或几条建筑基线。总之，施工控制网的布设形式应与设计总平面图的布局相一致。

施工控制网与测图控制网相比，具有以下特点：

1. 控制范围小，控制点的密度大，精度要求高

与测图的范围相比，工程施工的地区比较小，而在施工控制网所控制的范围内，各种建筑物的分布错综复杂，没有较为稠密的控制点是无法进行放样工作的。

施工控制网的主要任务是进行建筑物轴线的放样。这些轴线的位置偏差都有一定的限值。施工控制网的精度比测图控制网的精度要高。

2. 受施工干扰较大

工程建设的现代化施工通常采用平行交叉作业的方法，这就使工地上各种建筑的施工面高度有时相差十分悬殊，因此妨碍了控制点之间的相互通视。此外，施工机械的设置（如吊

车、建筑材料运输机、混凝土搅拌机等）也阻碍了视线。施工机械对施工控制点的扰动相对较大。因此，施工控制点的位置应分布恰当，密度也应比较大，以便在工作时有所选择。

3. 布网等级宜采用两级布设

在工程建设中，各建筑物轴线之间几何关系的要求，比它们的细部相对于各自轴线的要求，其精度要低得多。因此在布设建筑工地施工控制网时，采用两级布网的方案是比较合适的，也即首先建立布满整个工地的场地控制网，目的是放样各个建筑物的主要轴线，以定位建筑物。然后为了进行建筑物的细部放样，还要根据由场地控制网所定出的建筑物主轴线建立建筑物的建筑控制网。

根据上述的这些特点，施工控制网的布设应作为整个工程施工设计的一部分。布网时，必须考虑施工的程序方法，以及施工场地的布置情况。施工控制网的设计点位应标在施工设计的总平面图上。

技能点1　建筑平面控制网布设

一、建筑基线的布置

施工场地范围不大时，可在场地上布置一条或几条基线，作为施工场地的控制，这种基线称为建筑基线。

如图 9-1 所示，建筑基线的布设是根据建筑物的分布、场地地形等因素确定的，常用的形式有一字形、L 形和十字形。

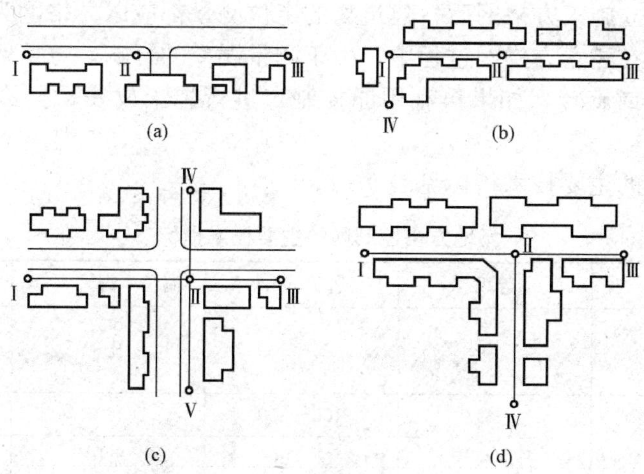

图 9-1　建筑基线形式

建筑基线应尽可能靠近拟建的主要建筑物，并与它们的轴线平行；尽可能与施工场地的建筑红线相联系。在城市建筑工地，场地面积较小时也可直接用建筑红线作为现场控制。为便于复查建筑基线是否有变动，基线点不得少于 3 个。基线点位应选在通视良好和不易被破坏的地方，为能长期保存，要埋设永久性的混凝土桩。

二、建筑方格网的布置

1. 建筑施工方格网的意义

目前，建筑场地由勘测设计部门提供的控制点多为小三角点或导线点，如果利用这些控制点进行建筑物的测量定位，需进行大量的计算工作，且点位往往较少，不仅工作不便也不易保证建筑物的定位精度。为便于施工测量，一般都在原有控制点的基础上，另建立施工方格网。使方格网各点间的连线与建筑物的轴线相平行，这样即可采用直角坐标法进行定位测量，既方便又容易保证定位精度。这叫先整体布网、后局部测量，可减少测量过程的累计误差。由于施工方格网是按建筑物轴线方向互相垂直布置的，因此，成方形或矩形，是由正方形或矩形的格网组成的工业与民用建筑场地的施工平面控制网，称为建筑方格网。对地势平坦的新建或扩建的大中型建筑场地，常采用建筑方格网。

2. 施工方格网的布设原则

布设时应考虑以下几点：

(1) 根据设计总平面图布设，方格网或轴线网要能控制整个建筑区。使方格网的主轴线位于建筑场地的中央，并与主要建筑物的轴线平行或垂直，使控制点接近于测设对象，特别是测设精度要求较高的工程对象。

(2) 根据实际地形布设，使控制点位于测角、量距比较方便的地方，并使埋设标桩的高程与场地的设计标高不要相差很多。

(3) 方格网的边长一般为100～500m，也可根据测设的对象而定。点的密度根据实际需要而定。方格网各交角应严格成90°，控制点应便于保存，尽量避免土石方的影响。

(4) 当场地面积较大时，应分成两级布网。首先可采用十字形、口字形或田字形，然后加密方格网。若场地面积不大，则尽量布设成全面方格网。

(5) 最好将高程控制点与平面控制点埋设在同一块标石上。

(6) 建筑场地建立施工方格网后，建筑物的定位测量都应以方格网为依据，不能再利用原测图控制点。因为在建立方格网过程中，由于测量误差的影响，方格网系统与原控制网系统可能产生平面位移或旋转，如果再利用原控制点进行施工放线，会给建筑物尺寸间造成矛盾。

场地方格控制网的主要技术指标见表9-1。

表9-1 场地方格控制网的主要技术指标

规范名称	等级	边长（m）	测角中误差（″）	边长相对中误差
《工程测量规范》(GB 50026—2007)	一级	100～300	±5	1/30 000
《建筑施工测量技术规程》(DB11/T 446—2007)	一级	100～300	±5	1/40 000
	二级	100～300	±10	1/20 000

技能点2 建筑平面控制网测设

一、测设建筑基线的方法

1. 直角坐标法测设建筑基线

如根据建筑红线测设建筑基线，在城市建设区，建筑用地的边界由城市规划部门在现场直接标定，图9-2中的Ⅰ、Ⅱ、Ⅲ点就是在地面上标定出来的边界点，其连线ⅠⅡ、ⅡⅢ通常是正交的直线，称为建筑红线。一般情况下，建筑基线与建筑红线平行或垂直，故可根据建筑红线用平行推移法测设建筑基线OA、OB。当把A、O、B三点在地面上用木桩标定后，安置经纬仪于O点，观测$\angle AOB$是否等于90°，其不符值不应超过±20″。量OA、OB

距离是否等于设计长度，其不符值不应大于1/10 000。若误差超限，应检查推平行线时的测设数据。若误差在许可范围之内，则适当调整A、B点的位置。

2. 极坐标法测设建筑基线

如根据附近已有控制点测设建筑基线对于新建筑区，在建筑场地中没有建筑红线作为依据时，可依据建筑基线点的设计坐标和附近已有控制点的关系，按极坐标法放样点位方法算出放样数据，然后放样。如图9-3所示，A、B为附近的已有控制点，Ⅰ、Ⅱ、Ⅲ为选定的建筑基线点。首先根据已知控制点和待定点的坐标关系反算出测设数据β_1、S_1、β_2、S_2、β_3、S_3，然后用经纬仪和钢尺按极坐标法（也可用其他方法）测设Ⅰ、Ⅱ、Ⅲ点。由于存在测量误差，测设的基线点往往不在同一直线上，如图9-4中的Ⅰ′、Ⅱ′、Ⅲ′，故尚须在Ⅱ′点安置经纬仪，精确地检测出∠Ⅰ′Ⅱ′Ⅲ′。若此角值与180°之差超过±15″，则应对点位进行调整。调整时，应将点Ⅰ′、Ⅱ′、Ⅲ′沿与基线垂直的方向各移动相同的调整值δ。其值按下列公式计算

$$\delta=\frac{ab}{a+b}\left(90^\circ-\frac{\angle \text{Ⅰ}'\text{Ⅱ}'\text{Ⅲ}'}{2}\right)''\frac{1}{\rho''} \tag{9-1}$$

式中　δ——各点的调整值；

a、b——Ⅰ～Ⅱ、Ⅱ～Ⅲ的长度。

除了调整角度之外，还应调整Ⅰ、Ⅱ、Ⅲ点之间的距离。先用钢尺检查Ⅰ、Ⅱ及Ⅱ、Ⅲ间的距离，若丈量长度与设计长度之差的相对误差大于1/20 000，则以Ⅱ点为准，按设计长度调整Ⅰ、Ⅲ两点。

以上两次调整应反复进行，直至误差在允许范围之内为止。

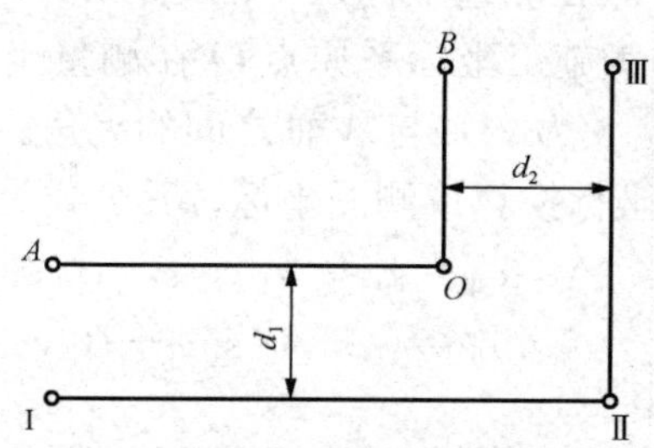

图9-2　直角坐标法测设建筑基线

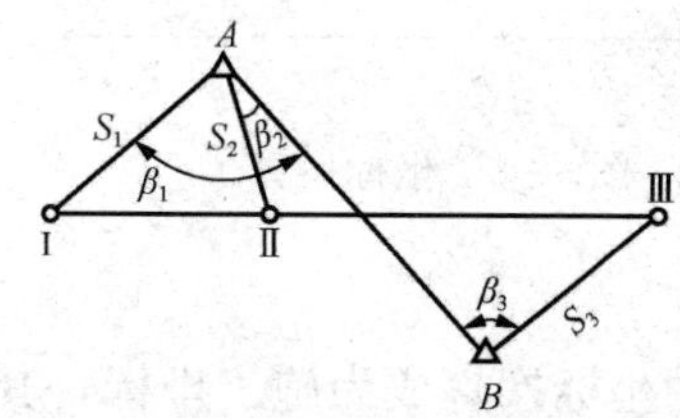

图9-3　极坐标法测设建筑基线

二、方格网的测设方法

1. 主轴线放样——与建筑基线放样方法相似

首先，准备放样数据，然后实地放样两条相互垂直的主轴线C-C、3-3，如图9-5所示。主轴线实质上是由5个主点$C1$、$C3$、$C5$、$A3$和$E3$点所组成。最后精确检测主轴线点的相对位置关系，并与设计值相比较。若角度较差大于±10″，则需要横向调整点位，使角度与设计值相符；若距离较差大于1/15 000，则纵向调整点位使距离与设计值相符。

2. 方格网点放样

主轴线放样后，分别在主轴线端点$C1$、$C5$、$A3$、$E3$上安置经纬仪，后视主点$C3$，向左右分别拨角90°，这样就可交会出田字形方格网点。随后再作检核，测量相邻两点间的距离，看是否与设计值相等，测量其角度是否为90°，误差均应在允许范围内，并埋设永久标志。此后，再以田字形方格网为基础，加密方格网的其余各点。

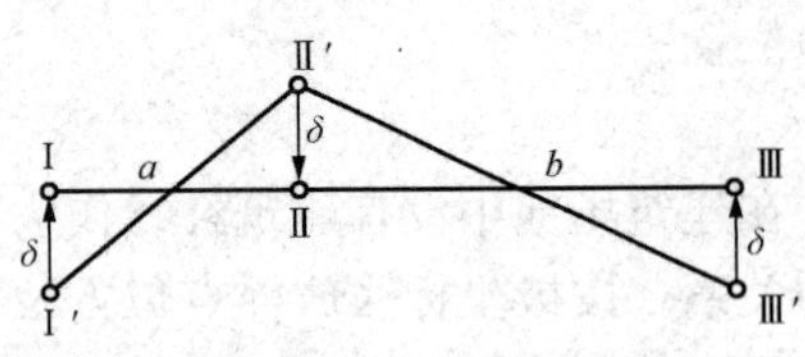

图 9-4 建筑基线调整

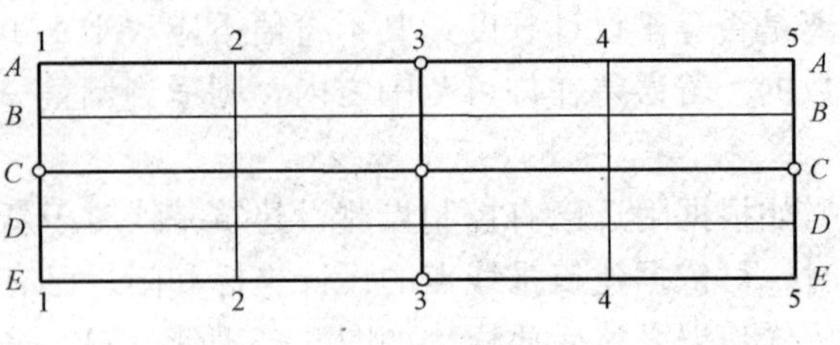

图 9-5 建筑方格网

3. 施工控制点的坐标换算

在设计总平面图上，建筑物的平面位置是采用施工坐标系统的坐标表示的。所谓施工坐标系统，就是以建筑物的主要轴线作为坐标轴而建立起来的局部坐标系统。施工坐标系的坐标轴通常与建筑物主轴线方向一致，坐标原点设置在总平面图的西南角上，纵轴记为 A 轴，横轴记为 B 轴，用 A、B 坐标标定各建筑物的位置。

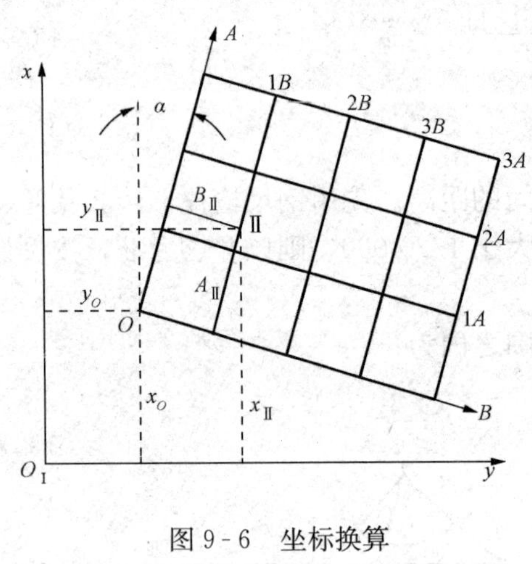

图 9-6 坐标换算

当施工坐标系与国家测量坐标系不一致时，在施工方格网测设之前，应把放样点的坐标换算到同一坐标系内，以便于求得测设数据。

如图 9-6 所示，AOB 为施工坐标系，xO_1y 为测量坐标系。设Ⅱ为建筑基线上的一个主点，它在施工坐标系中的坐标为 $A_{Ⅱ}$、$B_{Ⅱ}$，在测量坐标系中的坐标为 $x_{Ⅱ}$、$y_{Ⅱ}$，x_O、y_O 为施工坐标系原点 O 在测量坐标系中的坐标，α 为 x 轴与 A 轴之间的夹角。将Ⅱ点的施工坐标换算成测图坐标，其公式为

$$\left.\begin{aligned} x_{Ⅱ} &= x_O + A_{Ⅱ}\cos\alpha - B_{Ⅱ}\sin\alpha \\ y_{Ⅱ} &= y_O + A_{Ⅱ}\sin\alpha + B_{Ⅱ}\,\mathrm{cas}\alpha \end{aligned}\right\} \quad (9-2)$$

若将测图坐标换算成为施工坐标，其公式为

$$\left.\begin{aligned} A_{Ⅱ} &= (x_{Ⅱ} - x_O)\cos\alpha + (y_{Ⅱ} - y_O)\sin\alpha \\ B_{Ⅱ} &= -(x_{Ⅱ} - x_O)\sin\alpha + (y_{Ⅱ} - y_O)\cos\alpha \end{aligned}\right\} \quad (9-3)$$

技能点 3 建筑高程控制网布设

高程控制网可分为首级网和加密网。相应水准点分别称基本水准点和施工水准点。

1. 基本水准点

一般建筑场地埋设 3 个，按三、四等水准测量要求，基本水准点为四等水准测量；连续性生产车间、地下管道放样的基本水准点为三等水准测量。将其布设成闭合水准路线，其位置应设在不受施工影响之处。在一般情况下，施工场地平面控制点也可兼作高程控制点。

2. 施工水准点

靠近建筑物，可用来直接测设建筑物的高程。通常设在建筑方格网桩点上。为放样方便，每栋较大的建筑物附近，要布设±0.000 水准点。

技能点4　建筑施工场地平整测量

土建工程开工前，要进行“三通一平”，即要求现场“水通、电通、道路通”和“平整场地”，因为施工场地的自然地貌常起伏不平，不能满足建设要求，如不先平整场地，施工材料、机具进场困难。

平整场地，先作“场平设计”以确定平整后的场地高程。场平设计常用方格网法、等高线法、断面法。

一、方格网法作施工场地平整设计

此法适用于高低起伏较小、地面坡度变化均匀的场地，其施测步骤流程图如图9-7所示。

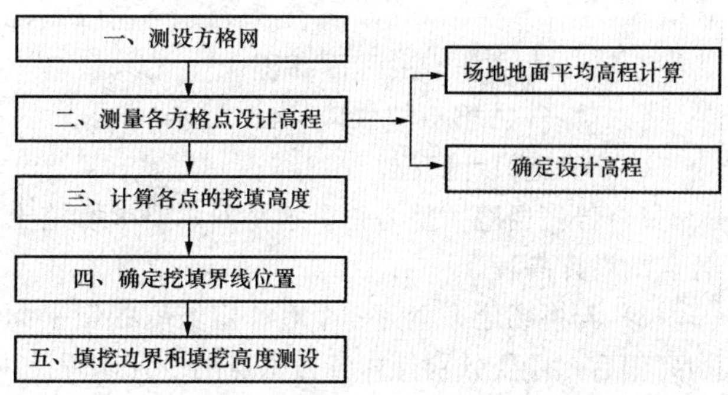

图9-7　方格网法作施工场地平整设计流程图

【例9-1】 如图9-8所示，在填挖土方量平衡的前提下，计算填挖土方量，并进行场地平整测设。

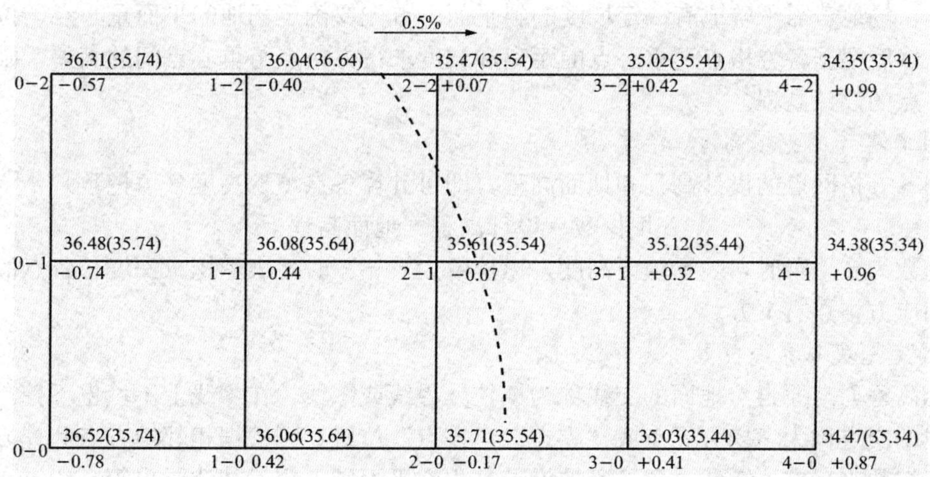

图9-8　场地平整方格网

1. 测设方格网

平整场地设计时，需在该场地的地形图上布设普通方格网，边长为10～40m，一般多采用20m，方格的大小视地形情况和平整场地的施工方法及工程预算而定，地面起伏较大时宜用10m。根据等高线，计算各方格顶点的高程，称为地面高程。方格网的编号，规定横坐标按1、2…，纵坐标按A、B、C…，方格按Ⅰ、Ⅱ、Ⅲ、n…，如图9-8所示，每一方格网顶点的编号，即用该点纵横坐标编号来编定，方格点都用木桩标定，并展绘一张计算略图；或根据场地内的控制点，按几何水准测量方法或三角高程测量方法依次测定各方格点的高程，并分别标注在图上各方格点旁。

2. 测量各方格网点高程

根据施工场地高程控制点，使用水准仪用普通测量方法测量各方格网点高程。

3. 计算各方格点的设计高程

设计高程是指在填挖土方量平衡前提下确定的场地上填、挖分界线的高程值。

(1) 场地地面平均高程计算。场地平均高程不能简单地取各方格点高程的平均值，可用各方格点高程加权平均得到场地地面平均高程。各方格点权的确定方法为：角点为1，边点为2，拐点为3，中心点4，则场地地面平均高程 $H_平$ 为

$$H_平 = \Sigma(P_i \times H_i)/\Sigma P_i$$

式中 H_i——方格点的地面高程；

P_i——方格点的权。

(2) 确定设计高程。

1) 若将场地平整为一个水平面，要求填挖土方量平衡，则场地地面平均高程 $H_平$ 就是各点的设计高程。

2) 若将场地平整为一个有一定坡度的斜平面，要求填挖土方量平衡，则在求得场地平均高程后，还要分别计算各方格点的设计高程。由立体几何可以证明，若以场地的平均地面高程定作整个场地平面形状重心处的设计高程，则整个场地无论平整成向哪个方向倾斜的斜平面，其填挖的土方量都是平衡的。

因此，场地若需平整成有一定坡度的斜平面，首先要确定场地的平面重心点的位置和设计高程，然后根据各方格点至重心点的距离和坡度求得方格点与重心点间的高差，则可推算出各方格点的设计高程。

4. 计算各点的挖填高度

根据各方格网点的设计高程和地面高程，即可计算各点填挖高度（填挖数）

填挖数＝设计高程－地面高程

填挖数为“＋”时，表示填土高度，填挖数为“－”时，表示挖土深度，各点的填挖数标注在相应方格点右下方。

5. 确定挖填分界线位置

设计高程面与原自然地面的交线称为填挖分界线或零线，在零线上不填也不挖。零线与方格网线的交点称为填挖分界点或“零点”。“零点”位置，可根据相邻填方点和挖方点间的距离及填挖数来确定，零线位置还可按设计高程在平面图上用目估法画出等高线。

6. 填挖边界和填挖高度测设

当填挖边界计算无误后，在现场用量距方法定出各零点位置，然后用白灰线将相邻点连接起来，即得到实地的填挖分界线。填挖高度注写在相应方格点木桩上，作为施工的依据。

二、等高线法

此法适用于地形高低起伏大，且坡度变化也较大的场地平整。其施测步骤如下：

(1) 求出图上场地内各等高线所围起的面积。

(2) 计算相邻等高线间的土方量，即求相邻等高线间所围墩台的体积。

(3) 求场地平均高程。将场地内所有相邻等高线间的土方量取总和，就得到场地内最低等高线高程 H_0 以上的总土方量 V，则场地的平均高程 $H_平$ 为

$$H_平 = H_0 + V/A$$

式中 H_0——场地内最低等高线（或最低点）的高程；

V——场地内最低等高线（过最低点水平面）以上的总土方量；

A——场地总面积。

（4）确定各方格点的设计高、填挖数，以及确定填挖分界线、计算总填挖土方量等工作，方法与方格法相同。

三、断面法

此法适用于狭长带状形的场地。由相邻断面面积及相邻断面间距求相邻断面间土方量，再将各断面间土方量汇总得总土方量，从而可计算出场地平均高程。其余步骤同方格法。

四、DTM在场地平整测量中的应用

DTM（digital terrain model）即数字地面模型，是以数字的形式按一定的结构组织在一起，表示实际地形特征的空间分布，也就是地形形状大小和起伏的数字描述，如图9-9所示。数字表示方式包括离散点的三维坐标（测量数据）、由离散点组成的规则或不规则的格网结构、依数字地面模型及一定的内插和拟合算法自动生成的等高线（图）、断面（图）、坡度（图）等。图中实际地面是按规则的格网结构表示的；设计平整面与填挖分界线是按设计要求依数字地面模型及一定的内插和拟合算法自动生成的。

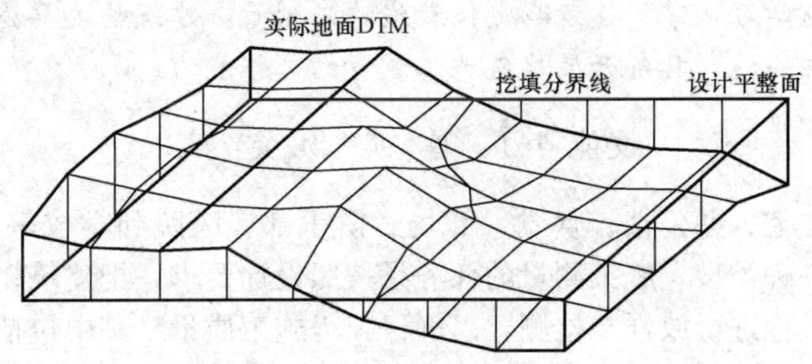

图9-9　数字地面模型

目前的场地平整测量软件实际地面DTM件有多种，其中较有代表性的是广州开思测绘软件有限公司开发的“土方测量师”。通过该软件能自动处理外业采集的地形散点数据，构建DTM三角模型和DEM方格模型，经地形模拟和曲面设计比较，快速进行土方平衡，解算出填、挖土方量，进行施工前的立体地形和设计模拟显示。方案确定后，输出施工图纸。类似软件的功能已比较完整实用，除可进行建筑场地竖向设计外，还能满足像高尔夫球场的曲面设计和农田平整的梯田设计等特殊要求。

五、场地平整的检验测量

当场地平整竣工后，施工人员进行检验测量检测时，应先将原订设的方格网点位恢复（可不钉桩，而用石灰粉在地面上撒点标记），再测定。各点的高程，与其设计高程相比较，如差值不超过±2cm，则认为场地平整施工质量为合格；否则，应查明原因，进行整修，至满足要求为止。

练习题

1. 简述施工测量的目的和内容。
2. 试述建筑基线概念及建筑基线的类型。
3. 基线点至少有几个？为什么？

4. 建筑场地上平面控制网的作用是什么？形式有哪几种？各适用于哪些场合？

5. 建筑方格网的布设原则是什么？

6. 建筑方格网如何测设？

7. 什么是测量坐标？什么是建筑坐标？两者如何进行换算？

单元二 多层建筑施工测量

本单元所讲的内容是民用建筑施工测量的主要内容及实施方法。针对民用多层建筑不同施工项目，分部讲解了民用建筑各部位的施工测量内容与方法。民用建筑施工测量工作岗位是建筑类高职高专学生主要就业岗位之一。

学习目标：通过本单元内容的学习，使学生掌握民用建筑施工测量的主要测量工作内容及测量方法。掌握多层建筑施工测量，建筑物定位放线施工测量，建筑物细部施工测量等施工测量内容与方法。

能力标准：通过学习，掌握建筑物定位放线施工测量，建筑物主要施工部位施工测量的测量方法，并能熟练实施，具备开展建筑施工测量的工作能力。

技能点1 建筑物定位

民用建筑是指住宅、办公楼、食堂、商场、俱乐部、医院和学校等建筑物。它分为单层、多层和高层等各种类型。施工测量的任务是按照设计要求，把建筑物的位置测设到地面上，并配合施工的进程进行放样与检测，以确保工程施工质量。其中包括：施测前的各种准备工作，建筑物的轴线定位与放线，基础施工中的基坑抄平、垫层中线的测设及基础标高的控制，墙体施工中的定位与标高控制，高层建筑施工测量中的轴线由基层向高层的投测和高程传递等。进行施工测量前，应按照施工测量规范要求，选定所用测量仪器和工具，并对其进行检验与校正。与此同时，必须做好以下准备工作。

一、施工测量前的准备

1. 熟悉设计图纸

设计图纸是施工测量的依据，在测设前应认真阅读设计图纸及其有关说明，了解施工的建筑物与相邻地物间的位置关系，理解设计意图，对有关尺寸应仔细核对，以免出现差错。

与测设有关的设计图纸主要有：

(1) 建筑总平面图。它是建筑施工放样的总体依据，建筑物就是根据总平面图上所给的尺寸关系进行定位的。

(2) 建筑平面图。给出建筑物各定位轴线间的尺寸关系及室内地坪标高等。

(3) 基础平面图。给出基础边线和定位轴线的平面尺寸和编号。

(4) 基础详图。给出基础的立面尺寸、设计标高，以及基础边线与定位轴线的尺寸关系，这是基础施工放样的依据。

(5) 立面图和剖面图。在建筑物的立面图和剖面图中，可以查出基础、地坪、门窗、楼板、屋面等设计高程，是高程测设的主要依据。

在熟悉上述主要图纸的基础上，要认真核对各种图纸总尺寸与各部分尺寸之间的关系是否正确，防止测设时出现差错。

2. 现场踏勘

现场踏勘的目的是为了掌握现场的地物、地貌和原有测量控制点的分布情况，弄清与施工测量相关的一系列问题，对测量控制点的点位和已知数据进行认真的检查与复核，为施工测量获得正确的测量起始数据和点位。

3. 制定测设方案

根据建筑总平面图给定的建筑物位置及现场测量控制点情况，按照建筑设计与测量规范要求，拟定测设方案，并绘制施工放样略图。在略图上标出建筑物各轴线间的主要尺寸及有关测设数据，供现场施工放样时使用。

4. 建筑物定位放线的基本步骤

根据场地平面控制网，或设计给定的作为建筑物定位依据的建（构）筑物，进行建筑物的定位放线，是确定建筑物平面位置和开挖基础的关键环节，施测中必须保证精度、杜绝错误，否则后果难以处理。在场地条件允许的情况下，对一栋建筑物进定位放线时，应按如下步骤进行：

（1）校核定位依据桩是否有误或碰动。

（2）根据定位依据桩测设建筑物四廓各大角外（距基槽边 1～5m）的控制桩。

（3）在建筑物矩形控制网的四边上，测设建筑物各大角的轴线与各细部轴线的控制桩（也叫引桩或保险桩）。

（4）以各轴线的控制桩测设建筑物四大角。

（5）按基础图及施工方案测设基础开挖线。

（6）经自检互检合格后，根据《建筑工程资料管理规程》（DBJ 01-51—2003）规定填写工程定位测量记录，提请有关部门及单位验线。沿红线兴建的建筑物定位后，还要由城市规划部门验线，合格后方可破土开工，以防新建建筑物压、超红线。

二、民用建筑物的定位测量

建筑物的定位是根据设计图纸，将建筑物外墙的轴线交点（也称角点）测设到实地，作为建筑物基础放样和细部放线的依据。由于设计方案常根据施工场地条件来选定，不同的设计方案，其建筑物的定位方法也不一样，主要有以下三种情况。

1. 根据与原有建筑物的关系定位（见图 9-10）

【例 9-2】 以建筑基线为控制的定位放线为例，如图 9-11 所示，AB 为建筑基线，根据它作拟建建筑物 $EFGH$ 的定位放线。

测设方法如下：

（1）先从建筑总平面图上，查得建筑物轴线与建筑基线的距离 d、建筑物总长度 b、总宽度 a 和新旧建筑的间距。用麻线引出旧建筑两山墙的轴线 LJ 及 MK，在引出线上测设$J1=d$，$K2=d$（注意：J、K 也应为旧建筑的轴线，如是墙的外边线，应折算为轴线），得 1、2 两点。用经纬仪置于基线桩 A 点上，检查两点 1、2 是否在基线 AB 上，否则应复查调整。

（2）在 AB 线上，测设 2、3 两点的距离等于 c，得 3 点；又测设 3、4 两点的距离等于 b，得 4 点。

（3）用直角坐标法测设 E、F、G、H 四点。

（4）用钢尺检查 $EFGH$ 的总长度和总宽度，与 a、b 是否相符，相对误差不应超过允许值。

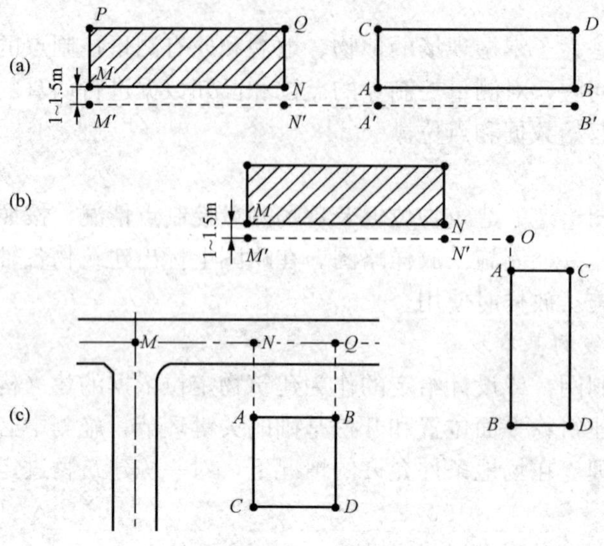

图 9-10 根据原有建筑物定位

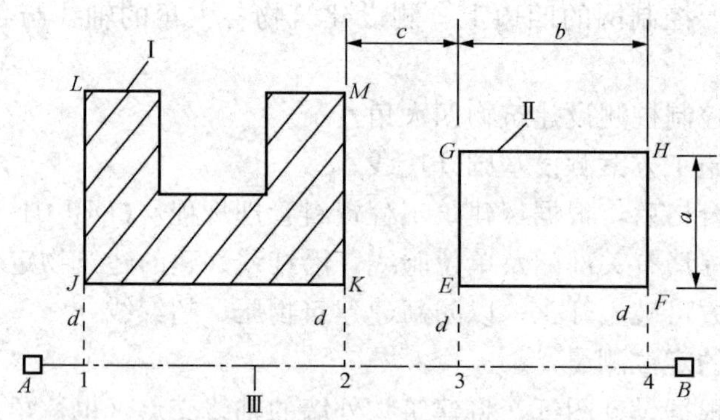

图 9-11 根据建筑基线定位建筑物

Ⅰ—已建成的建筑；Ⅱ—拟新建的建筑物；Ⅲ—建筑基线

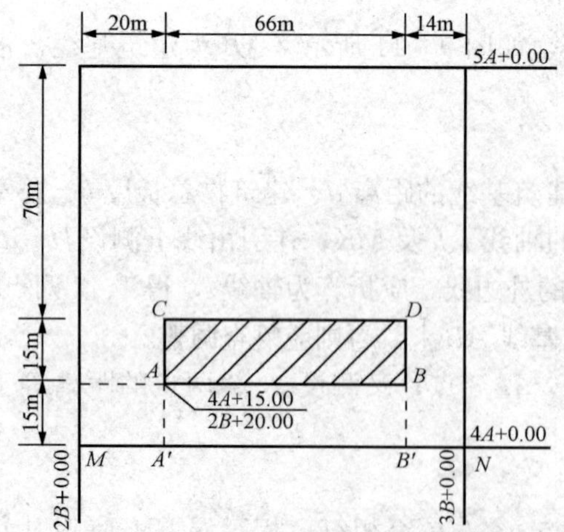

图 9-12 根据建筑方格网定位建筑物

(5) 根据基础施工图，由轴线向两侧放出基槽底宽边界线，用白灰在地面放出，称为“放灰线”，作为开挖基槽的界线。

2. 以建筑方格网为控制的定位

【例 9-3】 如现场已测设建筑方格网，如图 9-12 所示，MN 为建筑方格网的一条边，可根据它作建筑物 $ABCD$ 的定位放线。

测设方法如下：

(1) 在建筑总平面图上，查得 A 点的坐标值，从而计算得 $MA'=20\text{m}$；$A'A=15\text{m}$；$AC=15\text{m}$；$AB=66\text{m}$。

(2) 用直角坐标法测设 A、B、C、D 四大

角的角点。

(3) 用钢尺检验建筑物的边长，相对误差不应超过允许值。

3. 根据控制点的坐标定位

在建筑场地附近，如果有测量控制点可以利用，应根据控制点坐标及建筑物定位点的设计坐标，反算出标定角度与距离，然后采用极坐标法或角度交会法将建筑物测设到地面上。极坐标法定位应先测设控制网的长边，这条边与视线的夹角不宜小于30°。

【例9-4】 如图9-13所示，已知建筑物轴线与施工坐标轴平行，各点坐标已知，用极坐标法测设控制网定位建筑物。

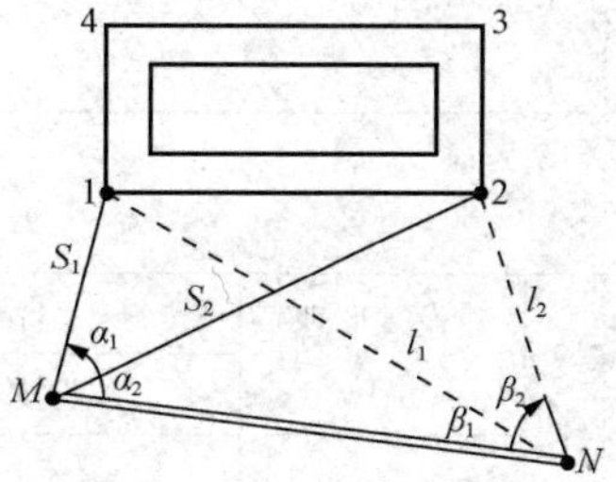

测设步骤如下：

(1) 根据建筑物各点坐标计算出控制网各点坐标及边长。

(2) 根据1、M、N三点坐标计算出角α_1和1、M两点距离S_1。根据2、M、N三点坐标计算出角α_2和2、M两点距离S_2。

(3) 将仪器置于M点，后视N点，测角α_2，在视线方向自M点量S_2，定出2点。再测α_1角，在视线方向自M点量S_1定出1点。这时矩形网的一条边就测出来了。

图9-13 极坐标法定位建筑物

(4) 校核方法，直接丈量1、2点距离，若符合设计边长，误差在允许范围内，可以1点为依据改正2点位置，因为$\alpha_1>\alpha_2$，$S_1<S_2$，所以1点的相对精度较高。

还可采用测角的方法校核。根据M、N、1三点坐标，计算出β_1角和1、N两点距离l_1。根据M、N、2三点坐标，计算出β_2角和2、N两点距离l_2，将仪器置于N点，后视M点测β_1，量l_1定出1点。测β_2角，量l_2定出2点。两次测得1、2两点如果不重合，再实际丈量，改正两点距离。

(5) 以改正后的1、2两点为基线，用测直角的方法建立建筑物控制网。

随着全站仪的广泛应用，仪器可自动计算测设数据，使得坐标定位更简单易行，用此法进行建筑物定位也就被普遍使用。

三、定位测量中的注意事项

(1) 认真熟悉图纸及有关技术资料，审核各项尺寸，发现图纸有不符的地方应找技术部门改正。施测前要绘制观测示意图，把各测量数据标在示意图上。

(2) 施测过程的每个环节都应精心操作、对中，丈量要准确，测角应采用复测法或测回法，后视应选在长边，引测过程的测量精度不低于控制网精度。

(3) 基础施工中最容易发生问题的地方是错位，主要原因是把中线、轴线、边线搞混用错。因此凡轴线与中线不重合或同一点附近有几个控制桩时，应在控制桩上标明轴线编号。分清是轴线还是中线，防止用错。

(4) 控制网测完后，要经有关人员检查验收。

(5) 控制桩要做出明显标记，以便引起人们注意，桩的四周要钉木桩拉铁线加以保护，防止碰撞破坏。如发现桩位有变化，要进行复查后再使用。

(6) 设在冻胀性土质的桩要采取防冻措施。

四、工程定位测量记录

工程定位测量记录见表9-2。

表 9-2　　工程测量记录

<table>
<tr><td colspan="3">工程测量记录</td><td>编号</td><td></td></tr>
<tr><td>工程名称</td><td></td><td>委记单位</td><td colspan="2"></td></tr>
<tr><td>图纸编号</td><td></td><td>施测日期</td><td colspan="2"></td></tr>
<tr><td>平面坐标依据</td><td></td><td>复测日期</td><td colspan="2"></td></tr>
<tr><td>高程依据</td><td></td><td>使用仪器</td><td colspan="2"></td></tr>
<tr><td>允许误差</td><td></td><td>仪器校验日期</td><td colspan="2"></td></tr>
<tr><td colspan="5">定位抄测示意图</td></tr>
<tr><td colspan="5">复测结果：</td></tr>
</table>

<table>
<tr><td rowspan="3">签字栏</td><td rowspan="2">建设（监理）单位</td><td>施工（测量）单位</td><td></td><td>测量人员岗位证书号</td><td></td></tr>
<tr><td>专业技术负责人</td><td>测量负责人</td><td>复测人</td><td>施测人</td></tr>
<tr><td></td><td></td><td></td><td></td><td></td></tr>
</table>

技能点 2　建筑物放线

建筑物放线是指根据已定位的外墙主轴线交点桩及建筑物平面图，详细测设出建筑物各轴线的交点位置，并设置交点中心桩；然后根据各交点中心桩沿轴线用白灰撒出基槽开挖边界线，以便进行开挖施工；由于基槽开挖后，各交点桩将被挖掉，为了便于在施工中恢复各轴线位置，还须把各轴线延长到基槽外安全地点，设置控制桩或龙门板，并做好标志。

一、测设建筑物定位轴线交点桩

根据建筑物的主轴线，按建筑平面图所标尺寸，将建筑物各轴线交点位置测设于地面，并用木桩标定出来，称交点桩，又称轴线桩。用上述方法测设的建筑物点位，都是建筑定位轴线的交点，即轴线桩。

二、测设轴线控制桩

开挖基槽时，轴线桩均被挖去，为保留测设的建筑轴线，供基础、墙身、构件等施工时作定位或质量检查的依据，《工程测量规范》（GB 50026—2007）规定：在施工的建筑物或构筑物外围，应建立线板或控制桩。轴线控制桩离基槽外边线的距离可取 2～4m。

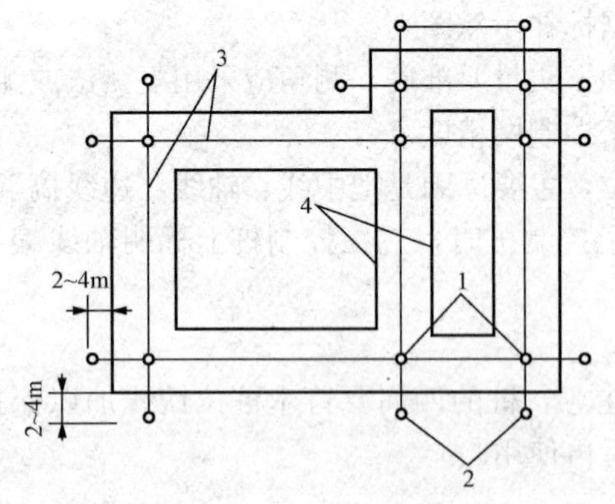

图 9-14　轴线控制桩的测设

1—轴线桩；2—控制桩；3—定位轴线；4—基槽灰线

对一些外形或构造比较简单的房屋，如传达室、简易仓库、岗亭等，对位置的精度要求一般较低，允许采用控制桩（又称引桩）来控制定位轴线的位置，可以不钉设龙门桩。方法如下：

（1）在轴线桩测设完毕后，用经纬仪将轴线延长到基槽（坑）开挖边线外 2～4m 处，钉设控制桩，如图 9-14 所示。

(2) 如附近有固定建筑物，可将轴线延长，投设到该建筑物的墙脚或基础顶面上，用红色油漆做标记，代替控制桩，再将标高引测到墙面上，也用红漆做标记，三角形顶点下部横线即±0.000标高线。

三、设置龙门板

线板应注记中心线编号，并测设标高。线板和控制桩应注意保存。线板俗称“龙门板”，是行之有效的实践经验，这样的设施能起控制基础及上部结构的轴线和标高的作用，也可作工序交接和工程质量检验的依据。但近年来，不少施工单位片而强调节约管理费用，对此重视不够，只钉定位桩，或简陋的龙门板，或虽设置而未能很好保护，施工时常被破坏。因此，新规范再予强调，以引起施工单位及施工人员的重视。

在一般民用建筑中，常在基槽开挖线以外一定距离处钉设龙门板。控制桩设在离建筑物稍远的地方，如附近有已建固定建筑物，最好把轴线投测到固定建筑物顶上或墙上，并做好标志。

(1) 按前述方法，将建筑物定位轴线测设到地面后，订设轴线桩。

(2) 根据土质及开挖深度，如图9-15 (a) 所示，在基槽开挖边线外侧1.5m以外钉设龙门板。龙门板应位于建筑物转角和内墙轴线两端。

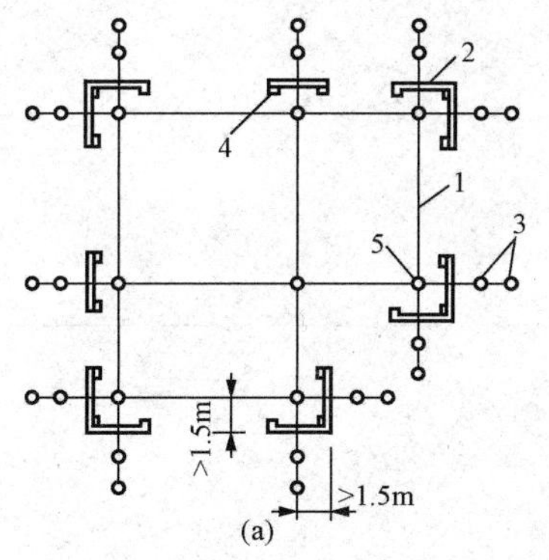

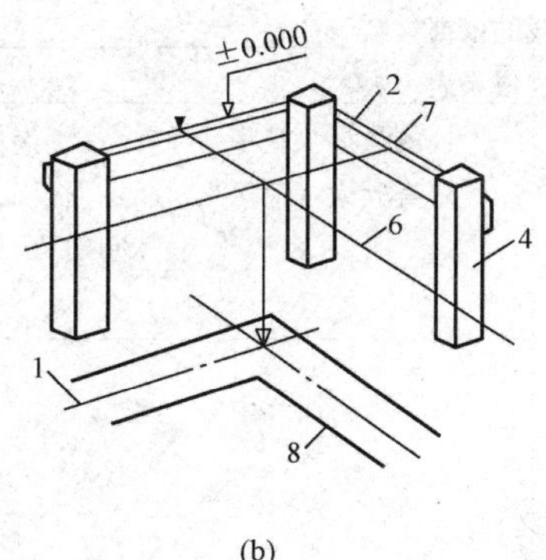

图9-15 龙门板的设置

1—建筑定位轴线；2—龙门板；3—引桩；4—龙门桩；5—轴线桩；6—拉线；7—轴线钉；8—基槽灰线

(3) 龙门板由龙门桩和龙门板组成，如图9-15 (b) 所示。板顶高程一般为该建筑物室内地坪设计标高±0.000，应用水准仪测设。龙门板标高的测定允许误差为±5mm。

(4) 用经纬仪将墙、柱的轴线测设到龙门板上，钉一小钉标志，称为轴线钉。投点容差为±5mm。用钢尺沿龙门板顶面检查轴线钉的间距，其相对误差不应超过允许值。

(5) 用钢尺在钉的两侧，将基槽（坑）上口宽度标定到龙门板上，留一锯口表示。根据基槽（坑）上口宽度，由定位轴线两侧放出基槽（坑）灰线，即可开挖基槽。

四、民用建筑定位放线的检验测量

当施工员放线、钉设龙门板或控制桩完毕后，质量检查人员应立即进行放线检验测量，以检核放线、钉桩有无错误。

检测项目主要有：

(1) 根据设计总平面图，查算建筑轴线桩的平面坐标值，以及该桩与现场控制网点的相关位置和放线需用的数据，然后根据现场控制网，用经纬仪及钢尺检验各轴线桩的位置测设是否正确，同时对龙门板上的标记位置也应检验。如发现问题，立即与放线的施工人员查找原因，予以调整或重作测设工作。

（2）根据现场控制网点的高程，质检人员也应用水准仪检核龙门板或墙上标出的±0.000标高，务必符合设计要求。

以上检验均应及时记录，并妥善保存。在施工过程中进行有关检测时，常需查对原始资料。同时，在工程竣工验收填写验收报告及编制竣工图时，均需附上这些资料。

五、施工测量放线报验表

施工测量放线报验表见表9-3。

表9-3　　施工测量放线报验表

<table>
<tr><td>工程名称</td><td></td><td>日期</td><td></td></tr>
<tr><td colspan="4">致__________________（监理单位）：
我方已完成（部位）__________________
（内容）__________________
的测量放线，经自检合格，请予查验。
附件：1.□放线的依据材料__________________页
2.□放线成果表__________________页
测量员（签字）：　　岗位证书号：
查验人（签字）：　　岗位证书号：
承包单位名称：　　技术负责人（签字）：</td></tr>
<tr><td colspan="4">查验结果：

查验结论：　□合格　　□纠错后重报
监理单位名称：　　监理工程师（签字）：　　日期：</td></tr>
</table>

技能点3　基 础 施 工 测 量

一、基槽开挖边线放线

在基础开挖前，按照基础详图上的基槽宽度和上口放坡的尺寸，由中心桩向两边各量出开挖边线尺寸，并做好标记；然后在基槽两端的标记之间拉一细线，沿着细线在地面用白灰撒出基槽边线，施工时就按此灰线进行开挖（见图9-16）。

基础开挖宽度与基础开挖深度和土质条件有关。如果施工组织设计中对挖方边线有明确规定，撒白灰放线时按此规定办理。如果只给定放坡比例，则参照图9-17按式（9-4）计算放坡宽度和挖方宽度。

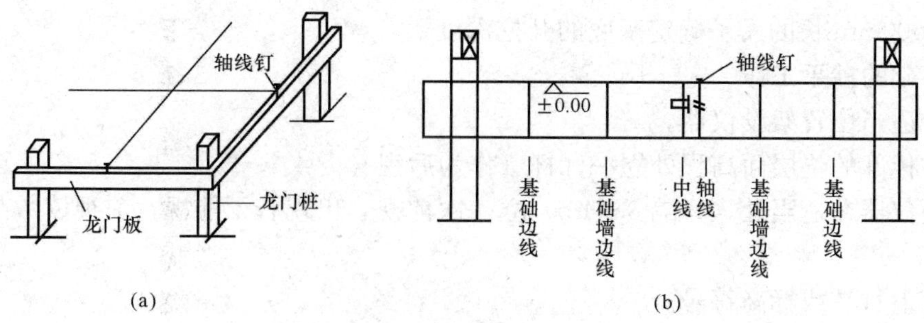

图 9-16　龙门板上的基础边线

基础剖面

$$b_3 = KH$$

$$b = b_1 + 2(b_2 + b_3) \qquad (9-4)$$

式中　b_3——放坡宽度；

b——挖方宽度；

K——放坡系数；

H——挖方深度；

b_1——基础底宽；

b_2——施工工作面。

二、基础的高程控制

为了控制基槽开挖深度，当基槽开挖接近槽底时，在基槽壁上自拐角开始，每隔 3～5m 测设一根比槽底设计高程提高 0.3～0.5m 的水平桩，作为挖槽深度、修平槽底和打基础垫层的依据。具体步骤如下：

(1) 了解基础特点、±0.00 位置及基底标高，同时要了解基础垫层的高度。

(2) 按图 9-18 所示方法，根据±0.00 引测距基础底面高程相差 0.5m 的水平桩。

1) 架仪器（选合适位置）。

2) 读后视读数（例如 $a=0.774$）。

3) 经计算确定前视读数（例如 $b=1.200+0.774=1.974\text{m}$）。

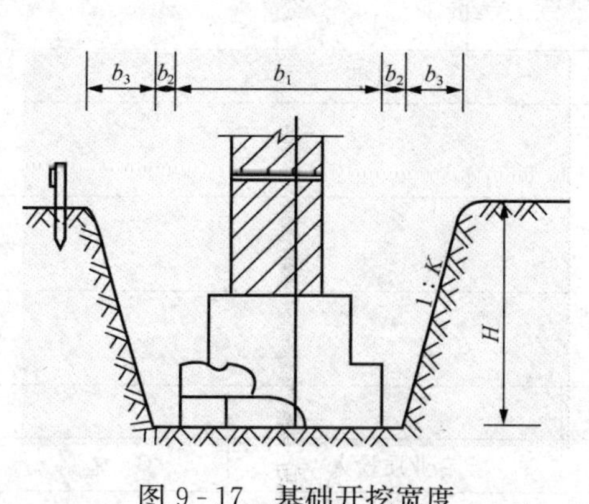

图 9-17　基础开挖宽度

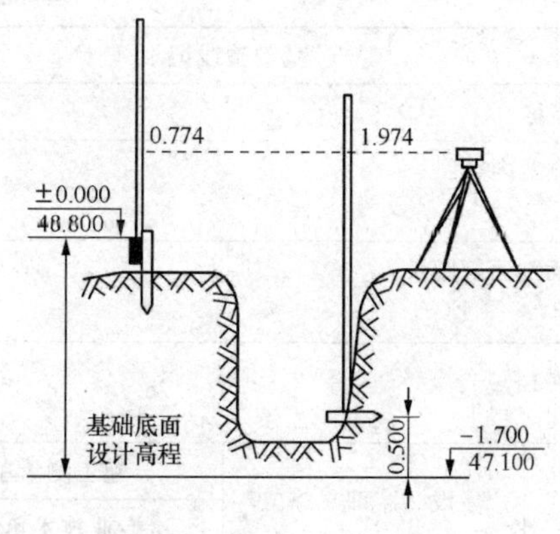

图 9-18　基础开挖深度控制

4) 用竹签或木板确定水平桩高程。

5）用 500mm 长的尺子确定基底的开挖深度。

三、基础的抄平工作

（1）在适当位置架设仪器。

（2）在标准的垫层面高程处立一标杆（作为后视）。

（3）用仪器在适当处（每隔 3～4m）立一次前视，出现若干前视，前视读数与后视读数一致。

（4）打上竹签或标高符号。

四、基础垫层中线的测设

在基础垫层打好后，根据龙门板上的轴线钉或轴线控制桩，用经纬仪或用拉绳挂锤球的方法，把轴线投测到垫层面上，并用墨线弹出墙中心线和基础边线，作为砌筑基础的依据。由于整个墙身砌筑均以此线为准，因此要进行严格校核。

五、垫层面标高的测设

垫层面标高的测设是以槽壁水平桩为依据在槽壁弹线，或在槽底打入小木桩进行控制。如果垫层需支架模板，可以直接在模板上弹出标高控制线。

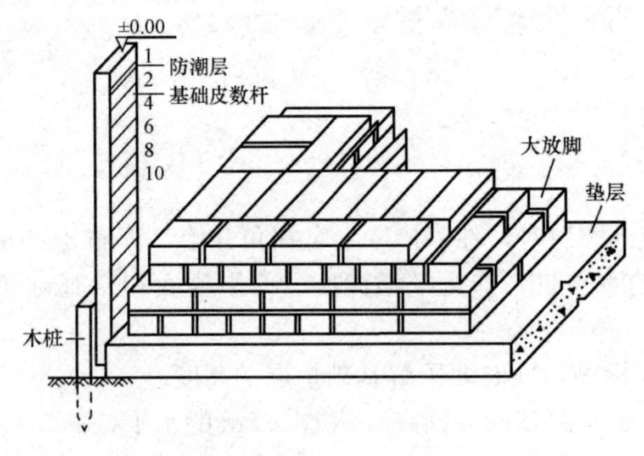

图 9-19 基础皮数杆

六、基础墙标高的控制

墙中心线投在垫层上，用水准仪检测各墙角垫层面标高后，即可开始基础墙（±0.00 以下的墙）的砌筑，基础墙的高度是用基础皮数杆来控制的。基础皮数杆是用一根木杆制成，在杆上事先按照设计尺寸将每皮砖和灰缝的厚度一一画出，每五皮砖注上皮数（基础皮数杆的层数从±0.00m向下注记），并标明±0.00m 和防潮层等的标高位置（见图 9-19）。

七、基槽验线记录

基槽验线记录表见表 9-4。

表 9-4 **基槽验线记录表**

<table>
<tr><td colspan="4">基槽验线记录</td><td>编号</td><td></td></tr>
<tr><td>工程名称</td><td colspan="3"></td><td>日期</td><td></td></tr>
<tr><td colspan="6">验线依据及内容：</td></tr>
<tr><td colspan="6">基槽平面剖面简图：</td></tr>
<tr><td colspan="6">检查意见：</td></tr>
<tr><td rowspan="3">签字栏</td><td rowspan="2">建设（监理）单位</td><td colspan="4">施工测量单位</td></tr>
<tr><td>专业技术负责人</td><td colspan="2">专业质检人</td><td>施测人</td></tr>
<tr><td></td><td></td><td colspan="2"></td><td></td></tr>
</table>

技能点4　墙体施工测量

一、防潮层抄平与轴线投测

当基础墙砌筑到±0.00标高下一层砖时，应用水准仪测设防潮层的高程，其测量高程限差为15mm。防潮层做好后，根据轴线控制桩或龙门板上的轴线钉，用经纬仪将墙体轴线和墙边线投测到防潮层上，其投点限差为5mm，基础墙砌筑到防潮层后，利用轴线控制桩或龙门板上的轴线和墙边线标志，用经纬仪或拉细线绳挂锤球的方法将轴线投测到基础面或防潮层上，然后用墨线弹出墙中线和墙边线。检查外墙轴线交角是否等于90°，符合要求后，把墙轴线延伸到基础墙的侧面上画出标志，作为向上投测轴线的依据。同时把门、窗和其他洞口的边线，也在外墙基础面上画出标志（见图9-20）。

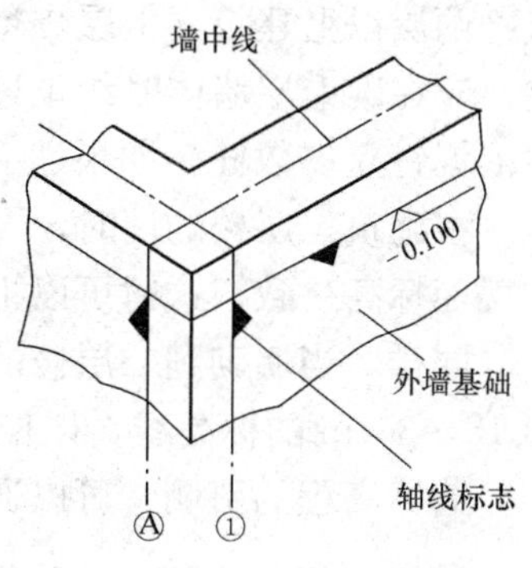

图9-20　轴线投测

二、墙体标高的控制

墙身皮数杆（又称线杆）自20世纪50年代推广以来，是作为砌体工程控制墙面平整、灰缝厚度及其水平度，以及墙上构配件安装位置、标高等的标尺，是行之有效的工具。

墙体砌筑时，墙体各部位标高常用墙身皮数杆来控制。皮数杆用木材制成，是控制砌体标高和保持砖缝水平的重要依据。画皮数杆要按照建筑剖面图和有关大样图的标高尺寸进行，在皮数杆上应标明±0.000，砖层、窗台、过梁、预留孔及楼板等位置，杆上将每皮砖厚及灰缝尺寸，分皮一一画出，每五皮注上皮数，杆上注记从±0.00向上增加。故称为“皮数杆”，如图9-21所示。

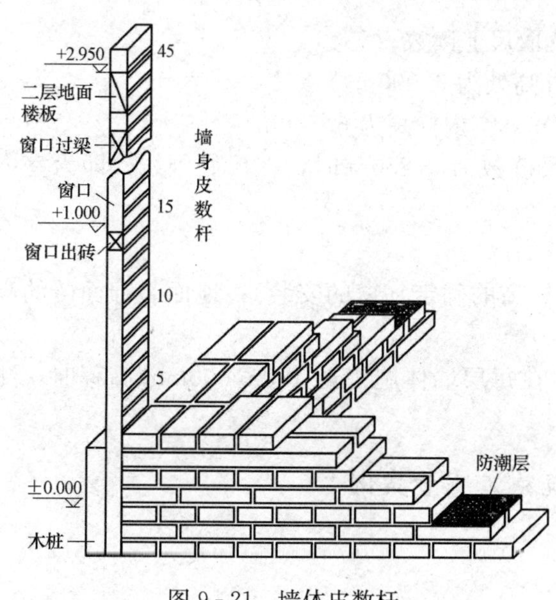

图9-21　墙体皮数杆

立皮数杆时，先靠基础打一大木桩，用水准仪在木桩上测设±0.000标高线，再将皮数杆的±0.000地坪标高线与之对齐，用大钉将皮数杆竖直钉立于大木桩上，并加斜撑两道撑牢杆身。为了便于施工，采用里脚手架时，皮数杆立在墙外边；采用外脚手架时，皮数杆应立在墙里边。

立皮数杆后，质量检查员应用钢尺检验皮数杆的皮数划分，以及几处标高线的位置是否符合设计要求。同时用垂线板，将板的边缘紧靠皮数杆的一个侧面，如垂球线静止时恰好正对板底缺口凹点，表示这一方向皮数杆是竖直的。同法检验杆身相邻的另一面，如也是竖直，即表示杆身钉立竖直。

皮数杆应钉设在墙角及隔墙处，若墙长超过20m，中间应加设皮数杆。砌砖时在相邻两杆上每皮灰缝底线处拉通线，用以控制砌砖，并指导砌窗台线、立门窗、安装门窗过梁。二层楼板安装好后，将皮数杆移到楼层，使杆上地坪标高正对楼面标高处（注意：楼面标高应包括楼面粉刷厚度），即可进行二层墙体的砌筑。

当墙砌到窗台时，在内墙面上高出室内地坪15～50cm的地方，用水准仪标定出一条标高线，并用墨线在内墙面的周围弹出标高线的位置。这样在安装楼板时，可以用这条标高线来检查楼板底面的标高，使得底层的墙面标高都等于楼板的底面标高之后，再安装楼板。同时，标高线还可以作为室内地坪和安装门窗等标高位置的依据。

楼板安装好后，二层楼的墙体轴线是根据底层的轴线，用经纬仪先引测到底层的墙面上，然后用仪器引测到二层楼面上。

两层以上建筑立上层皮数杆时，要从下层皮数杆往上接。如果已砌墙顶面标高存在误差，应在砌上层墙体时纠正过来。如果下层皮数杆被破坏，要对楼层重新抄平，以设计标高为依据钉立皮数杆。如果遇到砖层存在误差，应让砖层服从皮数杆，不能让皮数杆随砖层走。在砌筑二层楼的墙时，要重新在二层楼的墙角外立皮数杆，皮数杆上的楼面标高位置要与楼面标高一致，这时可以把水准仪放在楼板面上进行检查。

同样，当墙砌到二层楼的窗台时，要用水准仪在二层楼的墙面上测定出一条高于二层楼面15～30cm的标高线，以控制二层楼面的标高。

墙体高程的引测，可以通过皮数杆或钢尺从外墙±0.00处逐层丈量。

【例9-5】 墙体室内外高程的引测，室外墙上标高6.000m，通过仪器将高程引至室内墙上。室内标高可以定为6.500m（便于测量工作的进行）。

测设步骤：

（1）适当位置架设仪器。

（2）在外墙立后视杆（利用外脚手架）、读取尺上读数

$$a=1.350(\text{m})(\text{室外高处为 }6.000\text{m})$$

$$b=1.350-0.500=0.850(\text{m})(\text{室内标高为 }6.500\text{m})$$

（3）进行计算后在室内立杆（前视），当尺读数为0.850m时，在尺底画线，即为室内6.500m标高线。

三、墙体高程的抄平工作

墙体的抄平工作有利于：门的安装；窗台标高的确定（窗的安装）；地面装饰面砖的高程确定；上一层梁及楼面板的安装高度确定。

墙体在施工过程中应满足在一水平线上，在每层墙体施工至150～600mm高程时，测量人员及时进场，做一次墙体的抄平工作。

案例 民用建筑施工测量案例

1 编制依据

1.1 施工组织设计

1.2 施工图纸（见表9-5）

表9-5 施工图纸

序号	名称	编号	序号	名称	编号
1	建筑施工图	总施00 建1～建38	3	电气专业施工图	电施1～64
2	结构施工图	结1～结45	4	暖通给排水	暖施1～25 水施1～31

1.3 主要规程规范

(1)《建筑工程施工质量验收统一标准》(GB 50300—2001)。

(2)《工程测量规范及条文说明》(GB 50026—2007)。

(3)《建筑安装分项工程施工工艺规程》(DBJ/T 01-26—2003)。

(4)《建筑工程资料管理规程》(DGJ 01-51—2003)。

1.4 主要法规

(1)《中华人民共和国建筑法》(中华人民共和国主席令 1997 年第 91 号)。

(2)《中华人民共和国环境保护法》(中华人民共和国主席令 1989 年第 22 号)。

(3)《建设工程质量管理条例》(中华人民共和国国务院令第 279 号)。

(4)《工程建设标准强制性条文》(中华人民共和国建设部建标〔2002〕219 号)。

(5)《关于建筑业进一步推广应用 10 项新技术的通知》(建〔1998〕200 号)。

1.5 其他

(1) 定位红线桩 F_1、1、2、3、4、F_2。

(2) 标准水准点 BM_1、BM_2、BM_3。

(3) ISO 9002 质量体系保证手册。

2 建筑设计简介

2.1 建筑功能

建筑功能为办公楼。

2.2 建筑特点

建筑特点为地下一层车库人防，地下一夹层为设备层，地上办公。

2.3 建筑面积

总建筑面积为 17 155m^2；占地面积为 2010m^2；地下建筑面积为 3544m^2；地上建筑面积为 13 611m^2；标准层建筑面积为 2034m^2。

2.4 建筑层数

建筑层数：地上 7 层，地下 1 层（局部夹层）。

2.5 建筑高度

地下 1 层 4.8m（局部 5.6m）；人防 3m；首层、2 层 4.5m；3～7 层 3.6m；机房水箱间 3.6m、4.5m。

2.6 建筑标高

绝对标高为 44.600m，室内外高差为 0.9m；基底标高为 −8.5m，最大基坑深度为 −9.2m；檐口高度为 27.00m，建筑总高为 29.9m。

2.7 建筑平面

横轴编号为 A～H；轴纵轴编号为①～⑪；横轴距离为 53.40m；纵轴距离为 71.60m。

3 施工总体安排

由于测绘院已经给定 F_1、1、2、3、4、F_2 点工程定位控制桩，因此在本工程施工时先确定平面控制轴线点并做好引桩，现场定于在横轴 $O1$ 轴做两个桩点（2、5），纵轴 OH 轴做两个桩点（1、3）。引桩及引线均用经纬仪打点引到工地周围槽边和保护墙上，引桩用素混凝土浇筑外围砌砖及搭设短管架子保护，墙上弹线并做明显标志保护，北侧部分点可打到现场暂设办公室的墙面上，待施工时随时引测。水准点根据测绘院已经给定的坐标高程导入现场工程围墙各角处，这些点作为现场水平控制点。

施工方法：根据本工程特点（一部分基槽为复合土锚直立护坡，一部分为土钉钢筋网片喷锚支护，基础底板标高有些差异），在基础开挖至基底时，要对基底做好水平控制，在间距3.0m×3.0m的范围内做好基底的标高控制网，在距基底1m高处边坡上弹水平线做好控制。平面轴线，在护坡喷好找平后，将轴线用经纬仪测设到边坡上弹好线，并将轴线号喷在边坡上明示，以利施工。

4 施工准备

4.1 各种数据收集和定位依据点的设置。

4.1.1 测量应收集的资料及准备工作。城市规划部门测绘成果；工程勘察报告；施工设计工程图纸和有关变更文件；施工组织设计或方案；施工场区地下管线、建（构）筑物等测绘成果；测定需要保留的原有地下管线、地下建（构）筑物；场地平整、暂设工程定位放线。

4.1.2 平面控制点（引桩）应选择在土质坚硬便于长期保存的地方，要求其顶面略低于场地设计标高。

4.1.3 高程控制点一般距新建建筑物不小于25m，该现场因场地狭小不能满足要求，则适时对现场内高程控制点进行复测（用测绘院所给原始高程BM_2、BM_3点进行校核），距回填土边线不小于15m，高程控制点的标识与标志的埋设应符合规范的有关规定，点位应选择在土质坚硬便于长期保存的地方，可利用固定地物或平面控制点。

4.2 测量仪器、量具的准备，见表9-6。

表9-6 测量仪器、量具

名称	型号	数量	精度	检定时间	备注
经纬仪（博飞）	TDJ2E	1	2″	03.9.8	
水准仪（博飞）	AL332	1	±20″	03.9.8	
钢卷尺	50m	1	3.5mm	03.9.8	
水准标尺	5m	1	03.9.8		
盒尺	5m	1	$\Delta=\pm[(0.3+0.2L)+0.2]$	03.9.8	
激光铅垂仪	DZJ3	1	1/40 000	待检	

4.3 人员的准备。测量人员：选用有资质等级证书的合格放线人员。

5 定位放线的施工方法及质量标准

5.1 水准点的引测

采用精密水准仪，选择附合水准路线进行。根据北京市测绘院提供的水准城市导线高程，经往返测量，闭合差为−7mm，小于$\pm5\sqrt{n}$mm，并引入现场。高程控制网的精度要求：水准测量采用中丝读数法，每站观测顺序为“后—后—前—前”。

水准测量的主要技术要求见表9-7。

表 9-7　**水准测量的主要技术要求**

每公里高差中数中误差（mm）		仪器型号	水准标尺	观测次数		往返较差、附合或环闭合差（mm）
偶然中误差 Δ	全中误差 M_W			与已知点联测	环线或附合	平地
±5	±10	AL332	双面	往返	往	$\pm 20L^{0.5}$

注　L 为附合线路或闭合环线长度（以 km 计）。

5.2　建筑定位放线和基础定位测量

5.2.1　建筑物平面控制网的建立。在施测过程中，掌握由整体到局部的原则，先布设主轴线引桩，在主轴线引桩的基础上加密测设其他轴线。该工程的主控轴线为 *OH* 轴、*O*1 轴。

5.2.2　建筑物平面控制网的精度等级及技术要求：选用二级。建筑物平面控制网的主要技术要求见表 9-8。

表 9-8　**建筑物平面控制网的主要技术要求**

适用范围	测角中误差（″）	边长相对中误差
框架、多层、连续程度一般的建筑	±12	1/15 000

5.2.3　基础开挖放线。建筑物的平面控制网测定并验线合格后，按照建筑物平面控制网的精度测定建筑轴线控制桩，基槽开挖边界应拉小线沿基槽内口撒白灰线，灰线宽度不宜超过 15mm。

5.2.4　建筑物的基础放线。

5.2.4.1　基础开挖平面控制。基槽开挖边界线分为上口线和下口线。

5.2.4.2　边坡开挖注意事项。边坡开挖时，要严格进行控制，为了确保边坡开挖的质量，做到不欠挖、不超挖，首先在上口灰线处每隔 3m 钉 500mm 长钢筋棍，每处挖土（1.6m）至所需深度时，在下口处也每隔 3m 钉钢筋棍，按规定坡度在两根钢筋棍之间拉小线，小线设计距边坡垂直距离为 300mm，此时应严格控制挖土机不能超挖。在挖土机倒退挖土的同时，将上下口钢筋棍用小线逐一按规定坡度拉通，形成网状边坡控制网，边坡剩余土层由人工进行切除，此方法即能做到确保边坡平整一致。

夜间土方施工时，要保证有足够的照明设备，现场各角落除配备大探照灯外，还需配备可移动的碘钨灯，以使开挖区域内光线充足，便于测量控制工作的顺利进行。

5.2.4.3　控制开挖标高。在槽壁上每隔 3m 测设距槽底设计标高 1m 的水平桩，整体开挖基础在挖土距槽底设计标高 300mm 时，应及时测设坡脚与 3m×3m 的方格点标高，允许误差为±10mm。

5.2.4.4　基础放线。在垫层上，建筑外轮廓轴线投测闭合，经校测合格后，用墨线详细放出细部轴线与有关边界线。

基础放线尺寸的允许误差见表 9-9。

表 9-9 基础放线尺寸的允许误差

长度 L，宽度 B 的尺寸（m）	允许误差（mm）	长度 L，宽度 B 的尺寸（m）	允许误差（mm）
$30<L(B)\leqslant 60$	±10	$60<L(B)\leqslant 90$	±15

注 轴线的对角线尺寸，允许误差为边长误差的 1.414 倍，外轮廓轴线夹角的允许误差为 1′。

5.3 基础施工测量

混凝土基础施工：为检验模板位置与控制模板竖直度，宜在板墙两侧设控制线，控制线精度与轴线精度相同，模板上口轴线位移不得超过±3mm，内墙用线坠检查，外墙用经纬仪检查。

5.4 结构施工测量

5.4.1 建筑物的轴线竖向投测与高程传递。

5.4.1.1 竖向投测。本工程地下部分竖向投测采用外控法，即地下基础底板施工完毕，外墙 300mm 高导墙施工完毕后，即将轴线及轴线控制线（距轴线 1m 线）引至导墙上，做出明显标记，标出轴线号及控制线编号，直至首层楼板轴线引测完毕。至此，外控法结束。

5.4.1.2 首层以上轴线引测（采用内控法）。首层放线验收后，应将控制线——借线引至楼内各控制点，以后在这些点的竖向位置处每层留置 ϕ150 孔洞，用激光铅垂仪将控制点投测到各楼层，作为各个施工层主轴线竖向投测的基准。

5.4.1.3 投测轴线的选择。控制轴线应是建筑物的外轮廓轴线、施工流水段的分界轴线、楼梯间两侧轴线测设。

5.4.1.4 外墙立线竖向投测的方法。由于施工现场场地狭窄，外墙立线投测使用带弯管目镜经纬仪。

5.4.1.5 投测的精度要求。轴线竖向投测的允许误差见表 9-10。

表 9-10 轴线竖向投测的允许误差

项目		允许误差（mm）
每层		3
总高	$H\leqslant 30$m	5

5.4.1.6 施工层放线顺序。先在结构面上校核投测轴线，闭合后再测设细部轴线，然后据此测设墙、柱、梁、门窗洞口等边线。

5.4.1.7 精度要求。各个部位放线的允许误差见表 9-11。

表 9-11 各个部位放线的允许误差

项目		允许误差（mm）
外廓主轴线长度 L	$30\text{m}<L\leqslant 60\text{m}$	±10
	$60\text{m}<L\leqslant 90\text{m}$	±15
细部轴线		±2
承重墙、梁、柱边线		±3
非承重墙边线		±3
门窗洞口线		±3

5.4.2　高程传递。

5.4.2.1　首层传递点的设立。选择高程传递点应满足上下贯通、垂直量尺的要求，主要为结构外墙、边柱或楼梯间等处，至少要由3处向上传递，以便于施工层校核、使用。

5.4.2.2　传递的精度要求。标高竖向传递的允许误差见表9-12。

表9-12　标高竖向传递的允许误差

项目		允许误差(mm)
每层		±3
总高	$H \leqslant 30m$	±5

5.4.2.3　施工层的抄平放线。抄平放线前首先校核首层传递上来的三个点，当较差小于3mm时，以其平均值引测水平线，抄平时尽量将水准仪安置在测点范围的中心位置，以保证测距大致相等，并进行一次精密定平，水平线标高允许误差为±3mm。

5.5　装饰工程及设备安装工程施工测量

5.5.1　装饰工程与设备安装工程施工测量的精度要求。

5.5.1.1　水平线。每3m两端高差应小于±1mm，同一条水平线的标高允许误差为±3mm，在不便于用水准仪的地方或立面上可安装连通水准器。

5.5.1.2　室外铅垂线。使用经纬仪投测，两次投测结果较差应小于2mm，特殊情况，倾角超过40°时可采用弯管目镜。

5.5.1.3　室内铅垂线。可用线坠或经纬仪投测，其精度应高于1/3000。

5.5.2　地面面层施工测量。

5.5.2.1　标高控制线。在四周墙面与柱身上测设出建筑500mm水平线，作为地面面层施工的标高控制线。

5.5.2.2　检测标高用水准仪的选择。测量允许误差大于±2mm时，宜选用DS3级水准仪；测量允许误差小于1mm时，宜选用DS1级水准仪。

5.5.2.3　检测标高和水平度的点距。大厅宜小于5m，房间宜小于2m或按照施工交底。

5.5.3　吊顶和屋面施工测量。

5.5.3.1　吊顶施工测量。

5.5.3.1.1　水平线。以500mm线为依据，用钢尺量至吊顶设计标高，沿墙四周弹水平线。十字直角定位线：其中一条与外墙面平行，十字线按实际空间均匀确定，直线点标在四周墙上。

5.5.3.1.2　吊顶各种装饰和设备位置的确定。在地面上按照1∶1放大样后投点到顶棚上，小于5m时用线坠，或者以顶棚十字定位线为基础向四周扩展等距方格网来控制。

5.5.3.2　屋面施工测量。卷材防水测设十字直角控制线，检查流水坡度是否符合设计要求，测设水平控制线及各向流水坡度控制线。

5.5.4　墙面装饰施工测量。

5.5.4.4.1　内墙面。

5.5.4.4.1.1　竖直控制线及水平控制线。竖直控制线应按1/3000的精度投测，水平控制线应符合装饰工程测量的一般要求。

5.5.4.4.1.2 分格分块。应按高于 1/10 000 的精度测量。

5.5.4.4.2 外墙面

5.5.4.4.2.1 四角吊线。用钢丝在建筑物四角固定铅垂线，控制墙面竖直度、平整度、及板块（幕墙）出墙的位置，精度符合装饰工程测量铅垂线的一般要求。

5.5.4.4.2.2 水平控制线。符合装饰工程测量的一般要求。

5.5.4.5 窗的安装测量。

5.5.4.5.1 安装前检测结构。检测门窗洞口的净空尺寸偏差，检查外墙偏差。

5.5.4.5.2 控制线。按照装饰工程测量的一般要求，弹 500mm 控制线，使用经纬仪作竖向投测，根据需要在外墙面弹竖直通线。

6 测量验线的一般要求及质量标准

6.1 验线工作的准备工作及基本原则

6.1.1 依据。设计图纸、洽商、起始点及其已知数据等必须是原始资料，最后定案有效并正确。

6.1.2 仪器。仪器与钢尺必须按计量法有关规定进行检定和检校。

6.1.3 基本原则。加强测量放线人员职业道德、爱岗敬业的思想教育工作，测量仪器应定期保养、维护，严格规定所使用仪器设备不得超过有效检测期限要求，同时对于测量成果要进行有效地保护。验线工作应主动，从审核施工测量方案开始，在施工的各个主要阶段前，应对施工测量工作提出预防性的要求，做到防患于未然，必须独立验线，验线人员、仪器、测法及观测路线应尽量与放线工作不相关，验线工作应在关键环节和部位，其中包括定位依据桩位及定位条件、场区平面控制网、主轴线及其控制桩（引桩）、场区高程控制网及±0.000 高程线、控制网及定位放线中的最弱部位等。

6.2 验线的精度要求

6.2.1 符合规范要求。仪器的精度应适应验线要求，校正完好，按规程作业，观测误差必须小于限差，观测中的系统误差应采取措施进行改正，验线本身应先行附合（或闭合）校核。

6.2.2 方法及误差处理。场区平面控制网与建筑物定位，应在平差计算中评定其最弱部位的精度，并实地验测，精度不符合要求时应重测。细部测量，可用不低于原测量放线的精度进行验测，验线成果与原放线成果之间的误差处理如下：两者之差若小于 1/20.5 限差，对放线工作评为优良。两者之差略小于或等于 20.5 限差时，对放线工作评为合格，可不必改正放线成果，或取其平均值。两者之差超过 20.5 时，原则上不予验收，尤其是要害部位，若次要部位可令其局部返工。

6.3 验线的管理（见表 9-13 及图 9-22～图 9-25）。

表 9-13 验线管理

测量内容	验线人员
水准点导入和场地控制网，建筑物定位基础定位放线	施工现场质量检查人员
	公司质量科
楼层放线	质检员及木工工长（结构施工时钢筋工长参加）
细部尺寸	质检员及相关工长

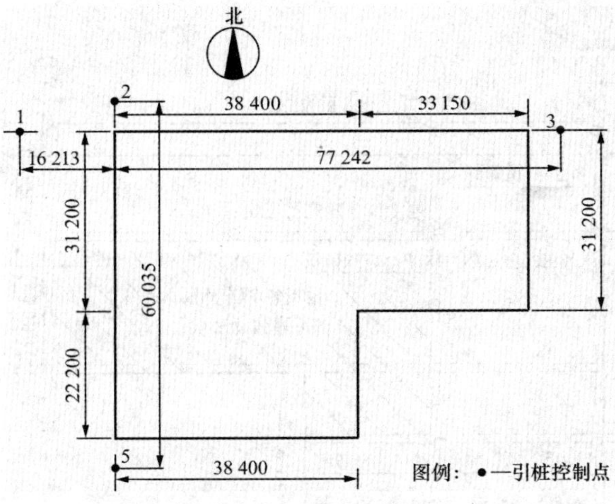

图 9-22 轴线引桩图

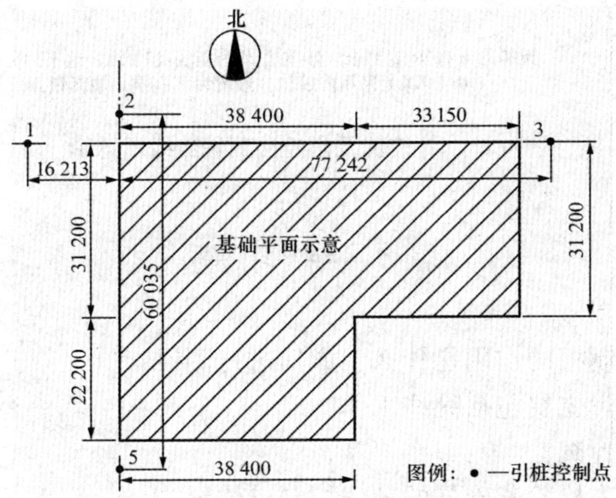

图 9-23 建筑定位放线、基础定位测量图

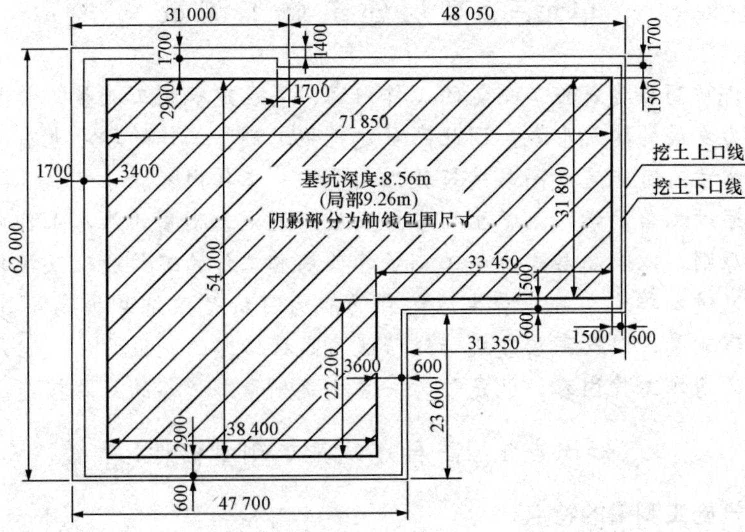

图 9-24 基础开挖图

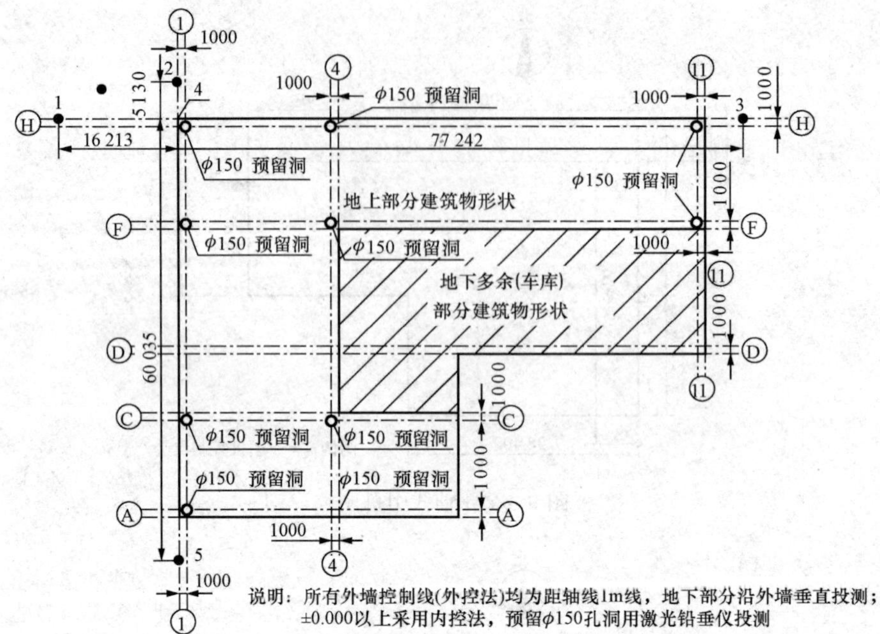

图 9-25 外控法及内控法测量放线示意图

练习题

1. 龙门板、轴线控制桩的作用是什么？如何进行测设？
2. 民用建筑施工测量主要包括哪些工作？
3. 皮数杆的作用是什么？
4. 验线时为什么要先检验基础外的轴线控制桩位置。

单元三 高层建筑施工测量

本单元主要讲解高层建筑施工测量的工作内容，高层建筑施工测量工作要求，高层建筑是近年来我国大力发展的建筑形式，因此高层建筑施工测量工作的学习也有其重要性，只有掌握本章所讲内容才有可能完成高层建筑施工测量这一工作内容。

学习目标：通过本单元学习，学生应掌握高层建筑施工测量的基本工作内容，施工测量基本要求及工作原则，以及高层建筑施工测量各项基本工作的工作原理及操作方法。

能力标准：通过本单元学习，学生应达到的能力目标是熟练掌握高层建筑定位施工测量，高层建筑放线测量，以及高层建筑轴线传递与高程传递的测设方法。它是高层建筑测量工作中经常操作的基本工作内容，也是作为一名建筑测量工必备的基本技能。

知识点 1 高层建筑施工测量概述

一、高层建筑施工测量的特点

高层建筑由于层数多、高度高、结构复杂，设备和装修标准较高，以及建筑平面、立面造型新颖多变，因此高层建筑施工测量较之多层民用建筑施工测量有如下特点：

（1）高层建筑施工测量应在开工前，制订合理的施测方案，选用合适的仪器设备和严密的施工组织与人员分工，并经有关专家论证和上级有关部门审批后方可实施。

（2）高层建筑施工测量的主要问题是控制竖向偏差（垂直度），故施工测量中要求轴线竖向投测精度高，应结合现场条件、施工方法及建筑结构类型选用合适的投测方法。

（3）高层建筑施工放线与抄平精度要求高，测量精度至毫米，并应使测量误差控制在总的偏差值以内。

（4）高层建筑由于工程量大，工期长且大多为分期施工，不仅要求有足够精度与足够密度的施工控制网（点），而且还要求这些施工控制点稳固，且能保存到工程竣工，有些还应能移交以后继续建设时使用。

（5）高层建筑施工项目多，又为立体交叉作业，且受天气变化、建材的性质、不同的施工方法等影响，使施工测量时干扰大，故施工测量必须精心组织，充分准备，快、准、稳地配合各个工序的施工。

（6）高层建筑一般基础基坑深、自身荷载大、周期较长，为了保证施工期间周围环境与自身的安全，应按照国家有关规范要求，在施工期间进行相应项目的变形监测。

二、高层建筑施工测量精度标准

（1）施工平面与高程控制网的测量限差（见表 9-14）。

表 9-14　施工平面与高程控制网的测量限差（允许偏差）

平面网等级	适用范围	边长（m）	允许偏角（″）	边长相对精度
一级	重要高层建筑	100～300	±15	1/15 000
二级	一般高层建筑	50～200	±20	1/10 000

注　1. 平面控制网应使用 5″级以上的全站仪，测距精度为±(3mm+2ppm)。

2. 高程控制网应使用 S_3 以上水准仪，高差闭合差限差为$\pm 6\sqrt{n}$mm 或$\pm 20\sqrt{L}$mm。

（2）基础放线尺寸定位限差（见表 9-15）。

表 9-15　基础放线定位尺寸限差（允许偏差）

项　　目	限差（mm）	项　　目	限差（mm）
长度 L(宽度 B)≤30m	±5	60m<$L(B)$≤90m	±15
30m<$L(B)$≤60m	±10	$L(B)$>90m	±20

（3）施工放线限差（见表 9-16）。

表 9-16　施工放线限差（允许偏差）

项　　目		限差（mm）	项　　目	限差（mm）
外廊主轴线长 L（m）	L≤30	±5	细部轴线	±2
	30<L≤60	±10	承重墙、梁、柱边线	±3
	60<L≤90	±15	非承重墙边线	±3
	L>90	±20	门窗洞口线	±3

（4）轴线竖向投测限差（见表 9 - 17）。

表 9 - 17　　轴线竖向投测限差（允许偏差）

项目		限差（mm）
每层（层间）		±3
建筑总高（全）高 H（m）	$H\leqslant30$	±5
	$30<H\leqslant60$	±10
	$60<H\leqslant90$	±15
	$90<H\leqslant120$	±20
	$120<H\leqslant150$	±25
	$H>150$	±30

注　建筑全高 H 竖向投测偏差不应超过 $3H/10\,000$，且不应大于上表值，对于不同的结构类型或者不同的投测方法，竖向允许偏差要求略有不同。

（5）标高竖向传递限差（见表 9 - 18）。

表 9 - 18　　标高竖向投测限差（允许偏差）

项目		限差（mm）
每层（层间）		±3
建筑总高（全）高 H（m）	$H\leqslant30$	±5
	$30<H\leqslant60$	±10
	$60<H\leqslant90$	±15
	$90<H\leqslant120$	±20
	$120<H\leqslant150$	±25
	$H>150$	±30

注　建筑全高 H 标高竖向传递测量误差不应超过 $3H/10\,000$，且不应大于上表值。

（6）各种钢筋混凝土高层结构施工中竖向与轴线位置的施工限差（见表 9 - 19）。

表 9 - 19　　钢筋混凝土高层结构施工中竖向，轴线位置施工的限差（允许偏差）

限差 \ 结构类型		现浇框架 框架—剪力墙	装配式框架 框架—剪力墙	大模板施工 混凝土墙体	滑模施工	检查方法
层间	层高不大于 5m	8mm	5mm	5mm	5mm	2m 靠尺检查
	层高大于 5m	10mm	10mm			
全高 H		$H/1000$，但不大于 30mm	$H/1000$，但不大于 20mm	$H/1000$，但不大于 30mm	$H/1000$，但不大于 50mm	激光经纬仪 全站仪实测
轴线位置	梁、柱	8mm	5mm	5mm	3mm	钢尺检查
	剪力墙	5mm	5mm			

注　H 为建筑总高度（m）。

（7）各种钢筋混凝土高层结构施工中标高的施工限差（见表9-20）。

表9-20　　钢筋混凝土高层结构施工中标高的施工限差（允许误差）

结构类型 限差	现浇框架 框架—剪力墙	装配式框架 框架—剪力墙	大模板施工 混凝土墙体	滑模施工	检查方法
每层	±10mm	±5mm	±10mm	±10mm	钢尺检查
全高	±30mm	±30mm	±30mm	±30mm	水准仪实测

技能点1　高层建筑桩位放样与基坑标定

一、桩位放样

高层建筑在软土地基区域常用桩基，一般打入钢管桩或钢筋混凝土方桩。由于高层建筑的上部荷载主要由钢管桩或混凝土方桩承受，因此对桩位要求较高，一般要求钢管桩或混凝土方桩的定位偏差不得超过$D/2$（D为圆桩直径或方桩边长）。因此，桩位放样必须按照建筑施工控制网，实地测设出控制线，再按设计的桩位图中桩位间的尺寸进行校核，以防定错，如图9-26所示。

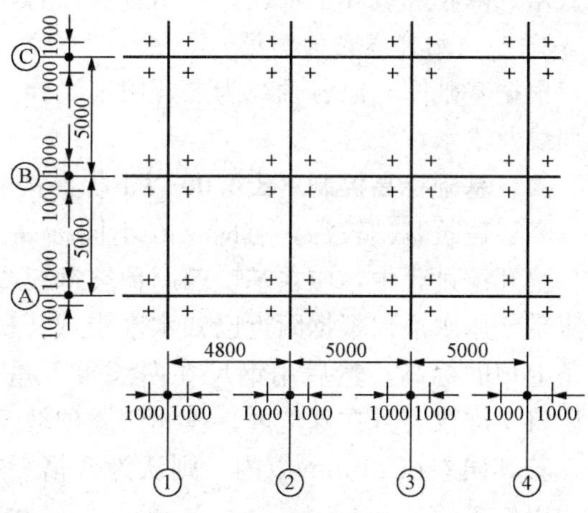

图9-26　桩位图（单位：mm）

二、建筑物基坑标定

高层建筑由于采用箱形基础和桩基础较多，因此其基坑较深，有时深达20多米。在开挖深基坑时，应当根据规范和设计所规定的平面和高程精度要求，完成基坑土方工程。

基坑下轮廓线的标定和土方工程的定线，可以沿着建筑物的设计轴线进行定点，最好是根据施工控制网进行定线。

根据设计图纸，常用的方法有以下几种。

1. 投影交会法

根据建筑物轴线控制桩（端点桩），利用经纬仪投影交会出建筑物所有的外围轴线桩，然后根据设计图纸用钢尺定出其开挖基坑的边界线。

2. 主轴线法

施工建筑方格网一般都确定一条或两条主轴线。主轴线的形式有L形、T字形或十字形等布设形式。这些主轴线是作为建筑物施工的主要控制依据。因此，当建筑放样时，按照建筑物柱列线或轮廓线与主轴线的关系，在建筑现场上定出主轴线后，即可根据主轴线逐一定出建筑物的轮廓线。

3. 极坐标法

由于高层建筑平面、立面造型新颖多变，给建筑物的放样定位带来一定的复杂性，采用极坐标法可以较好地解决定位问题。具体做法是：首先按照设计要素（如轮廓坐标、曲线半径等与施工控制点的关系），计算其方位角（角度）及边长，在控制点上按其计算所得的方位角（角度）及边长，逐一测设点位，将建筑物的所有轮廓点位定出后，应检查其点位位置及其关系是否满足设计要求。

总之，根据施工现场的条件和建筑物几何图形繁简程度，选择最合适的定位放样方法，然后根据测设出的建筑物外围轴线定出其开挖基坑的边界线。

技能点2 高层建筑基础施工测量

这方面内容类似于多层建筑基础施工测量，它包括基础放线和±0.00以下标高控制。当高层建筑基坑垫层浇筑后，在垫层上测定建筑物各条轴线、边界线、墙宽线等，称为基础放线（俗称撂底），这是具体确定建筑物位置的关键，施测时应严格保证精度，严防出错。同时也要保证±0.00以下标高控制的测设精度。

一、基础放线

1. 轴线控制桩的检测

根据建筑物施工控制网（点），检测各轴线控制桩确实无碰动和位移后方可使用。对于较复杂的建筑物轴线，应特别注意防止用错轴线控制桩。

2. 建筑物四大角和主轴线的投测

根据经检测后基槽边上的轴线控制桩，用经纬仪正倒镜取中法向基础垫层上投测建筑物四大角、四轮廓线和主轴线，经闭合校核后，再详细放出细部轴线。

3. 基础细部线位的测设

根据基础图，以各轴线为准，用墨线弹出基础施工中所需要的中线、边界线、墙宽线、柱列线及集水坑线等。

二、基础标高控制（±0.00以下标高控制）

高层建筑基础较深，有时又在不同标高上，为了控制基础和±0.00以下各层的标高，在基坑开挖过程中，应在基坑四周护坡钢板或混凝土桩竖直侧面上各漆一条宽10cm的竖向白漆带。用水准仪根据附近已知水准点或±0.00标高线，以二等水准测量精度测定竖向白漆条上顶的标高；然后用钢尺在白漆带上量出±0.00以下，各负（一）整米数的水平线；最后将水准仪安置在基坑内，校测四周护坡钢板或混凝土桩上各白漆带底部同一标高的水平线，若其误差在±5mm以内，则认为合格。在施测基础标高时，应后视两条白漆带上的水平线以作校核。

三、基础验线

基础放线和标高控制经有关技术部门和建筑单位验线后，方可正式交付施工使用，其允许偏差见本单元技能1。

技能点3 高层建筑柱、梁、板施工测量

一、现浇混凝土柱子的施工测量

当柱基础、柱身到上面每层平台，采用现场浇筑混凝土的方法进行施工时，配合施工要进行下列测量工作。

1. 基础中线投点及标高的测设

当基础混凝土凝固拆模以后，根据轴线控制桩或轴线桩，用经纬仪将中线投测到基础顶面上，弹出十字形中线供柱身支模及校正用，有时基础中的预留钢筋恰好在中线上，投测时不通视，可采用借线法投测。如图9-27所示，将经纬仪侧移安置在a点，先测出与柱中线相平行的aa'直线，然后根据aa'直线，恢复柱中线位置。

在基础露出的预留钢筋上用水准仪测设出某一标高线，作为柱身控制标高的依据。每根柱除给出中线外，为便于支模，还应弹出柱的断面边线。

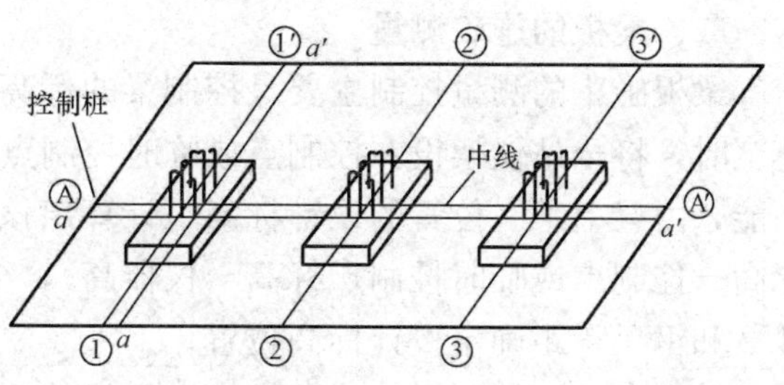

图 9-27　现浇柱基础

2. 柱身支模垂直度检测与校正

柱身模板支好后，必须用经纬仪检查柱子垂直度，并将柱身模板校正。如果现场通视较好，直接能看到柱身上、下、中线，可采用经纬仪投线法进行检测与校正。如图 9-28 所示，经纬仪安置在 A 点，对准柱身模板下端中线，然后仰视望远镜观察模板上端中线，如上端中线偏离视线，校正上端模板，直至上端中线与视线重合。如果现场通视困难，可采用平行线投点法进行检测与校正，如图 9-28 中的 3 号柱子，先作柱中线 AA'的平行线 BB'，平行线至柱中线的间距一般可取 1m。另做一木尺，在木尺上用墨线标出 1m 标志，由一人在模板上端持木尺，把木尺零点端对齐柱中线，水平地伸向观测方向。经纬仪安置在 B 点，照准 B'，仰起望远镜观看木尺，若视线正好照准木尺上 1m 标志，表示模板在这个方向上垂直。如果木尺上 1m 标志偏离视线，则要校正模板上端，使木尺上 1m 标志与视线重合为止。垂直度检测应满足要求。有时由于现场通视困难，不能应用平行线投点法校正一整排或一整列柱子，则可先按上法校正好一排或一列中首末两根柱子，中间的其他柱子可根据柱行或列间的一设计距离，丈量其长度加以校正。

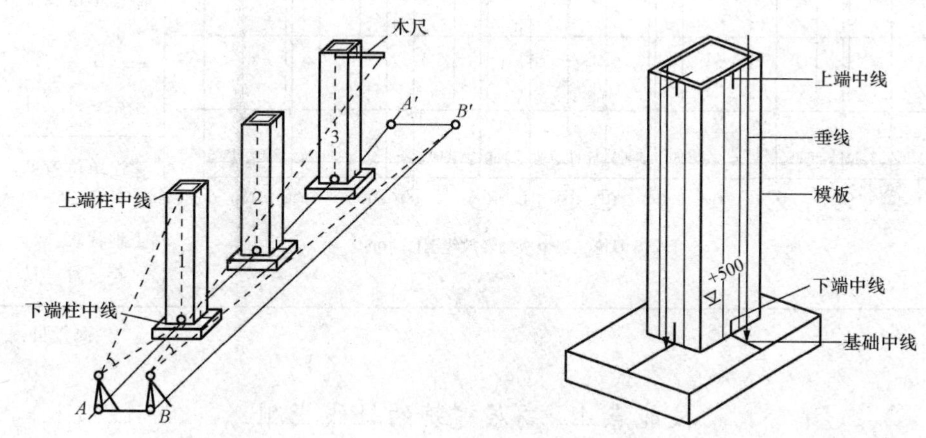

图 9-28　柱身支模垂直度检测与校正

需要注意的是，当再校正横轴方向时，原先检查校正好的纵轴方向是否又发生倾斜。有时条件所限或柱身支模垂直度检校精度要求不高，可采用吊线坠法进行校正，如图 9-28 所示。

3. 柱顶及平台模板抄平

柱身模板垂直度校正好后，应选择不同行列的二、三根柱子，从柱子下面已测设好的标高点，用钢尺沿柱身竖直向上量距，测二至三个同一高程的点于柱子上端模板上。然后在平台模板上安置水准仪，以上述引测至柱子上端模板上的任一标高点作后视，测定柱顶模板标高，并闭合于柱子上端模板上另一标高点，以作校核。

二、梁板的施工测量

梁板施工的测量控制主要是控制梁的标高，标高的控制则可通过测量垂直距离来实现。施工时，将全站仪架设在控制点或临时控制点上，利用全站仪可直接测量两点间垂直距离的功能，由梁上某一位置的设计标高，计算出该位置到仪器位置的垂直距离 ΔH（ΔH＝设计标高－控制点或临时控制点标高－仪器高），全站仪即可定出设计标高的实际位置；或通过抄平和钢尺量距确定设计标高位置。

此处，还应控制梁轴线位置，以及梁的垂直度。梁的垂直度可通过仪器或工具控制梁模板的垂直度来完成。施工层放线测量记录表见表 9-21。

表 9-21　　施工层放线测量记录表

<table>
<tr><td>建设单位</td><td>＊＊＊房地产开发有限公司</td><td>定位依据</td><td>结施-4A</td><td>建筑物定位</td><td>B2 标总平图</td></tr>
<tr><td>单位工程名称</td><td>＊＊＊小区二期工程 B2 标 T92～T95 栋</td><td>引上控制轴线</td><td colspan="3"></td></tr>
<tr><td>施工部位</td><td>二层梁板</td><td>建筑物起点轴</td><td colspan="3">①～㉕轴</td></tr>
<tr><td colspan="4">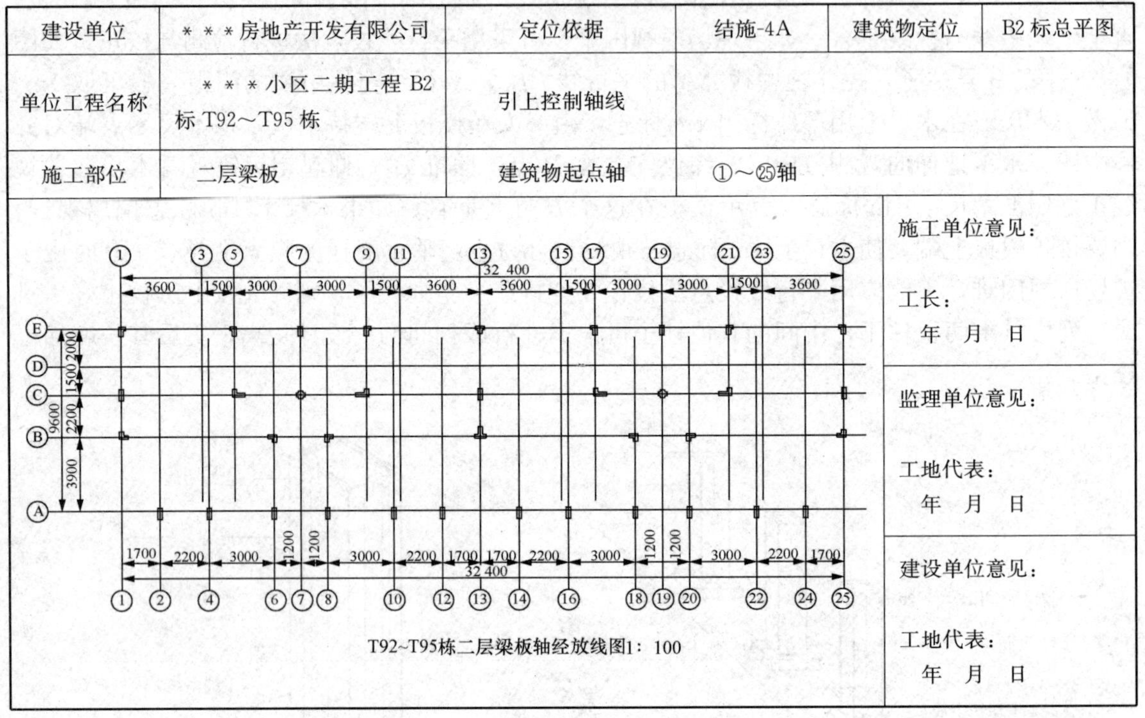

T92~T95栋二层梁板轴经放线图1：100</td><td colspan="2">施工单位意见：
工长：
年　月　日
监理单位意见：
工地代表：
年　月　日
建设单位意见：
工地代表：
年　月　日</td></tr>
</table>

技术负责人：　　　　　　　　　　　　　　　　测量员：

技能点 4　高层建筑的轴线投测

高层建筑施工到±0.00 后，随着结构的升高，要将首层轴线逐层向上竖向投测，作为各层放线和结构竖向控制的依据。这是高层建筑施工测量的主要内容。进入 21 世纪后，随着城市高层建筑越来越多，越来越高，施工中对高层建筑竖向偏差（垂直度）的控制要求也更为严格，故高层建筑轴线向上投测的方法及其精度应与之相适应，以确保高层建筑竖向偏差值在规定的要求以内。

因此，无论采用何种方法向上投测轴线，都必须在基础工程完成后，根据施工控制网，校测建筑物轴线控制桩，合格后将建筑物轮廓线和各细部轴线精确地弹测到±0.00 首层平面上，作为向上投测轴线的依据。目前，高层建筑的轴线投测方法分为外控法和内控法两类。

一、外控法

当拟建建筑物外围施工场地比较宽阔时，常用外控法。它是在高层建筑物外部，根据建筑物的轴线控制桩，使用经纬仪将轴线向上投测，故称经纬仪竖向投测法（见图 9 - 29）。类似于多层民用建筑轴线投测，但由于高层建筑施工特点和场地情况不同，安置经纬仪的位置也有不同，可分下列三种投测方法：延长轴线法、侧向借线法和正倒镜逐渐趋近法（挑直法）。

1. 延长轴线法

此法适用于建筑场地四周宽阔，能将建筑物轮廓轴线延长到远离建筑物的总高度以外，或附近多层建筑物的楼顶上，并可在轴线的延长线上安置经纬仪，以首层轴线为准，向上逐层投测。例如，南京金陵饭店（塔楼 37 层，高度 110.75m）和北京中央电视台播出楼（高度 103.4m）均采用此法进行轴线竖向投测。

【例 9 - 6】 南京金陵饭店塔楼轴线竖向投测。

图 9 - 30 所示为建筑平面位置示意图，A、B 为施工坐标系，CC'轴和 $33'$轴为塔楼基础中心轴线，O'为塔楼基础中心轴线交点。在 CC'轴线和 $33'$轴线上距塔楼尽可能远而又在施工区范围内桩钉四个轴线控制桩 C、C'、3、$3'$（该工程因场地所限，距塔楼约为 70m），基础平面的细部位置即可根据 O'点及 CC'、$33'$轴线全部放样出来。

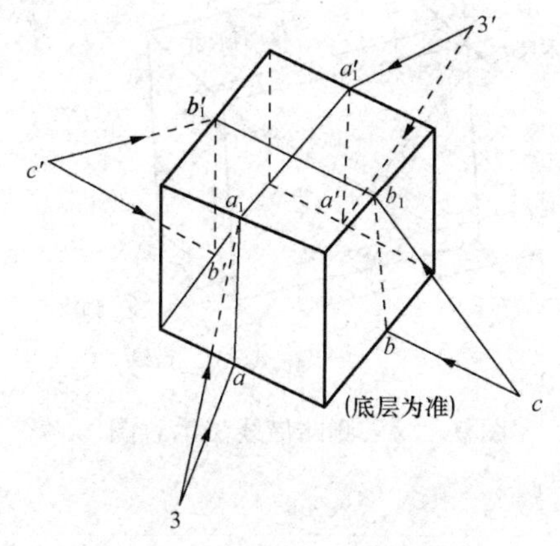

图 9 - 29　经纬仪竖向投测法

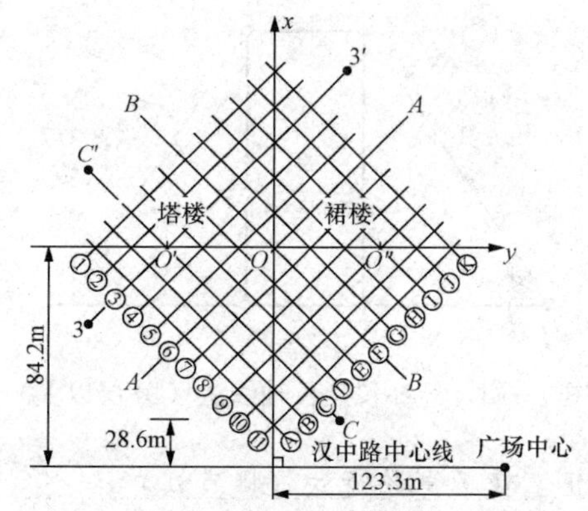

图 9 - 30　建筑平面位置示意图

当基础工程完工后，应用经纬仪将③、Ⓒ轴线精确地投测在塔楼底部并标定之，如图 9 - 29 中 a、a'、b、b'点。随着建筑物不断升高，要逐层向上投测其柱列轴线，这都是以③轴和Ⓒ轴为基准使用经纬仪竖向投测法进行。其具体做法如下：

先将经纬仪安置在 C、C'、3、$3'$的轴线控制桩上，严格对中与整平，分别以正倒镜两个盘位照准塔楼底层③、Ⓒ轴线标志 a、a'、b、b'，向上投测到施工楼层的楼面上，取正倒镜投测点位的中点作为该层楼面轴线的投影点，如图 9 - 30 中某楼层面上的投影点为 a_1、$a_1{}'$、b_1、$b_1{}'$。中心轴线交点 O'采用归化法正倒镜投点将轴线实测在楼面相交而得。金陵饭店 10 层以下都是采用上述方法，并以底层作为基准向上投测轴线点。

当超过 10 层以上时，因仪器距建筑物太近、仰角大，投测不便且影响投测精度，因此将轴线控制桩延长引测到施工围墙以外 120m 远的安全地面或附近多层民用建筑物的楼顶上，重新钉桩，如图9-31中的C、C_1'点，即为Ⓒ轴线延长后新的轴线控制桩。在新的轴线控制桩上安置经纬仪，瞄准10层楼面上的Ⓒ轴线的标志b_{10}、b_{10}'，再逐层向上投测，这种方法称为延长轴线法。该工程四个延长轴线后的控制桩均距塔楼120m以外，其中三个位于地面，一个位于附近某民用建筑的五层楼顶上。

投测前应严格检核仪器，操作时仪器应仔细对中整平，宜选择阴天无风天气进行投测。该工程用上述方法投测后，又采用吊线坠法对投测的轴线进行检核，其结果令人满意。经甲方验收，竖向偏差均在±10mm以内，符合规范允许偏差±20mm的要求，表明此法是实用可靠的。

2. 侧向借线法

此法适用于场地四周范围较小，高层建筑物四廓轴线无法延长，但可以将轴线向建筑物外侧平行移出（俗称借线）。移出的尺寸应视外脚手架的情况而定，尽可能不超过2m，如图9-32所示中AA_1直线即为Ⓐ轴线的借线。

将经纬仪先后安置在借线点A、A_1上，对中整平，以首层的借线点A_1，A为后视，向上投测并指挥施工楼层上的人员，在垂直于视线方向水平移动木尺，以木尺上视线方向为准，向内量出借线尺寸（即原向外平移量），即可在施工楼层上定上$A'A_1'$轴线位置。此法的投测精度与上述延长轴线法基本相同。

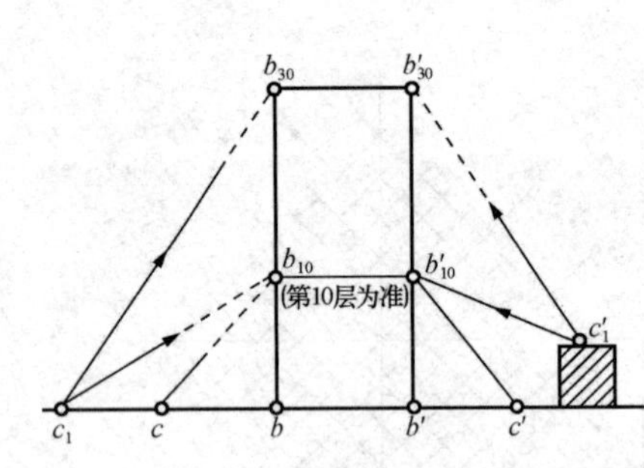

图9-31　经纬仪延长轴线法（10层以上）

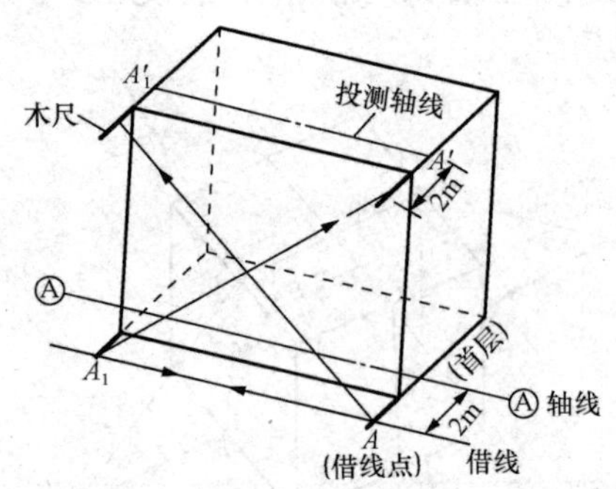

图9-32　侧向借线法示意图

3. 正倒镜逐渐趋近法（挑直法）

此法适用于建筑物四廓轴线虽然可以延长，但不能在延长线上安置经纬仪的情况。如图9-33所示，今用经纬仪正倒镜逐渐趋近法在施工楼层上投测⑥轴线，先在施工楼层上估计⑥轴线6_A点向上投测的点位$6_{A上}'$位置，将经纬仪安置在$6_{A上}'$点，对中整平，后视⑥轴线上另一点6_S点，用正倒镜取中法延长直线，在施工楼层上定出$6_{B上}'$，然后将经纬仪安置在$6_{B上}'$点，对中整平，后视$6_{A上}'$，仍用上法，定出⑥轴线$6_N'$点。实量⑥轴上$6_N'$点至场点的间距δ，参照图9-33（b），根据相似三角形相应边成正比的原理，可用式（9-9）计算两次仪器站（即$6_{A上}'$和$6_{B上}'$点）偏离施工楼层面上正确⑥轴线的垂距δ_1、δ_2为

$$\delta_1=\delta\times\frac{d_1}{D}\quad \delta_2=\delta\times\frac{D-d_2}{D} \tag{9-9}$$

式中　D——⑥轴线上轴线点6_N点至6_S点的水平距离；

d_1——⑥轴线上6_S点至Ⓐ轴线的水平距离；

d_2——⑥轴线上6_N点至Ⓑ轴线的水平距离。

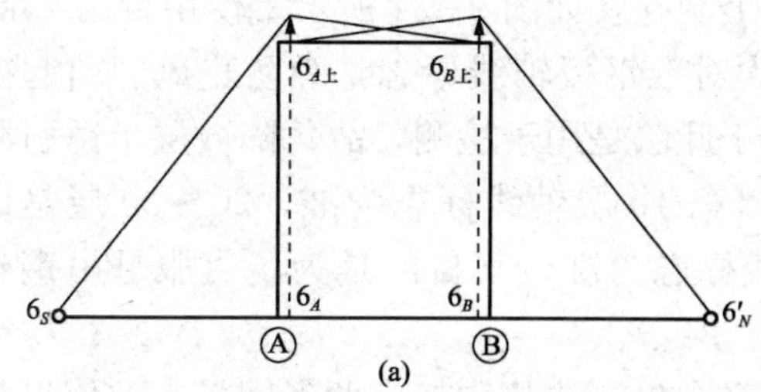

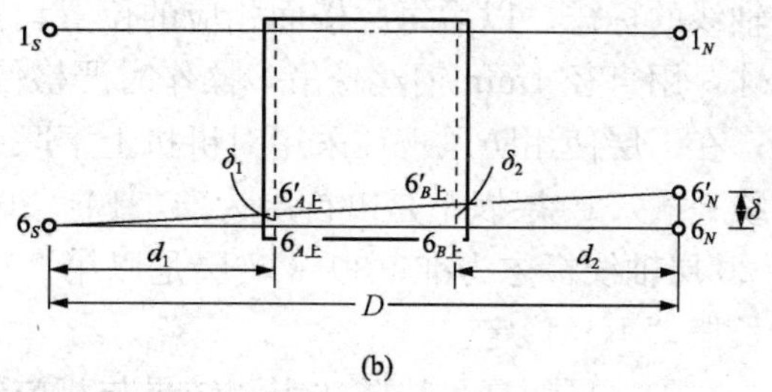

图 9-33　正倒镜逐渐趋近法（挑直法）

根据计算得 δ_1、δ_2，在施工楼层面上将 $6_{A上}'$改正至 $6_{A上}$位置，将 $6_{B上}'$改正至 $6_{B上}$位置。然后，再安置经纬仪在改正后的 $6_{A上}$和 $6_{B上}$点，对中、整平，仍用上法进行，逐渐趋近，直至 6_S、$6_{A上}$、$6_{B上}$及 6_N 四个点在同一直线上为止。

4. 注意事项

综上所述，外控法轴线竖向投测应注意如下几点：

（1）投测前经纬仪应严格检验与校正，操作时仔细对中与整平，以减少仪器竖轴误差的影响。

（2）应用正倒镜取中法向上投测或延长轴线，以消除仪器视准轴误差和横轴不水平误差的影响。

（3）轴线控制桩或延长轴线的桩位要稳固，标志要明显，并能长期保存，投测时应尽可能以首层轴线为准直接向施工楼层投测，以减少逐层向上投测造成的误差积累。

（4）当使用延长轴线法或侧向借线法向上投测轴线时，建议每隔 5 层或 10 层，用正倒镜逐渐趋近法（挑直法）校测一次，以提高投测精度，减少竖向偏差的积累。

二、内控法

当施工现场窄小，无法在建筑物外面轴线上安置经纬仪进行投测，特别是在建筑物密集的城市市区建造高层建筑，均使用此法。

根据建筑物平面图和施工现场条件，在建筑物内部的首层仔细布设内控点，精确地测定内控点的位置。内控点宜选在建筑物的主要轴线上或平行于建筑物的主要轴线上，并便于向上竖向投测。这种根据垂准线原理进行的轴线投测，由于使用的仪器不同，可分为下列三种投测方法。

（一）吊线坠法

此法是悬吊特制的较重的线坠，以首层靠近建筑物轮廓的轴线交点为准，直接向各施工楼层悬吊引测轴线。施测中，如果采取措施得当，此法可做到既经济，又简单直观。其投测精度对于 3～4 层高的楼层，只要认真操作，由下一层向上一层悬吊铅直线的偏离误差不会大于±3mm。若采取依次逐层悬吊线坠投测，例如投测至第 16 层，其累积的总偏差一般不会大于$\pm3\sqrt{16}=\pm12$mm，此精度能满足规范要求。

【例 9-7】 南京金陵饭店塔楼轴线竖向投测。

南京金陵饭店塔楼（37 层）曾采用吊线坠法作轴线竖向投测偏差检测。具体方法是在基础层施工完后，以 1/10 000 量距精度精确测设出距③轴和Ⓒ轴为 9.75m 的平行辅助轴线，在辅助轴线上距塔楼边梁 30cm 处埋设 8 块 10cm 见方的钢板，在钢板上精确刻出 9.75m 辅助轴线的标志。以后每层楼面相应的位置均预留 8 个洞孔，如图 9-34 所示。使用特制 15kg 锤球，用直径 1mm 钢丝悬吊，操作时严格使锤球尖对准钢板轴线标志，为防止风力引起摆动，在下层使用防风板，采用对讲机上下联系。由于此法是用于检测，故每隔 5 层吊锤引测轴线一次，10 层以下是以首层为准，10～20 层是以第 10 层轴线标志为准，20～30 层是以第 20 层轴线标志为准，30～37 层是以第 30 层轴线标志为准，其目的是为了克服悬吊钢丝过长摆动不易稳定。

每隔 5 层用悬吊线坠法引测结果与相应经纬仪竖向投测法相比较，两者间最大差值仅为 4mm。此结果表明吊线坠法只要认真操作，措施得当，可以达到较高的精度。此法也可作为其他方法的辅助检测。但在操作中应注意：线坠（锤球）形状要正规，重量应适当，悬吊细钢丝应无扭曲；线坠尖应仔细对准轴线标志，线坠上端应固定牢固，钢丝中间无障碍物，防止侧向风吹和振动；如是逐层向上引测，应在每隔 3～5 层时，用更大的线坠由下面直接向上引测一次通线，以作校测。

（二）天顶准直法

天顶准直法是使用能测设天顶方向的专用仪器，进行轴线竖向投测，常用测设天顶方向的仪器有：激光经纬仪，配有 90°弯管目镜的经纬仪，激光准直仪，自动天顶准直仪及自动天顶—天底准直仪等（见图 9-35）。

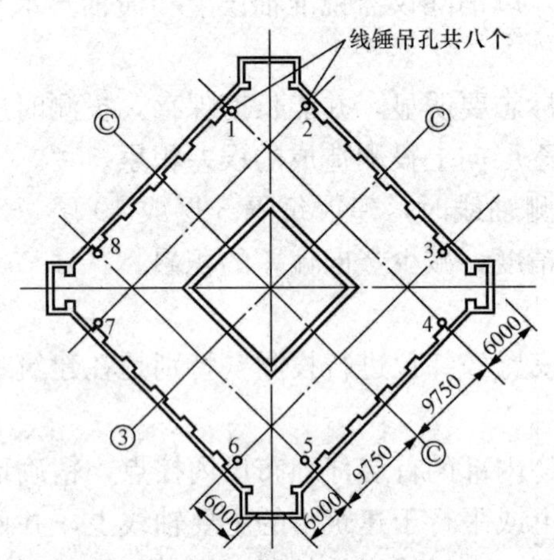

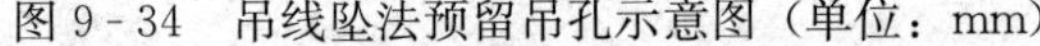

图 9-34 吊线坠法预留吊孔示意图（单位：mm）

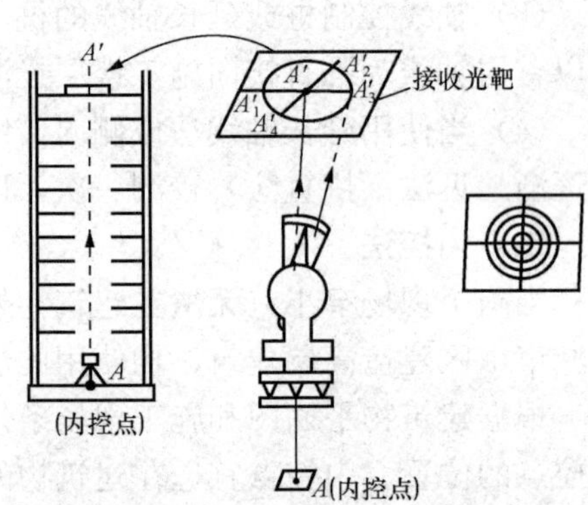

图 9-35 激光垂准仪投测法

【例 9-8】 南京某高层住宅内控法轴线投测实例。

本节以使用激光准直仪，结合南京市某高层住宅楼（17 层）内控法轴线投测实例，说明天顶准直法不仅操作简便，而且能保证较高的投测精度。

图 9-36 为南京市某高层住宅楼平面图，*A*、*B*、*C* 为首层内控点，精心埋设并精确测定，*AB* 轴线与 *BC* 轴线互相垂直并平行于相应的房屋轴线。

1. 具体实施步骤

（1）将激光经纬仪分别安置在首层内控点 *A*、*B*、*C* 上，仔细对中，严格整平，在内控点竖直方向上的各施工楼层均预留孔洞（200mm×200mm），在孔洞上方放置画有不同直径圆圈的透明塑料板，作为接收光靶，如图 9-37 所示。

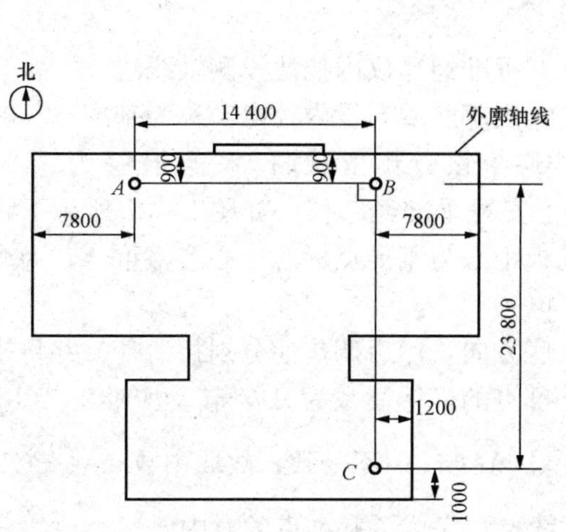

图 9-36　楼房平面图与内控点布设示意图

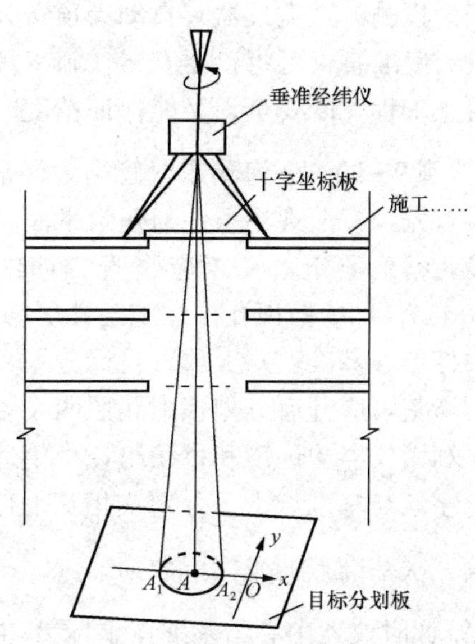

图 9-37　垂准经纬仪投测示意图

(2) 仪器启动后，激光束（红光点）竖直向上，投射在接收光靶上，观测仪器人员用对讲机指挥施工楼层上人员，移动光靶，使激光束（红光点）正好对准接收光靶的十字中心，然后转动照准部 180°，又投测一次，如果两次投测的红光点不重合，取其中间点作为该楼层的投测点位置。有时接收光靶是一块无圆圈的玻璃板，则可以用照准部 0°，90°，180°，270°等四个位置分别向上投测，在接收光靶上分别得到如图 9-35 所示的 A_1'、A_2'、A_3'、A_4'四个投测点，将 $A_1'A_3'$连线与 $A_2'A_4'$连线相交，即得到投测点位 A'。一般再重复一次，如两次相差在限差以内，取其中点作为最后结果。

当施工楼层不高，且激光束光斑清楚细小时，每次施工楼层投测，宜以首层内控点为准向上投测；当施工楼层较高，采用分段向上投测是有利的。

(3) 复测检查：施工单位投测后，监理对此进行复测检查，复测每一个点位，并用经纬仪实测$\angle ABC$，用钢尺实量 AB 与 BC 间的水平距离，以便与设计值比较。

2. 注意事项

在超高层建筑施工中，大多采用内控法进行轴线竖向投测。但由于内控点所构成边长均较短，一般为 20～50m。虽然在轴线投测至施工楼层后，对每一楼层上边角和自身尺寸进行检测，但检查不了内控点（网）在施工楼层上的位移与转动。因此，近年来在一些超高层建筑轴线竖向投测中，采用内、外控法互相结合的方法进行轴线投测，取得了良好的效果。例如我国高度第一、世界高度第三的上海金茂大厦（高度 420.50m），就是采用内外控相结合的方法，效果较好。

在高层建筑轴线投测中，无论采用何种方法，都会遇到阳光照射，使建筑物有阴、阳面，导致建（构）筑物向阴面倾斜（弯曲），特别是钢结构的高层建筑。因此，轴线投测中宜选择阴天进行，并在实践中注意摸索规律，采取合适的措施，减少外界的影响。

（三）天底准直法

天底准直法是使用能测设天底方向（指过测站点铅直向下的方向）的专门仪器，进行轴线竖向投测。这类仪器有自动天顶一天底准直仪，垂准经纬仪，自动天底准直仪等。例如，自动天底准直仪可将仪器安置在施工楼层上，将首层轴线铅直投测上来。一般适用现场浇筑混凝土工程，既安全，又能保证精度。

【例 9 - 9】 上海华东电管局大楼采用 DT6-C6 垂准经纬仪内控法投测轴线法。

首先，按照现场条件与建筑平面图，在建筑物内部底层布设内控点，称为基准点，精心埋设，精确测定；在相应竖直方向的各施工楼层上设置预留孔洞，一般孔径为 $\phi150$～$\phi200$mm，称为俯视孔。在施工楼层俯视孔位置上安置垂准经纬仪，如图 9 - 37 所示，在底层内控点（基准点）上放置目标分划板，使分划板中心与基准点标志中心严格重合。为了使标志清楚，应开启分划板附属照明设备。

利用仪器望远镜和目镜组，将望远镜指向天底方向，然后调焦使分划板清晰，并将望远镜十字丝与基准点十字分划线相互平行，读出基准点的坐标读数为 A_1，转动照准支架 180°，再读一次基准点的坐标读数为 A_2，由于仪器误差，A_1 与 A_2 不一致，故取中数 $A=\frac{1}{2}(A_1+A_2)$，此时仪器中心与基准点坐标 A 在同一铅垂线上，完成了基准点的对中。

最后，将望远镜调整至施工楼层上，在施工楼层俯视孔位置放置十字坐标板（仪器附件），将垂准点标定在施工楼层的十字坐标板上，用墨线将其位置弹在俯视孔四侧边上。这就完成了一次基准点的投测。

采用 DT6-C6 垂准经纬仪内控法投测轴线，取得良好的效果。投测后用吊线坠法校核，最大偏差不超过 3mm，表明此法也具有较高的投测精度。

技能点 5　高层建筑的高程传递

高层建筑高程传递的目的是根据现场水准点或±0.00 标高线，将高程向上传递至施工楼层，作为施工中各楼层测设标高的依据。高程传递也有多种方法，类似于多层民用建筑高程传递，也应事先校测施工现场已知水准点或±0.00 标高线的正确性。目前常用下列方法：

一、水准仪配合钢尺法

（1）先用水准仪根据现场水准点或±0.00 标高线，在各向上引测处（至少三处）准确地测出相同的起始标高线（一般大多测+1.000m 标高线）。

（2）用钢尺沿铅直方向，由各处起始标高线开始向上量取至施工楼层，并画出正（+）米数的水平线。高差超过一整钢尺时，应在该层精确测定第二条起始标高线，作为再向上引测的依据。

（3）将水准仪安置在施工楼层上，校测由下面传递上来的各水平线，误差应在±6mm 以内。在各施工楼层抄平时，水准仪应后视两条水平线做校核。

二、全站仪配合弯管目镜法

近年来，全站仪在建筑施工测量中得到广泛应用，将全站仪配合弯管目镜，在高层建筑高程传递中能直接测出较大的竖向高差值 h，此法方便、快捷、实用。

如图 9 - 38 所示，首层已知水准点 A（H_A），将其高程传递至某施工楼层 B 点处，其具体做法是：

（1）将全站仪安置在首层适当位置，以水平视线后视水准点 A，读取水准尺读数 a。

（2）将全站仪视线调至铅垂视线（通过弯管目镜）瞄准施工楼层上水平放置的棱镜，测出铅直距离，即竖向高差 h。

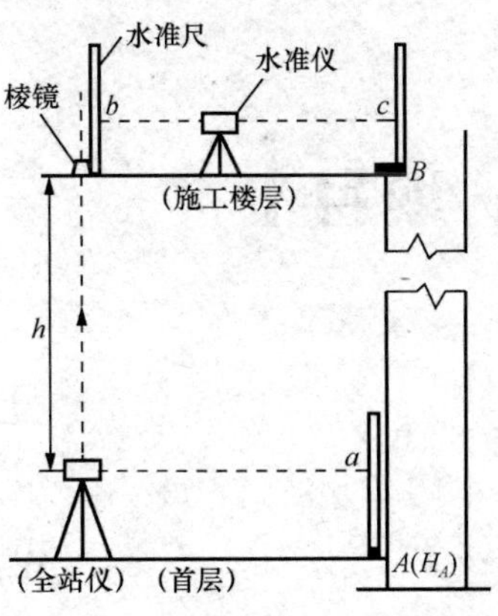

图 9-38 全站仪配合弯管目镜法

(3) 将水准仪安置在施工楼层上，后视竖立在棱镜面处水准尺，读数为 b，前视施工楼层上 B 点水准尺，读数为 c，则 B 点高程 H_B 为

$$H_B = H_A + a + h + b - c \qquad (9-10)$$

这种方法传递高程比钢尺竖直丈量不仅精度高，而且不受钢尺整尺段影响，操作也较方便。如果用很薄的反射棱镜片代替棱镜，将会更为方便与准确。

三、注意事项

(1) 水准仪应检验与校正，施测时尽可能保持前后视距相等；钢尺应检定，应施加尺长改正和温度改正(钢结构不加温度改正)，当钢尺向上铅直丈量时，应施加标准拉力。

(2) 采用预制构件的高层结构施工时，要注意每层的偏差不要超限，同时更要注意控制各层的标高，防止误差积累使建筑物总高度偏差超限。因此，在高程传递至施工楼层后，应根据偏差情况，在下一层施工时对层高进行适当调整。

(3) 为保证竣工时±0.00 和各层标高的正确性，在高层建筑施工期间应进行沉降、位移等项目的变形观测，有关施工期间基坑与建筑物沉降的影响，钢柱负荷后对层高的影响等，应请设计单位和建设单位加以明确。

练习题

1. 高层建筑施工测量有什么特点？
2. 高层建筑基坑标定主要有哪几种方法？
3. 高层建筑轴线投测主要有哪些方法？
4. 如何用全站仪配合弯管目镜法进行高层建筑高程传递？

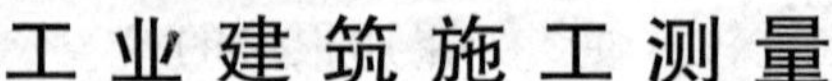

单元一 工业建筑施工测量

本单元所讲的内容是工业建筑施工测量的主要内容以及实施方法。针对工业建筑不同施工项目，分部讲解了工业建筑各部位的施工测量内容与方法。工业建筑施工测量工作岗位是建筑类高职高专学生主要就业岗位之一，工业建筑施工测量工作岗位的主要工作内容以及实施方法是学生应掌握主要技能之一。

学习目标：通过本单元内容的学习，使学生掌握工业建筑施工测量的主要测量工作内容，以及测量方法；掌握工业建筑控制网及柱列轴线测设、基础施工测量、柱的施工测量、吊车梁的测设、屋架的测设等施工测量内容与方法。

能力标准：通过学习，掌握工业建筑施工测量的主要测量工作内容，以及测量方法；掌握工业建筑控制网及柱列轴线测设、基础施工测量、柱的施工测量、吊车梁的测设、屋架的测设等施工测量内容与方法，并能熟练实施，具备能进行建筑施工测量的工作能力。

技能点1 工业建筑控制网及柱列轴线的测设

工业建筑的定位放线，精度要求比民用建筑的定位放线高，常需在建筑方格网内加矩形控制网作定位放线的控制。

一、测设厂房矩形控制网

如图10-1所示，主要内容包括确定主轴线、矩形控制网、距离指标桩的点位及其测设方法和精度要求等。先在总平面图上布设矩形控制网（又称厂房控制网），为使测设的控制网能长期保存，应避开管线，并与厂房基础开挖边线相距1.5～2m，根据建筑方格网点的坐标，计算矩形控制网四个角桩的坐标及其测设的数据。图10-1中$PQRS$即为矩形控制网，四角桩P、Q、R、S称为厂房控制桩。求得厂房控制桩的测设数据后，根据建筑方格网用直角坐标法将其测设。

在矩形控制网各边，隔几个柱距，测设一些轴线控制桩（又称距离指标桩），距离指标桩的间距一般等于柱子间距的整数倍，但不超过所用钢尺的长度。以便测设厂房柱网轴线及其他细部。各桩测设完毕，经质检人员检验合格后，应埋设混凝土桩。这种控制网，适用于中、小型厂房工程。

二、测设主轴线及矩形控制网

该测设方法适用于大型厂房工程，也须先在总平面图上布设主轴线和矩形控制网，准备好测设资料。

根据现场建筑方格网，测设主轴线上 A、A'、B、B' 点及交点 O，如图 10-2 所示。测设后，应作如下检验：

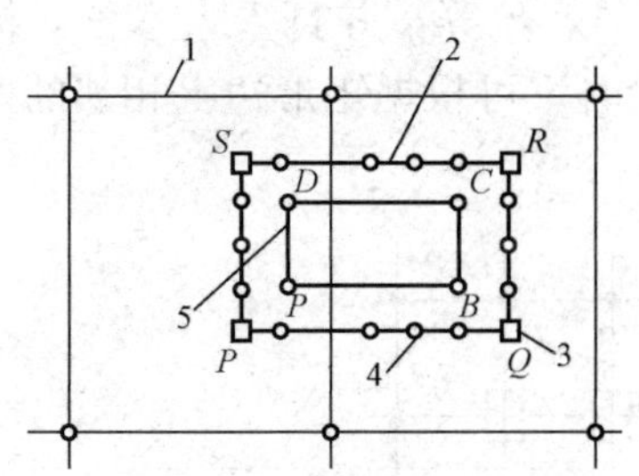

图 10-1　建筑矩形控制网的测设

1—建筑方格网；2—矩形控制网；3—厂房控制桩；4—轴线控制桩；5—厂房定位轴线

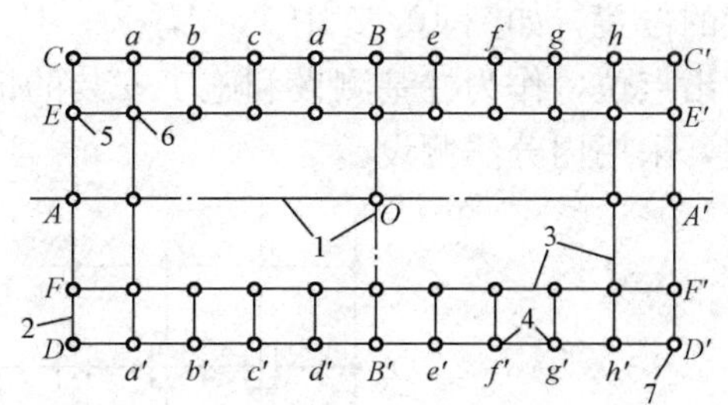

图 10-2　主轴线及矩形控制网的测设

1—主轴线；2—矩形控制网；3—厂房定位轴线；4—轴线控制桩；5—厂房定位轴线桩；6—桩基定位桩；7—矩形网控制桩

(1) 在 O 点安置经纬仪，精密测定了 AOA'，以检定 A、O、A' 三点是否在一条直线上。测得角值 γ 与 180°的差值，如超过 10″，则按图 10-3 所示的方法，将 G、O'、H 点依箭头方向，各调整一个 δ 的距离，δ 的计算公式如下

$$\delta=\frac{ab}{a+b}\left(90°-\frac{\gamma}{2}\right)\frac{1}{\rho} \tag{10-1}$$

A、O、A' 为调整后三点，再复测 γ，直到 γ 与 180°之差不超过 10″为止，否则应按上述方法继续调整。

(2) 如图 10-4 所示，置经纬仪于 O 点，精密测定 $\angle AOB$ 及 $\angle A'OB$ 是否为 90°，如与 90°之差超过±5″，应如图 10-4 所示，将 1 点按箭头方向，调整一 Δ 值；调整后，再检验至符合要求为止，即 $\angle AOB$ 及 $\angle A'OB$ 与 90°之差不应超过±5″，见表 10-1。

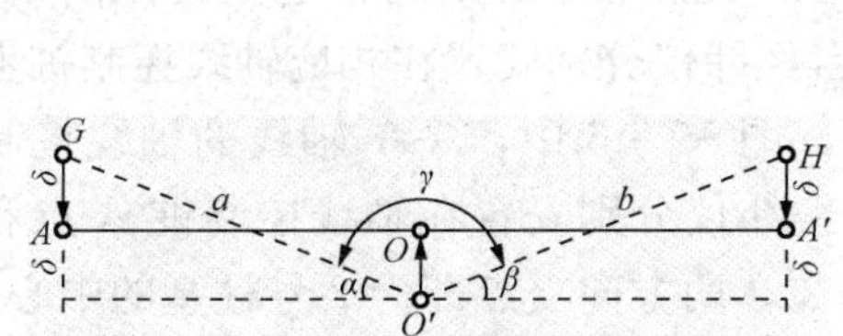

图 10-3　主轴线误差调整

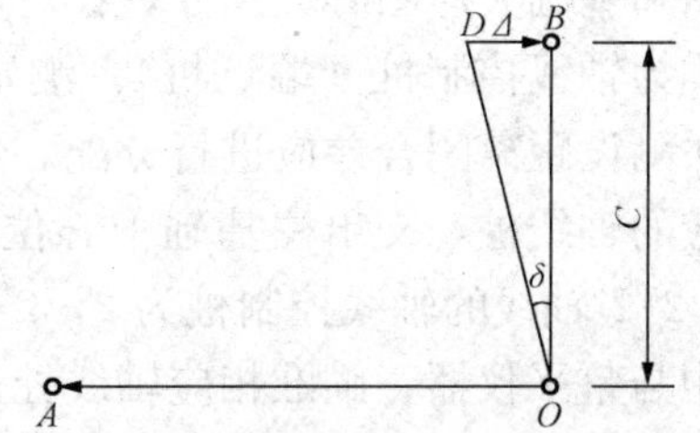

图 10-4　纵横轴线不垂直的误差调整

(3) 检验 B、O、B' 三点是否在一直线上，如不符应予调整。

表 10-1　　工业厂房矩形控制网的主要技术要求与限差

等级	类别	厂房类别	边长 (m)	测角中误差 (″)	边长相对精度	主轴线交角的允许偏差 (″)	角允许偏差 (″)
Ⅰ	田字形网	大型	100～300	±5	1/50 000～1/30 000	±3～±5	±5
Ⅱ	单一矩形网	中、小型	100～300	± 8	1/20 000～1/10 000	—	±7～±10

三、柱列轴线测设

根据厂房平面图上所注的柱间距和跨矩尺寸，用钢尺沿矩形控制网各边量出各柱列轴线控制点的位置，如图 10-5 中 1，2，…，1′，2′，…，A，E 等，并打入大木桩，桩顶用小钉标示出点位，作为柱基测设和施工安装的依据。丈量时，可根据矩形边上相邻的两个距离指标桩，采用内分法测设。

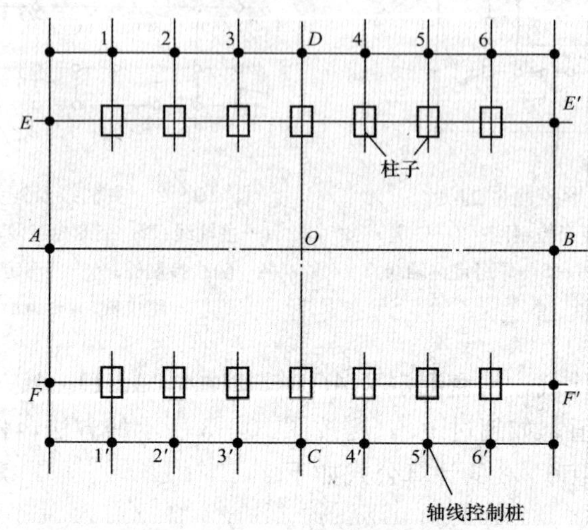

图 10-5 柱列轴线测设

技能点 2 基 础 测 设

一、柱基础定位

图 10-6 所示为厂房柱基础定位略图，首先根据厂房矩形控制网控制点，按照厂房柱基础平面图和基础大样图有关尺寸，在厂房矩形网各边上测定基础中心线与厂房矩形网各边的交点，称为轴线控制桩（端点桩）。测定的方法是：根据矩形控制网各边上的距离指示桩，以内分法测设距离闭合差应进行分配。然后用两台经纬仪分别安置在相应轴线控制桩上，瞄准相对应的轴线桩，交出柱基础中心位置。例如，图 10-6 中，A-A'轴线的轴线控制桩为 A，A'，2-2′轴线的轴线控制桩为 2，2′，将两台经纬仪分别安置在轴线控制桩 A 点和 2 点上，对中与整平仪器，瞄准相应轴线控制桩 A'和 2′，两方向交点即为 2 号柱基的中心位置。

再按照基础图，进行柱基础放线，用灰线把基坑开挖边线在实地标出。在开挖边线外 0.5～1.0m 处方向线上打入四个定位桩，钉以小钉子标出柱基中线方向，供修坑立模用。

在进行柱基础定位测量时，有时一个厂房的柱基础类型不一，尺寸各异，有时定位轴线不一定都是柱基础中心线，因此测设时应特别注意。

依此方法，测设出厂房全部柱基础。

二、基坑抄平

当基坑将要挖到设计高程时，一般离设计高程 0.3～0.5m，应在基坑的四壁或坑底边沿和中央设置若干个水平桩，使用水准仪在水平桩上引测同一高程值的标高线，作为基坑修坡和清底的高程依据。

此外，还应在基坑内测设出垫层的高程，即在坑底打下几个小木桩，使木桩顶面恰好位

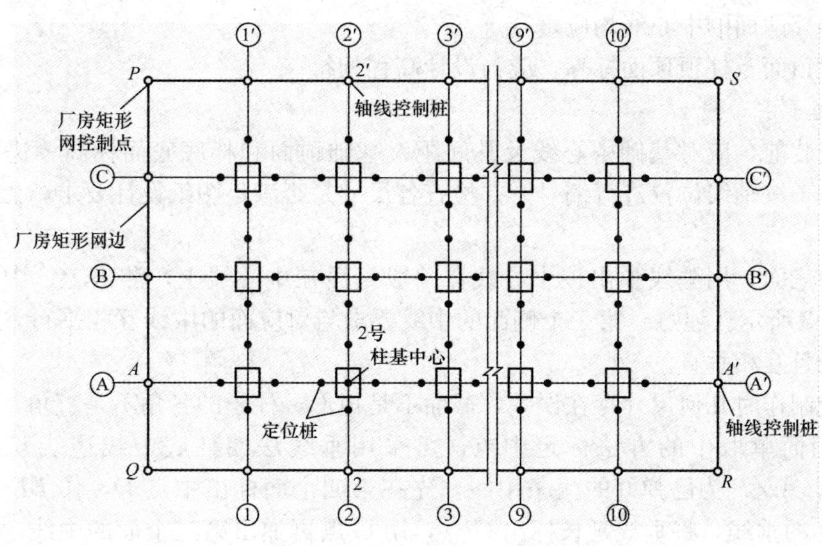

图 10-6　厂房柱基础定位略图

于垫层的设计高程上。

三、基础模板定位

打好垫层后，根据坑边定位桩，用拉线的方法，吊垂球把柱基定位线投到垫层上，并弹墨线标明，用红漆画出标志，作为柱基础立模板和布置基础钢筋网的依据。立模时，将模板底线对准垫层上的定位线，并用垂球检查模板是否竖直。然后用水准仪将柱基础顶面设计高程测设在模板内壁，在立杯底模板时，应注意使实际浇出来的杯底顶面比原设计的高程略低3～5cm，以便于拆模后填高修平杯底。

四、杯口中线投点与抄平

在柱基础拆模后，根据厂房矩形控制网的轴线控制桩，用经纬仪正倒镜取中法将柱中线投到杯口顶面，并绘标志标明，以便吊装柱子时使用。再用水准仪在杯口内壁定出±0.000标高线，并画出“▼”标志，以此线控制杯底标高，如图 10-7 所示。

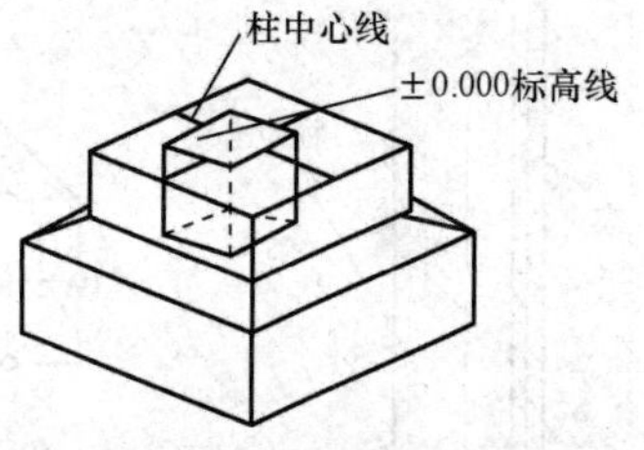

图 10-7　柱基础测设

五、设备基础的定位程序

设备基础施工程序有两种情况：一种是设备基础与柱基础同时施工，采用这种施工方案多数为大型设备基础，这时可直接根据厂房矩形控制网定位；另一种是厂房柱子基础和厂房部分建成后才进行设备基础施工，采用这种施工方法，必须将厂房外面的控制网在厂房砌筑砖墙之前，将其引进厂房内部，建立一个内控制网，作为设备基础施工和设备安装的依据。

技能点 3　柱　的　测　设

一、预制柱的安装测量

在装配式结构中，柱子安装是关键部位。预制钢筋混凝土柱吊装后，必须满足以下几点要求：

(1) 柱中线应与杯形基础顶面中线对齐。

(2) 柱相邻两面的中心线均应垂直。

(3) 牛腿顶面及柱顶顶面标高，应与设计高程相符。

1. 弹出柱子中心线

柱子在安装前，应对基础中心线及其间距、基础顶面和杯底底面标高等进行认真的复核，把每根柱子按轴线位置进行编号，并检查各尺寸是否满足图纸设计要求，无误后，才可进行弹线。

在柱身的三面，用墨线弹出柱中心线，一般每面在中心线上，测出上、中、下三个标志，如图 10-8 所示。注意：第三个侧面的中线要求与对应面的中线互相平行，柱底四边中线连成十字线且互相垂直。

如果柱子制作时几何尺寸存在误差，截面不是矩形，柱子的各角不是直角，此时第三个侧面不能采用简单取中的方法标定中点，可采用垂线法使柱底中线连线互相垂直。如图 10-8所示，A、B 为已弹好的两条中线，先在第四个面标出中点 D，作 BD 连线，然后过 A 点作 BD 的垂线，将垂线延长标出 C 点，用 C 点再弹出第三个面的中线，就可以满足中线间连线互相垂直的条件。

如果柱子为变截面（如有牛腿的面），可采用拉通线或目测法来标出中线各点，如图 10-9所示。如果拉线离开柱面较高，可用吊线坠（如图 10-9 中 3 点）或用拐尺把中线投测在柱面上。

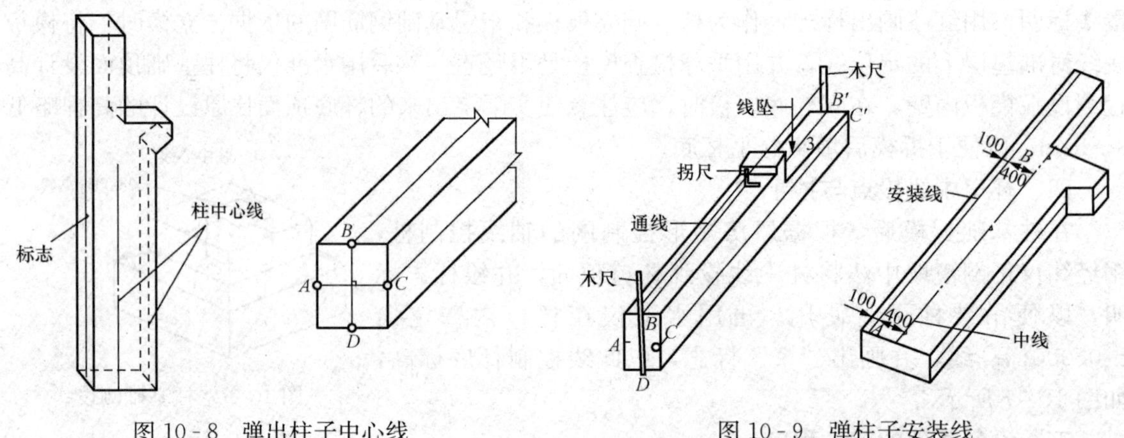

图 10-8　弹出柱子中心线　　　　图 10-9　弹柱子安装线

2. 柱子安装线的弹法

对于中线不能从柱脚通到柱顶的柱，或者中线不在同一平面（如工字柱、双肢柱）及安装时不便观测校正的柱，均应在靠近柱边位置（一般距柱边缘为 10cm）作中线的平行线，这条从柱脚通到柱顶的线，称为安装线。安装线必须是一条直线。

如图 10-9 所示，柱截面为 100cm，安装线距柱边缘 10cm，此时可根据柱中线向柱边量 40cm，标出 A、B 两点，连线并延长至柱顶就弹出了柱子的安装线。

另外，吊车梁在柱子牛腿面上有两条纵横方向安装线，屋架在柱顶上也有两条纵横安装线，以便于安装吊车梁与屋架。

注意：预制柱上有时还焊有钢牛腿、钢平台等，在柱子弹线时应把这些结构的安装位置标记出来。

3. 柱长检查及修整杯底标高

柱子安装时对标高要求精度高的部位是承受吊车梁的牛腿面，因此，如图 10-10 所示，应以牛腿面为基准检查柱长和确定柱子其他标高尺寸。若牛腿面不水平，应以与吊车梁接触面最高的点为准向下量尺。当柱子有两个牛腿面，若两牛腿面间实际高差小于设计高差，应以位于下部的牛腿面为准向下量尺；否则，应以上部牛腿面为准向下量尺，看其是否符合设计要求。如不相符，就要根据实际柱长修整杯底标高，以使柱子吊装后，牛腿面的标高符合设计要求。

(1) 柱身长度检查。用钢尺从牛腿面沿柱身竖直向下先量到某一标高位置（如±0.000线），但距柱底宜在 1.0～1.5m 之间，并在柱子三个侧面弹出同一标高的水平线（称为捆线），如图 10-10 所示。用特制拐尺画出的水平线应与柱中线及安装线垂直。然后以这些水平线为准向下量尺，检查柱底四角至水平线的长度，并将尺寸标在柱面上，作为修整杯底标高的依据。

(2) 修整杯底标高。先在杯口顶面标高下返 50mm，在杯口四角画一水平线，作为杯底找平的依据。如图 10-11中设 H_3 为－0.50m，那么柱底至柱上水平线的长度减去柱水平线与杯口四角所画的水平线的高差就是柱子插入杯口标高线以下的实际长度。然后按柱子插入杯口后各角对应位置，在杯底立面分别标出各点杯底标高，用水泥砂浆或细石混凝土找平，即可达到修平杯底，使柱底面与杯口底部吻合接触。

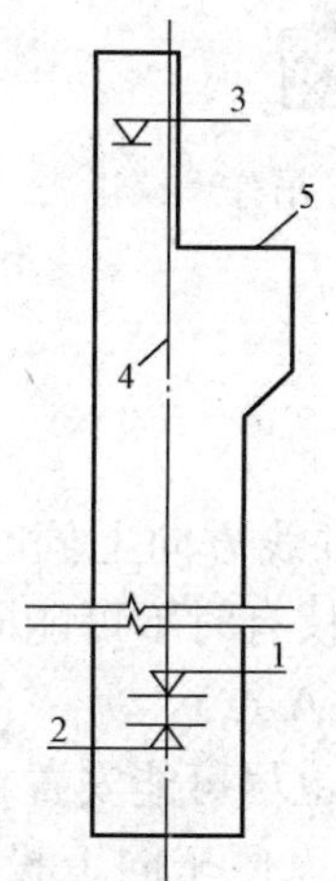

图 10-10 柱长的检查

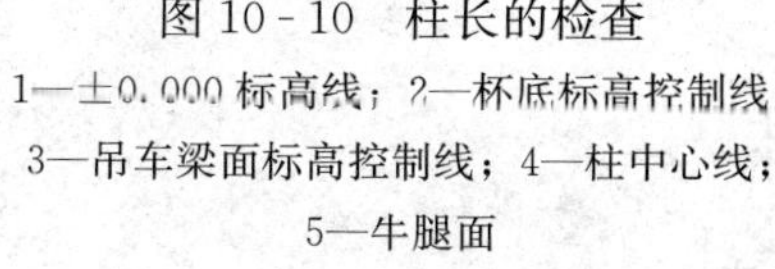

1—±0.000 标高线；2—杯底标高控制线；3—吊车梁面标高控制线；4—柱中心线；5—牛腿面

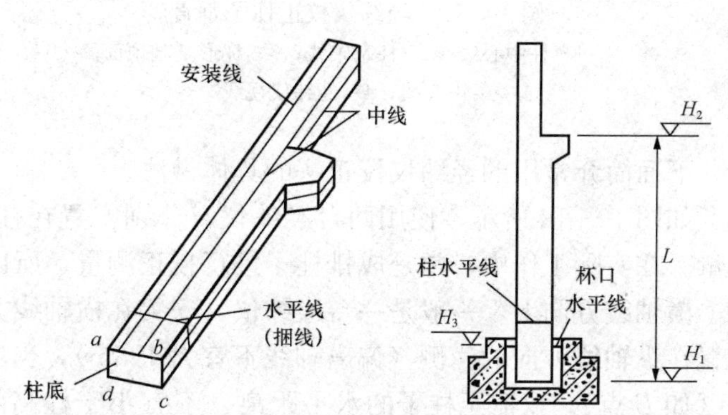

图 10-11 修正杯底标高

4. 柱子安装时的测量

(1) 柱子安装就位。柱子安装时的要求是保证柱子平面与高程位置符合设计要求，柱身垂直。

预制混凝土柱插入杯口后，应使柱底三面的中线与杯口中线对齐，并用木楔或钢楔作临时固定，如有偏差可用锤敲打楔子拨正，其允许偏差为±5mm。

钢柱安装就位时，首先根据基础面上的标高点修整基础面，再根据基础面设计标高与柱底到牛腿面的高度计算垫板厚度，安放垫板要用水准仪配合抄平，使其符合设计标高要求，就位时，应使柱中线与基础面上的中线对齐。

柱子立稳后，即用水准仪观测±0.000标高是否符合设计要求，其允许偏差应符合规范的要求。

(2) 柱子垂直度校正测量。柱子就位立起后，尽管通过用锤打楔子的方法使柱子立直，但仍有垂直偏差，因此，必须进行柱子垂直度校正测量。目前常用方法是经纬仪校正法，如图10-12所示。对于小构件安装，也可用简易的吊弹尺校正法（见图10-13）。

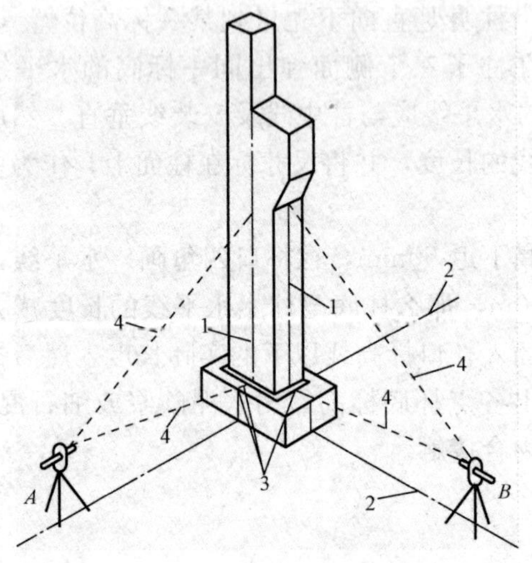

图10-12 经纬仪校正柱子垂直度

1—柱中心线；2—柱基轴线；3—杯形基础顶面中心线；4—经纬仪视线

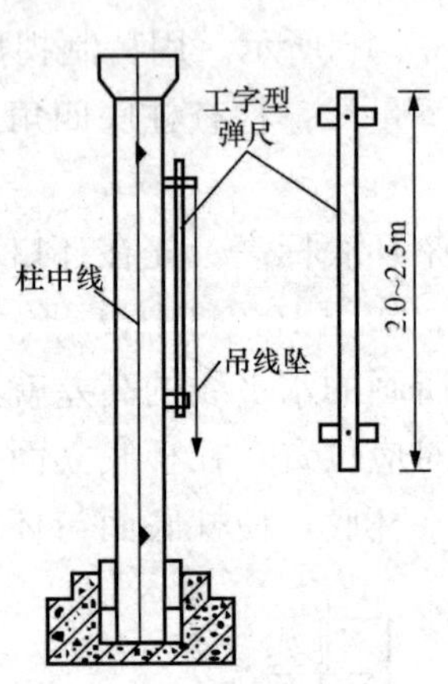

图10-13 吊弹尺校正法

下面简介常用的经纬仪校正法的具体做法。

如图10-12所示，使用两台经纬仪，分别安置在柱子纵、横轴线方向上同时进行校正测量。在实际工作中，常是成排柱子进行校正测量，所以两台经纬仪有时不可能同时安置在纵、横轴线方向上，一般是一台经纬仪，安置在横轴线方向上（如A点），另一台经纬仪可安置在纵轴线方向的一侧（偏离轴线不宜大于3m），当然如有可能也尽可能安置在纵轴方向上（如B点）。仪器至柱子的水平距离，不宜小于柱高的1.5倍，以便于向上投测与校正，如图10-14所示。

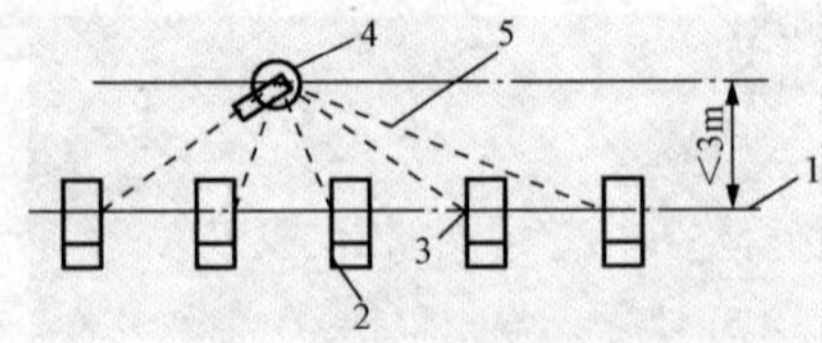

图10-14 经纬仪校正一排柱的垂直度

1—柱基轴线；2—柱；3—柱中心线；4—经纬仪；5—经纬仪视线

观测时，先用望远镜照准柱中线（或柱安装线）的底部标志，然后抬高望远镜，若柱上端中线（或安装线）偏离视线，指挥安装人员利用校正工具转动柱身，调节拉绳或支撑，或敲打楔子等使柱子上端中线（安装线）与视线重合。重复一次，直至柱子上端中线（安装线）与视线重合为止。为了消除仪器某些误差，应用正倒镜取中法检测柱子的垂直偏差值（垂直度），其数值应符合规范，见表10-2。

表10-2 工业厂房结构安装测量的限差

测量内容		测量限差（mm）
柱子安装测量	钢柱垫板标高	±2
	钢柱±0标高检查	±2
	预制钢筋混凝土柱±0标高检查	±3
	混凝土柱、钢柱垂直度	±3
吊车梁安装测量（钢梁、混凝土梁）	吊车梁中心线投点（牛腿上）	±3
	安装后梁面垫板标高	±2
	梁间距	±3
吊车轨道安装测量	轨道跨距丈量	±2
	轨道中心线（加密点）投点	±2
	轨道安装标高	±2

注 当柱高（H）大于10m时，或一般民用建筑混凝土柱、钢柱垂直度的限差，可适当放宽，限差为$H/1000$，且不超过±25mm。

（3）用水准仪检查各柱下部±0.0001标高线是否在同一水平面上，并与龙门板±0.000标记相核对，如不符，应指挥吊装工予以调整。

柱子经以上校正测量后，允许偏差在表10-2规定的范围内，视为合格，即可用细石混凝土立即灌浆，以固定柱子位置。

5. 柱子安装测量时注意事项

（1）柱子安装测量前应认真仔细做好准备工作，如认真熟悉图纸、构件的检查与清理等。

（2）要认真仔细做好柱子的弹线（中心线、安装线）及其标志。

（3）柱子安装就位后，临时固定应牢固。用经纬仪校正法校正柱子垂直度时，仪器事先应经过严格检校。仪器离开校正柱子的水平距离不宜小于柱高的1.5倍。初步校正后，要将视线再次照准柱子底部中线（校正线）进行复测，当纵、横轴线两个方向都不超过允许误差时，才能作最后固定。应及时浇灌混凝土，以防柱子发生倾斜。

（4）柱子有阴阳面，由于阳光照射，柱子将向阴面弯曲，因此，柱子垂直校正测量宜选择阴天、清晨、黄昏等时间进行校止。

（5）在实际工作中，常把成排的柱子都竖起来，然后一起进行校正测量，此时应注意柱子上的中心标点或中心墨线必须在同一平面上，经纬仪才可以安置于纵、横轴线方向的一侧；否则，仪器必须安置在纵、横轴线方向（中心线）上。

（6）柱子立好校正后，上端为自由端，在吊装上部构件时要避免以柱子为支点强行撬拔，以防柱身倾斜；另外，柱子也不宜向厂房外侧倾斜，否则，屋架受力后下弦杆增长，会增大柱子的倾斜度。

（7）当柱子（框架）过长或过重时，由于起重设备或构件刚度限制，多采用分节预制，分节吊装的施工方法，此时对于分节柱（框架）的弹线和安装与上述方法略有不同。

二、柱子安装后的检验测量工作

1. 准备工作

柱子安装就位后，质量检查员应立即进行检验测量。检测前应做好下列准备工作：

(1) 认真阅读施工图纸，弄清柱的尺寸、标高、预埋件和预留孔的位置、尺寸。

(2) 检查柱身各面中心线位置及各种标高线位置。核查施工员对柱身几何尺寸的检验记录。

1) 柱子中心线应与相应的柱列轴线保持一致，其允许偏差为±5mm。

2) 牛腿顶面及柱顶面的实际标高应与设计标高一致，其允许误差为±（5～8)mm，柱高大于5m时为±8mm。

3) 柱身垂直允许误差：当柱高小于或等于5m时为±5mm；当柱高为5～10m时，为±10mm；当柱高超过10m时，则为柱高的1/1000，但不得大于20mm。

2. 检验测量

(1) 抽查10%的柱子，且不少于三件，用钢尺检验柱的几何尺寸及预埋件、预留孔的位置、尺寸，是否符合设计要求。

(2) 用水准仪抽样检验柱的±0.000标高，是否符合设计要求。同时检查柱中心线与基础中心线是否吻合。

(3) 用经纬仪检验柱相邻两方向的垂直度。检验方法与安装时的校正方法相同。

技能点4 吊车梁的测设

一、吊车梁安装测量

安装吊车梁的要求：

(1) 吊车梁的中心线与轨道中心线必须在一直线上，其位置必须满足设计要求。

(2) 顶面须位于同一水平面，标高也应符合设计要求。

1. 吊车梁弹线

吊车梁从几何形状上可分T型、工字型、鱼腹式、桁架式等，从空间位置上可分上承式和下卧式。吊车梁弹线主要是在吊车梁两端立面和顶面上弹出梁的中线，梁两端面上的中线应互相平行，如图10-15所示。端跨及伸缩缝处特殊型号的吊车梁要在梁明显位置标明型号。

2. 吊车梁标高校正

由于柱子安装误差和吊车梁制作高度误差，吊车梁在吊装时还需作标高调整。标高校正（通过牛腿面垫板）应在吊装过程中完成，避免二次起吊。

标高校正方法有两种：

(1) 根据柱子吊装后测设的+0.500m标高线，用钢尺沿柱身竖直向上量尺，在柱面上标出吊车梁顶面标高线，吊车梁安装时用水平尺进行检查，如图10-15所示。

(2) 如图10-16所示，±0.000线是柱子弹线时从牛腿面下返的标高线，+0.500线是柱子安装后以厂房高程控制点（水准点）测设的标高线。h表示两条线理论高差为0.500m，h'表示两条线实际高差（实量求取），则牛腿面存在的实际误差$\Delta=h-h'$。

此处，Δ为“−”表示牛腿面低于设计标高；Δ为“+”表示牛腿面高于设计标高。

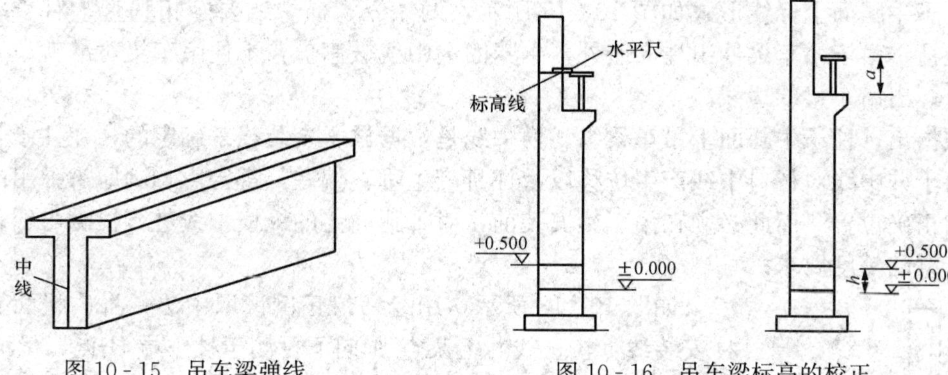

图 10-15　吊车梁弹线　　图 10-16　吊车梁标高的校正

另外，图 10-16 中，a 为吊车梁的设计高度，b 为实际高度，则吊车梁制作误差 l 为

$$l=b-a$$

式中　l——"+"表示吊车梁实际尺寸大于设计高度，"−"表示吊车梁实际尺寸小于设计高度。

考虑上述两种误差联合影响，吊车梁的标高校正值 ΔH 为

$$\Delta H=\Delta+l$$

其中，当 $\Delta H=0$ 时，吊车梁安装后，顶面符合设计标高；当 $\Delta H>0$ 时，吊车梁安装后，顶面高于设计标高；当 $\Delta H<0$ 时，吊车梁安装后，顶面低于设计标高。

3. 牛腿面吊车梁中线的弹法

吊车梁在柱子牛腿面上有两条安装线：一条是吊车梁横轴方向的中线，另一条是吊车梁纵轴方向的中线。横轴方向的中线可沿上、下柱的中线连线，可根据柱截面宽度取中确定；纵轴方向中线要根据柱子安装线来确定。

如图 10-17 所示，吊车梁纵向中线至柱子安装线的距离为 a，当轴线至柱子边缘没有联系尺寸时，$a=s-b$。

当轴线至柱子边缘有联系尺寸时，则有

$$a=(s+d)-b$$

式中　S——吊车梁中线至轴线距离；

b——柱子安装线至柱子边缘的距离；

d——轴线至柱子边缘联系尺寸。

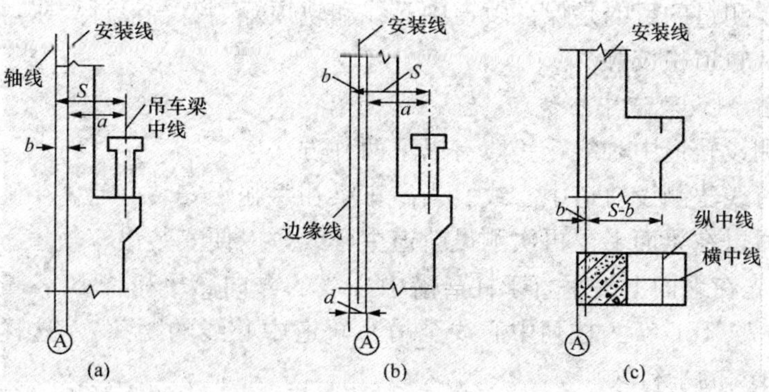

图 10-17　吊车梁中线对位与平面校正

在柱子牛腿面上标线形式如图 10-18 所示，两条纵、横中线要互相垂直。对于端柱及伸缩缝处柱，由于吊车梁伸出柱支座外，牛腿面上中线被遮盖，不便吊车梁对准就位，宜在牛腿面上标出吊车梁的边线。

必须指出，柱子牛腿面上吊车梁纵、横中线是根据柱子安装线来确定的，在柱子安装就位时，由于柱中线对杯口中线产生位移以及柱身产生垂直偏差，都会影响到原来弹出的吊车梁中线的正确位置。因此必须在吊车梁安装前，对牛腿面上的纵横中线进行检测与纠正，以满足吊车梁的精度要求。

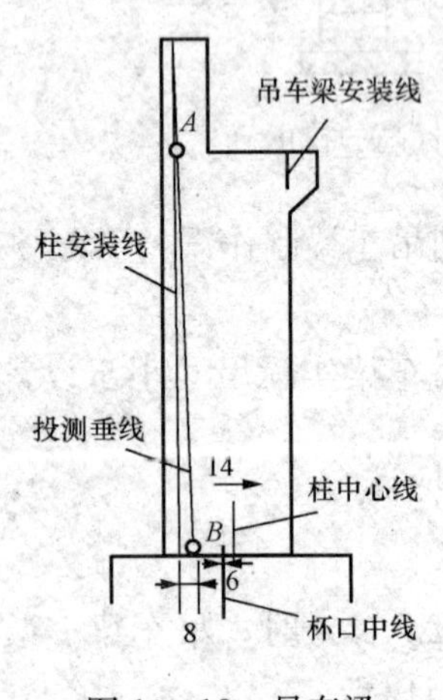

图 10-18 吊车梁安装线弹法

如图 10-18 所示，用经纬仪正倒镜取中法，将牛腿面标高处柱安装线（校正线）上某点 A 向下投测于柱下端 B 点，量取 B 点至柱下端安装线（校正线）的距离，即为牛腿面标高处柱的垂直偏差值，假设此值是向里倾斜 2mm。再检查柱中线至杯口中线的位移偏差假设也向里倾斜 3mm。由于这两项偏移方向相同，所以牛腿面上原吊车梁弹出中线相对定位轴线合计偏差为 5mm，将此值标记在柱面上，并画箭头指明吊车梁中线偏移方向。在吊车梁安装时，将吊车梁中线对牛腿面安装中线向箭头指明的反方向移位 5mm，这样就把偏差纠正过来了。

4. 吊车梁中线定位与平面校正

吊车梁安装时，将吊车梁端部中线与牛腿面安装中线对齐，对中线时应考虑到原弹在牛腿面上的吊车梁中线相对于定位轴线的偏移，并予以纠正。吊车梁中线对定位轴线位移的允许偏差应符合规范要求。

5. 吊车梁顶面标高测量

吊车梁吊装时，可按图中的方法进行标高校正，修平梁面后，安置水准仪于吊车梁面上，以柱子上端已测设的标高线为后视，在梁面上每隔3～4m 检测梁面的标高是否符合设计要求，其测量允许误差不应超过规范的规定。

6. 吊车梁的垂直校正

根据梁端中线，用吊垂线方法进行垂直校正。对于梁截面较高或下卧式（如鱼腹式）梁，宜采用吊弹尺法进行校正，且要检查跨中截面尺寸的最大部位。

二、吊车轨道安装测量

吊车轨道安装测量的目的是保证轨道中心线和轨顶标高符合设计要求，包括测设轨道中心线、标高测量及轨道检校等。

1. 在吊车梁上测设轨道中心线

在吊车梁上测设轨道中心线，一般有以下两种方法：

（1）利用平行线法测设轨道中心线。当吊车梁在牛腿上安装好后，牛腿面上的中心线将被吊车梁掩盖，所以在梁面上要再次测设轨道中心线，以便安装吊车轨道。具体做法是：如图 10-19 所示，先在地面上沿垂直于柱，沿中心线的方向 AB 和 $A'B'$ 各量一段距离 AE 和 $A'E'$，并使 $AE=l+1\text{m}$（l 为柱列中心线至吊车轨道中心线的距离）。这样 EE' 就是与吊车轨道中心线相距 1m 的平行线。

然后，将经纬仪安置在 E 点，照准 E' 点，抬高望远镜向上投点。这时一人在吊车梁上水平横放一根 1m 长的木尺，移动木尺使一端位于视线方向上，则木尺另一端刚好位于吊车轨道中心线位置，并在梁面上画线标明。同理，可以定出吊车轨道中心线上其他各点。

吊车轨道另一条中心线的位置，可采用上述方法测设，也可以按照轨道中心线间的设计间距，以已测设好的轨道中心线为准，用钢尺悬空量距的方法定出来。

（2）根据吊车梁两端投测的中线点测设轨道中心线。根据地面上柱中心线控制点或厂房矩形控制网点，测设出吊车梁中心线点；然后根据此点用经纬仪在厂房两端的吊车梁面上各投测一点，两条吊车梁共投测四点；再用钢尺精确丈量两端所投中线点的跨距是否符合设计要求，如实量跨距与设计值较差超过±5mm，则以实量长度为准予以调整（见图 10-20）。

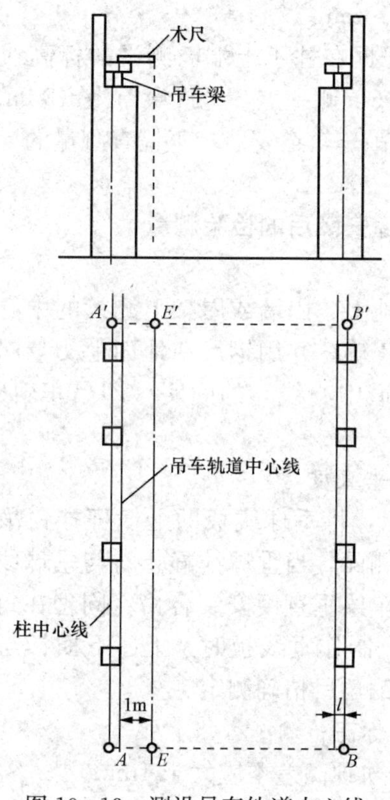

图 10-19　测设吊车轨道中心线

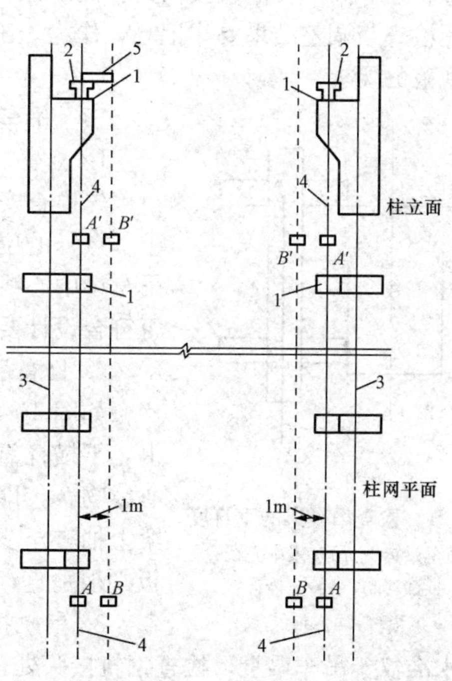

图 10-20　根据吊车梁测设轨道中心线

1—牛腿面；2—吊车梁；3—柱轴线；
4—吊车梁及吊车轨道中心线；
5—直尺

将经纬仪安置在吊车梁一端中线点上，照准另一端中线点，在梁面上进行中线投点加密，一般每隔 18m 左右加密一点，并弹上墨线。如果吊车梁面较窄，难以安置三脚架，应采用特制仪器架安置仪器。

必须指出，轨道中心线最好在屋面安装后测设，否则应在屋面安装完毕后重新检查中心线。同时在测设吊车梁中心线时，应将其方向引测到墙上或屋架上。

2. 吊车轨道安装时的标高测量

吊车轨道中线点在梁面上测定以后，应根据中线点弹出墨线，以便安放轨道垫板。此时，应根据柱子上端已测设的标高线（点），测出垫板标高，使之符合设计要求，其测量允许误差为±2mm。

3. 吊车轨道检查调整

(1) 轨道中心线检查。安置经纬仪在吊车梁上，照准预先标示在墙上或屋架上的中线两端点，用正倒镜逐渐趋近法将仪器中心导入轨道中心线上，然后每隔 18m 左右投测一点，检查轨道中心线是否在一直线上，有时也可用细钢丝拉线检查，允许偏差为±2mm；否则，应重新调整轨道，轨道中心线不允许有折线。

(2) 轨距（跨距）检查。在厂房横剖面轨道对称点上，用钢尺精密丈量其轨距尺寸，实测值与设计值较差不得超过±3～±5mm，否则，应予调整。轨道中心线经调整后，必须保证轨道安装中心线与吊车梁实际中心线的偏差小于±10mm。

(3) 轨顶标高检查。吊车轨道安装好后，必须根据在柱子上端已测设的标高线（水准点）检查轨顶标高。在两轨接头处各测一点，并每隔 6m 测一点，允许误差为±2mm。

以上检查与调整结果要作记录，作为竣工资料。吊车轨道安装竣工检查测量的允许误差应满足规范的要求。

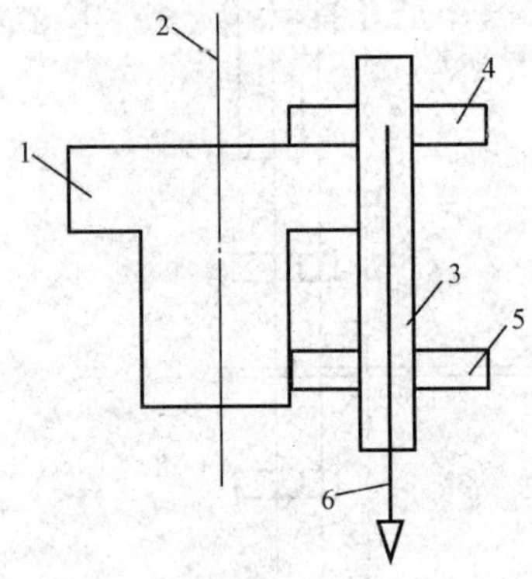

图 10-21 检查吊车梁的垂直度
1—吊车梁；2—吊车梁中心线；3—垂球线板；4—上横杆；5—下横杆；6—垂球线

三、吊车梁及轨道安装后的检验测量

1. 检查轨道中心线

先检查安装时在地上、山墙或屋架上测设的中心线控制桩（点）的位置是否正确，并用钢尺在地面上丈量两排柱的吊车梁中心线（即轨道中心线）的间距（即吊车轨距），是否符合设计要求。

2. 检查吊车梁的垂直度

如图 10-21 所示，将垂球线板的上横杆挂在吊车梁面上，下横杆靠在梁腹侧面，当垂球线静止时与垂球线板的中心线吻合，即表示吊车梁垂直度安装合格（同理在每根吊车梁上抽查至少 2 点）。制作垂线板时，上、下横杆与垂球线板必须垂直，应使用钢角尺精确测定。

3. 钢轨接头处的标高检测

置水准仪于吊车梁上，检查钢轨接头处，相邻两轨顶高差不应大于 1mm。

技能点 5 屋架的测设

一、屋架安装测量

屋架形式有三角形、梯形、拱形、多腹杆及折线形等，结构材料有钢屋架、钢筋混凝土屋架、预应力钢筋混凝土屋架及组合屋架等。虽然屋架几何形状和结构材料不同、跨度不等，但吊装过程的安装测量方法基本相同。

1. 屋架弹线

现以折线形钢筋混凝土屋架为例，简介屋架弹线的基本内容和方法。图 10-22 所示为预应力折线形屋架。屋架弹线的内容包括跨度轴线弹线、中线弹线及节点安装线弹线等。

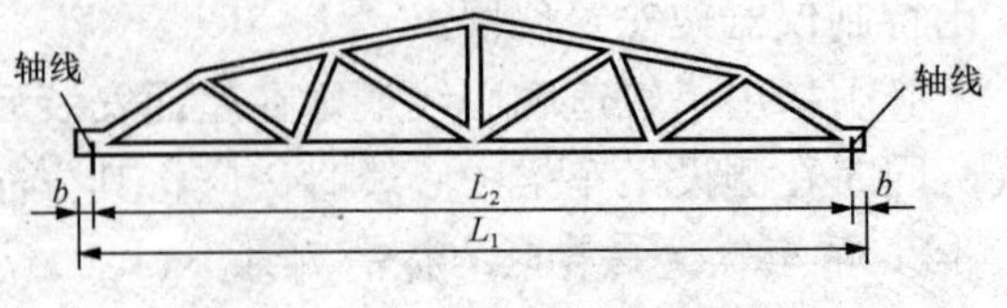

图 10-22 预应力折线形屋架

（1）跨度轴线弹线。跨度轴线弹线的目的是便于与柱顶安装线相一致。当屋架两端构造相同时，先量出屋架下弦的全长 L_1，则屋架轴线至屋架端头的距离 b 为

$$b=\frac{1}{2}(L_1-L_2)$$

式中　L_2——屋架轴线长度。

从屋架端头分别向中间量取 b，即为屋架轴线位置。

（2）中线弹线。屋架应在两端立面和上弦顶面标出中线，量尺时可按屋架截面实际宽度取中，再将各中点连线，沿端头及一上弦弹出通长中线，作为搭接屋面板和垂直校正的依据。当屋架有局部侧向翘曲时，应按设计尺寸取直弹线，以保证屋架平面的正确位置。

（3）节点安装弹线。节点安装弹线指的是与屋架侧面相连接的垂直支撑、水平系杆、天窗架、大型板等构件的安装线，垂直支撑、水平系杆等是与屋架侧面相连接的构件，其安装线是以屋架两端跨度轴线为依据，向中间量尺划分，并标在屋架侧面。天窗架、大型屋面板等是与屋架上弦顶面相连接的构件，其安装弹线可从屋架中央向两端量尺划分，应标在上弦顶面。

为了正确安装屋架及其相应连接构件，宜对屋架进行编号和标出朝向。

2. 屋架安装校正

（1）屋架安装。屋架安装时要将屋架支座中线（跨度轴线）在纵、横两个方向与柱顶安装线对齐。为了保证屋架安装精度，屋架对中时也要考虑到柱顶位移，像吊车梁纠正柱子位移的方法一样，把柱顶安装线（或中线）的偏差纠正过来。

屋架安装后，对混凝土屋架，其下弦中心线对定位轴线的允许偏差为 5mm。

（2）屋架垂直检查与校正。屋架垂直度的允许偏差不大于屋架高度的 1/250，其检查校正方法有垂线法、经纬仪校正法及吊弹尺校正法等。下面简介经纬仪校正法的具体做法。

如图 10－23 所示，在地面上作厂房柱横轴中线平行线 AB，将经纬仪安置于 A 点，照准 B 点，抬高望远镜，一人在屋架上 B' 端持木尺水平伸向观侧方向，将尺零端与观测视线对齐，在屋架中线位置读出尺的读数，即视线至屋架中线的距离，设为 500mm。再抬高望远镜，照准屋架上另一端 A' 处，也在 A' 处持水平尺伸向观测视线方向，将尺的零端与视线对齐，设读出视线至屋架线的距离为 560mm，则两端读数平均值为（500＋560）/2＝530mm。

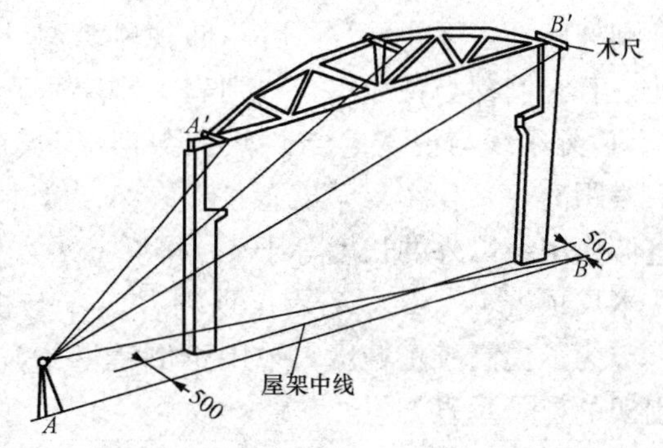

图 10－23　屋架的安装校正

一人在屋架上弦中央位置持尺，将尺的 530mm 对齐屋架中线，纵转望远镜再观测木尺，若尺的零端与视线对齐，则表示屋架垂直；否则，应摆动上弦，直至尺的零端与视线对齐为止。此法检查校正精度高，适用于大跨度屋架的校正，受风力干扰小，但易受场地限制。

二、刚架安装测量

1. 刚架的弹线方法

门式刚架是梁柱一体的构件，有双铰、三铰等形式，如图 10－24 所示。柱子部分和悬

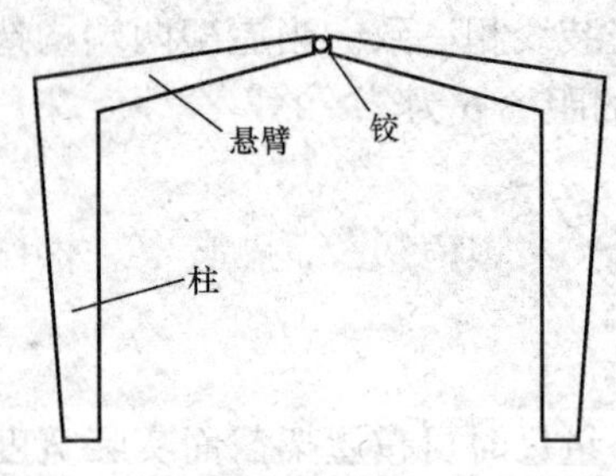

图 10-24　门式刚架

臂部分都是变截面，一般是预制成两个“厂”形，吊装后进行拼接。

刚架柱子部分应在三个侧面弹出线，悬臂部分应在顶面和顶端弹出中线，要从刚架铰接中心向两侧量尺标出屋面板等构件的节点安装线。对特殊型号的刚架要标出轴线标号。

2. 刚架安装校正

门式刚架重点是校正横轴的垂直度，并保证悬臂拼接后中线连线的水平投影在一条直线上。图 10-25 所示为刚架安装校正示意图。

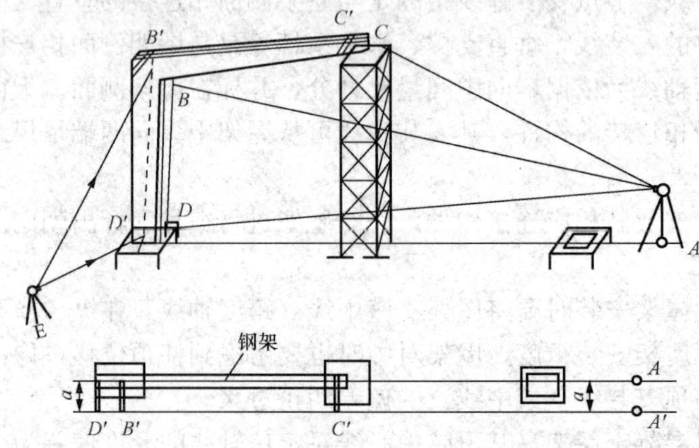

图 10-25　刚架安装校正示意图

刚架立好后要进行校正。校正时，将经纬仪安置在中线控制柱 A 点，对中、整平，照准刚架底部，下线（D）后，仰视刚架柱上部中线（B），再观测刚架悬臂顶端中线（C）处，若它们都与视线重合，则表示刚架垂直。若 B 处与 C 处中线偏离视线，需校正刚架使 B、C 处中线与视线重合。如果经纬仪安置在 A 点有困难，可采用平行线法，从 A 点先平移一段距离 a，得 A'点，安置仪器在 A'点，同时在刚架 C、B、D 处分别横置木尺，使木尺平直伸出中线以外的长度等于 a，得 C'、B'、D'点，观测时，视线先瞄准木尺顶端 D'，再仰视木尺顶端 B'、C'，若木尺顶端 B'、C'与视线重合，则表示刚架垂直。

为了提高校正精度，采用正倒镜取中法进行校正。此外，还应在 E 点安置仪器，校正刚架的柱子垂直。

技能点 6　竣工总平面图的编绘

竣工总平面图是设计总平面图在施工后实际情况的全面反映。由于在施工过程中可能会因设计时没有考虑到的问题而使设计有所变更，因此设计总平面图不能完全代替竣工总平面图。

编绘竣工总平面图的目的：首先是把变更设计的情况通过测量全面反映到竣工总平面图上；其次是将竣工总平面图应用于对各种设施的管理、维修、扩建、事故处理等工作，特别是对地下管道等隐蔽工程的检查和维修；同时还为企业的扩建提供了原有各项建筑物、构筑物、地上和地下各种管线及交通线路的坐标、高程资料。

通常采用边竣工边编绘的方法来编绘竣工总平面图。竣工总平面图的编绘包括室外实测和室内资料编绘两方面的内容。

一、竣工测量的内容

在每个单项工程完成后，必须由施工单位进行竣工测量，提出工程的竣工测量成果，作为编绘竣工总平面图的依据。其内容包括以下各方面。

1. 工业厂房及一般建筑物

包括房角坐标、各种管线进出口的位置和高程，并附房屋编号、结构层数、面积和竣工时间等资料。

2. 铁路与公路

包括起终点、转折点、交叉点的坐标，曲线元素，桥涵、路面、人行道等构筑物的位置和高程。

3. 地下管网

窨井、转折点的坐标，井盖、井底、沟槽和管顶等的高程，并附注管道及窨井的编号、名称、管径、管材、间距、坡度和流向。

4. 架空管网

包括转折点、结点、交叉点的坐标，支架间距，基础面高程等。

5. 特种构筑物

包括沉淀池、烟囱、煤气罐等及其附属建筑物的外形和四角坐标，圆形构筑物的中心坐标，基础面标高，烟囱高度和沉淀池深度等。

竣工测量完成后，应提交完整的资料，包括工程的名称、施工依据和施工成果，作为编绘竣工总平面图的依据。

二、竣工总平面图编绘的要求

竣工总平面图上应包括建筑方格网点、水准点、建（构）筑物辅助设施、生活福利设施、架空及地下管线、铁路等建筑物或构筑物的坐标和高程，以及相关区域内空地等的地形。有关建筑物、构筑物的符号应与设计图例相同，有关地形图的图例应使用国家地形图图式符号。

建筑区地上和地下所有建筑物、构筑物绘在一张竣工总平面图上时，往往因线条过于密集而不醒目，为此可采用分类编图，如综合竣工总平面图、交通运输总平面图和管线竣工总平面图等。比例尺一般采用 1∶1000。如不能清楚地表示某些特别密集的地区，也可在局部采用 1∶500 的比例尺。

当施工的单位较多，工程多次转手，造成竣工测量资料不全，图面不完整或与现场情况不符时，需要实地进行施测，这样绘出的平面图，称为实测竣工总平面图。

练习题

1. 如何进行柱子的竖直校正？
2. 简述柱子吊装测量的方法与精度要求。对变截面的柱子应注意些什么？
3. 简述杯形基础的测设方法。
4. 简述吊车梁的安装测量。
5. 编绘竣工总平面图的目的何在？内容有哪些？如何编绘？

单元二 钢结构施工测量

本单元简单介绍了特殊建筑物的施工测量的主要内容及实施方法；介绍了现在建筑行业常见的钢结构的主要施工测量工作。本单元所讲内容是以扩展学生知识面为目的。

学习目标： 通过本单元内容的学习，使学生了解特殊建筑物施工测量的主要测量工作内容，以及测量方法。

能力标准： 通过学习，了解现在建筑行业常见的钢结构的主要施工测量工作，并具备能进行建筑施工测量的工作能力。

技能点1 钢结构的施工测量

20世纪80年代中期，高层钢结构建筑开始在我国出现。1985年，我国兴建了第一幢高层钢结构建筑“深圳发展中心大厦”，此后，在深圳、上海、北京等地相继建成高层钢结构建筑十多幢。近两年来，随着经济的发展和建筑技术的创新，尤其是高层钢结构建筑具有自重轻、构件截面小、有效空间大、抗震性能好、施工速度快、用工少及综合效益优于同类高层钢筋混凝土结构等特点。例如，已建成的上海金茂大厦（88层421m高）、深圳地王大厦（69层325m高）、广州中天广场（80层322m高），目前正在建设中的上海环球金融中心将以其地上95层460m的高度成为世界最高的建筑之一，从而使我国的高层建筑进入世界前列。目前，我国内地已建成及在建的高层钢结构建筑有近40幢，钢结构建筑正在建筑领域扮演着越来越重要的角色。

高层钢结构建筑的出现带来了施工测量技术的革新，其施工过程中的安装测量与精度监控是一门复杂而严格的技术，而且需要其他工种相互配合、相互协作，并随安装工艺流程变更要及时变化作业方法和手段。它与传统建筑结构的施工测量相比，有以下几个特点：

（1）施工测量作业环境比较特殊，需配备专用卡具、夹具；

（2）钢结构安装精度要求高，控制误差一般以毫米计，测量工作量大，对于每一根钢柱都需全程跟踪监测；

（3）钢结构对外界环境影响比较敏感，应综合考虑到阳光、季节等因素的影响。

一、钢结构安装精度要求

高层钢结构建筑技术复杂，施工难度较大，测量应紧随施工安装工艺流程变更作业方法和手段，为有条不紊地开展测量工作，施工前应编制详细的《钢结构施工测量方案》。方案应根据施工流程编制，细化各道工序的测量方法和精度控制。在施工中，安装工序一般是从中央向四周扩展，以利焊接误差的减少和消除。对于筒体结构是先内筒后外筒；对称结构采用位置对称方案安装和焊接；非对称结构按上述原则具体确定。立面流水一般以一节钢柱为单元，每个单元以主梁或钢支撑、带状桁架安装成框架为原则，其次是次梁、楼板及非结构构件的安装。

钢筋混凝土筒体结构，先浇筒体后施工，在复杂的钢结构工程中除钢构件外还应考虑钢筋混凝土预制构件及外墙板的节点构造，安装顺序是否穿插进行应依具体情况确定。

测量方案编制应以相关的技术规范为依据，钢结构施工测量涉及整体控制和细部放样定位，整体控制测量标准主要引用专业标准，如《工程测量规范》（GB 50026—2007）和《城市测量规范》（CJJ/T 8—2011）；细部结构安装测量和精度控制的现行标准有《钢结构工程施工质量验收规范》（GB 50205—2001）和《高层民用建筑钢结构技术规程》（JGJ 99—1998）。由于钢结构细部安装施工的技术要求包含许多方面，诸如地脚螺栓预埋、吊装、校正、焊接等，各规范对个别构件安装精度控制标准有所不一，应以实际情况具体对待。钢结构安装允许偏差见表 10-3。

表 10-3　　钢结构安装允许偏差

类别＼项目	项目内容	允许偏差	测量方法
地脚螺栓	钢结构的定位轴线	$L/2000$，且不大于 3mm	钢尺和经纬仪
	钢柱的定位轴线	±1mm	钢尺和经纬仪
	地脚螺栓的位移	±2mm	钢尺和经纬仪
	柱子的底座位移	±3mm	钢尺和经纬仪
	柱底的标高	±2mm	水准仪检查
钢柱	底层柱基准点标高	±2mm	水准仪检查
	同一层各节柱柱顶高差	±5mm	水准仪检查
	底层柱柱底轴线对定位轴线偏移	±3mm	经纬仪和钢尺检查
	上、下连接处错位（位移、扭转）	±3mm	钢尺和直尺检查
	单节柱垂直度	$\pm H_1/1000$，且不大于 10mm	经纬仪检查
主梁	同一根梁两端顶面高差	$\pm L/1000$，且不大于 10mm	水准仪检查
次梁	与主梁上表面高差	±2mm	直尺和钢尺检查
主体结构	垂直度（按各节柱的偏差累计计算）	$\pm(H/2500+10\text{mm})$，且不大于 50mm	全站仪或激光经纬仪
整体偏差	平面弯曲（按每层偏差累计计算）	$\pm L/1500$，且不大于 25mm	全站仪或激光经纬仪

注　H 为钢柱和主体结构高度；L 为梁长；H_1 为单节柱高度。

二、平面和高程控制

1. 平面控制网的建立

平面控制网可以根据土建提供的轴线控制点（或网）直接利用，或从城市和国家等级控制点引测，并设置在建筑物主体范围内，构成高精度的小型平面内控制网，内控制网点布设的位置应考虑钢柱的定位、检查和校正，因此，一般布设成轴线控制点。对控制网的测量应进行严密平差和与轴线偏差的改化，改化后再次进行检测，要求测距相对中误差小于 $L/20\,000$，测角中误差小于 5″。若不满足要求，再次改化，直至满足要求。一般情况下，这种改化只需进行两次。因高层钢结构安装测量的精度较高，为此，基准点处预埋 10cm×10cm 钢板，用钢针刻划十字线定点，线宽 0.2mm，并在交点上打样冲眼，以便长期保存。所布设的平面控制网应定期进行复测、校核。

2. 平面控制点的逐层传递

首层平面放线直接依据首层平面控制网，其他楼层平面放线，根据规范要求，应从地面控制网引投到高空，不得使用下一楼层的定位轴线。平面控制点的竖向传递采用内控法，投点仪器一般采用高精度的天顶准直仪或激光经纬仪配合激光靶进行。在控制点上架设好仪器，严密对中、整平。在控制点正上方，在需要传递控制点的楼面预留孔处水平设置一块有机玻璃做成的光靶，光靶严格固定。仪器从 0°、90°、180°、270°4 个方向向光靶投点，用

0.2mm 的笔定出这 4 个点。若 4 点重合，则传递无误差；若 4 点不重合，则找出 4 点对角线的交点作为传递上来的控制点。所有控制点传递完成后，则形成该楼面平面控制网。对该平面控制网进行角度观测。由观测成果作经典自由网平差，根据平差结果与理论值相比较，若边长较差 $|\Delta S| \leqslant 2.0$mm，角度较差 $|\Delta\beta| \leqslant 2''$，则说明 4 点精度达标，只记录不作调整；若边长较差 2.0mm$<|\Delta S| \leqslant 3.0$mm，角度较差 $12''<|\Delta\beta| \leqslant 24''$，则说明 4 点精度不够，必须调整；若边长较差 $|\Delta S|>3.0$mm，$|\Delta\beta|>24''$，则说明投点精度超限，必须重新投点，直至满足精度要求。考虑天顶准直仪的视距变长后的清晰度影响投测精度，故施工到一定高度时，基准点应转移到稳定的上部楼面上。平面基准点从底层上移到某楼层面后，该层控制点就直接作为后续楼层控制点传递的基准。

3. 高程控制

标高控制点一般布设 2 个以上，采用精密水准测量方法从城市Ⅱ等水准点引测，建立独立的Ⅲ等精度要求的控制网。

4. 钢柱标高的传递及误差调整

高层钢结构的安装对标高控制的要求很高。当按设计标高安装时，每节柱的标高都应从地面传递上来；若按相对标高安装，则无需进行标高传递，优点明显，也给施工带来了方便。

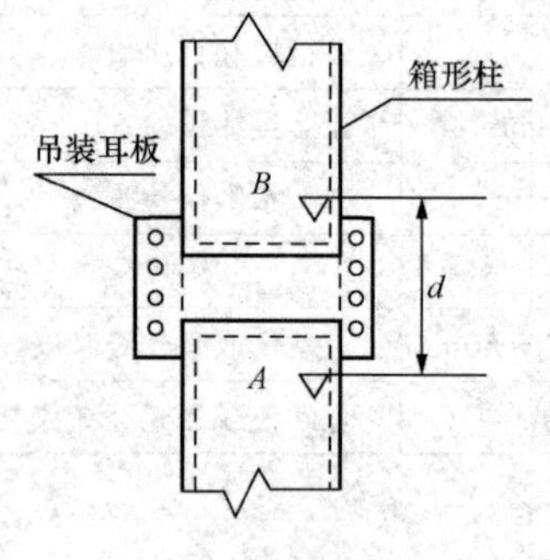

图 10-26 钢柱标高传递

为达到规范精度要求，在吊装前可用 DS3 水准仪以某一设计标高值抄平各钢柱，并在抄平位置做好标记（如图 10-26 中的 A 位置），同时对将安装的钢柱用已检定的钢尺从柱顶向柱底往下截取某一长度，并在此位置做好标记（如图 10-26 中的 B 位置）。然后通过调节图中 d 值的大小达到控制标高的目的。如果抄平线 A 与截取线 B 不在同一截面，必须用水平尺引测到同一个截面后方可进行调节。每节柱吊装完毕后，都测定其标高，确定其与设计值的差异，如超过限差，则需要通过下一节柱的安装或反馈到制造工厂修正其长度来进行调整。

三、安装测控

1. 测量工作流程

测量放线工作作业流程如图 10-27 所示。

2. 地脚螺栓的预埋定位测量

地脚螺栓的预埋方法一般有两种：一种是一次浇筑法；另一种是预留坑位二次浇筑法。前一种方法要求测量工作人员先布置高精度的方格网，并把各柱中心轴线引测到四周的适当高度，一般超过底板厚度 10cm 左右；后一种方法可待底板浇筑完成初凝后再重引测平面控制网及柱中心轴线到各预留坑位的四周。两种方法各有优劣，前者一次浇筑防渗漏效果好，但是地脚螺栓定位后容易在浇筑混凝土过程中发生位移，螺栓定位精度低；后者地脚螺栓定位精度高，但二次浇筑处理不当，容易产生渗漏。

3. 钢柱轴线位置的标定

不论是核心筒的钢柱还是外框架的钢柱，都必须在吊装前标定每一钢柱的几何中心，吊装后标定其柱轴线的准确位置（钢针刻划），作为测控该节钢柱垂直度的依据。

4. 柱顶放线

利用投测点，运用全站仪或 J_2 经纬仪进行排尺放线。柱顶轴线放二样应在钢柱柱头的 4

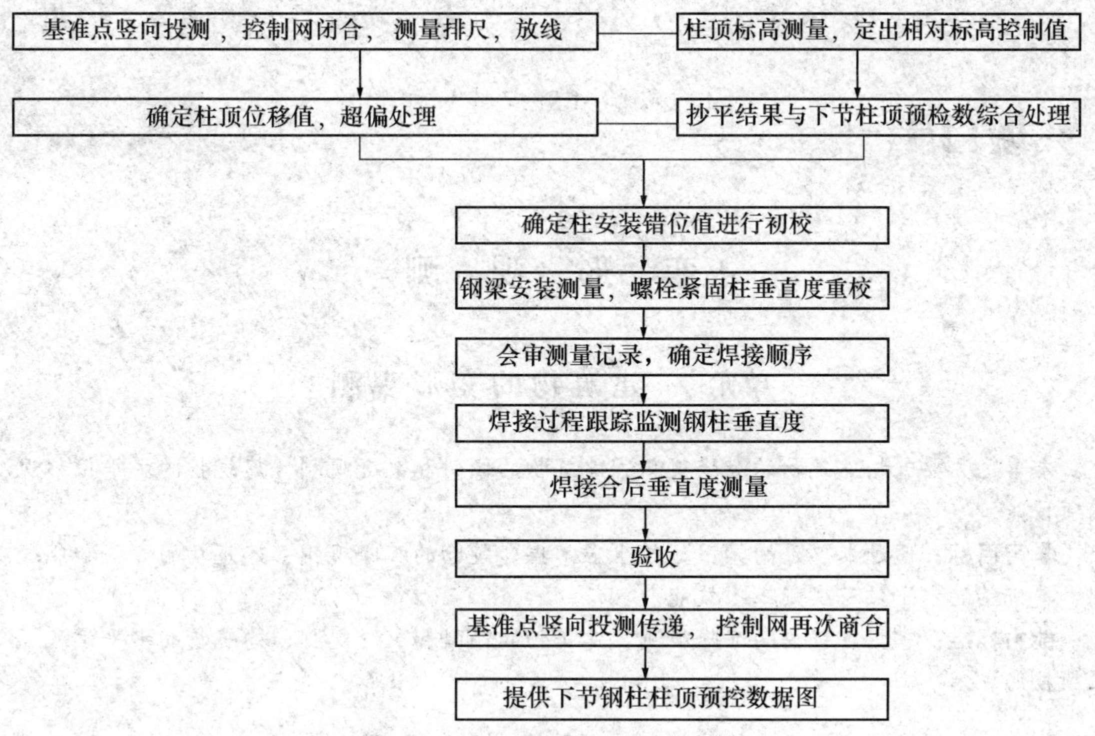

图 10-27 测量放线工作作业流程

个面标示出来，既方便施工中监测，又便于推算钢柱的扭转值。

5. 安装监测

钢结构安装精度的控制以钢柱为主。钢柱在自由状态校正时，垂直度偏差应校正到 0。钢梁安装时还应监测钢柱垂直度的变化，单节柱的垂直度偏差应小于 $H/1000$，且不大于 10mm，在监控时，应预留梁柱节点焊接收缩量，以免焊后钢柱垂直度因焊接变形而超标。若垂直度超标，则有两种原因：①钢梁制作尺寸有问题；②放线有误差，应针对不同情况进行处理。梁柱节点焊接收缩量视钢梁翼缘板厚而定，一般为 1～2mm。同样，钢柱标高控制时也应预留焊接收缩量。在钢梁安装中，钢梁安装时的水平度应不大于梁长的 1/1000 并且不得大于 10mm。在同一节构件所有节点高强螺栓初拧完后，对所有钢柱的垂直度再次测量。所有节点焊接完后作最终测量，测量数据形成交工记录。

6. 钢柱焊接过程中的跟踪测量

在每节钢柱吊装就位后，通过初校使单节柱垂直度达到要求，同时尽可能使整体垂直度偏小，然后进行焊接，在焊接过程中，钢柱的垂直度必然会发生变化，这时需要采用经纬仪进行跟踪来测定其变化情况并以此指导焊接。

练 习 题

1. 钢结构和钢筋混凝土结构施工测量有什么不同?
2. 简述钢结构工程平面控制点逐层传递的方法。

项目十一

变形观测

单元一 建筑物的变形观测

本单元主要包括建筑物的沉降观测、建筑物的倾斜和裂缝观测、建筑物的水平位移观测三项技能。

学习目标：通过本单元的学习，学生应掌握建筑物的沉降观测、建筑物的倾斜和裂缝观测、建筑物的水平位移观测三项技能。

能力标准：掌握建筑物的沉降观测、建筑物的倾斜和裂缝观测、建筑物的水平位移观测三项技能。

技能点1 建筑物的沉降观测

建筑物的沉降是指建筑物及其基础在垂直方向上的变形（也称垂直位移）。沉降观测就是测定建筑物上所设观测点（沉降点）与基准点（水准点）之间随时间变化的高差变化量。通常采用精密水准测量或液体静力水准测量的方法进行。

沉降观测是变形观测中的重要内容。下列建筑物和构筑物应进行系统的沉降观测：高层建筑物、重要厂房的柱基及主要设备基础，连续性生产和受振动较大的设备基础，工业炉（如炼钢的高炉等），高大的构筑物（如水塔、烟囱等），人工加固的地基、回填土，地下水位较高或大孔性土地基的建筑物等。

一、水准点的布设

沉降观测的基准点或工作点也称为水准点，是观测建筑物地基变形值的基准。因此，要综合考虑水准点的稳定、观测的方便和精度，合理布设水准点。

（1）为了相互校核并防止由于个别水准点的高程变动造成差错，一般最少布设三个水准点。三个水准点之间最好安置一次仪器就可进行联测。

（2）水准点应埋设在受压、受震范围以外，埋深至少在冻土线以下0.5m，确保水准点的稳定性。

（3）水准点离观测点的距离不应大于100m，以便于观测和提高精度。

二、观测点的布设

沉降观测点是固定在建筑物结构基础、柱、墙上的测量标志，是测量沉降量的依据。因此，观测点的数目和位置应根据建筑物的结构、大小、荷载、基础形式和地质条件等情况而确定，要能全面反映建筑物沉降的情况。

一般在建筑物四周角点及每隔6～12m设立观测点。在最容易发生沉降变形的地方，如设备基础、柱子基础、伸缩缝两旁、基础形式改变处、地质条件改变处、高低层建筑连接处、新老建筑连接处等也应设立观测点。在高大烟囱、水塔或配煤罐等周围或轴线上至少布置三个观测点。

观测点分两种形式，如图 11-1 所示，其标高一般在室外地坪+0.5m 处较为适宜。

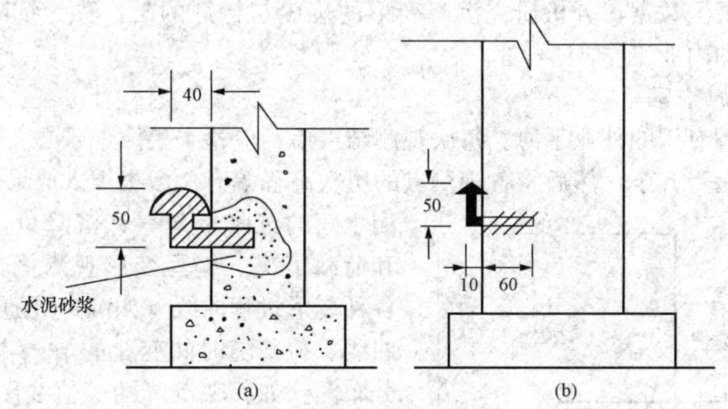

图 11-1　沉降观测点的布置

（a）墙上观测点；（b）柱上观测点

三、沉降观测实施

应在建筑物基坑开挖之前，开始进行水准点的布设与观测，对沉降点的观测应贯穿于整个施工过程，持续到建成后若干年，直到沉降现象基本停止时为止。

沉降观测时间与周期的确定：

（1）水准点、观测点埋设稳固后，均应至少观测两次。

（2）施工过程中，一般在增加较大荷载（如浇灌基础、安装柱子和屋架、砌筑砖墙、铺设屋面、安装吊车等）后要进行沉降观测。此外，在施工中如中途停工时间较长，应在停工时及复工前进行观测；建筑物周围发生大量挖方、暴雨或地震后，也应观测。

（3）竣工后要按沉降量的大小，定期进行观测。开始可隔 1～2 个月观测一次，以每次沉降量在 5～10mm 以内为限度，否则要增加观测次数。以后，随着沉降量的减小，逐渐延长观测周期，直至沉降稳定为止。

四、沉降观测的技术要求

沉降观测一般采用精密水准测量的方法。观测时，除应遵循精密水准测量的有关规定外，还应注意如下事项：

（1）水准路线应尽量构成闭合环的形式。

（2）采用固定观测员、固定仪器、固定施测路线的方法来提高观测精度。

（3）观测应在成像清晰、稳定的时间内进行。测完各观测点后，必须再测后视点，同一后视点的两次读数之差不得超过±1mm。

（4）前、后视观测最好用同一根水准尺，水准尺离仪器的距离应小于 40m，前、后视距离用皮尺丈量，使之大致相等。

（5）精度要求：对一般厂房建筑物、混凝土大坝的沉降观测，要求能反映出 2mm 的沉降量；对大型建筑物、重要厂房和重要设备基础的沉降观测，要能反映出 1mm 沉降量；特殊精密工程如高能粒子加速器、大型抛物面天线等，沉降观测的精度要求为±0.05～±0.2mm。

(6) 水准点的高程变化将直接影响沉降观测的结果，应定期检查水准点高程有无变动。

五、沉降观测的成果整理和分析

检查、计算观测数据，分析研究沉降变形的规律与特征的工作称为沉降观测的成果整理，属沉降观测的内业工作。

1. 观测资料的整理

沉降观测采用专用的外业手簿。每次观测结束后，应检查手簿记录是否正确，精度是否合格，文字说明是否齐全。然后将各观测点的历次高程等有关数据填入成果表，计算两次观测之间的沉降量与累计沉降量，注明观测日期和荷载情况。编写变形观测报告和说明，绘制各种变形过程曲线（如沉降量随时间变化的 $s-t$ 曲线、荷载随时间变化的 $p-t$ 图）和建筑变形分布图（如反映沉降的等值线图）。这样可以更加形象地看出建筑物各点及整个建筑物的沉降量，如图 11-2 所示。

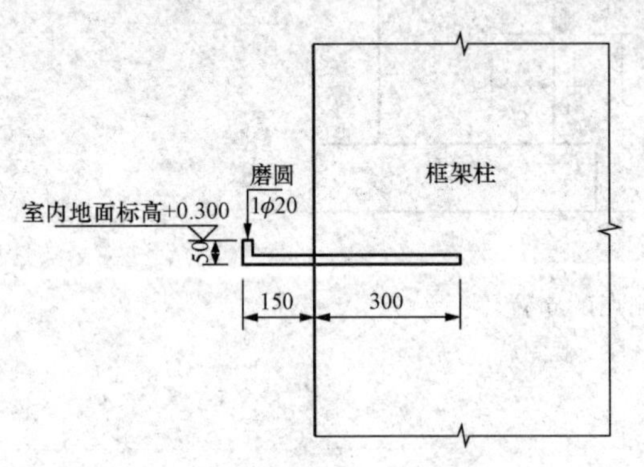

图 11-2 沉降观测观测点大样

2. 观测资料分析

对观测数据进行统计分析。分析建筑物沉降过程、沉降规律、沉降幅度、沉降原因、沉降值与引起沉降变形因素之间的关系，判断建筑物沉降情况是否正常，并预报今后的变形趋势。

【例 11-1】 山西某宿舍楼沉降观测方案。

一、编制依据

该案例编制依据见表 11-1。

表 11-1 山西某宿舍沉降观测方案编制依据

序号	名　称	编　号	备注
1	某高中施工图纸		
2	《工程测量规范》	GB 50026—2007	
3	《建筑变形测量规程》	JGJ/T 8—2007	
4	《国家一、二等水准测量规范》	GB/T 12897—2006	

二、工程概况

该工程为某高中建设项目中的宿舍 3 号楼，位于建设项目中轴线南侧（教学 6 号楼南侧），西侧为科技图书楼，东侧为宿舍 2 号楼，南侧为校园规划路。L 形平面布局，总建筑面积为 7513.9m²，五层吊一层，建筑总高度 18.90m。

三、观测目的、原则及观测点布置

1. 观测目的

工程建筑物从施工开始到竣工，以及建成运营后很长一段时间，沉降变形是不可避免的。如果变形在一定的限度之内属正常现象，但超过某一限度，就会危及建筑物的安全。因此，在建筑物的施工和运营期间，都必须对建筑物进行安全监测，以便及时掌握变形情况，发现问题，采取措施，保证建筑物从施工开始到运营期间均安全有效。

2. 观测原则

(1) 参照设计图纸。

(2) 建筑物的四角极大转角处。

(3) 高低层建筑物、纵横墙的交接处两侧。

(4) 建筑物沉降缝两侧、基础埋深相差悬殊处。

3. 观测点布置

根据观测原则要求，共布置 12 个沉降观测点，具体点位见沉降观测点平面布置图，见图 11-3。

四、观测方法

1. 观测基准点设置

基准点是沉降观测的基本控制，拟在场地外适当位置设置 3～4 个水准基准点，并准确测定其高程。为保证准确无误，将分时间段、往返观测，往返观测之差满足：$M_{\Delta}=\pm0.3$mm。工作基点用作直接测定观测点的起始点或终点，选择适当位置布置工作基点，与基准点一起布设成水准环线，按要求进行联测。

2. 沉降观测点的布设和观测

沉降观测点在建筑物施工过程中埋设好沉降观测标志点，标志的埋设位置应避开如雨水管、窗台线、暖气片、暖水管、电气开关等有碍设标与观测的障碍物，埋设于±0.000（如±0.0 与室外地平不一致，则按室外地平）以上位置（见图 11-2，观测点大样见图 11-3，一层施工完成后，采用植筋方法布设）。该次共布设 12 个沉降观测点，详见图 11-3。

沉降观测点与工作基点、基准点构成沉降监测网，按二等水准测量的要求进行精确测量，主要技术要求见表 11-2、表 11-3。

表 11-2　　沉降监测网的主要技术要求

相邻基准点高差中误差（mm）	每站高差中误差（mm）	往返较差、附合或环线闭合差（mm）	检测已测高差较差（mm）	使用仪器、观测方法及要求
1.0	0.30	0.60	0.8	DS05 型仪器，按二等水准测量的技术要求施测

表 11-3　　二等水准测量的主要技术要求

等级	每千米高差全中误差（mm）	路线长度（km）	水准仪的型号	水准尺	观测次数		往返较差、附合或环线闭合差	
					与已知点联测	附合或环线	平地（mm）	山地（mm）
二等	2	—	DS05	铟瓦	往返各一次	往返各一次	4	—

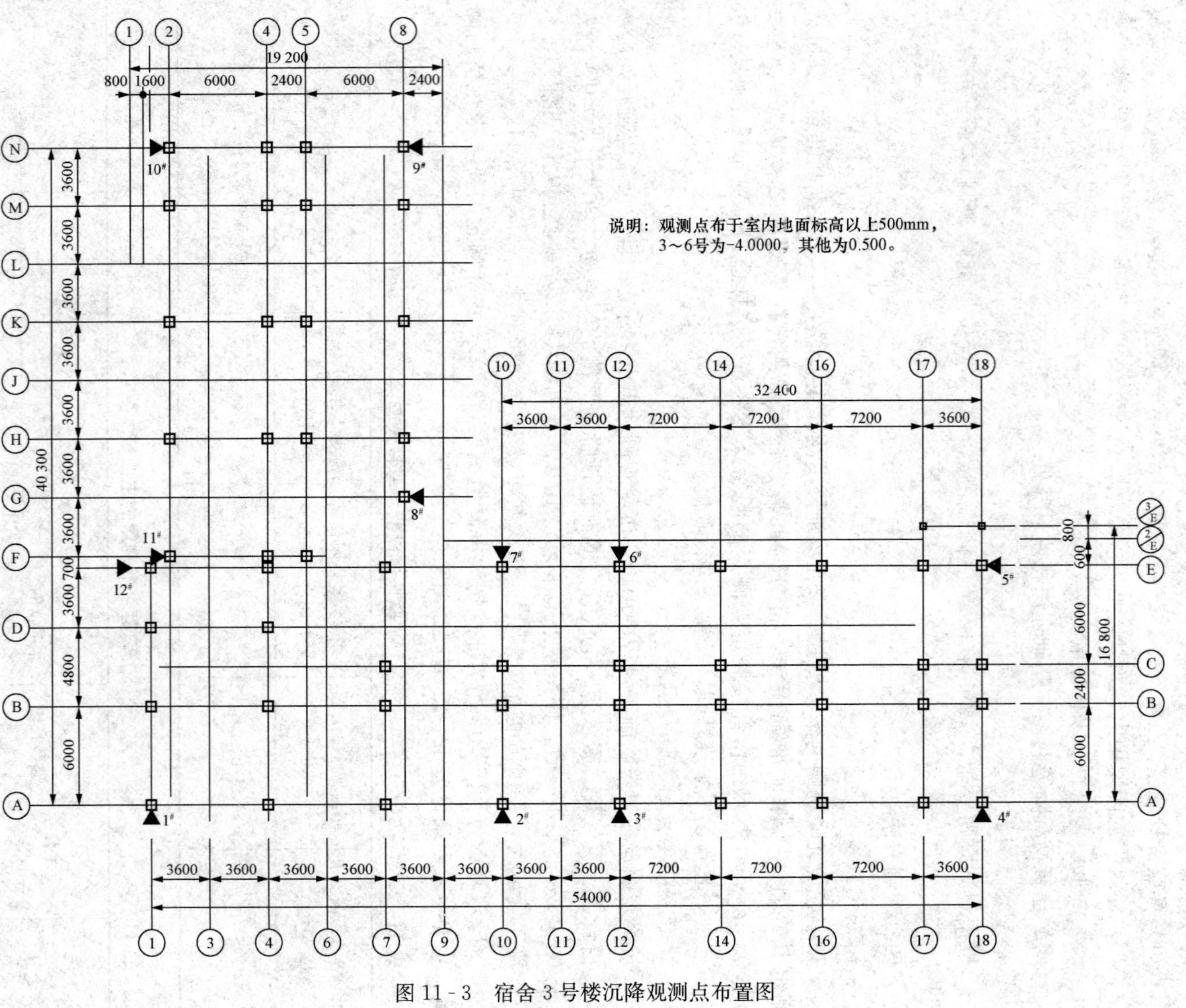

图 11－3　宿舍 3 号楼沉降观测点布置图

各次沉降观测是整个工作的主体，建筑物施工到各个时期的沉降变形量就在这一环节中反映出来，为保证测量的准确性，观测前对所使用仪器按规范要求进行检验校正，观测按照采用相同的观测路线、使用同一仪器和水准尺、固定观测人员、在基本相同的环境和条件下工作的要求进行观测，精度严格遵行规范要求，见表 11-4。

表 11-4　水准观测的主要技术要求

等级	水准仪的型号	视线长度（m）	前后视较差（m）	前后视累积差（m）	视线离地面最低高度（m）	基本分划、辅助分划读数较差（mm）	基本分划、辅助分划所测高差较差（mm）
二等	DS05	50	1	3	0.5	0.5	0.7

注　二等水准视线长度小于 20m 时，其视线高度不应低于 0.3m。

五、观测周期

1. 施工阶段

在建筑物第一层施工完成后，拆模后进行沉降观测点布置，并进行首次观测。之后，每增加一层荷载进行一次观测直至主体封顶。填充墙施工完成后观测一次，装修完成后观测一次。施工期间共进行 7 次观测。

2. 使用阶段

建筑物竣工后半年每隔 2～3 个月观测一次，以后每隔 4～6 个月观测一次，直至建筑物沉降稳定，预计共观测 3 次。

当建筑物出现下沉、上浮，不均匀沉降比较严重，或裂缝发展迅速，应每日或数日连续观测。

3. 建筑物沉降稳定标准

地基变形沉降的稳定标准应由沉降量—时间关系曲线判定。《建筑变形测量规程》（JGJ/T 8—2007）中指出，一般工程若沉降速率小于 0.01～0.04mm/d，可认为建筑物已经进入稳定阶段，具体取值宜根据各地区地基土的压缩性确定。该工程取值为 0.04mm/d。

六、观测仪器及人员组成

1. 观测仪器

该次沉降观测使用天津欧波精密仪器股份有限公司生产的 DS32 型自动安平水准仪（带测微器），测量精度达±0.4mm/km，精确读数至 0.1mm，估读至 0.01mm。水准尺使用 2.0m 铟钢尺。

2. 人员组成及职责

成立沉降观测组，成员包括技术负责人 1 人，观测人员 2 人。一人负责沉降观测的技术要求及技术交底；另一人负责沉降观测及沉降各册资料的报审及整理，合格后交资料员归档。

七、观测资料及整理

1. 观测资料整理

观测结果应于当日整理完毕，并及时将成果报甲方、监理，若发现观测结果出现异常，及时通知甲方、监理。如出现建筑物差异沉降超过 1/1000L（L 为相邻两沉降点的间距），必须立即上报项目技术负责人。

2. 观测成果

观测工作结束后，应提交下列成果：

(1) 建筑物竣工后一周内向业主提交竣工沉降监测报告，内容包括：沉降观测成果表，沉降观测点位分布图及各周期沉降展开图，v-t-s（沉降速率、时间、沉降量）曲线图，沉降观测分析报告。

(2) 沉降观测工作全部结束后一周内向业主提交沉降监测报告，内容包括：沉降观测成果表，沉降观测点位分布图及各周期沉降展开图，v-t-s（沉降速率、时间、沉降量）曲线图，沉降观测分析报告。

技能点2 建筑物的倾斜观测与裂缝观测

一、倾斜观测

建筑物因地基的不均匀沉降或其他原因，往往会产生倾斜。建筑物的倾斜分为两类：一类表现为以不均匀的水平位移为主；另一类则表现为以不均匀的沉降为主。例如，高层建筑物、塔式建筑物倾斜属于前一类，而基础的倾斜属于后一类。

倾斜观测是用经纬仪、水准仪或其他专用仪器测量建筑物的倾斜度随时间而变化的工作。对于上述两类倾斜一般分别采用不同的观测方法，前者可采用先测出水平位移，然后计算倾斜的方法，即所谓的“直接法”；后者可通过测量建筑物基础相对沉降的方法进行测定，即先测出沉降后计算倾斜的方法，也就是所谓的“间接法”。为了测定设备基础、平台等局部小范围内的倾斜，还可以利用气泡式倾斜仪进行观测。

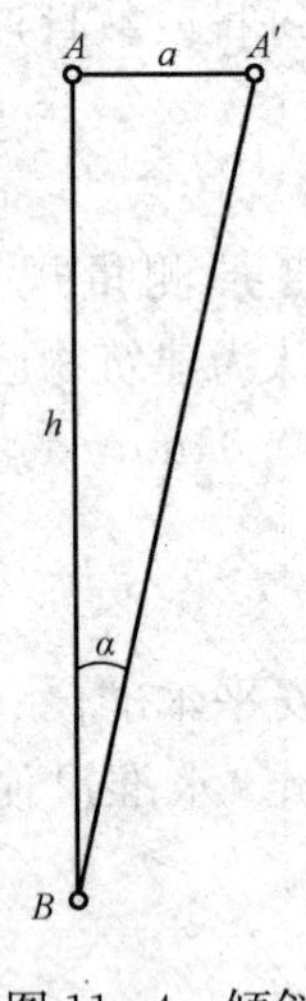

图11-4 倾斜观测直接法

1. 直接法

如图11-4所示，A点与B点位于同一竖直线上，当建筑物发生倾斜时，则A点相对于B点平移了某个数值a至A'点，定义建筑物的倾斜度为

$$i=\frac{a}{h}$$

式中 h——A点相对于B点的高程或建筑物的高度。

高层建筑物和构筑物的倾斜观测必须分别在互成垂直的两个方向上进行。

(1) 一般建筑物的倾斜观测。如图11-5所示，在离墙面大于墙高的地方选一点A安置经纬仪。照准墙顶一点M，向下投影得点N，作一标志。过一段时间，用经纬仪再照准同一点M（由于建筑物有倾斜，M点实际上已移到M'），向下投点得N'点。量出NN'的距离a，则建筑物在垂直于视线方向上的倾斜度为$i=\frac{a}{h}$。

(2) 圆形高大建筑物的倾斜观测。测定圆形建筑物如烟囱、水塔等的倾斜度时，首先要求有顶部中心对底部中心的偏距。为此，可先在建筑物底部放一块木板，用经纬仪把顶部边缘两点A、A'投到木板上（见图11-6），得中心位置A_0，再把底部边缘两点B、B'投到木板上，得另一个中心位置B_0。B_0与A_0之间的距离a就是在AA'方向上顶部中心偏离底部中心的距离。同样在垂直方向上测定顶部中心的偏心距b，则总偏心距$c=\sqrt{a^2+b^2}$。此建筑

物的倾斜度 $i=\frac{a}{h}$，h 是建筑物的高度。

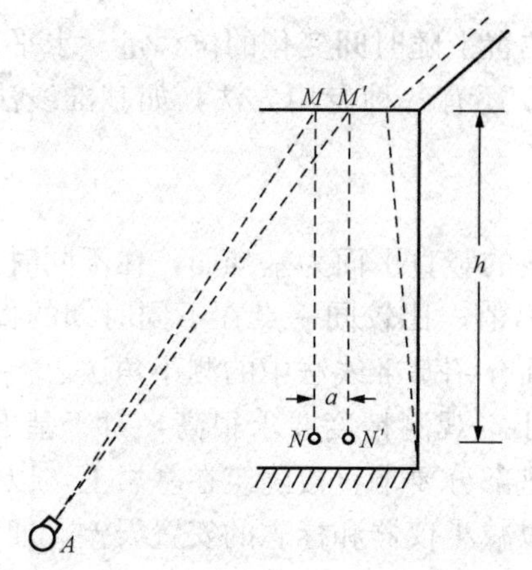

图 11-5　建筑物的倾斜观测

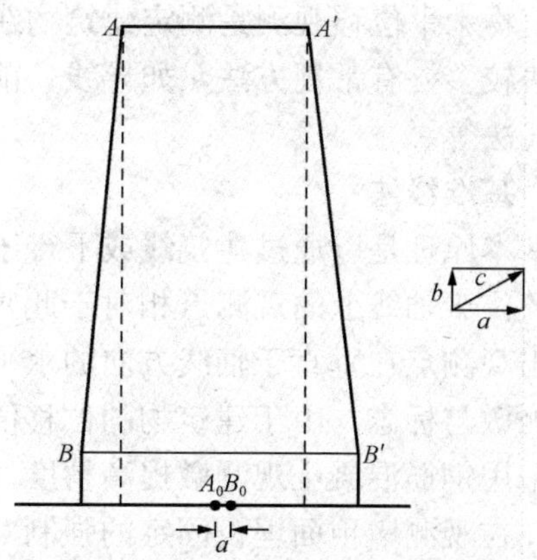

图 11-6　圆形高大建筑物的倾斜观测

2. 间接法

用水准测量方法、液体静力水准测量方法或使用各种类型的倾斜仪测量基础的相对沉降量，来测定建筑物基础的倾斜。采用二等水准进行施测，求得倾斜的精度可达 $1''\sim2''$。利用处在同一水平面内的匀质液面取代水准仪的水平视线来测定观测点之间的高差，这是静力水准测量的基本原理，倾斜观测点一般与沉降观测点配合使用。

二、裂缝观测

建筑物基础的不均匀沉降、温度的变化和外界各种荷载的作用，都可能使建筑物内部的应力大大超过允许的限度，使建筑物的结构产生破坏和出现裂缝。测定建筑物上裂缝发展情况的观测工作即为裂缝观测。

若在建筑物中发现裂缝，应立即进行全面检查，对裂缝编号，画出裂缝分布图，然后开始进行裂缝观测，观测每一裂缝的位置、走向、长度、宽度和深度。

混凝土建筑物上的裂缝观测，通常要求有较高的精度。因此要采用专门的特殊的观测标志。特制的观测标志可测量裂缝在三维空间三个坐标轴方向上的增量。图 11-7 是常用的简单的裂缝观测标志。标志用两片白铁片制成，一片规格为 150mm×150mm，并使其一边和裂缝的边缘对齐，另一片规格为 50mm×200mm，固定在裂缝的另侧，并使其一部分紧贴在 150mm×150mm 的白铁片上，白铁片的边缘彼此平行。标志固定好后，在两片白铁片露在外面的表面涂上白色油漆，并用黑油漆在矩形白铁皮上写明编号和标志设置日期。

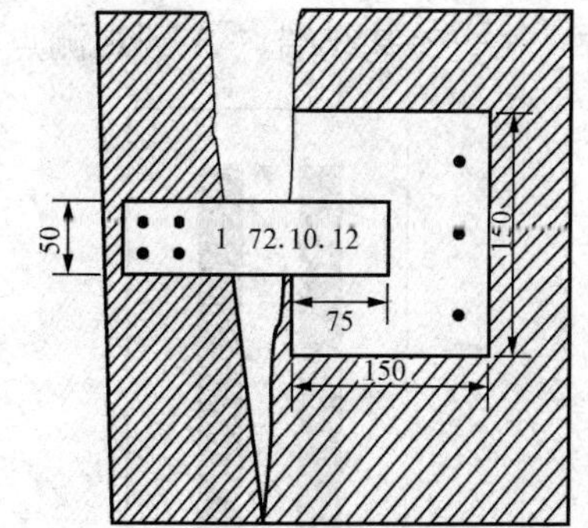

图 11-7　裂缝观测标志设置

（单位：mm）

标志设置好后，如果裂缝继续发展，白铁皮将被逐渐拉开，露出正方形白铁皮上没有涂油漆的部分，它的宽度就是裂缝加大的宽度，可以用尺子直接量出。裂缝往往与不均匀沉降有关，因此，进行裂缝观测的同时，一般要进行沉降观测。

技能点3　建筑物的水平位移观测

建筑物水平位移观测是测定建筑物在规定平面位置上随时间变化的位移量。水平位移观测的方法较多，有常规方法，如导线、前方交会法；还有各种专用方法，如基准线法，正、倒镜垂线法等。

一、基准线法

其基本原理是以通过建筑线或平行于建筑物轴线的竖直平面为基准面，在不同时期分别测定大致位于轴线上的观测点相对于此基准面的偏离值。比较同一点在不同时期的偏离值，即可求出观测点在垂直于轴线方向的水平位移。下面介绍基准线法中的测小角法。

观测墩与标志。由于建筑物的位移值一般都很小，观测精度要求很高，对于基准线法，一般都采用钢筋混凝土观测墩提高精度。观测墩底座部分要求直接浇筑在基岩上，以确保其稳定性。在观测墩顶面埋设固定的强制对中设备，以减小仪器和标志的安置误差。通常要求它能使仪器和标志的偏心误差小于0.1mm。

为减小照准误差，可采用如图11-8所示的双线标志觇标（白底、标志为黑色）。双线标志的宽度 l 可按下式计算

$$l=\frac{3b}{f}S$$

式中　S——视线长度；

b——十字丝粗；

f——物镜焦距。

对于近距离照准，可采用单线标志。

二、测小角法

测小角法的基本原理如图11-9所示，AB 为基准线，在工作基点 A 上安置仪器，在工作基准点 B 及观测点 P_i 上设立标志，用精密经纬仪（如DJ2级）测出小角 α_i，则 P_i 相对于基准线的偏离值（水平位移）λ_i 按下式计算

$$\lambda_i=\frac{\alpha_i}{\rho}\cdot S_i$$

$$\rho=206\ 265''$$

式中　S_i——基线端点 A 到观测点 P_i 的距离。

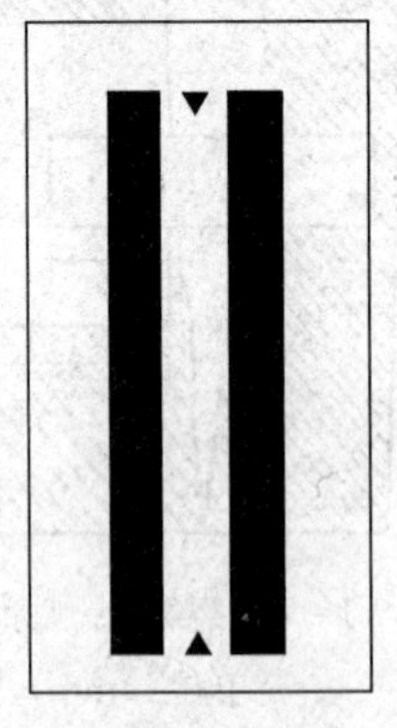

图11-8　双线标志觇标

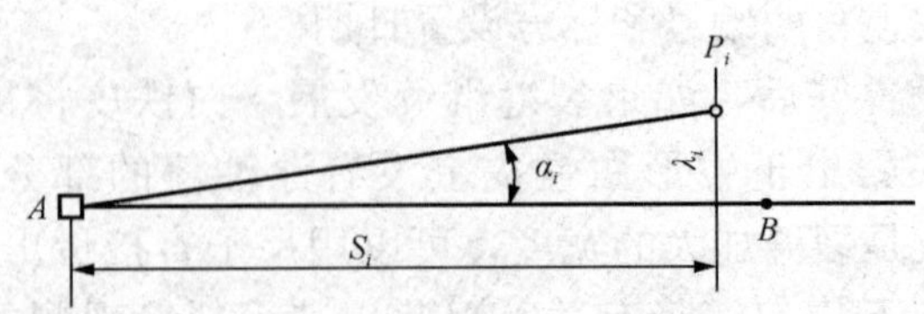

图11-9　测小角法原理

三、导线法

基准线法对于直线形建筑物的位移观测具有速度快、精度高、计算简单的优点，但只能测定一个方向的位移。对于非直线型（如曲线型）建筑物的位移观测，有时需要同时测定建筑物上某观测点在两个方向上的位移（即在水平面内的位移）。导线法是能满足此要求的最简单的方法之一。

由于变形观测具有重复观测的特点，用于变形观测的导线在布设、观测、计算等方面都具有其自身的特点。例如，在重力拱坝的水平廊道中布设的导线是两端不测定向角的导线，导线边长较短，导线点数较多，为减少方位角的传算误差，提高测角效率，可采用隔点设站观测的方法。

练习题

1. 在进行建筑物沉降观测时对水准点的布设有何要求？
2. 沉降观测有何技术要求？
3. 对于倾斜观测一般采用什么观测方法？
4. 建筑物水平位移观测的方法通常有哪些？

模块四

测量工作拓展

本模块主要包括线路测量、房产与地籍测量和地理信息系统三个单元的内容，是测量工作岗位的拓展知识与技能。

项目十二 线 路 测 量

本单元主要包括道路测量、桥梁施工测量和管道工程测量三个项目的内容。

学习目标：通过本单元的学习，了解线路勘测设计阶段的主要测量工作、缓和曲线的切线支距法、偏角法的计算公式及测设方法；熟悉路线交点、转点、转角、里程桩的概念和测设方法、圆曲线的切线支距法和偏角法的计算公式及测设方法；了解中线测量的基本内容、纵横断面图的主要内容；熟悉管道施工测量的准备工作、管道中心线测设的方法与要求。

能力目标：通过本单元的学习，掌握圆曲线的要素计算和主点测设方法、缓和曲线的要素计算和主点测设方法、路线纵断面的基平、中平测量和横断面测量方法；掌握中线测量的方法、纵横断面图的绘制方法、管道施工测量的程序及方法。

线路测量包括铁路、公路、渠道以及城市管线的测量，除渠道、管线不设曲线外，各种线路测量的程序和方法大致相同。

线路测量的任务一般分为初测和定测两个阶段。初步设计阶段为线路提供带状地形图和有关资料，称为初测；技术设计阶段进行中线测量、纵横断面测量，为施工提供依据，称为定测。工程完成后，还需进行竣工验收测量。因此，线路工程的初步设计及施工阶段的测量工作统称为线路工程施工测量。

在勘察设计阶段，首先应开展综合调查，然后在1∶10 000～1∶50 000比例尺地形图上选线，进行方案比选。确定方案后即展开线路的初测。初测是沿着方案确定的走向和图上的位置实测带状地形图，其比例尺一般为1∶2000。带状地形图的宽度依据道路等级和要求而异，一般为100～250m。

测绘带状地形图应先建立平面控制和高程控制。控制点沿道路布设，在为测绘带状地形图提供依据的同时，也是定测放样的控制依据。

定测阶段首先要在地面上测设道路中线，然后依据定测的点位进行中线测量和纵、横断面测量，以此为计算土石方量提供基础。

单元一　道　路　测　量

道路测量的主要内容是将定线设计的公路中线（直线段及曲线）放样于实地，进行线路的纵、横断面测量，线路竖向设计以及根据施工设计图纸及有关资料，在实地放样线路工程的边桩、边坡及其他的有关点位，指导施工，保证线路工程建设顺利进行。

技能点1　道　路　中　线　测　量

道路中线测量是将线路设计中心线测设在实地上。线路中心线的平面线型一般由直线和曲线组成，曲线一般又由圆曲线和缓和曲线组成，如图12-1所示。

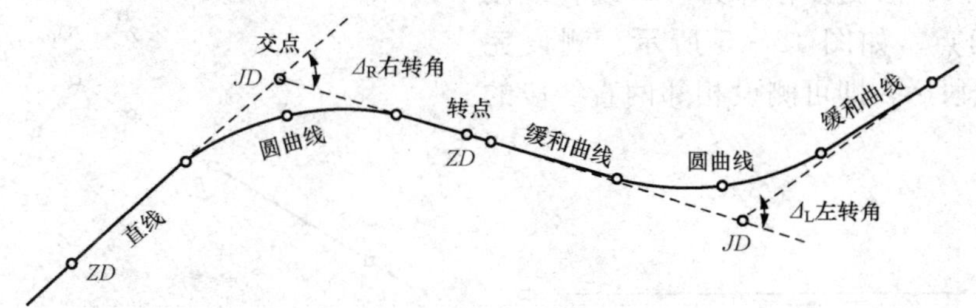

图12-1　线路中心线的平面线型

中线测量的主要任务是：测设线路中线的交点（JD）和转点（ZD）、量距和钉桩、测量交点上的转角（Δ）、测设曲线等内容。

一、线路交点和转点的测设

当纸上定线完成以后，应将图上确定的线路中心线上的交点和转点位置测设到实地去。在定线测量中，当相邻两交点互不通视或直线较长时，需要在其连线上测定一定数量的转点，以便在交点测量转角和直线量距时作为照准和定线的目标。直线上一般每隔200～300m设置一个转点。另外，在设计线路与其他线路的交叉处以及路线上需要设置桥、涵等构筑物处，也需要设置转点。

1. 交点的测设

（1）根据中心线与相邻地物的关系测设交点。如图12-2所示，交点JD_{10}的位置已经在地形图上选定，在图上量得该点距离两房角和电线杆的距离分别为29.81、10.53m和18.45m，在现场用距离交会法测设JD_{10}。

（2）根据导线点测设交点。根据导线点的测量坐标和交点的设计坐标，计算出交点的测设数据，即交点到相邻导线点的水平距离和方位角（或水平角），用极坐标法、距离交会法或角度交会法测设交点，如图12-3所示。根据导线点C_4、C_5和JD_{10}三点的坐标，计算出导线边的方位角α_{45}和C_4至JD_{10}的水平距离D及方位角α，用极坐标法测设JD_{10}。

（3）用穿线法测设交点。在某线路中线上选定1、2点和3点，根据相邻地物或导线点算得其测设数据，并用适当的方法把这些点在实地测设出来，如图12-4所示。由于图解得到的测设数据和测设工作的误差，使得1、2点和3点点位不严格在一条直线上，可以用目估的方法或经纬仪，定出一条直线，使之尽可能靠近这些测设点，这项工作称为穿线。根据穿线结果得到中线直线段上的A、B点（称为转点）。

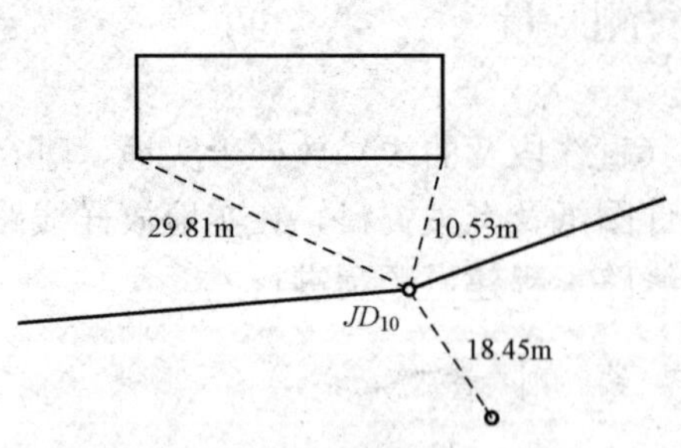

图 12-2 根据地物测设交点

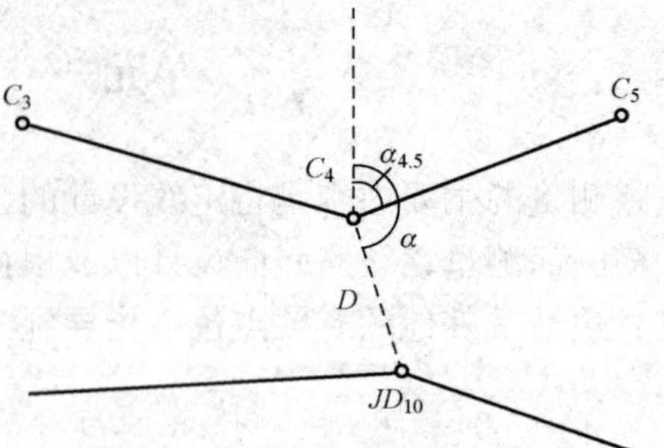

图 12-3 根据导线点测设交点

使用相同的方法测设相邻另一中线直线段上的 C、D 两点，如图 12-5 所示。测设完 AB、CD 直线段后，即可测设相邻两直线段的交点 JD_{10}。

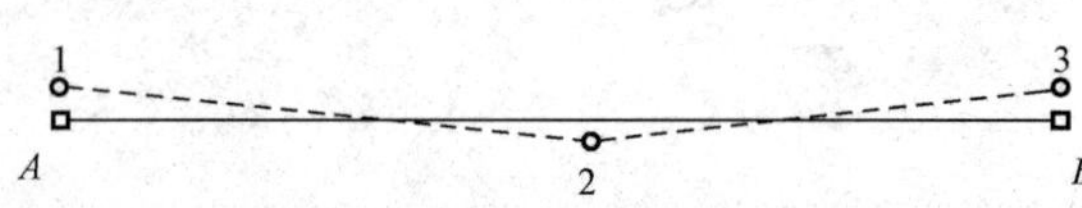

图 12-4 穿线法测设中心线

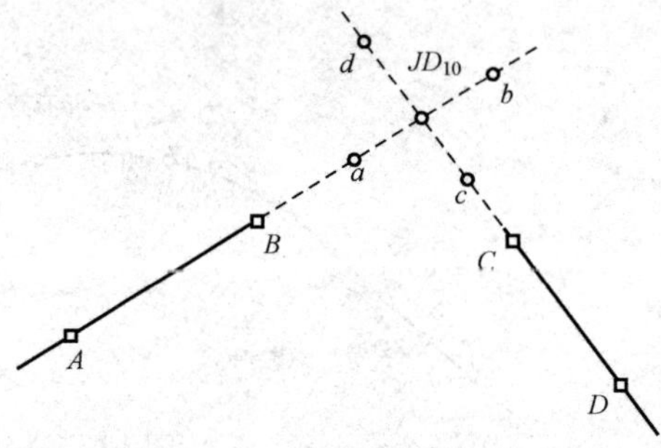

图 12-5 穿线法测设中心线

具体方法是：将经纬仪安置在 B 点，瞄准 A 点，倒转望远镜，在视线方向上，接近交点的位置前后打下两桩（称为骑马桩），采用正倒镜分中法在该骑马桩上定出 a、b 两点。再将经纬仪安置在 B 点，瞄准 D 点，倒转望远镜，用同样的方法定出 c、d 两点。分别在 a、b 两点和 c、d 两点上拉细线，两细线的相交处，就是交点 JD_{10} 的位置，钉以小钉确定。

2. 转点的测设

当两交点间距离较远但能够通视或已有的转点需要加密时，可以采用经纬仪正倒镜分中法进行直接测设。

当相邻两交点不通视时，可以采用下列方法测设。如图 12-6 所示，JD_5 和 JD_6 为相邻而不通视的两个交点，这时需要在它们之间测设转点 ZD，先将经纬仪安置在要设置转点的地方，并用目估的方法大致使其位于两交点连线上的 ZD' 点，瞄准交点 JD_5，用正倒镜分中法在交点 JD_6 处定出临时点 JD_6'，这时 JD_5、ZD' 和 JD_6' 位于同一直线上。如果测得了 JD_6 与 JD_6' 的偏差 f 在容许范围内，即可将 ZD' 点作为转点 ZD，否则应调整 ZD'。

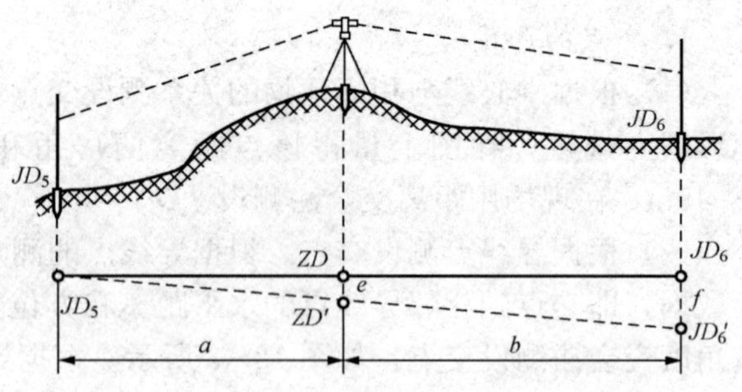

图 12-6 在两交点不通视时测设转点

测量图中距离 a 和 b，则 ZD' 横向移动距离 e 的计算式为

$$e=\frac{a}{a+b}\cdot f$$

将 ZD'点横向移动距离 e 后得到转点 ZD，再将经纬仪移至 ZD，按上述方法逐渐趋近，直到符合要求为止。

二、路线转角的测设

在线路交点上，要根据交点前后的转点测设线路的转向角，即转角。

《公路勘测规范》(JTGC 10—2007) 规定：高速公路、一级公路应使用精度不低于 DJ6 级的经纬仪，采用方向观测法用一个测回测量右角 β。两个半测回间应变动度盘位置，角值相差的限差为±20″，取其平均值，并取位至 10″；二级及二级以下公路角值相差的限差为±60″，取其平均值，并取位至 30″。

如图 12-7 所示，沿着线路方向，当路缓向右转弯时，转角 Δ_R 称为右转向角 ($\beta<180°$)；当路线向左转弯时，转角 Δ_L 称为左转向角 ($\beta>180°$)。根据所测量的右角 β 计算左、右转向角的公式为

$$\left.\begin{array}{l}\Delta_R=180°-\beta\\ \Delta_L=\beta-180°\end{array}\right\}$$

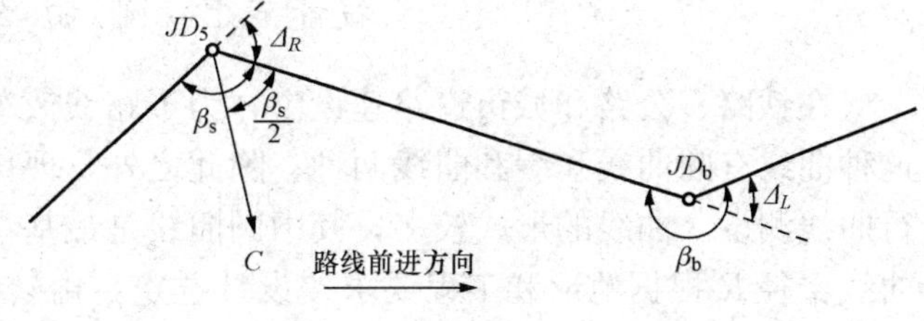

图 12-7 线路的转向角测量

三、里程桩的设置

在线路进行中线测设时，除了要测设中线上的交点和转点（也称关系加桩）外，还要测设里程桩和加桩。

里程桩也称中桩，里程桩分为整桩和加桩两种，桩上一般写有桩号（也称里程），表示该桩距离路线起点的里程，如某桩距离路线起点的距离为 1234.56m，则其桩号为 K_1+ 234.56，如图 12-8 (a) 所示。

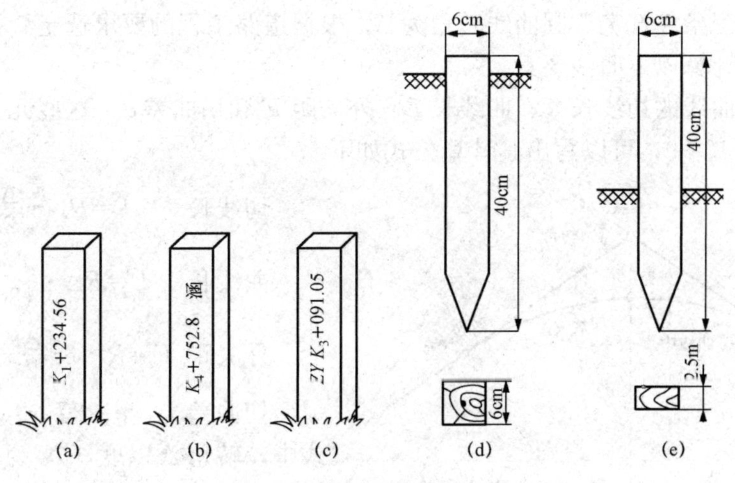

图 12-8 里程桩

1. 整桩

整桩是由路线起点开始，每隔 20m 或 50m 设置一桩，百米桩和千米桩都属于整桩。

2. 加桩

加桩分为地形加桩、地物加桩、曲线加桩和关系加桩。地形加桩是沿中线地面起伏突变

处和中线两侧地形变化较大处设置的桩；地物加桩是在中线上桥梁、涵洞等人工构筑物处，以及与公路、铁路、渠道等相交处设置的桩，如图 12-8（b）所示。曲线加桩是在曲线的起点、中点、终点和细部设置的桩，如图 12-8（c）所示。关系加桩是在转点和交点上设置的桩。

对于一般整桩、加桩和曲线桩的构造，如图 12-8（d）所示，桩顶断面为 6cm×6cm 的方桩，在桩顶钉以中心钉；对钉设一些主要桩，如交点桩、转点桩和曲线的主点桩时，顶露出地面约 2cm，并在其旁边钉一指示桩，指示桩上标明该桩的桩名和里程，如图 12-8（e）所示。

技能点 2　圆 曲 线 测 设

在铁路、公路和城市道路建设中，为了路线改变方向，常采用平面曲线将直线段连接，这种曲线有圆曲线和缓和曲线两种。除此之外，现代建筑如平面图设计成圆弧形，也需要进行曲线测设。曲线的形式较多，其中圆曲线是最基本的平面连接曲线，如图 12-9 所示。圆曲线半径 R 根据地形和工程要求按设计选定，由转角 Δ 和圆曲线半径 R，可以计算出图中其他各测设元素值。

圆曲线是由固定半径一段圆弧构成，一般分两步进行测设，先测设圆曲线上起控制作用的主点，如曲线起点、曲线中点和曲线终点，再依据主点测设曲线上每隔一定距离的里程桩，详细测设曲线位置。

一、曲线主点测设

1. 主点测设元素的计算

如图 12-9 所示，直线与圆曲线的交点为直圆点，用 ZY 表示；曲线中点也称曲中点，用 QZ 表示；曲线终点为圆曲线与直线的交点，也称圆直点，用 YZ 表示。圆曲线半径为 R，按地形条件和工程条件选定。圆曲线转角为 Δ，根据道路工程的要求选定。在测设前 R 和 Δ 为已知，由此可计算以下曲线要素。

应先计算出曲线的切线长 T、曲线长 L、外矢距 E 和切曲差 q，这些元素称为主点的测设元素。根据图 12-9，可以写出其计算公式如下

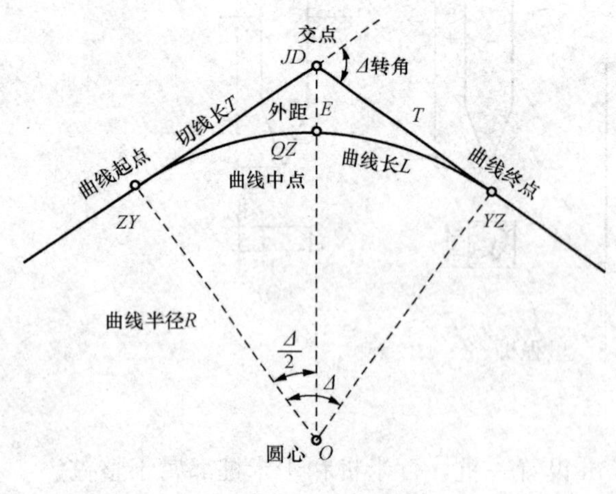

图 12-9　圆曲线及其测设元素

切线长　$T=R\tan\dfrac{\Delta}{2}$

曲线长　$L=R\Delta\cdot\dfrac{\pi}{180^\circ}$

外矢距　$E=R\left(\sec\dfrac{\Delta}{2}-1\right)$

切曲差　$q=2T-L$

式中，转角 Δ 以度（°）为单位。

2. 曲线主点桩号的计算

曲线主点的桩号 ZY、QZ、YZ 是根据 JD 桩号和曲线测设元素计算的，计算公式如下

$$ZY\text{ 桩号}=JD\text{ 桩号}-T$$

$$QZ\text{桩号}=ZY\text{桩号}+\frac{L}{2}$$

$$YZ\text{桩号}=QZ\text{桩号}+\frac{L}{2}$$

$$YZ\text{桩号}=JD\text{桩号}+T-q$$

【例 12-1】 某线路交点 JD 桩号为 $K_1+385.50$m，转角 $\Delta=42°25'00''$，设计圆曲线半径 $R=120$m，求曲线测设元素及主点桩号。

解 由公式可以求得

$$T=R\tan\frac{\Delta}{2}=120\times\tan\frac{42°25'00''}{2}=46.57(\text{m})$$

$$L=R\Delta\cdot\frac{\pi}{180°}=120\times\frac{42°25'00''}{180°}=88.84(\text{m})$$

$$E=R\left(\sec\frac{\Delta}{2}-1\right)=120\left(\sec\frac{42°25'00''}{2}-1\right)=8.72(\text{m})$$

$$q=2T-L=2\times46.57-88.84=4.30(\text{m})$$

曲线主点的桩号由公式可以求得（单位取至 cm）如下

$$ZY\text{桩号}=JD\text{桩号}-T=K_1+385.50-46.57=K_1+338.93$$

$$QZ\text{桩号}=ZY\text{桩号}+\frac{L}{2}=K_1+338.93+44.42=K_1+383.35$$

$$YZ\text{桩号}=QZ\text{桩号}+\frac{L}{2}=K_1+383.35+44.42=K_1+427.77$$

$$YZ\text{桩号}=JD\text{桩号}+T-q=K_1+385.50-46.57-4.30=K_1+427.77$$

3. 圆曲线主点的测设

(1) 测设曲线起点（ZY）。在 JD 点安置经纬仪，后视相邻交点或转点方向，自 JD 点沿视线方向量取切线长 T，打下曲线起点桩 ZY。

(2) 测设曲线终点（YZ）。经纬仪照准前视相邻交点或转点方向，自 JD 点沿视线方向量取切线长 T，打下曲线终点桩 YZ。

(3) 测设曲线中点（QZ）。经纬仪照准前视（后视）相邻交点或转点方向，向测设曲线方向旋转角 β 的一半，沿着视线方向量取外矢距 E，打下曲线中点桩 QZ。

二、曲线的详细测设

测设曲线是沿曲线每隔一定距离测设一个曲线桩。通常规定：$R\geqslant150$m 时，间隔 20m 设一曲线桩；150m$>R>$50m 时，间隔 10m 设一曲线桩；$R\leqslant50$m 时，间隔 5m 设一曲线桩。测设曲线的整桩和加桩称为圆曲线的详细测设。

圆曲线的详细测设方法很多，下面介绍两种常用的测设方法。

1. 偏角法

偏角法是一种极坐标定点的方法，它是用偏角和弦长来测设圆曲线的。

(1) 计算测设数据。如图 12-10 所示，曲线的偏角就是弦线和切线之间的夹角，以 δ 表示。为了计算和施工方便，把各细部点里程凑整，曲线可以分为首尾两段零头弧长 l_1、l_2 和中间几段相等的整弧长 l 之和，即

$$L=l_1+nl+l_2$$

弧长 l_1、l_2 及 l 所对的相应圆心角为 φ_1、φ_2 及 φ_3 可以按照下列公式计算

$$\varphi_1=\frac{180^\circ}{\pi}\times\frac{l_1}{R}$$

$$\varphi_2=\frac{180^\circ}{\pi}\times\frac{l_2}{R}$$

$$\varphi_3=\frac{180^\circ}{\pi}\times\frac{l_3}{R}$$

相对应弧长 l_1、l_2 及 l 的弦长 d_1、d_2、d 的计算公式如下

$$d_1=2R\times\sin\frac{\varphi_1}{2}$$

$$d_2=2R\times\sin\frac{\varphi_2}{2}$$

$$d=2R\times\sin\frac{\varphi}{2}$$

曲线上各点的偏角等于相应弧长所对圆心角的一半，即

第 1 点的偏角　$$\delta_1=\frac{\varphi_1}{2}$$

第 2 点的偏角　$$\delta_2=\frac{\varphi_1}{2}+\frac{\varphi}{2}$$

第 3 点的偏角　$$\delta_3=\frac{\varphi_1}{2}+\frac{\varphi}{2}+\frac{\varphi}{2}=\frac{\varphi_1}{2}+\varphi$$

$$\cdots$$

终点 YZ 的偏角　$$\delta_r=\frac{\varphi_1}{2}+\frac{\varphi}{2}+\cdots+\frac{\varphi_2}{2}=\frac{\Delta}{2}$$

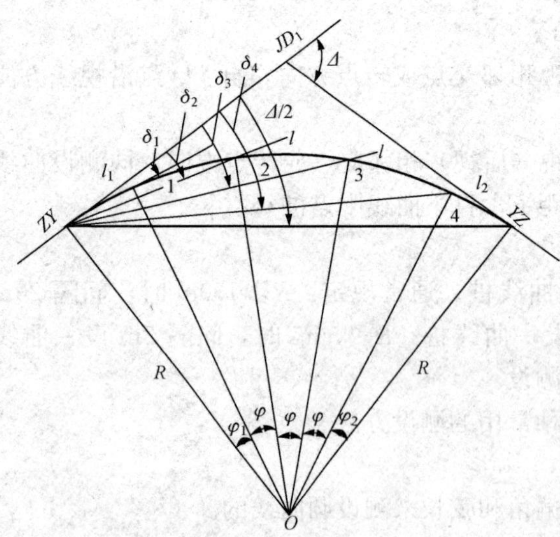

图 12-10　偏角法测设圆曲线

【例 12-2】 如图 12-10 所示，某线路交点 JD_1 桩号为 $K_2+687.89$m，转角 $\Delta=45^\circ16'00''$，设计圆曲线半径 $R=100$m，按公式计算得起点 ZY 的里程为 $K_2+646.20$m，终点 YZ 的里程为 $K_2+725.20$m。试计算按偏角法测设曲线细部的测设数据。

解　因为 ZY 的里程为 $K_2+646.20$m，在曲线上最近的整里程为 $K_2+660.00$m（20m 测设一个点），即图 12-10 中 1 点，所以起始弧长为

$$l_1=(2+660.00)-(2+646.20)=13.80(\text{m})$$

又因为 YZ 的里程为 $K_2+725.20$m，在曲线上最近的整里程为 $K_2+720.00$m，所以终了弧长为

$$l_2=(2+725.20)-(2+720.00)=5.20(\text{m})$$

由公式可以求得

$$\varphi_1=\frac{180^\circ}{\pi}\times\frac{l_1}{R}=\frac{180^\circ}{\pi}\times\frac{13.80}{100}=7^\circ54'25''$$

$$\varphi_2=\frac{180^\circ}{\pi}\times\frac{l_2}{R}=\frac{180^\circ}{\pi}\times\frac{5.20}{100}=2^\circ58'46''$$

$$\varphi_3=\frac{180^\circ}{\pi}\times\frac{l_3}{R}=\frac{180^\circ}{\pi}\times\frac{20}{100}=11^\circ27'33''$$

由公式可以求得

$$d_1=2R\times\sin\frac{\varphi_1}{2}=2\times100\times\sin\frac{7^\circ54'25''}{2}=13.79(\mathrm{m})$$

$$d_2=2R\times\sin\frac{\varphi_2}{2}=2\times100\times\sin\frac{2^\circ58'46''}{2}=5.20(\mathrm{m})$$

$$d=2R\times\sin\frac{\varphi}{2}=2\times100\times\sin\frac{11^\circ27'33''}{2}=19.97(\mathrm{m})$$

计算求得曲线上各里程桩的偏角，见表 12-1，供测设曲线使用。表中偏角累计值是设仪器安置于 ZY 时求得的。

表 12-1　　测设圆曲线偏角表

里程桩	点名	偏角		弧长（m）	弦长（m）	备注
		单值	累计值			
$K_2+646.20$	ZY					$L=79.00$m $T=41.69$m $R=100$m 转角为：45°16′ JD 里程为：$K_2+687.89$
		3°57′12″	3°57′12″	13.80	13.79	
+660	1					
		5°43′47″	9°40′59″	20	19.97	
+680	2					
		5°43′47″	15°24′46″	20	19.97	
+700	3					
		5°43′47″	21°08′33″	20	19.97	
+720	4					
		1°29′23″	22°37′56″	5.20	5.20	
$K_2+725.20$	YZ					

（2）测设方法。

1）将经纬仪安置在曲线起点 ZY 上，后视切线方向（JD_1），使度盘读数为 0°00′00″。

2）转动照准部，置水平度盘谈数为偏角值 δ_1，沿 ZY-1 方向用钢尺量取弦长 d_1，钉桩即得 1 点。

3）再转动照准部，把角拨至 2 点的偏角值 δ_2，将钢尺零刻划对准 1 点，以弦长 d 为半径，在经纬仪的方向线上，定出 2 点，钉桩。

4）同法，再把角拨至 3 点的偏角值 δ_3，将钢尺零刻划对准 2 点，以弦长 d 为半径，在经纬仪的方向线上，定出 3 点。同法测设 4、5、…、n 点。

5）最后转动照准部使度盘读数为转角一半，量出弦长与此方向交点，应与曲线终点 YZ

重合，如不重合，其闭合差不得超过如下值：径向为±0.1m，切向为$\pm L/2000 \sim L/1000$。

此法由于从上一点开始，量出弦长与视线相交而测设曲线点，易产生积累误差。为减小该误差，可从 ZY 点测向 QZ 点，再从 YZ 点测向 QZ 点，距离和测设点数减少一半，累积误差相应减小。

用偏角法测设曲线细部点时，常因障碍物挡住视线或距离太长而不能直接测设，如图12-11所示。经纬仪在曲线起点 ZY 上测设出细部点1、2、3后，建筑物挡住了视线，这时可以把经纬仪移到3点，使其水平度盘为0°00′00″，用盘右后视 ZY 点，然后转动照准部，并使水平度盘对在4点的偏角值 δ_4 上，此时视线在3点至4点的方向上，量取弦长 d，即可定出4点。其余点依次类推。

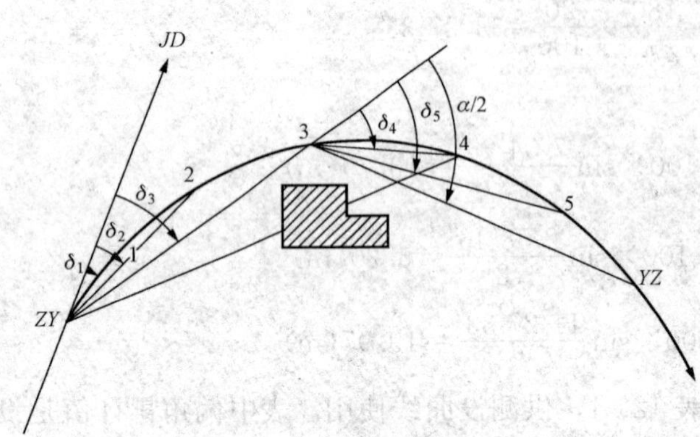

图12-11 视线被遮挡时的测设

2. 切线支距法

切线支距法又称直角坐标法。它是以曲线的起点（ZY）或终点（YZ）为坐标原点，以该点切线为 x 轴，过原点的半径为 y 轴建立坐标系，如图12-12所示。根据曲线上各细部点的坐标（x，y），按直角坐标法测设点的位置。

（1）计算测设数据。如图12-12所示，圆曲线上任意一点的坐标为

$$\varphi_i = \frac{180°}{\pi} \times \frac{l_i}{R}$$

$$x_i = R\sin\varphi_i$$

$$y_i = R(1-\cos\varphi_i)$$

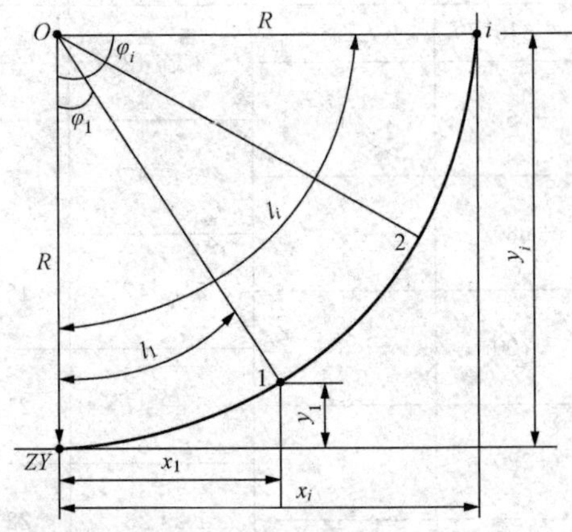

图12-12 切线支距法测设圆曲线

（2）测设方法。

1）在 ZY 点安置经纬仪，定出切线方向，沿视线方向分别量取 x_1、x_2、x_3、…初标定各点。

2）在标定的各点上安置经纬仪拨直角方向，分别量取支距 y_1、y_2、y_3、…，由此得到曲线上1、2、3、…各点的位置。

3）曲线另一半也可以 YZ 为原点，用同样的方法测设。

4）测量曲线上相邻点间的距离（弦长）与计算长度比较，以此作为测设工作的校核。

为了便于量距和减少测量误差，同时减少支距长度，通常在曲线中点 QZ 设置一切线，把曲线分成四段进行测设。

技能点3 线路纵、横断面测量

一、纵断面测量

当线路的平面位置在实地测设以后，应测量出各个里程桩的高程，以便绘制出表示沿线起伏情况的断面图和进行线路纵向坡度、桥涵位置、隧道洞口位置的设计以及土方量的计算

等。纵断面的测量是用水准测量的方法测出道路中线上各里程桩的高程，然后根据里程桩号和测出的相应点的高程，按一定比例绘制出线路纵断面图。

铁路、公路、管线等线形工程在勘测设计阶段进行的水准测量，称为线路水准测量。定测阶段的水准测量分为基平测量和中平测量。基平测量主要是沿道路中心线布设水准点进行水准测量。根据基平测量的水准点高程，按图根水准测量的要求测量线路中线上各个里程桩的高程，称为中平测量。

1. 基平测量

(1) 水准点的设置。基平测量的水准点是线路水准测量的控制点，勘测设计阶段、施工阶段和运营阶段都要使用，因此一般水准点位布设在不受施工影响、使用方便和易于保存的地方。每隔 1～2km 布设一个，水准线路距线路中线为 50～100m。每 25～30km 布设一个永久水准点，水准线路不超过 30km 即以国家水准点联测一次。在桥涵、隧道等构筑物附近也要设置点位，作为施工引测高程的依据。

(2) 基平测量。在进行水准点高程测量时，首先应与国家高等级的水准点联测，以获得绝对高程，然后按四等水准测量的方法测定各水准点的高程。在沿线水准测量中与线路附近的国家水准点进行联测，以作为校核。基平测量采用往返测量，其较差$\leqslant \pm 30\sqrt{L}$mm，水准路线允许闭合差为$\pm 30\sqrt{L}$mm。

2. 中平测量

中平测量也称为中桩水准测量，进行中平测量时应起始于基平测量的水准点上，按图根水准测量的技术要求沿中桩逐桩测量。在施测过程中，应同时检查中桩、加桩位置是否合适，里程桩号是否正确等，若发现错误或遗漏需进行补测和修正。相邻基平测量水准点间的高差与中桩测量后高差的较差，不应超过 2cm。由于中桩较多，中桩之间的距离一般不大，所以在一站上可以测量多个中桩点，当距离较远时，可以测设中间点，再在中间点上设站进行其他中桩测量。

3. 纵断面图的绘制

纵断面图是沿着中线方向绘制的反映沿线地面起伏和纵坡设计的现状图，是线路设计和施工中的重要文件资料。

纵断面图是以中桩的里程为横坐标、中桩的地面高程为纵坐标绘制的，一般情况下，绘图时横坐标的比例尺（里程比例尺）与线路带状地形图的比例尺一致。纵坐标的比例尺（高程比例尺）一般为绘制里程比例尺的 10～20 倍。

纵断面图的绘制方法如下：

(1) 按照选定的比例尺绘制表示里程和高程的坐标轴线，填写里程桩号、地面高程、设计高程、设计坡度、土壤地质情况、直线及曲线元素，并计算和填写填挖高度等数据和资料。

(2) 绘制地面线。首先选定纵坐标的起始高程，使绘出的地面先位置适中。然后根据中桩的里程和高程，在图上按纵横比例尺依次绘出各中桩的地面位置，再用直线将相邻点连接起来，就得到地面线。

如图 12－13 所示，在图的上部，细的折线表示沿中线方向的地面线，它是根据中线水准测量数据绘制的。粗线是线路的纵坡设计线，它是按设计要求绘制的。此外，在图的上部还注有水准点、涵洞等位置、数据和说明。图的下部几栏表格中注有测量数据、纵坡设计、曲线设计等数据资料。

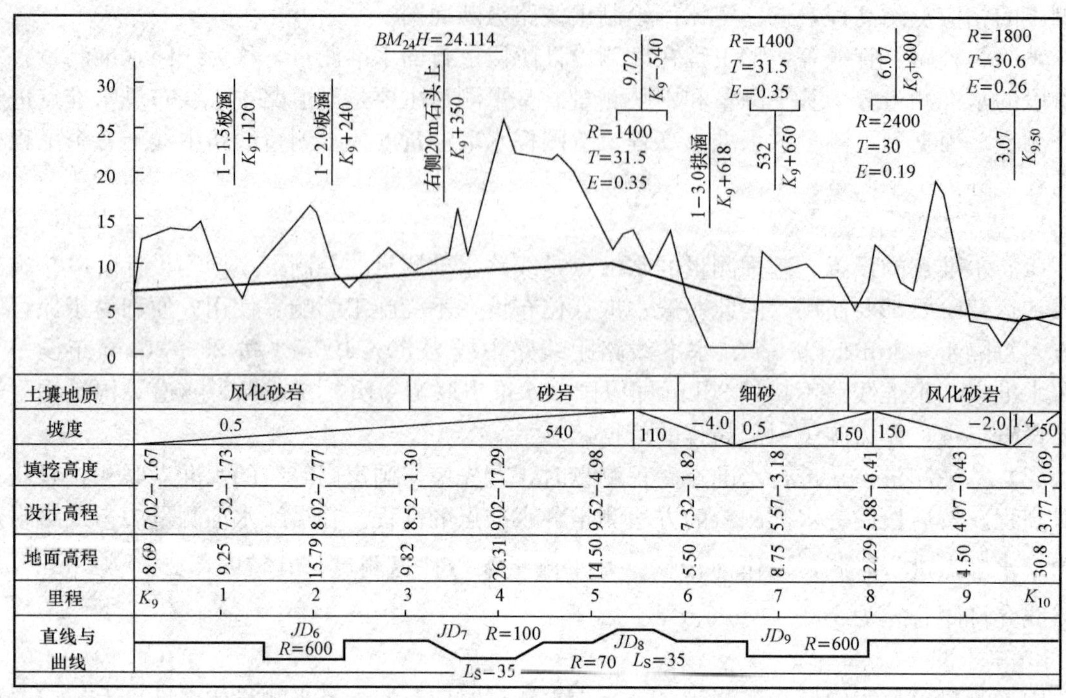

图 12-13 线路纵断面图

二、横断面测量

在线路设计中，只有线路的纵断面图还不能满足隧道、桥涵、路基等专业设计以及土石方量计算等方面的要求。因此，必须绘制出表示线路两侧地形起伏情况的横断面图。一般应在曲线控制点、千米桩以及线路纵、横向地形变化明显处测绘横断面图。

横断面图的测量是施测中桩处垂直于中线的两侧地面坡度变化点的高差以及与中桩间的水平距离，然后按一定比例尺展绘成横断面图。横断面施测的宽度应满足工程需要，一般要求在中线两侧各测 15～30m。距离测量精度精确到 0.1m，高程精确到 0.01m。

不论直线还是曲线，横断面的方向均要与其正交。在直线部分应与中线垂直，在曲线部分应在该点的法线方向上。

1. 横断面的测量方法

(1) 水准仪法。水准仪在适当位置安置后，以中桩为后视，依次以中线两侧横断面方向上的地面特征点为前视，读数到厘米，并用皮尺丈量各特征点到该中桩的水平距离。记录测量数据。此法适用于施测断面较窄的平坦地区。

(2) 经纬仪法。将经纬仪安置在所在中线桩上，依次读取中线桩两侧各地形特征点的视距和垂直角，计算各观测点到中桩的水平距离和高差。此法适用于地形起伏变化较大的地区。

(3) 全站仪法。将全站仪安置在所在中线桩上，依次读取中线桩两侧各地形特征点的水平距离和高差（或高程），记录所测数据。

2. 横断面图的绘制

(1) 建立坐标系。绘制横断面图时均以中桩为原点，以水平距离为横坐标，高差为纵坐标。

(2) 确定比例尺。为了计算横断面面积和确定路基的填、挖边界，横断面的水平距离和高差应是相同的，通常用1∶100或1∶200。

(3) 绘制方法。在图纸的适当位置绘出中心桩位置，并注上相应的桩号和高程，然后根据记录的水平距离和高差，按选定的比例尺绘出地面上各特征点的位置，并把路基的设计位置也绘制出来，如图12-14所示。

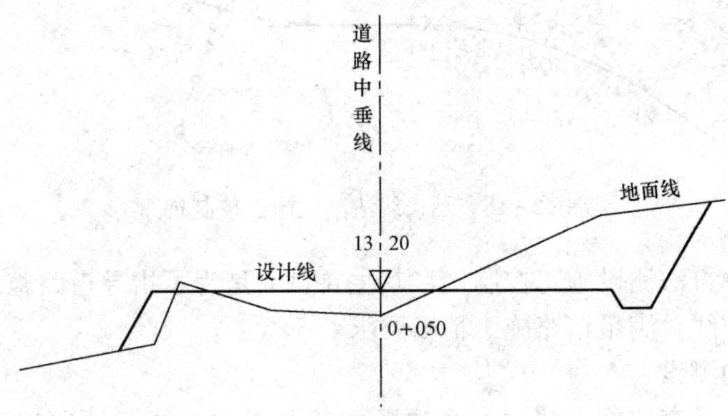

图12-14　横断面与设计路基图

技能点4　道路施工测量

道路施工测量指的是在道路施工过程中所从事的主要测量工作，它包括道路中线的恢复、施工控制桩的测设、路基边桩及竖曲线的测设等工作。

从道路的勘测设计到开始道路的施工，中间间隔一段时间后，有一部分道路中线桩可能被碰动或丢失，因而在施工之前，应进行复核测量，并把丢失或碰动的桩恢复或校正，其方法与中线测量相同。

一、施工控制桩的测设

在道路施工过程中，中线桩往往被挖掉或堆埋，因而需要在控制桩以外不易受到施工破坏、便于保存桩位的地方测设施工控制桩，以便恢复道路中线桩。测设方法主要有平行线法和延长线法两种。

1. 平行线法

平行线法是在设计的路基宽度以外，测设两排平行于中线的施工控制桩，如图12-15所示，控制桩的间距一般取10～20m为宜。

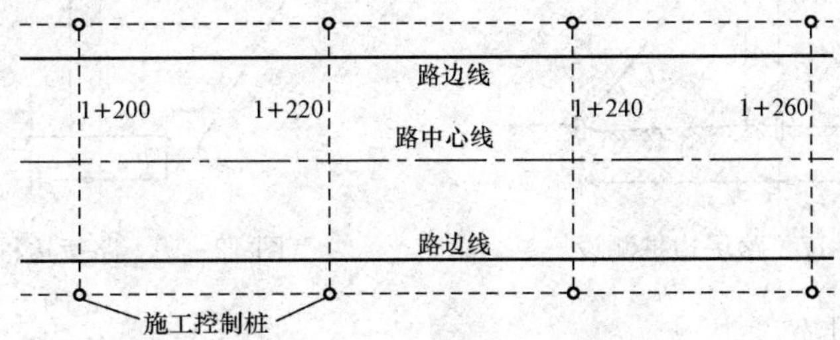

图12-15　平行线法测设施工控制桩

2. 延长线法

延长线法是在线路转折处的中线延长线上及曲线中点至交点的延长线上测设施工控制桩，如图 12 - 16 所示。应丈量控制桩至交点的距离并做记录。

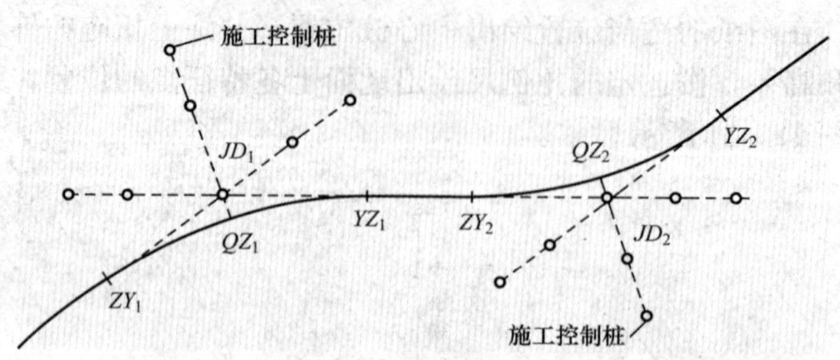

图 12 - 16 延长线法测设施工控制桩

无论是采用哪种方法测设施工控制桩，其主要目的是为了指导道路施工工作，在施工过程中便于恢复道路中线，满足道路施工精度要求。

二、路基边桩的测设

路基边桩测设就是在地面上将每一个横断面的路基边坡线与地面的交点用木桩标定出来。边桩的位置按填土的高度或挖土深度、边坡设计坡度及横断面的地形情况而定。下面简要介绍常用的边桩测设方法。

1. 图解法

这种方法是直接在横断面图上量取中桩至边桩的距离，然后在实地用皮尺沿横断面方向测量其位置。当填挖方不很大时，采用此法较为方便。

2. 解析法

解析法是通过计算求得路基中桩至边桩的距离的一种方法。在平地和山区计算与测设的方法有所不同。

(1) 平坦地段路基边桩的测设。

填方路基称为路堤，如图 12 - 17 所示，路堤边桩与中桩的距离为

$$D=\frac{B}{2}+mh$$

挖方路基称为路堑，如图 12 - 18 所示，路堑边桩至中桩的距离为

$$D=\frac{B}{2}+s+mh$$

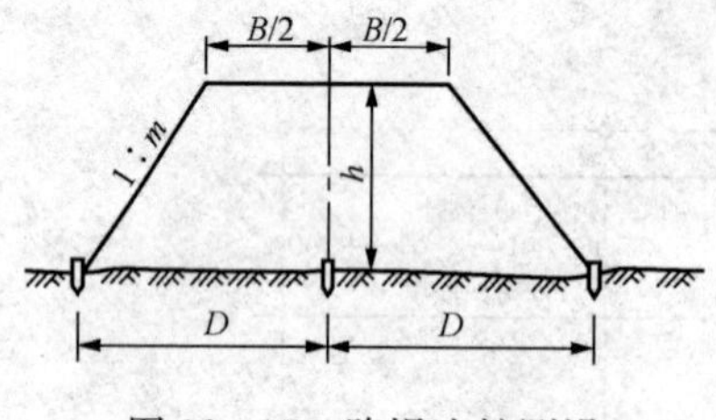

图 12 - 17 路堤边桩测设

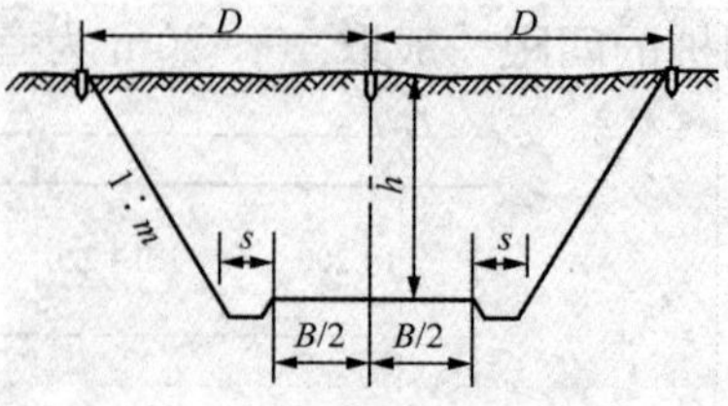

图 12 - 18 路堑边桩测设

式中 B——路基设计宽度；

$1:m$——路基边坡坡度；

h——填方高度或挖方深度；

s——路堑边沟顶宽。

以上是断面位于直线段时求算 D 值的方法。若断面位于曲线上有加宽，在用上述方法求出 D 值后，还应于曲线内侧的 D 值中加上加宽值。

(2) 倾斜地段路基边桩的测设。在倾斜地段，边桩至中桩的距离随着地面坡度的变化而变化。如图 12-19 所示，路堤边桩至中桩的距离为

斜坡上侧
$$D_{上}=\frac{B}{2}+m(h_{中}-h_{上})$$

斜坡下侧
$$D_{下}=\frac{B}{2}+m(h_{中}+h_{上})$$

如图 12-20 所示，路堑边桩至中桩的距离为

斜坡上侧
$$D_{上}=\frac{B}{2}+s+m(h_{中}+h_{上})$$

斜坡下侧
$$D_{下}=\frac{B}{2}+s+m(h_{中}-h_{上})$$

式中，B、s 和 m 均为已知，$h_{中}$ 为中桩处的填挖高度，也为已知；$h_{上}$、$h_{下}$ 分别为斜坡上、下侧边桩与中桩的高差，在边桩未定出之前则为未知数。因此在实际工作中采用逐渐趋近法测设边桩。先根据地面实际情况，并参考路基横断面，估计边桩的位置；然后测出该估计位置与中桩的高差，并以此作为 $h_{上}$、$h_{下}$ 代入公式，计算 $D_{上}$、$D_{下}$，在实地定出其位置。若估计位置与其相符，即得边桩位置；否则，应按实测资料重新估计边桩位置，重复上述工作，直至相符为止。

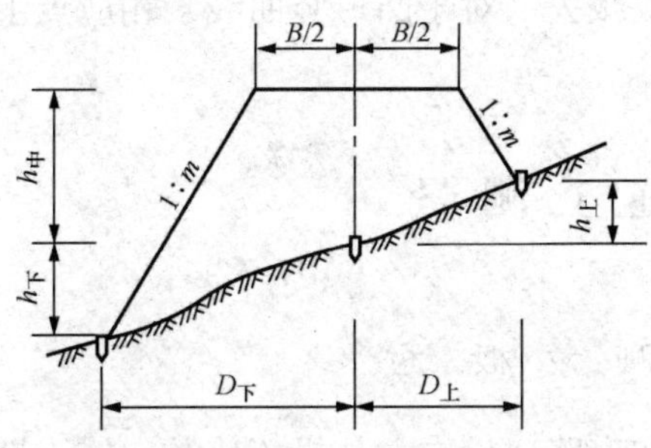

图 12-19　倾斜地段路堤边桩测设

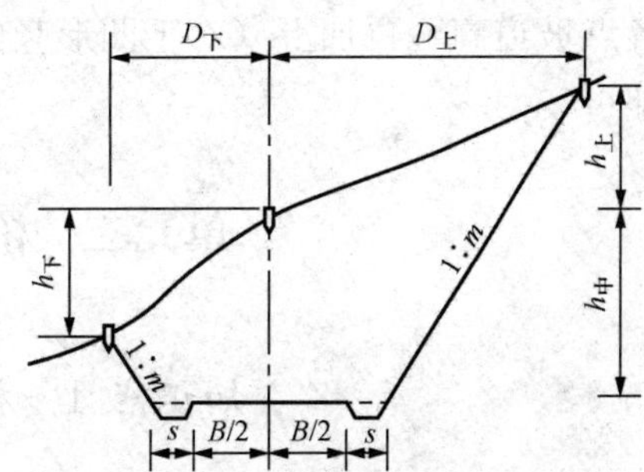

图 12-20　倾斜地段路堑边桩测设

三、竖曲线的测设

在设计线路变坡点处，考虑行车的视距要求和行车的平稳，在竖直面内用圆曲线连接起来，这种曲线称为竖曲线。如图 12-21 所示，线路上三条相邻的纵坡 $i_1(+)$、$i_2(-)$、$i_3(+)$，在 i_1 和 i_2 之间设置凸形竖曲线；在 i_2 和 i_3 之间设置凹形竖曲线。

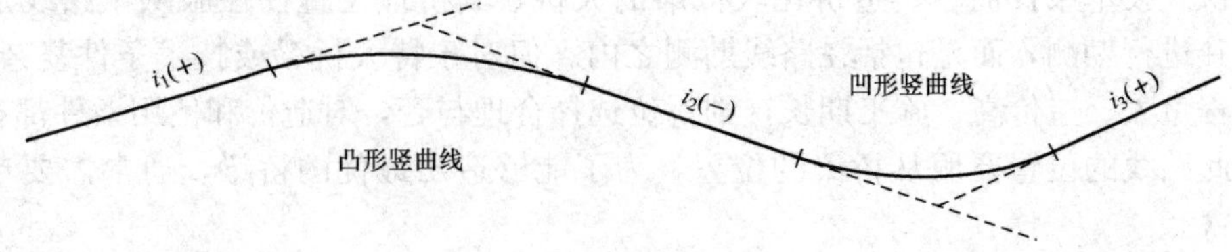

图 12-21　竖曲线

根据线路相邻坡道的纵坡设计 i_1 和 i_2，如图 12-22 所示，计算竖曲线的坡度转折角 α，由于 α 角很小，计算时可以按下式计算

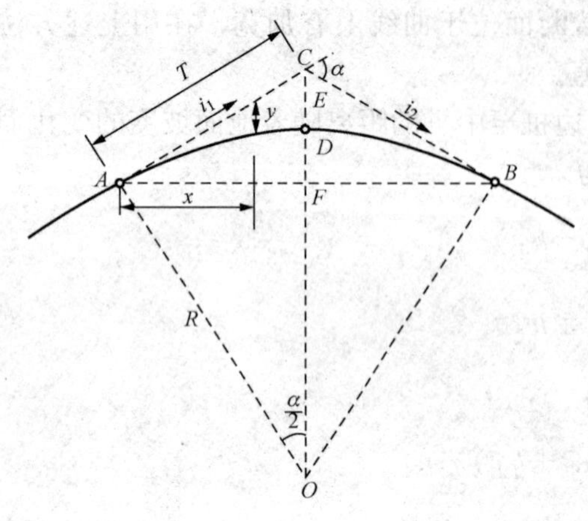

图 12-22　竖曲线测设元素

$$\alpha=\arctan i_1-\arctan i_2\approx(i_1-i_2)\cdot\frac{180°}{\pi}$$

竖曲线的设计半径为 R，竖曲线的计算元素为切线长 T、曲线长 L 和外距 E。因此，可以采用平面圆曲线计算主点测设元素同样的公式。

由于竖曲线的设计半径 R 较大，而 α 角又较小，因此，竖曲线测设元素也可以用下列近似公式计算

$$T=\frac{1}{2}T(i_1-i_2)$$

$$L=R(i_1-i_2)$$

$$E=\frac{T^2}{2R}$$

同理，可导出竖曲线中间各点按直角坐标法测设的 y_i（即竖曲线上的标高改正值）计算式为

$$y_i=\frac{x_i^2}{2R}$$

式中，y_i 值在凹形竖曲线中为正号，在凸形竖曲线中为负号。

竖曲线起点、终点的测设方法与圆曲线相同，而竖曲线上各细部点的测设，只需将已经算得的各点坡道高程再加上（对于凹形竖曲线）或减去（对于凸形竖曲线）相应点上的高程改正值即可。

单元二　桥梁施工测量

知识点 1　桥梁测量概述

桥梁是公路和铁路最重要的组成部分之一。在道路建设中，从投资比重、施工期限、技术要求等诸方面看，桥梁都居于十分重要的位置。桥梁可以是公路桥、铁路桥、铁路公路两用桥。本项目以公路桥梁为主，介绍桥梁施工测量的主要内容和方法。

桥梁施工测量的主要内容应包括桥位勘测和桥梁施工测量两部分。经济合理地建造一座桥梁，首先要选好桥址。桥位勘测的目的就是为选择桥址和进行设计提供地形和水文资料，这些资料提供得越详细、全面，就越有利于选出最优的桥址方案和做出经济合理的设计。对于中小型桥及技术条件简单、造价比较低廉的大桥，其桥址位置往往服从于路线走向的需要，不单独进行勘测，而是包括在路线勘测之内。但对于特大桥梁或技术条件复杂的桥梁，由于其工程量大、造价高、施工期长，则桥位选择合理与否，对造价和使用条件都有极大的影响，因此路线的位置要服从桥梁的位置，为了能够造出最优的桥梁，通常需要单独进行勘测。

在桥梁的勘测设计阶段，需要广泛收集已有的国家小比例尺地形图，如 1∶50 000、

1∶25 000或1∶10 000的地形图，收集有关水文、气象、地质、农田水利、交通网规则、建筑材料等各项已有的资料；需要测绘各种比例尺的桥位地形图、河床断面图及其他必要的图纸资料。

桥梁在施工阶段，为了保证施工质量达到设计要求，就必须采用正确的测量方法进行施工测量。主要测量工作包括建立桥梁施工平面控制网和高程控制网；进行桥墩、桥台定位和梁的架设等施工测量工作；为了保证桥梁的安全运营，还需要定期对桥梁进行变形监测，为桥梁管理部门提供准确可靠的数据。

技能点1　桥 梁 控 制 测 量

一、平面控制测量

为了按规定精度求出桥轴线的长度和测设墩台的位置，通常需要建立桥梁控制网。其传统的方法是采用三角网、测边网及边角网等形式。三角网、测边网及边角网只是观测要素不同，而观测方法及布设形式是相同的。桥位控制网布设形式如图12-23所示。桥位三角网布设时：满足三角点选点的一般要求；控制点要选在不被水淹、不受施工干扰的地方；桥轴线应与基线一端连接且尽可能正交；基线长度一般不小于桥轴线长度的0.7倍，困难地段不小于0.5倍。

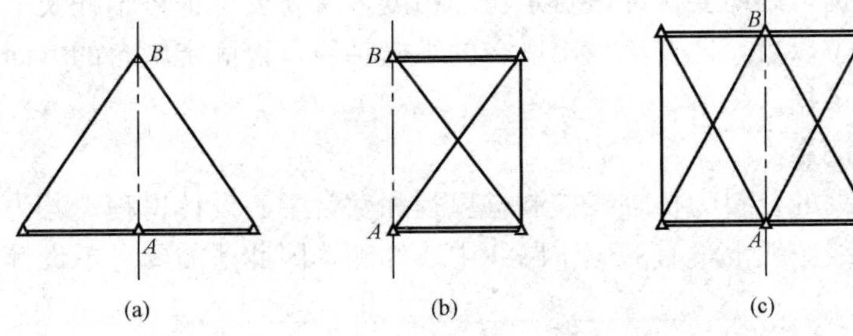

图12-23　桥位平面控制网

(a) 双三角形；(b) 四边形；(c) 较大河流上采用的双四边形

桥位三角网的主要技术指标应符合表12-2的规定。

表12-2　**桥位三角网主要技术指标**

等级	桥轴线长度（m）	测角中误差(″)	桥轴线相对中误差	基线相对中误差	三角形最大闭合差(″)
五	501～1000	±5.0	1/20 000	1/40 000	±15.0
六	201～500	±10.0	1/10 000	1/20 000	±30.0
七	≤200	±20.0	1/5000	1/10 000	±60.0

桥位三角网基线观测采用精密量距法或测距仪测距法，三角网水平角观测采用方向观测法。

二、高程控制

桥位的高程控制，是指在路线上通过水准测量的方法设立一系列水准点，以指导桥梁施工。在由河的一岸到另一岸时，由于过河路线较长，两岸水准点的高程应采用跨河水准测量的方法建立。桥梁在施工过程中，还必须加设施工水准点。所有桥址高程水准点不论是基本水准点还是施工水准点，都应根据其稳定性和应用情况定期检测，以保证施工高程放样测量和以后桥梁墩台变形观测的精度。检测间隔期一般在标石建立初期应短一些，随着标石稳定性逐步提高，间隔期也逐步加长。桥址高程控制测量采用的高程基准必须与其连接的两端路线所采用的高程基准完全一致，一般多采用国家高程基准。跨河水准跨越的宽度大于300m时，必须参照《国家一、二等水准测量规范》（GB/T 12897—2006），采用精密水准仪观测。

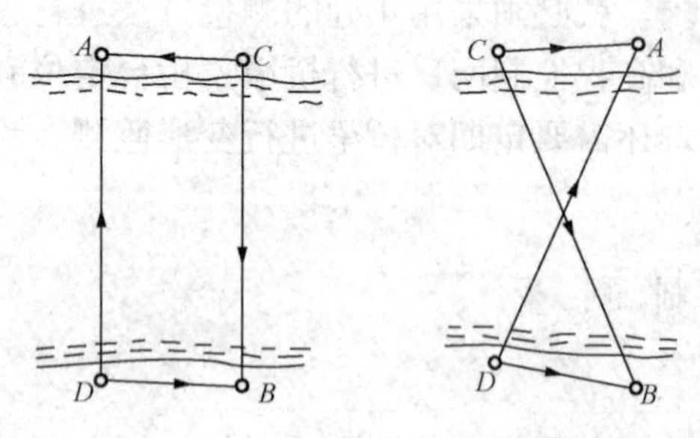

图12-24　过河水准测量

过河水准测量采用两台水准仪同时对向观测，两岸测站点和立尺点布设形式，如图12-24所示，图中A、B为立尺点，C、D为测站点，要求AD和BC的距离基本相等，AC与BD的距离也基本相等，且AC和BD不小于10m。

技能点2　桥梁墩台施工测量

在桥梁墩台施工测量中，最主要的工作是准确地定出桥梁墩台的中心位置及墩台的纵横轴线。测设墩台中心位置的工作叫墩台施工定位。墩台定位通常都要以桥轴线两岸的控制点及平面控制点为依据，因而要保证墩台定位的精度，首先要保证桥轴线及平面控制网有足够的精度。在墩台定位以后，还要测设出墩台的纵横轴线，以固定墩台的方向，同时它也是墩台细部施工放样的依据。

一、墩台定位测量

墩台定位所依据的资料为桥轴线控制桩里程和墩台中心设计里程，若为曲线桥梁，其墩台中心有的位于路线中线上，有的位于路线中线外侧，因此还需要考虑设计资料、曲线要素及主点里程等。

直线桥梁的墩台中心均位于桥轴线方向上，如图12-25所示，已知桥轴线控制桩A、B及各墩台中心的里程，由相邻两点的里程相减，即可求得其间的距离。墩台定位的方法，视河宽、水深及墩、台位置的情况而异。根据条件一般可采用直接丈量法、交会法或极坐标法。

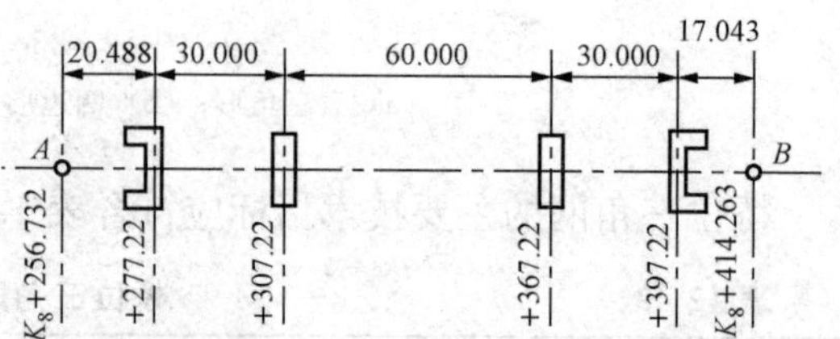

图12-25　桥梁墩台平面图

1. 直接丈量法

当桥梁墩台位于无水河滩上，或水面较窄时，可以用钢尺或测距仪直接丈量出墩台的位置。使用的钢尺需经检定，丈量方法与精密量距法相同。由于是测设已知的长度，因此应根据地形条件将其换算为应设置的斜距，并应进行尺长和温度改正。

为保证测设精度，施加的拉力应与检定标尺时的拉力相同。在测设出的点位上要用大木桩进行标志，在桩上应钉一小钉，并在终端与桥轴线上的控制桩进行校核，也可以从中间向两端测设。按照这种顺序，容易保证每一跨都满足精度要求。只有在不得已时，才从桥轴线两端的控制桩向中间测设，这样容易将误差积累在中间衔接的一跨上，因而一定要对衔接的一跨设法进行校核。直接丈量定位，其距离必须丈量两次以上作为校核。当校核结果证明定位误差不超过 1.5～2cm 时，则认为满足要求。

用电磁波测距法测设时，应根据当时测出的气象参数和测设的距离求出气象改正值。对全站仪，可将气象参数输入仪器。为保证测设点位准确，常采用换站法进行校核，即将仪器搬到另一测站重新测设，两次测设的点位之差应满足有关精度要求。

2. 交会法

如果桥墩所在的位置河水较深，无法直接丈量，也不便于采用电磁波测距仪，则可用方向交会法测设墩位。如图 12 - 26 所示，是利用已有的平面控制点及墩位的已知坐标，计算出在控制点上应测设的角度 α、β，将 DJ2 或 DJ1 型三台经纬仪分别安置在控制点 A、B、D 上，从三个方向（其中 DE 为桥轴线方向）交会得出。交会误差三角形在桥轴线上的距离 C_2C_3，对于墩底定位不宜超过 25mm，对于墩顶定位不宜超过 15mm。再由 C_1 向桥轴线作垂线 C_1C，C 点即为桥墩中心。

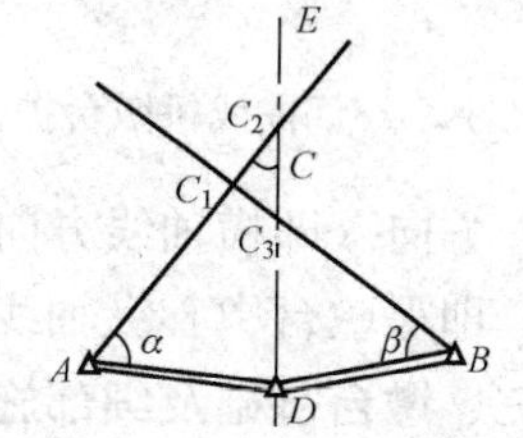

图 12 - 26　墩台交汇法测设

在桥墩的施工过程中，随着工程的进展，需要多次交会出桥墩的中心位置。为了简化工作，可把交会方向延伸到对岸，用觇牌加以固定。这样在以后交会墩位时，只要照准对岸的觇牌即可。为避免混淆，应在相应的觇牌上表示出桥墩的编号。

3. 极坐标法

在使用全站仪并在被测设的点位上可以安置棱镜的条件下，若用极坐标法放样桥墩中心位置，则更为精确和方便。对于极坐标法，原则上可以将仪器放于任何控制点上，按计算的放样标定要素（即水平角度和距离）测设点位。

二、墩台纵横轴线测设

在墩台定位后，还应测设墩台的纵横轴线，作为墩台细部放样的依据。在直线桥上，墩台纵轴线是指过墩台中心平行于线路方向的轴线；在曲线桥上，墩台纵轴线则为墩台中心处曲线的切线方向的轴线。墩台横轴线是指过墩台中心与其纵轴垂直（斜交桥则为与其纵轴垂直方向成斜交角度）的轴线。

在直线桥上，各墩台的纵轴线在同一个方向上，而且与桥轴线重合，无需另行测设。墩台横轴线是过墩台中心且与纵轴线垂直或与纵轴垂直方向成斜交角度的，测设时应在墩台中心架设经纬仪，自桥轴线方向测设 90°角或 90°减去斜交角度，即为横轴线方向。

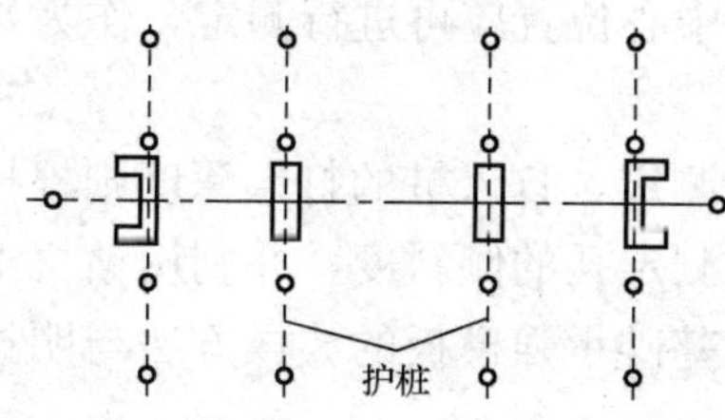

图 12 - 27　直线桥墩台护桩布设

由于在施工过程中需要经常恢复纵横轴线的位置，因此需要将这些方向及护桩标在地面上，如图 12 - 27 所示。

由于各个墩台的纵轴线是同一个方向，且与桥轴线重合，因此用桥轴线的控制桩作为护桩。墩台横轴线的护桩在每侧应不少于两个，以便在墩台修出地面一定高度后，在同一侧仍能用以恢复轴线。施工中常常在每侧设置三个护桩，以防止护桩被破坏。护桩位置应设在施工场地外一定距离处。如果施工期限较长，则应用固桩方法将护桩加以保护。

位于水中的桥墩，如采用筑岛或围堰施工，则可把纵横轴线测设于岛上或围堰上。

在曲线桥上，若墩台中心位于路线中线上，则墩台的纵轴线为墩台中心曲线的切线方

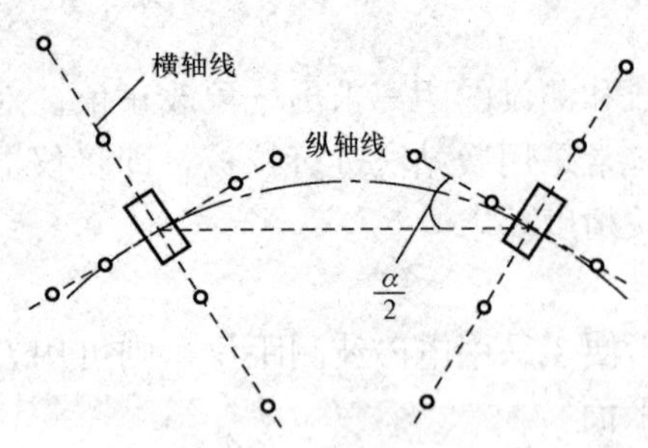

图 12-28 曲线桥墩台护桩布设

向，而横轴与纵轴垂直。如图 12-28 所示，假定相邻墩台中心间曲线长度为 l，曲线半径为 R，则

$$\frac{\alpha}{2}=\frac{180^{\circ}}{\pi}\cdot\frac{l}{2R}$$

测设时，在墩台中心安置经纬仪，自相邻的墩台中心方向测设 $\frac{\alpha}{2}$ 角，即得纵轴线方向，自纵轴线方向再测设 90°角，即得横轴线方向。若墩台中心位于路线中线外侧，首先按上述方法测设中线上的切线方向和横断面方向（即横轴线方向），然后根据设计资料给出的墩台中心外移值将测设的切线方向平移，即得墩台中心纵轴线方向。在纵横轴线方向上，每侧至少要钉设两个护桩。

三、墩台基础及细部施工测量

明挖基础是桥梁墩台基础常用的一种形式。它是在墩台位置处先挖基坑，将坑底整平后，再在坑内砌筑或灌注基础及墩台身。当基础及墩台身修出地面后，再用土回填基坑。视土质情况，坑壁可挖成垂直的或倾斜的。

在进行基坑放样时，根据墩台纵横轴线及基坑的长度和宽度测设出边线。如果开挖基坑时，坑边要求具有一定的坡度，尚应放样基坑的开挖边界线。

在设置边坡桩时，所用方法与路基边坡放样方法相同，可以根据试探法求，也可以用测出的断面用图解法求。在地面上钉出边坡桩后，根据边坡桩撒出灰线，依灰线可进行基坑开挖。

当基坑开挖到设计标高以后，应将坑底整平，必要时还应夯实，然后安装模板。进行基础及墩台身的模板放样时，可将经纬仪安置在轴线上较远的一个护桩上，以另一个护桩定向，这时经纬仪的视线即为轴线方向。安装模板时，使模板中心线与视线重合即可。

桩基础也是桥梁墩台基础常用的一种形式，其测量工作主要有测设桩基础纵横轴线、测设各桩的中心位置、测定桩的倾斜度和深度以及承台横板的放样等。

桩基础纵横轴线可按前面所述的方法测设。各桩中心位置的放样是以基础纵横轴线为坐标轴，用支距法测设。如果全桥采用统一的高斯坐标系，计算出每个桩中心的高斯坐标，使用电磁波测距仪或全站仪，在桥位控制桩上安置仪器按直角坐标法或极坐标法放样出每个桩的中心位置。在桩基础灌注完后，修筑承台前，对每个桩的中心位置应再进行测定，作为竣工资料。

每个钻孔桩或挖孔桩的深度用不小于 4kg 的重锤及测绳测定，打入桩的打入深度则根据桩的长度推算。在钻孔过程中测定钻孔导杆的倾斜度，用以测定孔的倾斜度，并利用钻机上的调整设备进行校正，使孔倾斜度不超过施工规范要求。桩基础承强模板的放样方法与明挖基础相同。

墩台身的细部放样，是以其纵横轴线为依据的。如果墩台身用浆砌坞工，则在砌筑每层时，都要根据纵横轴线来控制它的位置和尺寸。如果用混凝土灌注，则基础顶面和每节顶面上都要测出墩台的中心及其纵横轴线作为下一节立模的依据。在立模时，在模板的外面需预先画出中心线，然后在纵横轴线的护桩上架设经纬仪，照准该轴线方向的另一护桩，根据这一方向校正模板的位置，直至模板中线位于视线的方向上。

墩台施工时各部分的高程，是通过布设在附近的施工水准点将高程传递到墩台身或围堰上的临时水准点，然后由临时水准点用钢尺向下或向上量取所需的距离，但墩台帽的顶面及垫石的高程等则用水准仪测设。

技能点3　涵洞施工测量

涵洞施工测量时要首先放出涵洞的轴线位置，即根据设计图纸上涵洞的里程，放出涵洞轴线与路线中线的交点，并根据涵洞轴线与路线中线的夹角，放出涵洞的轴线方向。

放样直线上的涵洞时，依涵洞的里程，自附近测设的里程桩沿路线方向量出相应的距离，即得涵洞轴线与路线中线的交点。若涵洞位于曲线上，则采用曲线测设的方法定出涵洞与路线中线的交点。依地形条件，涵洞轴线与路线有正交的，也有斜交的。将经纬仪安置在涵洞轴线与路线中线的交点处，测设出已知的夹角，即得涵洞轴线的方向，如图12-29所示。涵洞轴线用大木桩标志在地面上，这些标志桩应在路线两侧涵洞的施工范围以外，且每侧至少有两个。自涵洞轴线与路线中线的交点处沿涵洞轴线方向量出上下游的涵长，即得涵洞口的位置，涵洞口要用小木桩标出来。

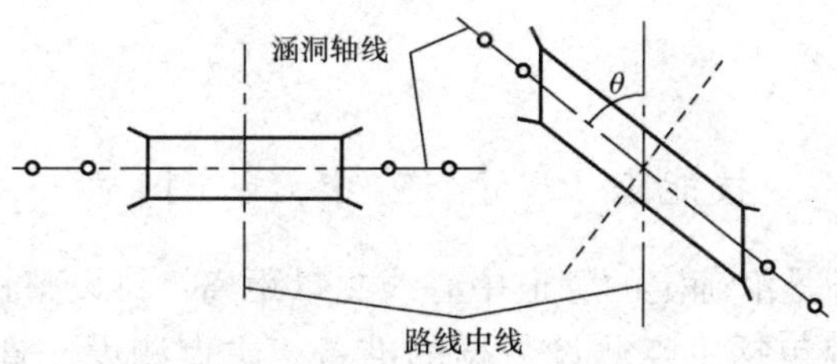

图12-29　涵洞轴线放样

涵洞基础及基坑的边线根据涵洞的轴线测设，在基础轮廓线的转折处都要钉设木桩，如图12-30（a）所示。为了开挖基础，还要根据开挖深度及土质情况定出基坑的开挖界线，即所谓的边坡线。在开挖基坑时很多桩都要挖掉，所以通常都在离基础边坡线1～1.5m处设立龙门板，然后将基础及基坑的边线用线绳及垂球投放在龙门板上，并用小钉加以标志。当基坑挖好后，再根据龙门板上的标志将基础边线投放到坑底，作为砌筑基础的根据，如图12-30（b）所示。

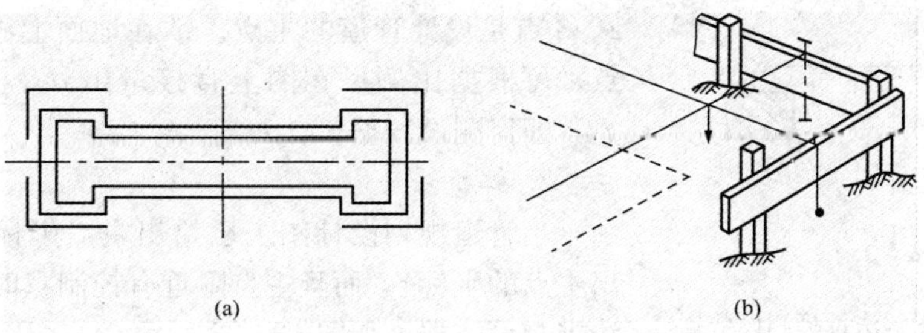

图12-30　涵洞基础放样

在基础砌筑完毕，安装管节或砌筑墩台身及端墙时，各个细部的放样仍以涵洞的轴线作为放样的依据，即自轴线及其与路线中线的交点，量出各有关的尺寸。

涵洞细部的高程放样，一般是利用附近的水准点用水准仪测设。

单元三 管 道 工 程 测 量

管道工程是现代工业与民用建筑的重要组成部分，按其用途分为上水、下水、暖气、煤气、输电和输油管道。各种管道除小范围的局部地面管道外，主要可分为地下管道和架空管道两大类。

管道工程的特点是：种类繁多，纵横交错，上下穿插，分布面广。施工测量的精度要求取决于工程性质、所在位置和施工方法等因素。

管道工程测量的任务包括两个方面：①为管道工程设计提供纵、横断面图或带状地形图；②按设计要求将管道位置测设于实地。

管道工程测量的主要工作有：

（1）管道中线测量。

（2）线路纵、横断面测量。

（3）管道施工测量。

（4）管道竣工测量。

技能点1 管 道 中 线 测 量

管道中线测量的任务是沿确定的管道中心线丈量距离，钉设整桩和加桩，即将管道位置测设于实地。其基本内容包括主点测设数据的准备、主点测设、管道转向角测设及中桩测设等。

一、主点测设数据的准备

管道的起点、终点和转向点通称为主点，主点的位置是设计时确定的。主点的测设数据根据测设方法的不同而不同，采用何种测设方法，应根据实际情况和精度而定。主点测设数据可用图解法或解析法求得。

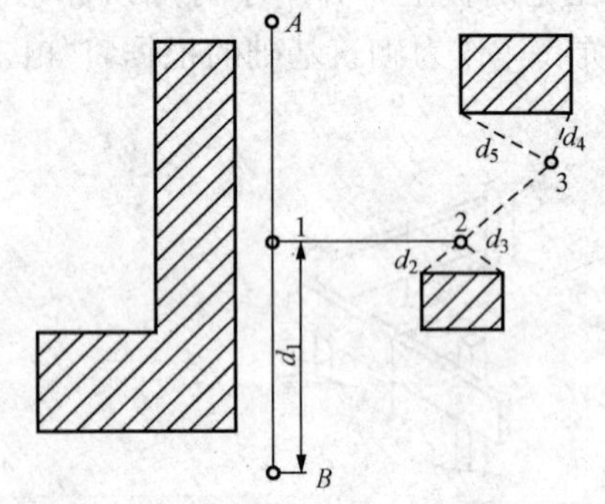

图 12-31 图解法计算测设数据

1. 图解法

图解法就是在规划设计图上直接量取测设所需数据。如图 12-31 所示，A、B 点是原有管道检修井位置，1、2、3 点是设计管道的主点。欲在地面上测设出 1、2、3 点，可根据比例尺在图上直接量出 d_1、d_2、d_3、d_4 和 d_5，即得测设数据。

2. 解析法

当管道规划设计图上已给出主点坐标（或在图上求出主点的坐标），而且主点附近有控制点时，可以用解析法求测设数据。如图 12-32 所示，A、B、C 点为管道主点，1、2、3、4 点为控制点。根据控制点坐标和管道主点的坐标，按坐标反算计算公式即可得到测设数据。

二、主点测设

主点测设方法有直角坐标法、极坐标法、距离交会法、角度交会法等。

主点测设完毕必须进行检核，检核方法是通常用钢尺丈量两相邻主点间的水平距离，看其是否与设计长度相符。

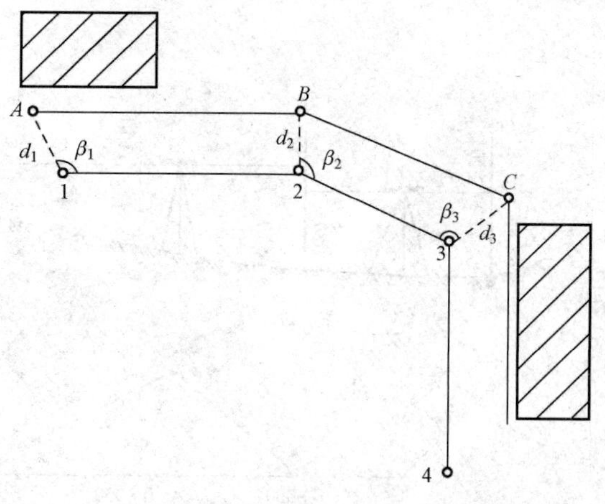

图 12-32　解析法计算测设数据

三、中桩测设

为了测定管道长度和测绘纵、横断面图，从管道起点开始，沿管道中心线在地面上设置整桩和加桩，这项工作称为中桩测设。从管道起点开始，按规定每隔某一整数设一桩，这个桩叫整桩。整桩之间的水平距离一般为 20、30m，最长不超过 50m。在地面坡度变化处或穿越道路、河流等重要建筑物处应设置加桩。

整桩和加桩均应注明该桩的里程，其书写形式为 0＋300，即此桩距管道起点为 0km＋300m，"＋"前为千米数，"＋"后为米数。为了防止测量时漏桩，应在桩的另一面按照 1～10 的顺序号循环编号。

四、管道转向角测设

管道转变方向时，转变后的方向与原方向之间的夹角称为转向角。转向角有左、右之分，如图 12-33 所示，$\alpha_{左}$表示左转向角，$\alpha_{右}$表示右转向角。欲测量 2 点转向角 $\alpha_{左}$，需将经纬仪安置在 2 点上，盘左照准 1 点，纵转望远镜，即是原方向的延长线，读取水平度盘读数 b，然后旋转望远镜照准 3 点，读取水平度盘读数 a，两读数之差即为转向角，即 $\alpha_{右}=a-b$。为消除误差，用盘右按上述方法再观测一次，取两次观测的平均值作为最后结果。

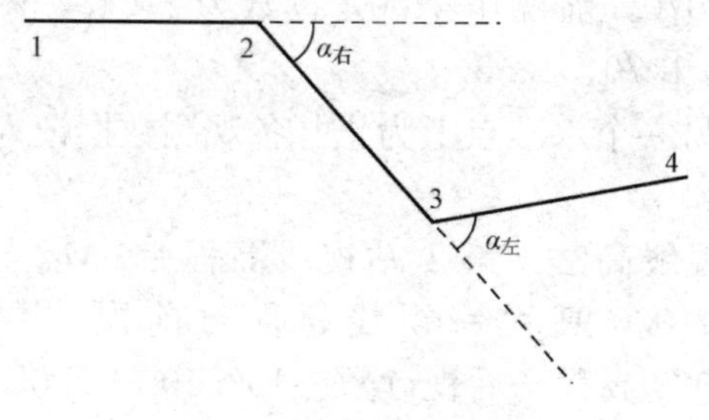

图 12-33　转向角测量

技能点 2　线路纵、横断面测量

一、纵断面图的测绘

沿管道中心线方向的断面称为纵断面。管道的纵断面图是表示管道中心线上地面起伏变化情况的断面图。纵断面图测绘的任务，是根据水准点的高程，测量中线上各桩处的地面高程，然后根据测得的高程和相应的各桩号绘制纵断面图，作为设计管道埋深、坡度及计算土方量的主要依据。

1. 布设水准点

为满足纵断面测量和施工的需要，应沿管道方向布设一定密度的水准点。通常 1～2km 设置一个永久性水准点，300～500m 设置一个临时水准点。水准点可设在稳固的建（构）筑物上，以红漆标绘，也可埋设混凝土标桩或木桩。

2. 纵断面测量

纵断面测量是用水准测量的方法，从一个水准点出发，逐点测量管道中线上各桩的高程，再附合到另一个水准点上，以此检核。其测量方法如图 12-34 所示，步骤如下：

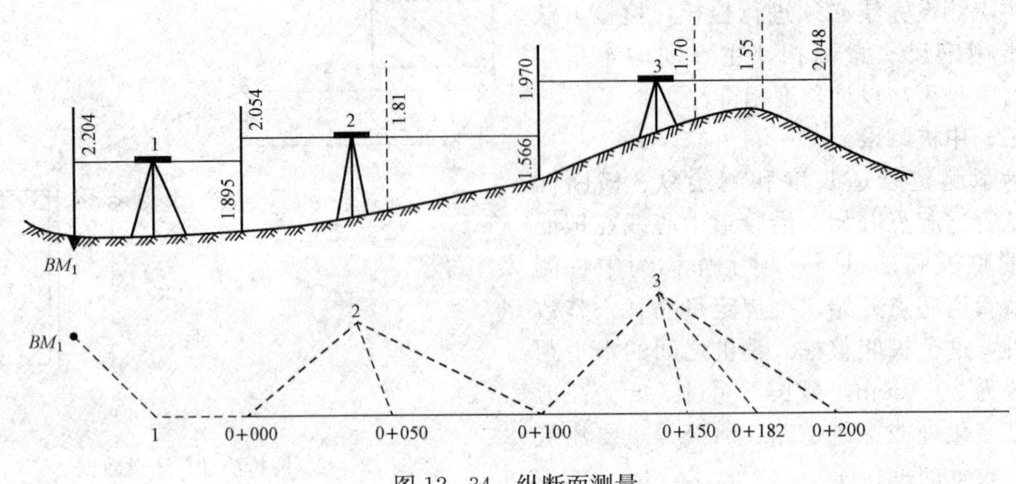

图 12-34　纵断面测量

(1) 在测站 1 安置水准仪，后视水准点 BM_1，读数为 2.204，前视 0＋000，读数为 1.895。

(2) 仪器搬至测站 2，后视 0＋000，读数为 2.054，前视 0＋100，读数为 1.566。此时仪器不搬动，将水准尺立于中间点 0＋050 上，读中间视读数为 1.81（中间视读至厘米）。

(3) 仪器搬至测站 3，后视 0＋000，读数为 1.970，前视 0＋200，读数为 2.048，然后读中间点 0＋150、0＋182 上的水准尺，读数分别为 1.70、1.55。

(4) 以后各站均按上述方法进行，直至附合于另一个水准点上为止。各观测数据记入表中，如表 12-3 所示。

(5) 计算各桩处的高程。各点高程计算采用视线高法，第 1 站视线高程＝BM_1 点高程＋后视读数＝156.800＋2.204＝159.004；0＋000 高程＝视线高程－前视读数＝159.004－1.895＝157.109。第 2 站视线高程＝0＋000 高程＋后视读数＝157.109＋2.054＝159.163；0＋050 高程＝视线高程－中间视读数＝159.163－1.81＝157.35；0＋100 高程＝视线高程－前视读数＝159.163－1－566＝157.597。第 3 站……

表 12-3　　纵断面测量记录手簿

测站	桩号	水准尺读数（m）			视线高程（m）	高程（m）
		后视	前视	中间视		
1	BM_1	2.204			159.004	156.800
	0+000		1.895			157.109
2	0+000	2.054			159.163	157.109
	0+050			1.81		157.35
	0+100		1.566			157.597
3	0+100	1.970			159.567	157.597
	0+150			1.70		157.87
	0+182			1.55		158.02
	0+200		2.048			157.519
…	…	…	…	…	…	…

纵断面测量一般是附合水准路线，由于水准测量存在着误差，使测量值与理论值不相符。对于一般管道，其误差不应大于$\pm 50\sqrt{L}$mm（L 为管道长度，以 km 为单位），如误差在容许范围内，不必进行调整。

3. 纵断面图绘制

纵断面图通常绘制在毫米方格纸上，纵轴表示高程，横轴表示水平距离。为了明显地表示地形起伏状态，通常高程比例尺为水平距离比例尺的 10 倍或 20 倍。自流管道和压力管道高程、水平距离比例尺可按表 12-4 选择。

表 12-4　　纵断面图高程、水平距离比例尺参考表

管道名称	高程比例尺	水平距离比例尺	备注
自流管道	1∶1000	1∶100	
	1∶2000	1∶200	
压力管道	1∶2000	1∶200	
	1∶5000	1∶500	

纵断面图的绘制步骤为：

（1）打格制表。如图 12-35 所示，在毫米方格纸的适当位置制表，标出与图相适应的纵向和横向坐标。

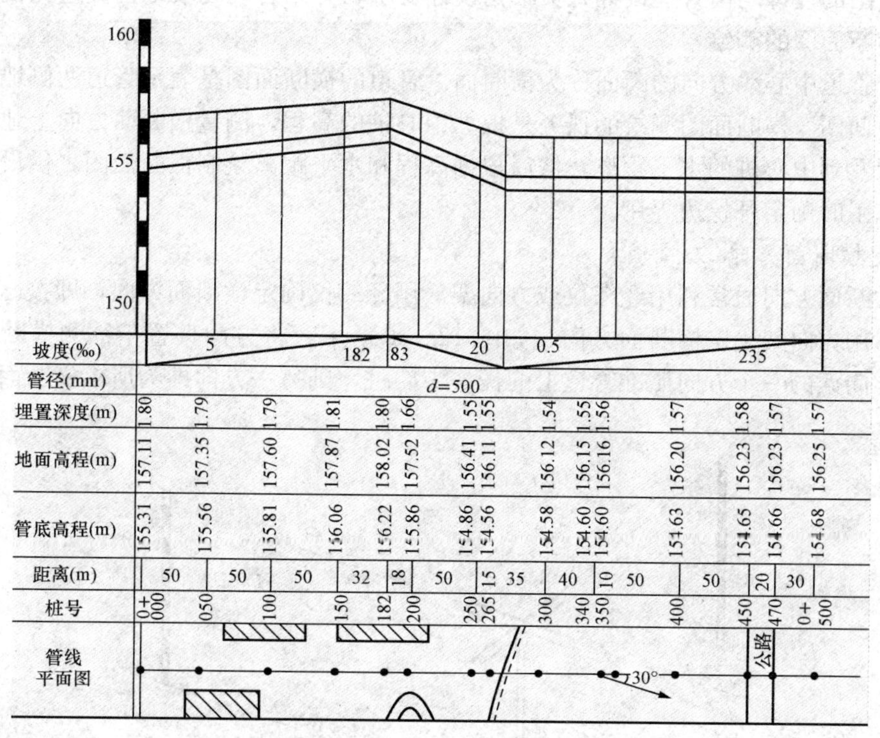

图 12-35　纵断面图的绘制

（2）填表。①根据纵断面测量成果填写桩号与地面高程。②在距离栏内填写相邻两桩之间的水平距离。

(3) 绘地面线。为使绘出的地面线在图上的位置适中，首先在图上确定最低点高程在图上的位置，然后按地面高程和高程比例尺，绘出各桩处的地面点，将相邻的地面点用直线连接，即得管道纵断面图。

(4) 标注管道设计坡度线。根据设计要求，在坡度栏内注记坡度方向，用“/”“\”“—”分别表示上坡、下坡和平坡。坡度线之上注记坡度值，以千分数表示；坡度线之下注记该坡度段的水平距离。

(5) 计算管底设计高程。根据管道起点高程、设计坡度及各桩之间的水平距离，推算各桩处管底的设计高程，填入管底高程栏内。例如，0+000 的管底高程为 155.31m，坡度 i 为 +5‰，求 0+050 和 0+100 的管底高程。0+050 的管底高程为

$$155.31+5‰\times50=155.56(\text{m})$$

0+100 的管底高程为

$$155.31+5‰\times100=155.81(\text{m})$$

(6) 绘制管道设计线。根据起点高程和设计坡度，在图上绘制管道设计线。

(7) 计算管道埋深。根据管底设计高程和地面高程即可求出管道埋深，即管道埋深＝地面高程－管底高程，求出后填入埋深栏内。

(8) 在图上注记有关资料。除上述内容外，还要在图上注记有关的资料，如本管道与旧管道连接处、交叉处以及与其他建筑物的交叉等。

纵断面图的设计均由管道设计人员根据设计要求，并结合现场实际情况进行设计。

二、横断面图的测绘

垂直于管道中心线方向的断面称为横断面。管道的横断面图是表示管道两侧地面起伏变化情况的断面图。横断面图测绘的任务是根据中心桩的高程，测量横断面方向上地面坡度变化点的高程及到中心桩的水平距离，然后根据高程和水平距离绘制横断面图，供设计时计算土方量和施工时确定开挖边界用。

1. 确定横断面方向

确定横断面方向通常利用经纬仪或方向架。用经纬仪确定横断面方向，即按已知角度测设的方法。用方向架确定横断面方向，如图 12-36 所示，将方向架置于欲测横断面的中心桩上，以方向架的一个方向照准管道上的任一中心桩，则另一方向即为所求横断面方向。

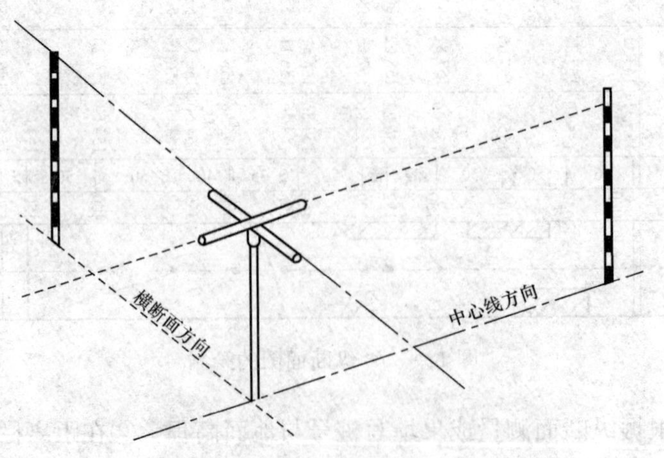

图 12-36　方向架确定横断面方向

2. 横断面测量

横断面测量的宽度取决于管道的直径和埋深，一般每侧为10～20m。根据精度要求和地面高低情况，横断面测量可采用以下几种方法：

（1）标杆皮尺法。如图12-37所示，1、2、3点和1′、2′、3′点为横断面方向上的坡度变化点。施测时，将标杆立于1点，皮尺零点放在0+050桩上，并拉成水平，在皮尺与标杆的交点处读出水平距离与高差，同理可求各相邻两点之间的水平距离和高差，记录格式如表12-5所示。表中按管道前进方向分成左侧、右侧两栏，观测值用分数形式表示，分子表示两点间的高差，分母表示两点间的水平距离。

此法操作简单，但精度较低，适用于等级较低的管道。

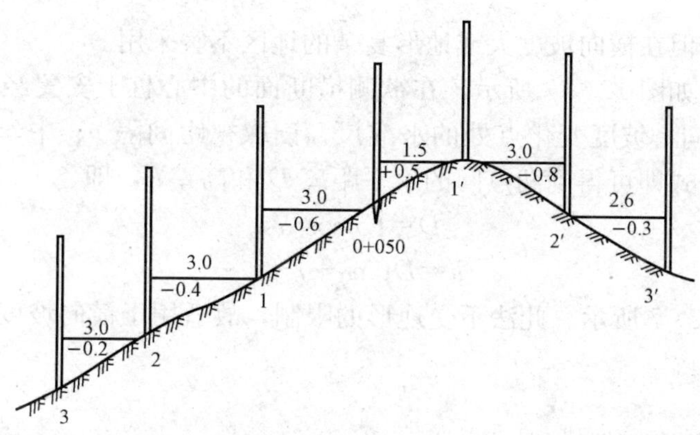

图12-37　标杆皮尺法测定横断面

表12-5　横断面测量（标杆皮尺法）记录表

左侧			桩号	右侧		
$\frac{-0.2}{2.6}$	$\frac{-0.3}{3.0}$	$\frac{-0.8}{3.6}$	0+000	$\frac{+0.7}{3.2}$	$\frac{-0.3}{3.0}$	$\frac{-0.4}{2.6}$
$\frac{-0.2}{3.0}$	$\frac{-0.4}{3.0}$	$\frac{-0.6}{3.0}$	0+050	$\frac{+0.5}{1.5}$	$\frac{-0.8}{3.0}$	$\frac{-0.3}{2.6}$

（2）水准仪法。如图12-38所示，选择适当的位置安置水准仪，首先在中心桩上立水准尺，读取后视读数，然后在横断面方向上的坡度变化点处立水准尺，读取前视读数，用皮尺量出立尺点到中心桩的水平距离。水准尺读数至厘米，水平距离精确至分米。记录格式如表12-6所示。各点的高程可由视线高程求得。

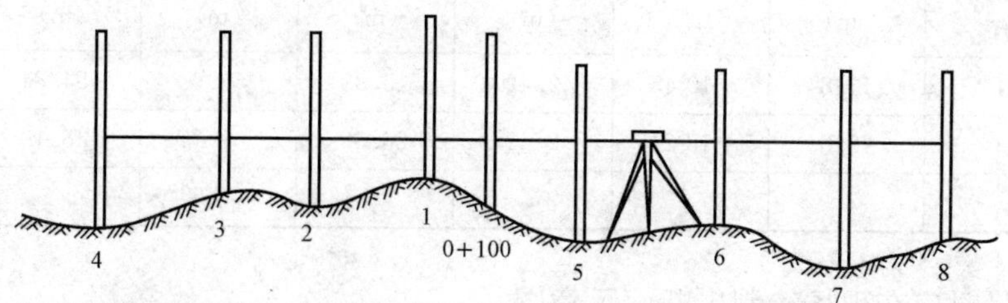

图12-38　水准测量横断面

表 12-6 **横断面测量（水准依法）记录表**

测点		水平距离（m）	后视（m）	前视（m）	视线高（m）	高程（m）
桩号 0+100				高程 157.597m		
左	右	0	1.26		158.86	
1		2.0		1.30		157.56
2		5.4		1.42		157.44
3		7.2		1.37		157.49
…	…	…	…	…	…	…

此法精度较高，但在横向坡度大或地形复杂的地区不宜采用。

（3）经纬仪法。如图 12-39 所示，在欲测横断面的中心桩上安置经纬仪，并量取仪器高 i，照准横断面方向上坡度变化点处的水准尺，读取视距间隔 n、中丝读数 l、竖直角 α，根据视距测量计算公式即可得到两点间的水平距离 D 和高差 h，即

$$D=Kn\cos^2\alpha$$

$$h=D\tan\alpha+i-l$$

记录格式如表 12-7 所示。此法不受地形的限制，故适用于横向坡度变化较大、地形复杂的地区。

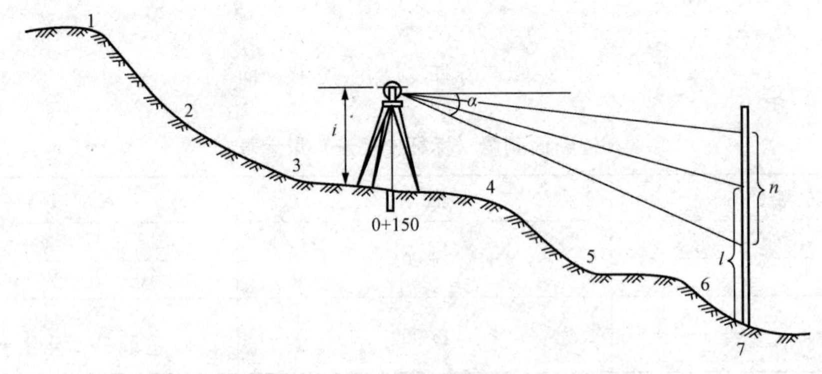

图 12-39 经纬仪测定横断面

表 12-7 **横断面测量（经纬仪法）记录表**

测点		视距间隔（m）	垂直角（°′）	中丝读数（m）	水平距离（m）	高差（m）	高程（m）	备注
桩号 0+250			高程 157.87m			仪器高 i=1.42m		
左	右							
	4	13.8	−10°45′	2.42	13.32	−3.63	154.34	
	5	29.3	−18°24′	2.42	26.38	−9.77	148.10	

横断面测量时应在现场绘制出断面示意图。

3. 横断面图的绘制

横断面图一般绘在毫米方格纸上，水平方向表示水平距离，竖直方向表示高程。横断面图的比例尺通常采用 1∶100 或 1∶200。为了便于计算横断面面积和确定管道开挖边界，水平方向和竖直方向应取相同的比例尺。

图 12-40 为某一横断面的断面图，其绘制步骤如下：

(1) 根据外业测量资料，计算各点的高程和该点至管道中心桩的水平距离。

(2) 标注中心桩桩号，根据高程和水平距离，按比例尺将这些点绘在图纸上。

(3) 把相邻点用直线连接起来，即得横断面图。

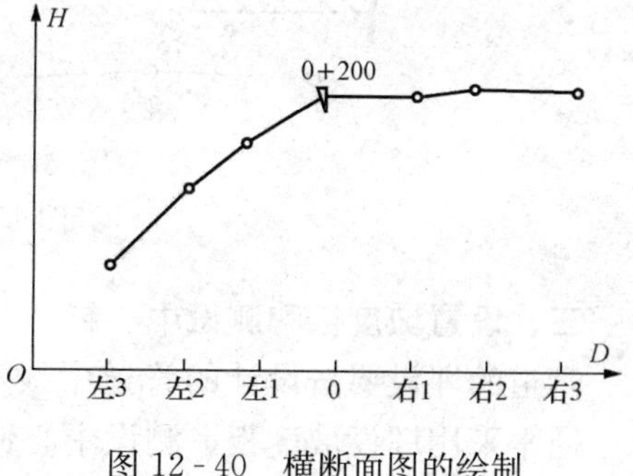

图 12-40 横断面图的绘制

技能点 3 管 道 施 工 测 量

管道工程根据用途、设置形式和输送手段的不同，除小范围的局部地面管道外，主要分为地下管道工程和架空工程两大类。

一、施工前的准备工作

1. 熟悉图纸情况和现场情况

施工前要收集、了解有关管道的设计资料和测量资料，掌握管道的施工情况及要求，其中包括管道平面图，纵、横断面图，管道起点、转折点、终点及各井位坐标、间距和标高，施工现场的平面及高程控制点的分布情况，各桩点的位置等，并且根据现场情况拟定测量方案。

2. 检核管道中线

中线测量时钉设的各种点桩，施工时有可能被碰动或丢失。为了保证中线位置的准确性，在开工前应对中线进行检核。对丢失和被破坏或移动的要补齐或重设。

在检核中线时，应根据检查井及其他附属构筑物的设计数据，在现场标定其位置。

3. 加密水准点

为了在施工过程中便于引测高程，应根据设计阶段布设的水准点，沿线附近每 100～150m 增设一个施工水准点。水准点的精度要求应符合工程性质和有关规范规定。施工水准点可设在固定的建（构）筑物上，涂以红漆“▼”标明，也可打木桩。

二、管道中心线测设

施工前，应将图纸上设计管道中线的起点、转折点、终点的位置测设到实地，作为施工的依据。

如图 12-41 所示，1、2…为导线点，A、B…为管道主点。如用极坐标法测设 A 点，则可根据 1、2 点和 A 点的坐标，计算测设数据$\angle 12A$ 和距离 D_{2A}。测设时，将经纬仪安置于 2 点，后视 1 点，右转$\angle 12A$ 即得 $2A$ 方向，在此方向上用钢尺测设距离 D_{2A}，即得 A 点。其他主点均可按上述方法进行。

主点测设工作必须进行校核，校核方法是：先用主点坐标计算相邻主点间的长度，然后在已测设的主点间量距，看其是否与算得的长度相符。

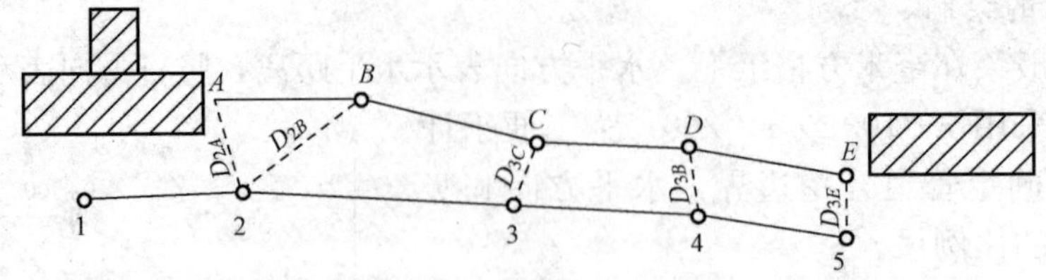

图 12-41 管道中心线测设

三、设置坡度板和测设中心钉

管道的埋设要按设计的管道中线和坡度进行。因此，在开挖管槽前应设置施工测量标志。通常采用埋设坡度板、测设中心钉的方法控制管道的平面位置。

管道中心线主点及检查井中心点的位置在地面确定后，根据检查井的尺寸、管径大小、埋深以及土质情况，决定管槽的开挖尺寸，并撒上灰线作为施工的依据。

在管槽开挖时，管道中心线上各桩通常被挖掉，为了控制开挖后中线方向和管道的设计高程，每隔 10～15m 埋设一块坡度板。遇有检查井、支线等构筑物时，应予以加设。坡度板埋设要牢固可靠，板的顶面应保持水平，如图 12-42 所示。

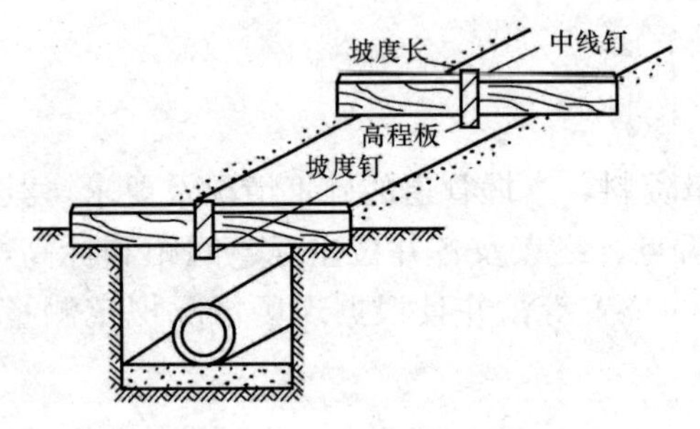

图 12-42 坡度板的设置

坡度板埋好后，将经纬仪安置在中线的控制桩上，照准远处一个中线控制桩，将中线方向投到坡度板上，并钉上中心钉。各坡度板中心钉的连线即为中线方向。

四、测设坡度钉

管道要求有一定的高程和坡度。施工时，为了控制管底设计高程，还需测设出中线上各坡度板顶部的高程。板顶高程与相应的管底设计高程之差，就是从板顶向下挖土的深度。由于地面有高低起伏变化，因此，每块坡度板处向下挖的深度都不一样，在施工中则用坡度钉来控制。如图 12-43 所示，管槽挖到一定深度，在坡度板上中线一侧钉一高程板（也称坡度立板），在高程板上测设一坡度钉，使各坡度钉的连线平行于管道设计坡度线，并距管底设计高程为一整分米，该数称为下反数，利用下反数，检查和控制管槽的坡度和高程。

坡度钉的测设方法较多，常用的是“应读前视数法”，现以图 12-43 中 0＋000～0＋200 段管道和表 12-8 为例，说明坡度钉的测设步骤。

（1）在适当位置安置水准仪，后视水准点 BM_1 求出视线高程为

$$H_{视}=80.465+1.357=81.822(\text{m})$$

分别填入表 12-8 中第 2、3 栏内。

（2）根据桩点 0＋000 的管底设计高程（79.000）和设计坡度（－3‰），计算每 10m 处的管底设计高程，填入表 12-8 中第 4 栏。

（3）根据现场的实际情况选定下反数，使坡度钉钉在不妨碍施工和使用方便的高度上，一般为 1.5～2.0m。地面起伏较大时，可分段选取下反数。该例选取 2.0m，填入表 12-8 中第 5 栏。

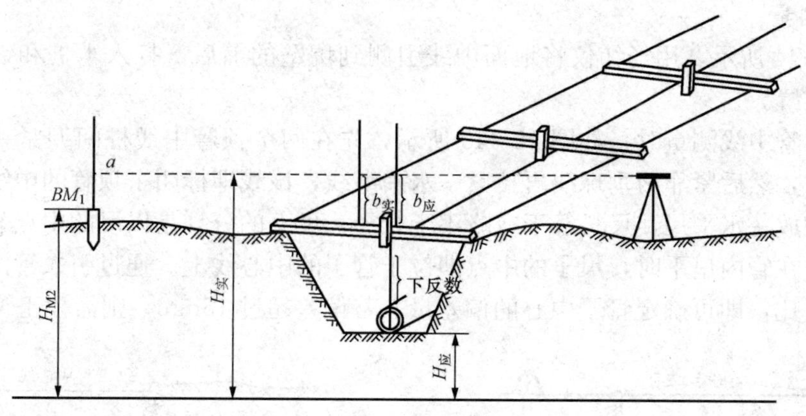

图 12-43　坡度板的测设

表 12-8　用“应读前视数法”测设坡度钉记录计算表

工程名称　××污水			设计坡度 −3‰		水准点 BM_1 高程 80.465m		
测点板号	后视 (m)	视线高 (m)	管底设计高程 (m)	坡度钉下反数 (m)	坡度钉实读数 (m)	坡度钉应读数 (m)	改正数 (ΔH/m)
1	2	3	4	5	6	7	8=6−7
BM_1	1.357	81.822					
0+000			79.000	2.000	0.750	0.822	−0.072
0+010			78.970	2.000	0.860	0.852	+0.008
0+020			78.940	2.000	0.788	0.882	−0.094

（4）计算各坡度钉的前视应读数为

$$b_{应}=视线高-(管底设计高程+下反数)$$

如 0+000 坡度钉，$b_{应}=81.822-(79.000+2.000)=0.822\text{m}$，$b_{应}$ 填入表 12-8 中第 7 栏。

（5）计算各坡度板顶改正数 ΔH。立尺于坡度板顶，分别读取各板顶的实读数 $b_{实}$，填入表 12-8 中第 6 栏，则改正数为

$$\Delta H=b_{实}-b_{应}$$

如 0+000 坡度板顶 $\Delta H=0.750-0.822=0.072\text{m}$，数据填入表中第 8 栏。

ΔH 为“+”时表示从板顶向上改正，ΔH 为“−”时表示从板顶向下改正。

根据改正数，在高程板上钉一铁钉，即为坡度钉。在施工过程中，可用 2m 的钢卷尺随时检查和控制管槽开挖深度。

开挖管槽除上述设置坡度板和坡度钉的方法外，还可采用在管槽开挖线两侧，设置两排与管道中线平行且离中线一定距离的定位桩，以此作为控制管道中线和高程的依据。

五、顶管施工测量

当地下管道穿越铁路、公路或重要建筑物时，为了维护正常的交通运输和避免大量的拆迁和开挖工作，往往采用顶管施工方法。为此应先挖好顶管工作坑，在坑内安放导轨，将管材放在导轨上，用顶镐的方法将管材沿中线方向顶入土中，然后在管内挖出土方。顶管施工测量的主要任务，是控制管道中线方向、高程和坡度。

1. 中线测量

如图 12-44 所示，用经纬仪将地面中线引测到坑壁的前后，打入木桩和铁钉，以标定顶管的中线位置。

在进行顶管中线测量时，如图 12-45 所示，先在两个顶管中线桩间绷紧一细线，在线上挂两个垂球，然后紧靠两垂球线再拉紧一水平细线，该线即标明了顶管的中线方向。这时在管内前端横放一水平尺，尺长等于或略小于管径，尺上的分划是以尺的中点为零向两端增加的。当尺子在管内里平时，尺子的中点即位于管子的中心线上。通过引入管内的细线与水平尺的中点对比，即可确定管子中心的偏差量，若偏差超过 15mm，则需校正管子。

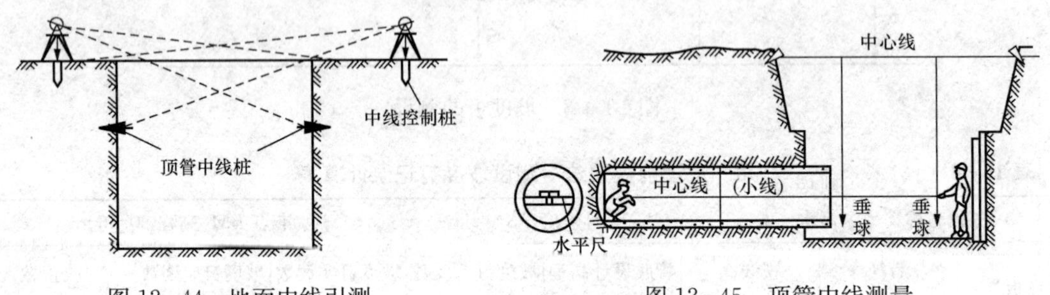

图 12-44 地面中线引测　　图 12-45 顶管中线测量

2. 高程测量

为了控制管道按设计高程和坡度顶进，先要在工作坑内设置临时水准点，一般要求设置两个，以便互相检核。

将水准仪安置在工作坑内，后视临时水准点，前视立于管内待测点的短标尺，即可测得管底（内壁）各点高程。将测得的管底高程与其设计高程进行比较，若差值超过 10mm，则需校正管子。

对于短距离（小于 50m）的顶管施工，一般每顶进 0.5m 可按上述方法进行一次中线和高程测量。当距离较长时，需每隔 100m 设一个工作坑，采用对向顶管施工，在贯通时，管子错口不应超过 30mm。当顶管距离长、管径大、机械化施工程度较高时，利用激光水准仪配上光电接收靶和自控装置，即可实现自动化施工的动态导向。首先将激光水准仪安置在工作坑内，调整好激光束的方向和坡度，用激光束来监测顶管的掘进方向。在掘进机头上装置光电接收靶和自控装置，当掘进方向出现偏位时，光电接收靶便给出偏差信号，并通过液压纠偏装置，自动调整机头方向，继续掘进。

技能点 4 管道竣工测量

管道工程竣工后，为了准确地反映管道的位置，评定施工的质量，并作为改建、扩建、维修的依据资料，必须进行竣工测量，测绘管道竣工图。

管道竣工图主架包括管道平面图和断面图。

平面图主要测绘管道起点、转点、终点、检查井以及附属构筑物的平面位置。平面图的测绘宽度根据需要确定，比例尺根据需要而定，一般为 1∶500～1∶2000。

断面图主要反映管道及附属构筑物的高程和坡度，如管底高程及坡度、井盖及井底高程、管道所在地段的地形起伏情况等。断面图测绘应在回填土前进行，用图根水准测量测定检查井口顶面和管顶高程，管底高程由管顶高程和管径、管壁厚度算得。

练习题

1. 道路中线测量的内容有哪些?

2. 什么是线路的转角? 如何确定线路的左、右转角?

3. 什么是线路的交点和转点?

4. 某桩号为 $K_{23}+580$，试说明该桩号的意义。

5. 在某线路有一圆曲线，已知交点的桩号为 K_3+210，线路转角为 $42°25'00''$，半径为 100m。试计算该曲线的元素及主点的桩号。

6. 已知交点的桩号为 K_4+210，线路转角为 $18°25'00''$，圆曲线半径为 500m，若采用偏角法测设该曲线（曲线上每 10m 钉桩）。试计算该曲线的详细测设数据。

7. 已知交点的桩号为 K_3+180，线路转角为 $40°18'00''$，圆曲线半径为 600m，缓和曲线长为 60m，每 10m 测设一点。试计算该曲线的测设元素。

8. 简述纵、横断面测量的意义和方法。

9. 某变坡点的桩号为 K_3+680，该点的高程为 24.88m，其相邻直线坡度为 $i_1=+1.041\%$，$i_2=-0.658\%$，$R=5000$m，要求每 10m 钉一里程桩，试计算该竖曲线的测设数据。

10. 桥梁施工测量的主要工作有哪些?

11. 如何进行桥梁墩、台中心的定位测量?

12. 试述纵断面图的测绘方法、步骤。

13. 简述管道施工测量前的准备工作。

14. 简述管道中心线的测设过程。

15. 简述施工中所进行的测量工作。

16. 工测量的目的及内容是什么?

项目十三

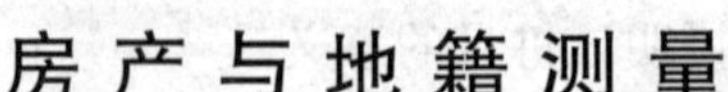

房产与地籍测量

本单元主要包括房产测量和地籍测量等两个项目的内容。

学习目标：通过本单元的学习，了解房产测量的内容、房产调查的一般规定、房产要素测量的主要内容与方法、变更测量、房产图图式；熟悉房产测量的基本精度要求、房产平面控制测量的方法与技术指标、房产单元的分类、房产图的绘制、房产面积测算的方法与精度。了解地籍测量的含义及特点、地籍测量的任务、地籍图的比例尺及分幅与编号；熟悉地籍图的分类、地籍资料的更新。

能力目标：通过本单元的学习，掌握房屋面积测算的有关规定及精度要求、房产套面积计算与共有面积的分摊，掌握地籍图测绘方法。

单元一　房　产　测　量

房屋是人民生产和生活的场所，房屋和房屋用地是人民生产和生活的基本物质要素。房产测量主要是采集和表述房屋和房屋用地的有关信息，为房屋产权管理、房地产开发利用、交易、征收税费及城镇规划建设等提供数据和资料，因此，房产测绘是一种专业测绘，为房屋各项管理工作提供服务。

知识点1　房产测绘基本知识

一、房产测量的基本内容

房产测绘的主要工作是确定房屋的位置、界限、质量、数量、属性和现状等，并以文字和图件表示出来，按《房产测量规范》（GB/T 17986—2000）规定，房产测绘的基本内容包括以下七个方面。

1. 房产平面控制测量

房产测量的第一步就是在测区建立一个高精度的、有一定密度的、可以长期使用的、覆盖全区的平面控制网，这是保证房产测量成果质量的基础。

2. 房产调查

房产调查分为房屋调查和房屋用地调查，即是查清房屋及其用地的地理位置、权属、权界、权源、数量和利用状况，以及地理名称和行政境界。按照《房产测量规范》（GB/T 17986—2000）规定的房屋和房屋用地调查表，逐项调查落实，并现场记录，填写调查表，这是进行产权登记和提供官方证明的基本素材。

3. 房产要素测量

房产要素测量的目的是测定房屋和房屋用地及其相关要素的几何位置，包括坐标或边长。主要要素有界址点和界址线、房角点和房屋轮廓线，以及房屋的附属设施和房屋围护物的几何位置或相关数据，还有铁路、公路、街道、水域以及相关地物的位置测量，有时还要进行行政境界点和境界线的测量。

4. 房产图绘制

房产图绘制主要是规定了房产分幅平面图（简称分幅图）、房产分丘平面图（简称分丘图）、房屋分户平面图（简称分户图）这三种图的规格和标准，同时也提出了这些房产图的绘制方法和要求。

5. 房产面积测算

房产面积测算包括房屋面积测算和房屋用地面积测算。

6. 变更测量

由于城市现状的不断变更，以及房屋和房屋用地产权的经常转移，因此从房产测量开始之日起，就产生了变更测量。《房产测量规范》（GB/T 17986—2000）对变更测量的范围、方法、要求都有具体而明确的规定。房产变更测量将是房产测绘部门的一项经常性的工作。

7. 成果资料的检查与验收

成果资料的检查与验收工作是房产测量的最后一道工序，也是保证房产成果资料质量的最后一道关口。检查与验收工作应根据《房产测量规范》（GB/T 17986—2000）规定的原则，结合房产测绘的特点和各地的实际情况和需求开展。

二、房产测量的成果

房产测量提供成果由房产簿册、房产数据集和房产图集三部分组成。

1. 房产簿册

房产簿册包括以下内容：

（1）房产调查表；

（2）房屋用地调查表；

（3）有关产权状况的调查资料；

（4）证明及协议文件。

2. 房产数据集

房产数据集包括以下内容：

（1）房产平面控制点成果；

（2）界址点成果；

（3）房角点成果；

（4）高程点成果；

（5）面积测算成果。

3. 房产图集

房产图集包括以下内容：

（1）房产分幅平面图；

（2）房产分丘平面图；

（3）房屋分层分户图；

（4）房产证附图；

（5）房屋测量草图；

（6）房屋用地测量草图。

房产测量的坐标系统采用1980年西安国家大地坐标系或者地方坐标系。采用地方坐标系时，应和国家坐标系联测。房产测量统一采用高斯投影。房产测量一般不测高程，需要进行高程测量时，由设计书另行规定，高程测量采用1985年国家高程基准。

三、房产测量基本精度要求

1. 房产测量的精度指标与限差

房产测量以中误差作为评定精度的标准，以两倍中误差作为限差。

2. 房产平面控制测量的基本精度要求

房产平面控制测量的精度要求是：末级相邻基本控制点的相对点位中误差不超过±0.025m。

3. 房产分幅平面图与房产要素测量的精度

（1）模拟方法测绘的房产分幅平面图上的地物点，相对于邻近控制点的点位中误差不超过图上±0.5mm。

（2）利用已有的地籍图、地形图编绘房产分幅图时，地物点相对于邻近控制点的点位中误差不超过图上±0.6mm。

（3）对全野外采集数据或野外解析测量等方法所测得的房产要素点和地物点，相对于邻近控制点的点位中误差不超过±0.05m。

（4）采用已有坐标或有图件展绘成房产分幅图时，展绘中误差不超过图上±0.1mm。

4. 房产界址点的精度要求

房产界址点的精度分为三级，各级界址点相对于邻近控制点的点位误差和间距超过50m相邻界址点的间距误差不超过表13-1的规定。

表13-1 房产界址点的精度要求

界址点等级	界址点相对于邻近控制点的点位误差和相邻界址点间的间距误差（mm）	
	限差	中误差
一	±0.04	±0.02
二	±0.10	±0.05
三	±0.20	±0.10

对间距未超过50m界址点的间距误差的限差不超过下式计算结果，即

$$\Delta D=\pm(m_j+0.02m_jD)$$

式中 ΔD——界址点坐标计算的边长与实量边长较差的限差，m；

m_j——相应等级界址点的点位中误差，m；

D——相领界址点间距，m。

5. 房角点的精度要求

（1）房角点的含义。房角点是房屋轮廓线的交点，房屋轮廓线是房屋外墙面的交线，在地籍测绘中，称房角点为建筑物角点。

（2）房角点的作用。

1）计算房屋外墙的边长；

2）计算房屋的占地面积和建筑面积；

3）标定房屋的外轮廓和房屋的空间位置；

4）构成房屋的三维立体模型；

5）确定房屋的几何位置，进行产权登记；

6）作为房产要素测量或更新修测的起算点。

（3）房角点坐标的精度要求。《房产测量规范》（GB/T 17986—2000）对房角点的精度要求是：需要测定房角点的坐标时，房角点坐标的精度等级和限差执行与界址点相同的标准；不要求测定房角点坐标时，分别为图上位置中误差不超过±0.5、±0.6、±0.1mm的限差（同房产分幅平面图与房产要素测量的精度）。

6. 房产面积的精度要求

（1）房产面积。《房产测量规范》（GB/T 17986—2000）中的房产面积指房屋的产权面积。房屋的产权面积包括房屋建筑面积和共有分摊面积。

（2）精度要求。考虑我国实际情况和各地的不同需求，《房产测量规范》（GB/T 17986—2000）将房屋面积的测算精度分为三级，各级面积的限差和中误差不能超过表13-2计算的结果。

表 13-2　房产面积的精度要求　m^2

房产面积的精度等级	限差	中误差
一	$0.02\sqrt{S}+0.0006S$	$0.01\sqrt{S}+0.0003S$
二	$0.04\sqrt{S}+0.0002S$	$0.02\sqrt{S}+0.0001S$
三	$0.08\sqrt{S}+0.0006S$	$0.04\sqrt{S}+0.0003S$

注　S为房产面积，m^2。

（3）适用范围。《房产测量规范》（GB/T 17986—2000）明确规定了房屋面积精度等级的使用范围，可以按表13-3选用。

表 13-3　房产面积精度等级参考表

面积测算的精度等级	不同房屋选用的等级	不同地段
一级	特殊房屋，或产权人要求的	城市的特殊地区或特殊建筑物
二级	商品房，其他上市房屋	大城市的市区、中小城市的中心区
三级	低价房屋，房改房	小城镇的部分房屋

技能点1　房产平面控制测量

房产平面控制测量是房产测量整个工程的前期性的基础工作，它的目的是为整个房产测量工作提供一个准确的控制框架（参考系）和定位基准，并控制误差的累积。

一、房产平面控制测量的布设原则与基本要求

1. 房产平面控制网点的布设原则

房产平面控制测量的布设原则和其他控制测量一样应遵循下述原则：从整体到局部、从

高级到低级、分级布网的原则，也可越级布网，即从高级网到低级网，统一分级布网，但不要求逐级布网，中间可以越级布网。如在二等平面控制网下，不一定要求先布设三等控制网，可以按照四等控制网的精度和规格，直接布设四等平面控制网。

2. 房产平面控制网基本要求

房产控制网为房产测绘服务，其控制点则直接为房产要素测绘服务。控制点直接作测站或用于恢复界址点使用。控制网要求保持控制点间有较高的相对精度，即要求最末一级的房产平面控制网中，相邻控制点间的相对点位中误差（即相邻点间的相对位置中误差）不超过±0.025m，最大误差不超过±0.05m。

房产平面控制点要有相当的分布密度，以满足房产要素测量对起算控制点的需求。房产平面控制点的密度与测区的大小、测区内界址点数量和精度及测区的地形情况有关，而与测图比例尺无直接关系。依据规定，建筑物密集区的控制点平均间距在100m左右，建筑物稀疏区的控制点平均间距在200m左右。

二、房产平面控制测量的方法与技术指标

1. 导线测量

一、二、三级房产平面控制最常用的方法是导线测量。但由于导线精度限制，导线测量只适合于低等级的加密，而不适用于高等级的精度需求。

有关导线测量的技术指标和要求见表13-4，其相对点位中误差估算见表13-5。各级测距导线的点位中误差见表13-6。

表13-4　各级测距导线的技术指标

导线等级	平均边长（km）	导线全长（km）	每边测距中误差（mm）	测角中误差（″）	导线全长相对闭合差	水平角观测测回数			方位角闭合差（″）
						DJ1	DJ2	DJ6	
三等	3.0	15	±18	±1.5	1/60 000	8	12		$\pm3\sqrt{n}$
四等	1.6	10	±18	±2.5	1/40 000	4	16		$\pm5\sqrt{n}$
一级	0.3	3.6	±15	±5.0	1/14 000		2	6	$\pm10\sqrt{n}$
二级	0.2	2.4	±12	±8.0	1/10 000		1	3	$\pm16\sqrt{n}$
三级	0.1	1.5	±12	±10.0	1/6000		1	3	$\pm24\sqrt{n}$

表13-5　各级测距导线相邻相对点位中误差

导线等级	测角中误差 m_β（″）	导线边数 n	导线全长 L（km）	平均边长 D（m）	每边测距中误差 m_D（mm）	方位角中误差 m_α（″）	相对点位中误差 m_L（mm）	$m_L\sqrt{2}$（mm）
一级	±5	12	3.6	300	±15	± 9	±20	±28
二级	±8	12	2.4	200	±12	±14	±18	±25
三级	±10	15	1.5	100	±12	±20	± 15	±21
三级	±20	20	1.0	50	±12	±45	±16	±23

表 13-6　各级测距导线的点位中误差

导线等级	测角中误差 m_β (″)	导线边数 n	导线全长 L (km)	平均边长 D (m)	每边测距中误差 m_D (mm)	m_t (mm)	m_μ (mm)	点位中误差 m_p (mm)
一级	±5	12	3.6	300	±15	26	25	36
二级	±8	12	2.4	200	±12	21	26	33
三级	±10	15	1.5	100	±12	23	22	32
四级	±20	20	1.0	50	±12	27	34	43

在表 13-5、表 13-6 中：n 为测距导线的导线边数；$m_\alpha=\frac{m_\beta}{2}\sqrt{n}$为导线（附合导线）中间边的方位角中误差，(″)；$m_L=\sqrt{m_D^2+\left(\frac{m_\alpha}{\rho}D\right)^2}$为附合导线中间的相邻点位中误差；$\rho=206\ 265''$；$m_t=m_D\sqrt{n}/2$ 为附合导线平差后中点的纵向中误差；$m_\mu=\frac{m_\beta}{\rho}D\sqrt{\frac{n(n+2)(n^2+2n+4)}{192(n+1)}}$为附合导线平差后中点的横向中误差；$m_p=\sqrt{m_t^2+m_\mu^2}$为附合导线平差后中点的点位中误差（相对于起算点）。

2. GPS 静态相对定位测量

GPS 静态相对定位测量主要应用于四等和四等以上的大地控制测量或一级房产平面控制测量，也可用于房角点和界址点等房产要素的测定。

依据《房产测量规范》(GB/T 17986—2000）的基本要求，GPS 定位测量末级相邻房产平面控制点间的相对点位中误差不超过±0.025m。

三、水平角观测

水平角观测使用 DJ1、DJ2、DJ6 三个等级系列的光学经纬仪或电子经纬仪或全站仪。

二等以下的水平角观测采用方向观测法观测。一级以上的导线测量中，当只有两个方向时应测左右角，两个以上的导线测站可使用方向观测法。方向观测法的各项限差不应超过表 13-7 的规定。

表 13-7　水平角观测限差

经纬仪型号（全站仪型号）	半测回归零差 (″)	一测回内 $2c$ 互差 (″)	同一方向值各测回互差 (″)
DJ1	6	9	6
DJ2	8	13	9
DJ6	18	30	24

四、距离测量

房产测绘大多使用的是短程红外线光电测距仪。

光电测距仪依据 1km 的测距中误差 m_D 的绝对值 $|m_D|$ 划分为两级：Ⅰ级为 $|m_D|\leqslant 5$mm；Ⅱ级为 5mm$<|m_D|<$10mm。光电测距的测距边选择应符合以下条件：

(1) 根据测距边的距离，选择最佳测距相应测程的测距仪；

(2) 测距测线（仪器视线）宜高于地面和离开障碍物 1m 以上；

(3) 测距测线应避免通过发热体（如散热塔、烟囱等）上空及附近；

(4) 安置测距仪的测站应避开受电磁场干扰的地方，一般要求离开高压线 5m 以外；

(5) 应避免测距时的视线背景部分有反光物体。

技能点2　房　产　调　查

房产调查，分房屋调查和房屋用地调查两部分，包括对每个权属单元的位置、权界、权属、数量和利用状况等基本情况，以及地理名称、行政境界、政府机构名称和大的企事业单位名称的调注。

一、丘与丘号

1. 丘的定义

丘是指地表上一块有界空间的地块。一个地块只属于一个产权单元的称“独立丘”，一个地块属于几个产权单元的称组合丘。

丘是根据我国房产管理体制和实际情况及房地产测绘所具备的条件而设计的一个房产测绘和调查的最基本单元。

2. 丘的划分

按照《房产测量规范》(GB/T 17986—2000) 中“丘”的定义，它有一个条件，即有边界。因此，有固定界标的按固定界标划分，即已有界址点的需按界址点走向划分“丘”；在没有固定界标的情况下，按自然界线划分，一般以一个单位或一个门牌号或一处院落的房屋用地划丘，当面积过小或权属混杂时，则可划成组合丘，自然界线包括围墙、栅栏、篱笆、铁丝网、柱、河、渠、沟、道路、铁路、公路、街道、城墙、堤坝等，可按这些自然界线包围的地块划丘。

丘界线不应穿越行政境界线。

3. 丘的编号

丘的编号按市、市辖区（县)、房管区、房管分区、丘五级编号组成。

丘的编号在房管分区范围内编定，采用 4 位自然数从 0001～9999，从北至南，从西至东以反 S 形顺序连续编列。

丘的编号格式及位数如下：

市代码	＋市辖区（县）代码	＋房产区代码	＋房产分区代码	＋丘号
(4 位)	(2 位)	(2 位)	(2 位)	(4 位)
0001～9999	01～99	01～99	01～99	0001～9999

市和市辖区（县）的代码采用《中华人民共和国行政区划代码》(GB/T 2260—2012) 规定的代码。

4. 房产区与房产分区

丘以房产分区为单位划分，房产分区又是以房产区为单位划分，房产区是以市辖区或县，或县级市为单位划分，市辖区、县、市等的范围和边界线则是由上一级政府划定的，应该有明显的边界线，不一定都有界标。

房产区应在市辖区或县（旗）或县级市的范围内统一编号，避免重号，保证代码的唯一性。

房产分区以房产区为单元划分，可按自然界线，依街坊或居民点，或依大的机关、企事业单位划分，房产分区应构成连续成片的几何图形。

例如，陕西省西安市长安县黑河镇第126丘，其丘的编号为61012119010126。

61	01	21	19	01	0126
陕西省代码	西安市代码	长安县代码	房产区号	房产分区号	丘号

其中610121为《中华人民共和国行政区划代码》(GB/T 2260—2012）中陕西省西安市长安县的代码，19为房产区号，在长安县内统一编号。黑河镇以风景旅游和水利设施而设镇，现人口不足5000，目前划成一个房产分区即可，即房产分区号为01号，0126为所在丘的丘号。

二、幢与幢号

1. 幢的定义

幢是指一座独立的、包括不同结构和不同层数的房屋。

幢也是一个量词，表示房屋的座数，是房屋调查与房屋测绘的基本单元。

2. 幢的编号

幢号以丘为单位编号，幢号的编号顺序是：从大门起（或丘的入口处），从左到右，从前到后，用数字1，2，…顺序按反S形编号。幢号注在房屋轮廓线的左下角，并加括号。

当丘内房屋已有连续而完整的幢号也可继续沿用。

3. 房产权号

在他人权属范围的土地上建造的房屋，或自己权属范围内的土地上有他人建造的房屋，应加编房产权号。房产权号用大写英文字母A表示，注在房屋幢号的右侧，与幢号并列，字号和幢号相同。

房产权号是一个标识符，标明该幢房屋的产权和该幢房屋所占用土地的土地使用权（产权）人，不属于同一产权人或同一产权单位。

4. 房屋共有权号

多户共有的一幢房屋，应在幢号后加编共有权号，共有权号用大写英文字母B表示，注在房屋幢号或房产权号右侧，与幢号并列，字号和幢号相同。

房屋共有权号是一个标识符，标明该幢房屋的产权有多个产权人或产权单位。

三、房屋用地调查内容

房屋用地调查主要内容包括用地坐落、产权性质、土地等级、税费、用地人、用地单位性质、土地使用权来源、四至、界标、用地用途、面积、用地略图以及其他情况的记录等。

1. 房屋用地坐落

房屋用地坐落是指房屋用地的地理位置，即所在地的地理名称，填写为：××市××区××路（街）×××号等。

路、街、巷等名称以民政部门规定的名称为准，门牌号以公安部门钉立的门牌号为准。

房屋用地坐落在小的里弄、胡同或小巷时，应加注附近主要街道的名称；缺门牌号时，可借用毗连房屋的门牌号加注东、南、西、北等方位。

房屋用地坐落在两个以上街道或两个以上门牌号时，应全部注明，但应分清主次，主门牌在前，侧、后门牌在后。

2. 房屋用地的产权性质

房屋用地的产权性质指土地的所有权，为国有或者集体所有。集体所有的还应加注土地所有权的单位名称，如“集体（李家村）”。

3. 房屋用地的等级

城市和镇的土地等级主要考虑繁华程度、交通条件、基础设施、环境条件、人口分布、土地附着物、土地利用效益等因素评定。房屋用地的等级按当地有关部门所定的等级标准填写。

4. 房屋用地的税费

按房屋用地的土地使用人向税务部门缴纳的年度金额为准。免征土地税的填“免征”。

5. 房屋用地的使用权主

指获得房屋用地土地使用权的产权人姓名或单位名称。

6. 房屋用地的使用人

指房屋用地实际使用人的姓名或单位名称，例如：某房屋用地的土地使用权属“××国土资源厅”，而实际上一直归“××地质测量队”使用，此处应填“××地质测量队”。

7. 用地来源

指房屋用地的权源，即取得土地使用权的时间和方式，如出让、转让、征用、拨用等。填写××××年××月××日获得土地使用权，使用年限××年。

8. 用地四至

填写房屋用地与四邻接壤的街道名、丘号，或沟、渠、水域等地名。

9. 用地范围的界标

填写用地范围边界界标物的名称，如围墙或墙体、栅栏、篱笆、界碑、界桩，或河流名、道路名称等。

10. 用地用途分类

根据《房产测量规范》（GB/T 17986—2000）附录规定的标准划分，填写二级分类代码。

11. 用地略图

按用地单元绘制略图，不依比例尺，主要表示其四邻关系、界标类别和归属，并注明用地边长。

12. 附加说明

附加说明主要记录有关产权纠纷的情况，以及有关通行权、采光权、通风权、截水权、排水权等他项权利的登记。对有土地使用权的抵押、典当等情况也应在此进行登记和说明。

四、房屋调查内容

房屋调查主要内容包括房屋座落、产权人、产别、层数、层次、建筑结构、建成年份、用途、墙体归属、权源、他项权利等基本情况。

1. 房屋坐落

房屋坐落与房屋用地坐落相同，按“房屋用地坐落”的要求填写。

2. 房屋产权人

房屋产权人是指房屋所有权的权属主，可以是一个人或几个人、单位、国有等。房屋产权人对房屋有占有权、使用权、收益权和处置权。

私人所有的房屋，房屋产权人的姓名应是房屋产权证上的姓名，而且应与户口簿、身份证上的姓名一致。

单位所有的房屋，房屋产权人填写单位的全称。如有主管单位，则房屋产权人填主管单位名称后加“等单位”，其他产权单位在说明中注明。

房地产管理部门直接管理的房屋，包括公产、代管产、托管产、拨用产四种产别。公产填房地产管理部门的全称；代管产填原产权主名称，加括号注明代管单位名称；托管产填原产权主名称，加括号注明托管单位名称；拨用产填房地产管理部门全称，加括号注明拨借单位名称。

3. 房屋产别

房屋产别是指房屋的产权性质，按《房产测量规范》(GB/T 17986—2000) 附录规定的标准划分，填入二级分类代码，分为国有房屋、集体所有房产、私有房产、代管房屋和托管房屋的产权。

4. 房屋产权来源

房屋产权来源是指产权人取得房屋所有权的时间和方式。房屋所有权取得的方式有买受、受赠、交换、继承、自建、翻建、收购、征用、调拨、价拨、拨用以及房改售房等。

买受、受赠、继承、交换的房屋产权转移以有关协议、文约、合同、裁定、公证等文件为准；自建、翻建的房屋产权的确认以报批文件和竣工图件为准；征用、调拨、价拨、拨用的房屋的产权转移以审批文件为准；房改售房的产权转移以审批文件为准。

房屋产权来源有两种以上的，均应注明。

技能点3　房产要素测量

房产要素从反映角度而言，可分为属性的（权属调查等）、位置的（界址点、境界等）、数量的（房屋面积等）、地理的（各类编号等）以及对房产的全面反映具有现实意义的地物地貌。

一、测量草图

测量草图是地块、建筑物、位置关系和房屋调查的实地记录，是展绘地块界址、房屋、计算面积和填写房产登记表的原始依据。在进行房地产测量时应根据项目的内容用铅笔绘制测量草图。测量草图包括房屋用地测量草图和房屋测量草图。

1. 测量草图的规格与要求

草图用纸可用 787mm×1092mm 的 1/8、1/16、1/32 规格的图纸。测量草图选择合适的概略比例尺，使其内容清晰易读，在内容较集中的地方可绘制局部图。

测量草图应在实地绘制，测量的原始数据不得涂改擦拭，汉字字头一律向北，数字字头向北或向西。

2. 房屋用地测量草图

房屋用地测量草图的内容包括：

(1) 平面控制点及点号；

(2) 界址点、房角点相应的数据；

(3) 墙体的归属；

(4) 房屋产别、房屋建筑结构、房屋层数；

（5）房屋用地用途类别；

（6）丘（地）号；

（7）道路及水域；

（8）有关地理名称、门牌号；

（9）观测手簿中所有未记录的测定参数；

（10）测量草图符号的必要说明；

（11）指北方向线；

（12）测量日期，作业签名。

3. 房屋测量草图

房屋测量草图内容及要求包括：

（1）房屋测量草图均按概略比例尺分层绘制；

（2）房屋外墙及分隔墙均绘单实线；

（3）图纸上应注明房产区号、房产分区号、丘（地）号、幢号、层次及房屋坐落，并加绘指北方向线；

（4）住宅楼单元号、室号，注记实际开门处；

（5）逐间实量，注记室内净空边长（以内墙面为准）、墙体厚度，数字取至厘米；

（6）室内墙体凸凹部位在 0.1m 以上者如柱垛、烟道、垃圾道、通风道等均应表示；

（7）凡有固定设备的附属用房如厨房、厕所、卫生间、电梯、楼梯等均应实量边长，并加必要的注记；

（8）遇有地下室、覆式房、夹层、假层等应另绘草图。

二、房产要素测量

1. 界址测量

界址测量是指界址点和界址线的测量，最主要的是界址点坐标的测定。界址点由标志、编号、坐标三部分组成。

（1）界址点标志。界址点标志，分墙上标志与地面标志，可用钢钉或带孔的可插入棱镜座的铜钉，钉入建筑物或构筑物上，或埋设混凝土界址标志等，以便于长期保存。

混凝土界址标石，由上顶 150mm×150mm、下底 250mm×250mm、高 600mm 的混凝土构成，上顶中心位置嵌入界址点标志或十字标志。

（2）界址点编号。界址点编号，采用几何格网的编号方法，以高斯投影的一个整千米格网为编号区，每个编号区的代码以该千米格网西南角格网点的横纵坐标的千米值表示。界址点编号在一个编号区内从 1～99 999 连续顺编，点的完整编号由编号区代码、类别代码、点号三部分组成，其编号形式如下：

界址点编号＝编号区代码＋类别代码＋点号

（15 位）　（9 位）　（1 位）　（5 位）

（3）界址点测量。界址点测量的起算点应是邻近的基本控制点或高级界址点。界址点的测量方法可采用极坐标法、交会法、支导线法、正交法等野外解析法测定。使用支导线方法测定界址点坐标时，导线边的边数不超过三条，导线转折角测左右角，各测一测回。使用支导线法测量时，必须加强检测，保证测量结果的准确性。

一级界址点应单独测量，测距使用Ⅰ级测距仪，测角使用 DJ2 测角级别的经纬仪，测距读至 1mm，测角测至秒（″），最大测距不超过 200m，尺长改正与温度等气象改正数大于 5mm 时应改正。

（4）丘界线测量。需要丘界线边长时，可用界址点的纵横坐标反算，或用测距仪，或钢尺量丈，将丘界线测量结果标示在房产分丘图上。对不规则的弧形丘界线，可按折线分段计算或分段丈量，将折线分段标注或测量房屋墙角点坐标时应标明房屋墙体的归属。

2. 境界测量

行政境界测量，包括国界线及各级行政区划界线的测绘。测量国界时，应根据边界条约或有关边界的正式文件精确测定。国内行政区界应根据勘界协议划定。行政区域界线的成果主要有：

（1）界桩登记表；

（2）界桩成果表；

（3）边界点位置和边界线走向说明；

（4）边界协议书附图。

3. 房屋及其附属测量

（1）房屋的测量。房屋应逐栋测绘，不同产别、建筑结构、层数的房屋应分别测量。房屋按外墙勒脚以上墙角为准，依水平投影测量。在测量房屋四面墙体外侧或测量房屋墙角点坐标时应标明房屋墙体的归属。

（2）房屋附属设施的测量。有柱走廊，按柱的外围为准测绘；无柱走廊，按围护结构外围或外轮廓投影测绘；架空通廊，按围护结构外围或外轮廓投影测绘；门廊以柱或围护物外围测绘；挑廊和阳台以围护结构外围为准，围护结构不规则或难以确定的，以底板投影为准测绘；独立柱和单排柱的门廊、雨篷、车棚、货棚、站台以顶盖投影为准，并测绘柱的位置；门墩、台阶以外围投影为准；门顶以顶盖投影为准；室外楼梯以外围投影为准。

（3）房角点测量。房角点测量与界址点相同，房角点类别代码为 4。房角点测量，可在墙角设置标志，也可以不设标志，可以房角外墙勒脚以上（100±20）cm 处的墙角为测点，测定其坐标。正规的矩形房屋，可直接测定房屋的三个房角点的坐标，另一房角点的坐标可通过计算算出。

（4）独立地物测量。独立地物测量，应根据地物的几何图形测定其定位点。亭以柱的外围为准；塔、烟囱、罐以底部外围轮廓为准；水井、消火栓、以中心为准。

4. 交通、水域测量

（1）铁路、道路、桥梁的测绘。铁路以两铁轨外沿为准；道路、公路以两边路沿为准；桥梁以桥头和桥身外围投影为准。

（2）水域的测绘。河流、湖泊、水库等水域以岸边线为准；沟渠、地塘以坡顶为准。

三、房产要素测量的精度要求

野外解析法有极坐标法、正交法、线交会法。《房产测量规范》（GB/T 17986—2000）中规定限差如下：所测各点相对于房产平面控制点的点位中误差不超过±0.05m，最大限差为±0.10m。

全野外数据采集宜使用精度不低于Ⅲ级的全站仪，即其测距精度不低于Ⅱ级，其 1km 的测距中误差小于 10mm，经纬仪精度不低于 DJ6，即其测角中误差不大于±6″。

观测时，水平角和垂直角读至 0.1″或 1″，测距读至 1mm；最大距离一般不超过 200m，施测困难地区可以适当放宽，但对超过 200m 的数据，包括测距与测角数据以及气象数据都应从严要求，加强检测。

在测站上，以较远点定向，应有另一已知点做检核，检核较差不得超过±0.1m。数据采集结束后，应对起始方向进行检查。当测站观测方向中包括有一级界址点，对另一已知点做检核时，检核较差不得超过±0.04m。

一级界址点宜单独进行测量，不宜和其他房产要素同时测量。

技能点4 房产图绘制

一、房产图的分类

《房产测量规范》(GB/T 17986—2000）把房产图分成房产分幅平面图（简称分幅图）、房产分丘平面图（简称分丘图）、房屋分户平面图（简称分户图）。

1. 房产分幅平面图的规格

各城市的房产分幅平面图采用 1∶500 和 1∶1000 两种比例尺，对建筑物较为密集的城市地区采用 1∶500 比例尺，其他地区或建筑物较为稀疏的地区则采用 1∶1000 的成图比例尺。

房产分幅平面图的分幅规格过去都采用 40cm×50cm 和 50cm×50cm 两种图幅幅面，《房产测量规范》(GB/T 17986—2000）取消了 40cm×50cm 的分幅规格，统一采用 50cm×50cm 分幅规格，以适应数据管理的要求和《房产测量规范》(GB/T 17986—2000）规定的协调一致。

2. 房产分幅图的编号

《房产测量规范》(GB/T 17986—2000）采用了和界址点编号一样的数码形式的编号方法，编号代码由两部分组成，即由编号区代码加图幅代码组成。编号区代码和界址点编号区代码相同，以高斯投影坐标的整千米格网为一个编号区；编号区代码以千米格网西南角格网点的横、纵坐标的整千米值表示。1∶2000、1∶1000、1∶500 比例尺的房产分幅图、地籍图、地形图的编码用两位数的数字代码表示，类似于二级代码形式，如图 13-1 所示。

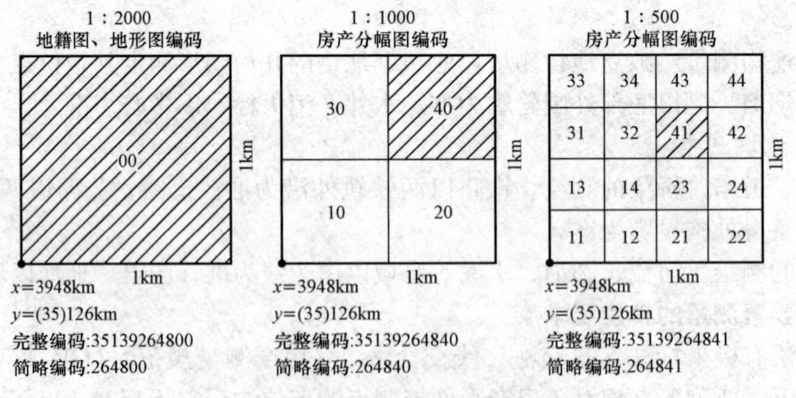

图 13-1 房产分幅图编号

二、房产图的内容

1. 分幅图的内容

《房产测量规范》(GB/T 17986—2000）规定了房产分幅图应表示的基本内容。规定以外的内容可根据需要表示或不表示，以尽量保持房产分幅图的简明清晰，并且主次分明，突出重点。

分幅图应表示的主要内容有：

(1) 控制点，表示Ⅰ、Ⅱ、Ⅲ、Ⅳ等基本控制点和房产平面一、二、三级控制点；

(2) 行政境界，表示至市区一级，包括行政境界线与行政区名称；

(3) 房产区界线与房产分区界线，包括房产区号和房产分区号；

(4) 丘界，包括丘界线和丘号，以及丘的用地用途分类代码；

(5) 房屋，包括幢号、房屋轮廓线、房屋性质的三个代码（产别、结构、层数）；

(6) 房屋附属设施及房屋围护物（廊、门顶、门斗……）；

(7) 主要街道名及地名、大的单位名称；

(8) 门牌号，首尾两端注记，中间不注记或择要注记；

(9) 铁路、道路、桥梁、水系、城墙等。

2. 分丘图的内容

分丘图上表示的内容除分幅图上的内容以外，尚应表示下述内容：

(1) 房屋权界线，包括房屋墙体的归属；

(2) 界址点的点位和点号，包括界址点间的边长；

(3) 房屋建成年份代码，加在房屋产别、房屋结构和房屋层数之后；

(4) 房屋用地面积和房屋建筑面积；

(5) 房屋各边长尺寸以及阳台、廊等有关轮廓尺寸。

3. 分户图的内容

分户图是房屋产权登记发证的依据，是产权产籍管理的重要资料，《房产测量规范》(GB/T 17986—2000) 中规定采用表图结合的形式绘制，主要表述内容有：

(1) 本户所在的丘号、幢号、结构、层数、层次、产权主姓名（或名称）、坐落、户（套）内建筑面积、共有分摊面积、产权面积。

(2) 房屋层（户）的轮廓线、权界线（墙体归属）、共有部位，并注出房屋边长。

(3) 指北方向线及概略比例尺。

三、图幅接边处理

所有分幅图都应进行接边检查与接边处理，这是消除图面矛盾、保证图面图形质量的重要手段。在建立图形数据库时，也应进行一次图幅接边检查与图边处理，保证相邻图幅之间的一致性，这是建立无缝图形库的一项十分重要的预处理工作。

接边检查与接边处理，可以由人工在桌面上检查和人工处理，可以在计算机屏幕上检查编辑处理，也可以编制专用的接边检查与接边处理程序，自动进行接边检查与接边处理。

技能点5　房产面积测算

一、一般规定

房产面积测算是指水平面积的测算，分房屋面积测算和房屋用地面积测算两大部分。房屋面积测算包括房屋建筑面积测算、使用面积测算、产权面积测算、共有建筑面积的测算与分摊。房屋用地面积测算包括房屋占地面积测算与用地面积测算。

1. 房屋建筑面积

房屋建筑面积也称房屋展开面积，是房屋各层建筑面积的总和。房屋建筑面积包括使用面积、辅助面积和结构面积三部分。

房屋建筑面积按房屋外墙（柱）勒脚以上各层的外围水平投影面积计算，还包括阳台、挑廊、地下室、室外楼梯等辅助设施的面积。

测算建筑面积的房屋必须是结构牢固、有顶盖、层高2.2m和2.2m以上的永久性建筑。

2. 房屋使用面积

房屋使用面积是指房屋户内全部可供使用的净空面积，按房屋的内墙线水平投影计算。

房屋使用面积是房屋各层平面中直接为生活和生产使用的净空面积，不包括房屋内的墙、柱等结构构造面积和保温层的面积。

3. 房屋产权面积

房屋产权面积是指产权主依法拥有房屋所有权的房屋建筑面积。房屋产权面积由直辖市、市、县房地产行政主管部门登记确认。

4. 房屋共有建筑面积

房屋共有建筑面积是指由多个产权主共同占有或共同使用的建筑面积。

5. 房屋占地面积

房屋占地面积是指房屋底层外墙（包括柱、廊、门、阳台）外围水平面积。

6. 房屋用地面积

房屋用地面积是指房屋占用和使用的全部土地面积，包括房屋及其附属设施所占用的土地面积、院落用地面积和共用土地的分摊面积等全部使用面积。其中包括供休憩和满足生产或生活需要的空间面积，还包括出入专用的室外道路、绿化、停车场、院内空地及其围护物等的全部土地面积，但不包括下列土地的面积。

（1）无明确使用权属的冷巷、巷道和间隙地；

（2）市政管辖的公用道路、街道、巷弄等公用土地；

（3）公共使用的河涌、沟渠、排水沟道；

（4）已征用、划拨或者属于原房地产证记载范围内，经规划部门核定需要作市政建设的用地；

（5）其他按规定不计入用地面积的土地面积。

用地面积以丘为单位进行测算。

二、面积测算的方法与精度

1. 坐标解析法

坐标解析法是根据房屋用地界址点或边界点的坐标计算房屋用地或丘的面积，也包括利用房角点的坐标计算房屋面积的方法。两者使用的方法、面积计算的公式、所测算面积的精度估算公式，都是完全相同的。其面积计算公式为

$$S=\frac{1}{2}\sum_{i=1}^{n}x_i(y_{i+1}-y_{i-1})$$

或

$$S=\frac{1}{2}\sum_{i=1}^{n}y_i(x_{i+1}-x_{i-1})$$

也可采用

$$S=\frac{1}{2}\sum_{i=1}^{n}(x_i-x_0)(y_{i+1}-y_{i-1})$$

或
$$S=\frac{1}{2}\sum_{i=1}^{n}(y_i-y_0)(x_{i+1}-x_{i-1})$$

式中　S——房屋面积、房屋用地面积或丘面积，m^2；

x_i——界址点、房角点或边界点的纵坐标，m；

y_i——界址点、房角点或边界点的横坐标，m；

x_0、y_0——测区范围内纵坐标、横坐标的任意一个整数，加入 x_0 和 y_0 的目的是为了减少面积计算的位数；

n——界址点或房角点或边界点的个数；

i——界址点或房角点或边界点的序号，按顺时针方向顺编，或逆时针方向顺编，序号从 1 开始连续顺编，当 $(i+1)>n$ 时令 $(i+1)=1$，当 $(i-1)<1$ 时令 $(i-1)=n$。

面积中误差按下式计算

$$m_S=\pm m_j\sqrt{\frac{1}{8}\sum_{i=1}^{n}D_{i-1,i+1}^2}$$

式中　m_S——面积中误差，m^2；

m_j——界址点或房角点或边界点的点位中误差，m；

n——界址点或房角点或边界点的点数；

i——界址点或房角点或边界点的序号，按顺时针方向顺编，或逆时针方向顺编，序号从 1 开始连续顺编，当 $(i+1)>n$ 时令 $(i+1)=1$，当 $(i-1)<1$ 时令 $(i-1)=n$；

D——界址点或房角点或边界点连线所组成的多边形中，相间点连线的间距，如图 13-2 和图 13-3 所示（在此 i 也是边号，即 $D_i=D_{i-1,i+1}$）。

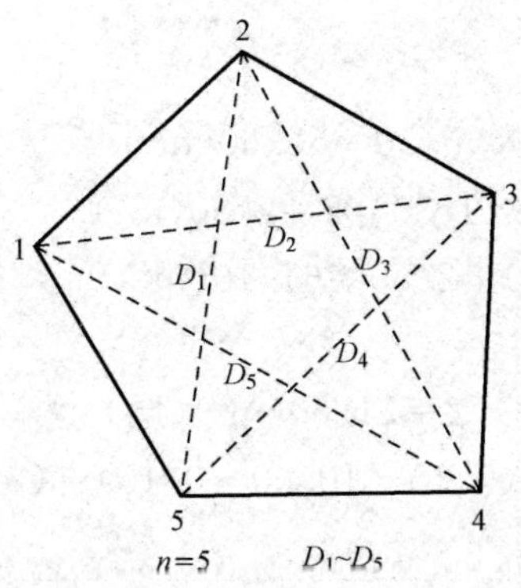

图 13-2　多边形面积

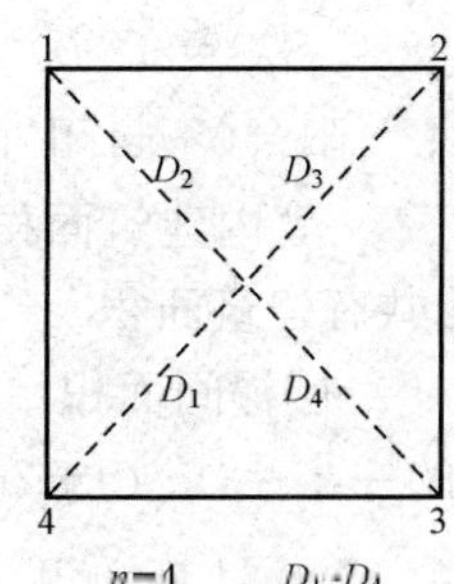

图 13-3　长方形面积

2. 实地量距法

实地量距法是在实地用仪器、测距仪或卷尺量取有关图形的边长而计算出这个图形的面积。实地量距是目前房地产测量中最普遍的面积测算方法，在测算房屋面积时，现在都是采用实地量距法；在测量房屋用地时，也可以使用实地量距法。

对于规则图形，例如矩形、方形的房屋或房间，都是用卷尺或测距仪直接量取其边长，很简单地算出其面积。

对于不规则图形的面积测算，可以将其分解成几个简单的几何图形，然后分别计算出这些图形的面积，用简单的加减法算出其面积。

由于房屋商品化的进程和房地产市场发展的需要，《房产测量规范》（GB/T 17986—2000）对使用量距法的精度要求与误差限制提出了一个新的标准，即对全国房屋面积的精度要求分成三个等级，不同的要求、不同的情况将执行不同的标准。其精度等级标准见表 13-8。

表 13-8 房屋面积精度等级标准

房屋面积的精度等级	房屋面积中误差	房屋面积误差的限差
一级	$\pm(0.01\sqrt{S}+0.0003S)$	$\pm(0.02\sqrt{S}+0.0006S)$
二级	$\pm(0.02\sqrt{S}+0.001S)$	$\pm(0.04\sqrt{S}+0.002S)$
三级	$\pm(0.04\sqrt{S}+0.003S)$	$\pm(0.08\sqrt{S}+0.006S)$

3. 图解法

图上量算面积的方法很多，最简单的方法是求积仪法，但求积仪法精度太低；还有常用的几何图形法，即在图上量取有关图形的长度计算出图形的面积，也可量取图形坐标计算图形的面积。但这些方法都因精度太低，房产测量几乎都不采用。

【例 13-1】 某住宅楼套面积计算与共有面积分摊举例。

该例为一普通住宅楼，全幢共 6 层，每层两个单元，每单元有两套住宅，全幢共 24 户住宅，户号从一层东边起顺编，从 1 至 24 号，各层套型相同，具体尺寸见表 13-9，表中所注尺寸，除阳台尺寸为外尺寸以外，其他尺寸均为中线尺寸，计算步骤如下：

（1）从房屋测量草图上把房屋的有关边长、墙厚等尺寸标注于图上。阳台尺寸标注外尺寸，即标注外墙至外墙的尺寸，其他都标注中线尺寸，即墙体中线至中线的尺寸。

（2）检查尺寸的正确性，$\sum D$=外轮廓边长。

（3）计算套内建筑面积

$$S'_{T17}=5.20\times10.00+1.20\times5.50=58.60(\mathrm{m}^2)$$

$$\text{阳台(不封闭)面积}=(3.70\times1.35)/2=2.50(\mathrm{m}^2)$$

$$\text{套内建筑面积 } S_{T17}=58.60+2.50=61.10(\mathrm{m}^2)$$

（4）计算幢的共有建筑面积

$$\text{层梯间面积}=(2.40\times4.5)\times2=21.60(\mathrm{m}^2)(\text{层})$$

$$\text{外墙墙体面积的一半}=(0.15+25.60+0.15)(0.15+10.00+0.15)-(25.60\times10.00)=10.77(\mathrm{m}^2)(\text{层})$$

$$\text{层共有建筑面积 } \Delta S_C=21.60+10.77=32.37(\mathrm{m}^2)(\text{层})$$

$$\text{幢共有建筑面积 } \Delta S_Z=32.37\times6=194.22(\mathrm{m}^2)$$

（5）计算全幢套内建筑面积之和

$$\sum S_{Ti}=(61.10+61.00+61.00+61.10)\times6=244.20\times6=465.20(\mathrm{m}^2)$$

（6）计算幢共有建筑面积的分摊系数

$$K_Z=194.22/1465.20=0.132\ 555\ 2$$

（7）计算各套房屋的分摊面积

$$\delta S_{17}=S_{T17}\times K_Z=61.10\times0.132\ 555\ 2=8.10(\mathrm{m}^2)$$

(8) 计算各套房屋的产权面积

$$S_{E17}=S_{T17}+\delta S_{17}=61.10+8.10=69.20(\mathrm{m}^2)$$

(9) 检查

房屋的建筑面积(层)$\sum S_{Ti}$＝(0.15＋25.60＋0.15)×(0.15＋10.00＋0.15)＋阳台建筑面积

＝266.77＋2.5×2＋2.4×2

＝276.57(m²)(层)

房屋产权面积之和(层)$\sum S_{Ei}$＝69.20＋69.09＋69.09＋69.20＝276.58(m²)(层)

也可以在图上进行计算，计算结果见表 13-9。

表 13-9　　成套房屋的套面积以及分摊面积计算

丘号	0048-6	结构	混合	套内建筑面积，m²	61.10
幢号	6B	层数	06	共有分摊面积，m²	8.10
户号	1-20	层次	5	产权面积，m²	69.20
座落	人民南路太平巷 3-8 号				

共有分摊面积计算（第五层）：梯间面积＝2.40×4.5×2＝10.80×2＝21.60（m²）

共有外墙面积（1/2 外墙）＝(0.15＋25.60＋0.15)×(0.15＋10.00＋0.15)－(25.60×10.00)＝266.77－256＝10.77（m²）

本层应分摊面积＝21.60＋10.77＝32.37（m²），全幢应分摊面积＝32.37×6＝194.22（m²）

本层套面积＝61.10×2＋61.00×2＝244.20（m²），全幢套面积＝244.20×6＝1465.20（m²）

本幢共有面积分摊系数 K＝194.22/1465.20＝0.132 555 2

检核：本层应有建筑面积＝(0.15＋25.60＋0.15)×(0.15－10.00＋0.15)＋阳台建筑面积(阳台面积的一半)

＝266.77＋2.5×2＋2.4×2＝276.57(m²)

本层四套产权面积＝69.20×2＋69.09×2＝276.58（m²）

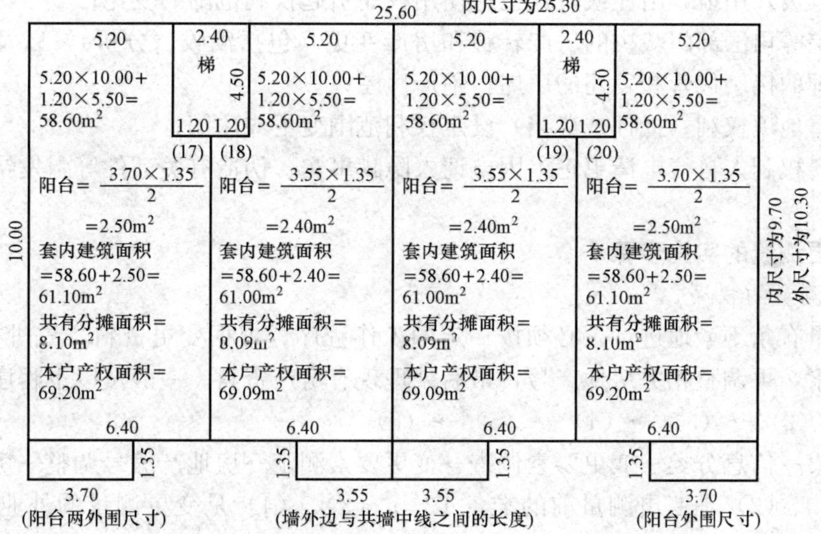

阳台尺寸为外尺寸是墙的外边沿至另一墙的外边沿长度。

其他尺寸均为中线尺寸是墙的中线至另一墙中线之间的长度。

本幢房屋的墙厚为 0.30m。

技能点6 变更测量

变更测量分为房屋现状变更测量和房产权属变更测量两类。现状变更和权属变更测量都是动态变更测量。通过房地产登记前的基础测量，绘制了分幅平面图；经过房地产登记后建立房产档案，保持房产图的现势性和房产档案的真实性。因此，变更测量必须做到及时、准确，为房产日常的转移和变更登记提供可靠的图籍和面积等数据。

现状变更一般属于修补测分幅图；权属变更配合产权登记，属于产权登记证明测量，其所提供的产权证附图具有法律效力，它属于官方测量，是一种政府行为的测量。

一、变更测量的内容

1. 现状变更内容

(1) 新建、改建或扩建的未经产权初始登记的房屋，房屋实地位置、平面图形和房屋结构、层数发生变化；

(2) 房屋的损坏与灭失，包括全部拆除或部分拆除，自然倒塌或烧毁；

(3) 房屋围护物和房屋附属设施的改变；

(4) 市政道路边界、河流等水域区界的改变；

(5) 房屋坐落（地名、门牌号）的更改或增设；

(6) 行政境界（如市辖区界）的调整，涉及房地产编号的更正。

2. 权属变更内容

(1) 产权初始登记后发生房屋买卖、交换、继承、分析（割）、兼并、入股、赠与等房产交易活动引起产权转移或变更；

(2) 房屋用地界线、界址的变化，包括房屋因合并、分析、自然坍塌引发房屋占地范围的调整；

(3) 征（拨）用地，出让或转让土地使用权而引起权利范围的变化；

(4) 法院等司法部门裁决的房产转移和房产变更（包括没收、分析），以及房产管理部门按政策处理的接、代管和发还的房屋，绝产房屋；

(5) 房屋他项权利（抵押、典当）设定权利范围变更或注销；

(6) 房产权利人自行申请更正，因申请人隐瞒事实、伪造有关证件等引发错证的补充和更正。

二、变更测量的实施步骤

1. 变更测量的程序

变更测量有条不紊地进行，必须按一定的工作程序，根据变更资料，先进行变更调查，测定变更要素，再调整相关房地产号，最后处理现有房产资料。一般按以下程序实施：

(1) → (2) → (3) → (4) → (5) → (6)

变更信息采集→信息分类→变更要素调查→变更要素测定→房地产编号调整→房产资料处理

上述 (1)、(2) 是变更测量前的准备工作；(3)、(4) 是变更测量的外业工作；(5)、(6) 是变更测量的内业工作。

2. 权属变更测量方法

根据不同情况和实际条件，采用图解法或解析法。不论采用图解法或解析法，进行权属变更测量，都必须依据变更登记申请书、标示的房产及其用地位置草图、权利证明文件，约定日期，通知申请人到现场指界，实施分户测绘。

现有的平面控制点、界址点、房角点都可以作为变更测量的基准点。测量前，应检查其点位的可靠性。因测站检测之差（较差）不超过图上±0.2mm，即对于1∶500比例图，相当于10cm；异站或自由设站检测之差（较差）不超过图上±0.4mm，即相当于20cm。当用测定点之间的距离与由坐标反算的距离进行检核时，其距离较差不超过2倍相应等级平面控制点点位中误差。

采用图解法进行权属变更测量，常用于房屋分析，应将分界的实量数据注记于草图上，并按实量数据计算面积后，再定出分界点在图上的位置；也适用于多产权商品房屋分户分割。

采用解析法进行权属变更测量，常用于房屋用地分割或合并。用地分割，应将新增界址点的坐标数据、点号注记于草图上，按坐标展出分割点的图上位置；用地合并，取消毗连界址点，用界址坐标计算分丘用地面积。

3. 变更测量的精度要求

变更测量精度包括房产图图上精度和解析精度，图上精度指的是分幅图图上精度；解析精度指的是新增界址点的点位精度以及面积计算精度。

（1）图上精度。《房产测量规范》（GB/T 17986—2000）对房产分幅平面图的精度已做了规定：模拟方法测绘的房产分幅平面图上的地物点，相对于邻近控制点的点位中误差不超过图上±0.5mm，现状变更测量后，经修补测的分幅图与变更前的分幅图图上精度要求达到一致。

（2）解析精度。《房产测量规范》（GB/T 17986—2000）对全野外采集数据或野外解析测量等方法所测的房产要素点和地物点，相对于邻近控制点的点位中误差不超过±0.05m。

权属变更测量后，新测定的变更要素点的点位中误差不得大于±0.05m。新测定的界址点精度应保证相应等级界址点的同等精度。房产变更测量后，房产面积的计算精度，应完全符合相应等级房产面积的精度要求。

知识点2　房 产 图 图 式

一、图式符号表述的基本规则

1. 符号的尺寸

符号旁以数字标注的尺寸，表示符号应有的大小尺寸，均以mm为单位。

图式中未注尺寸的符号：在一般情况下，符号的线粗为0.15mm，点大为0.3mm，符号非主要部分的线长为0.6mm。以虚线表示的线段，凡未注明尺寸的实部线长为2.0mm，虚部线长为1.0mm。例如，《房产图图式》（GB/T 17986.2—2000）中的8房屋附属设施中的8.1廊。

由点和线组成的符号，凡未注明尺寸的，点的直径与线粗相同，点线之间的间隔一般为1.0mm。例如：《房产图图式》（GB/T 17986.2—2000）中的5境界中的5.4县界，14绿化地与农用地的地类界。

符号的规格和线粗可根据不同比例尺做适当调整。

2. 符号的定位

圆形、正方形、矩形、三角形等几何图形符号，按图形的中心定位。圆形中心为圆心，正方形、矩形的中心为对角线交点，三角形中心用各角平分线的交点。例如，《房产图图式》(GB/T 17986.2—2000) 中的4.2平面控制点的符号。

宽底符号在底线中点定位，例如，《房产图图式》(GB/T 17986.2—2000) 中的7.4的蒙古包；底部为直角三角形的符号，按直角的顶点定位；下方没有底线的符号，定位在下方两端点之中点，例如，《房产图图式》(GB/T 17986.2—2000) 中的7.3的窑洞；两种以上几何图形组成的符号，按其下方图形的中心点或交叉点定位，例如，《房产图图式》(GB/T 17986.2—2000) 中的12.8消火栓；不依比例尺表示的其他符号，在符号的中心点定位；线状符号按符号的中心线定位，例如，《房产图图式》(GB/T 17986.2—2000) 中的5境界线中的各种界线。

3. 符号的定向

独立地物符号向北，其方向垂直于南图廓线。

4. 符号的密度间隔

绿化地、农用地可用注记或符号表示，当用符号表示时，符号的间隔密度可根据用地面积的大小适当放大或缩小。

5. 符号在图上的表示

所有符号都有依实地按比例表述和不按比例表述两种情况。依比例表述的符号，按实地位置按比例绘注；不依比例绘注的符号，按图式规定的尺寸绘注符号或以其中心位置描述。

测绘地物轮廓线或范围线，其轮廓线和范围线按比例描述，在其内描绘不依比例尺的符号，如《房产图图式》(GB/T 17986.2—2000) 中的7.3.6地面下窑洞。

6. 对数量指标的说明

图式说明中的各种数量指标，凡规定“大于”者包括本数，“小于”者不包括本数。例如：当房屋权界线长度小于3cm时，可只绘两条权指示线，长度大于3cm时，按间隔1.0～2.0cm绘一根权指示线。其中大于3cm，包括3cm本身。

二、点的描述

1. 控制点

对房产控制点，在图上应着重于表示其精度。对控制点的用户而言，判断控制能否使用决定其点上标志的完好性和点的等级和精度。所以在图上表示控制点时，着重表示其精度等级，而不表示其测量方法；对基本控制点，即Ⅰ、Ⅱ、Ⅲ、Ⅳ等点，在图上表示其等级和点名，对一、二、三级房产平面控制点在图上仅仅表示其点号，因为其精度差别不大，所以不表示其等级。

2. 界址点和房角点

界址点和房角点是很重要的房地产要素，在分幅图上不表示（因点距较短，在分幅图上不易表示清楚），而在分丘图上表示。对界址点表示其点号和等级，对房角点仅仅表示其点位。

3. 高程特征点

对高差变化较大的城市，对一些山城或丘陵城市，需要测定一些高程特征点。高程特征点表示城市地貌变化特征的点，在分幅图和分丘图上表示，并标出其高程（以m为单位）。

4. 其他点

对其他点，如重力点、天文点、GPS点等均不单独表示。作为控制点时，按控制点表示，作为界址点时按界址点表示。

三、界线的描述

1. 境界

境界包括国界和省、自治区、直辖市、地区、自治州、盟、地级市界、县、自治县、旗、县级市、市级区、县级区、乡、镇的各级行政区域界线，均应以相应符号准确绘出。

当几级行政区划线相重合时，表示最高一级的行政境界线，低的都不表示。

行政境界线与国界相重时，表示国界，其他界线不表示。

2. 房产区界

房产区界包括房产区界和房产分区界，在房产分幅图和分丘图上都表示。

3. 丘界线

房屋用地界线即房产权属界线，一般为丘界线。丘界线有硬界和软界之分，有固定界标的为硬界，没有固定界标的习惯称为“软界”。

组合丘内还可划分支丘，支丘在房产图上应表示。丘内有不同的土地利用类别的，用地类界区分表示。

4. 房屋权界线

房屋权界线的核心是墙体的归属，即把共有墙、自墙和借墙分别进行表述。房屋权界线的产权归属以“权属指示线”表示，权属指示线为线粗 0.15mm、线长 1.0mm 的一短直线。直线由房屋权界线起，垂直于房屋权界线，指向产权所有人一方，在房屋权界线上每隔 1～2cm 画一“权属指示线”。

权属以栅栏、栏杆、篱笆、铁丝网为界时，其产权归属也在相应界线上用“权属指示线”表述。

四、房屋的描述

对房产图上的要素描述，最主要的房产要素是房屋，描述的规则是地面的或与地面相交的地物，均以实线表示；悬空的一般用虚线表示，例如，悬空的阳台、门顶、架空房屋、架空通廊、挑楼、高架路等悬空地物，都用虚线表示，柱、墙、路、地面房屋则以实线表示。

对同一幢房屋因有不同层数的分层线，过去用虚线表示，现在改用实线，但此时分层线两边的房屋均需在规定的位置（左下角）分别注上同一幢号，否则容易误解为两幢房屋。

五、房产图

分户图用表图结合的形式进行表述，一些重要的数据是以表带图（图放在表格之内），把一些重要的结论性的数据，例如建筑面积、分摊共有面积、产权面积都放在表格中显著的位置；把丘号、幢号、户号等也放在表格之内。这样房屋的位置、形状、数量、产权状况等均一目了然地表述在一张图纸上。其幅面大小可与“房屋所有权证”幅面大小一致，可以直接作为“房屋所有权证”的附图。

六、测量草图

测量草图是房屋和房屋用地调查与测绘的实地记录，是展绘房产分丘图、分户图、计算房屋面积和填写房产登记表的原始依据，是十分重要的原始记录，可以代替过去某些调查和观测手簿。测量草图可用铅笔绘制或填写。测量草图包括房屋用地测量草图和房屋测量草图。

单元二 地 籍 测 量

地籍测量是为获取和表达地籍信息所进行的测绘工作。其基本内容是测定土地及其附着物的位置、权属界线、类型、面积等。

知识点1 地籍测量基本知识

一、地籍测量的工作内容

（1）进行地籍控制测量，测设地籍基本控制点和地籍图根控制点。

（2）确定行政区划界线和土地权属界线的界址点坐标。

（3）测绘地籍图，测算地块和宗地的面积。

（4）进行土地信息的动态监测和地籍变更测量。

（5）根据土地整理、开发与规划的要求，进行有关的地籍测量工作。

像其他测量工作一样，地籍测量也遵循一般的测量原则，即先控制后碎部、从高级到低级、由整体到局部的原则。

二、地籍测量的特点

地籍测量与基础测绘和专业测量有着明显不同，其本质的不同表现在凡涉及土地及其附着物的权利的测量都可视为地籍测量，其特点如下：

（1）地籍测量是一项基础性的具有政府行为的测绘工作，是政府行使土地行政管理职能的具有法律意义的行政性技术行为。

（2）地籍测量为土地管理提供了精确、可靠的地理参考系统。

（3）地籍测量是在地籍调查的基础上进行的。

（4）地籍测量具有勘验取证的法律特征。

（5）测量的技术标准必须符合土地法律的要求。

（6）地籍测量工作有非常强的现势性。

（7）地籍测量技术和方法是对当今测绘技术和方法的应用集成。

（8）从事地籍测量的技术人员应有丰富的土地管理知识。

知识点2 地籍图的基础知识

一、地籍图比例尺的选择

地籍图需准确地表示土地的权属界址及土地上附着物等的细部位置，为地籍管理提供基础资料。地籍图应选用大比例尺进行成图。根据我国现状，农村地区地籍图的比例尺比城市地籍图的比例尺可小一些，可视具体情况及需要采用不同的测图比例尺，使地籍图的比例尺具有一定的选择性和灵活性，以满足地籍图的使用价值。

我国地籍图比例尺系列一般规定为：城镇地区（指大、中、小城市及建制镇以上地区）地籍图的比例尺可选用1∶500、1∶1000、1∶2000；农村地区（含建制镇以下的农村集镇）地籍图的比例尺可选用1∶5000或1∶10 000。

为了满足权属管理的需要，农村居民住宅区及乡村集镇可测绘农村居民地地籍图。农村居民地（或称宅基地）地籍图的测图比例尺一般可选用1∶1000或1∶2000，也可编制任意比例尺的农村居民地地籍图。

二、地籍图的分幅与编号

地籍图的分幅与编号与相应比例尺地形图的分幅与编号方法相同。1∶5000、1∶10 000比例尺地籍图应按国际分幅法划分图幅。其图幅的大小及编号按有关规定执行。

1∶500、1∶1000、1∶2000 比例尺地籍图采用正方形分幅时，图幅大小均为 50cm×50cm。图幅编号按图廓西南角坐标千米数编号，x 坐标在前，y 坐标在后，中间用短横线连接，如图 13-4 所示。

1∶2000 比例尺地籍图的图幅编号为：689-593

1∶1000 比例尺地籍图的图幅编号为：689.5-593.0

1∶500 比例尺地籍图的图幅编号为：689.75-593.50

当 1∶500、1∶1000、1∶2000 比例尺地籍图采用矩形分幅时，图幅大小均为 40cm×50cm。图幅编号方法同正方形分幅，如图 13-5 所示。

1∶2000 比例尺地籍图的图幅编号为：689-593

1∶1000 比例尺地籍图的图幅编号为：689.4-593.0

1∶500 比例尺地籍图的图幅编号为：689.60-593.50

有时，当测区较小，为了减少破幅也可采用任意分幅与编号。

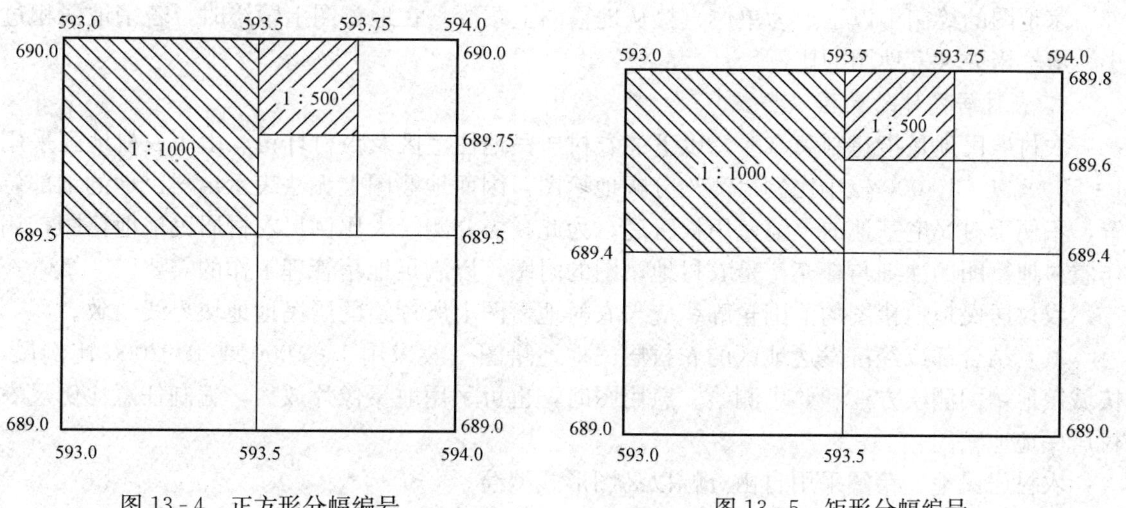

图 13-4　正方形分幅编号　　　　图 13-5　矩形分幅编号

三、地籍图的分类

按地籍图的基本用途，我国地籍图可划分为分幅地籍图、宗地图、农村居民地地籍图（岛图）三类。

1. 分幅地籍图

分幅地籍图（以下简称地籍图）是按国家统一的分幅编号方法一幅一幅测绘的地籍图，即 1∶500、1∶1000、1∶2000 比例尺地籍图采用矩形或正方形分幅和编号；1∶5000、1∶10 000比例尺地籍图采用国际分幅和编号。

地籍图表示的内容由地籍要素和必要的地形要素两部分组成，即以地籍要素为主，辅以与地籍要素有关的地形要素，以便图面主次分明，清晰易读。地籍要素包括行政境界、土地权属界线、界址点及编号、土地编号、房产情况、土地利用类别、土地等级、土地面积等；

必要的地形要素包括测量控制点、房屋、道路、水系以及与地籍有关的必要地物、地理名称等。

地籍图一般选用单色（黑色），也可根据需要选用双色，选用双色时，地籍要素用红色，其他用黑色。

2. 宗地图

宗地图是以宗地为单位绘制的，是处理土地权属的原始资料，也是土地证书附图的基本图件。视宗地大小及繁简程度一般选用 32 开、16 开或 8 开图纸。

宗地图的内容主要包括：

（1）宗地所在图幅号、宗地代码。

（2）宗地权利人名称、面积及地类号。

（3）宗地界址点、界址点号、界址线、界址边长。

（4）宗地内的图斑界线、建筑物、构筑物及宗地外紧靠界址点线的附着物。

（5）邻宗地的宗地号及相邻宗地间的界址分隔线。

（6）相邻宗地权利人、道路、街巷名称。

（7）指北方向和比例尺。

（8）宗地图的制图者、制图日期、审核者、审核日期等。

宗地图的绘制可以宗地为单位直接从地籍图上蒙绘。在地籍图上蒙绘时，若宗地面积过小，应适当放大宗地图的比例尺。

3. 农村居民地地籍图（岛图）

农村居民地是指建制镇（乡）以下的农村居民地住宅区及乡村圩镇。由于农村地区采用 1∶5000、1∶10 000 较小比例尺测绘分幅地籍图，因而地籍图上无法表示出居民地的细部位置，不便于村民宅基地的土地使用权管理。为此，需要测绘大比例尺农村居民地地籍图，用作农村地籍图的加细与补充，是农村地籍图的附图，以满足地籍管理工作的需要。

农村居民地地籍图的范围轮廓线应与农村地籍图上所标绘的居民地地块界线一致。

城乡结合部或经济发达地区的农村居民地地籍图一般采用 1∶1000 或 1∶2000 比例尺，按城镇地籍图测绘方法和要求测绘。急用图时，也可采用航摄像片放大，编制任意比例尺农村居民地地籍图。

农村居民地地籍图采用自由分幅以岛图形式编绘。

居民地内权属单元的划分、权属调查、土地利用类别、房屋建筑情况的调查与城镇地籍测量相同。

农村居民地地籍图的编号应与农村地籍图中该居民地的地块号一致。居民地内户地（宗地）编号按居民地的自然走向以自然数按 1、2、3…的顺序进行编号。居民地内的其他公共设施如球场、道路、水塘等不编号。

农村居民地地籍图表示的内容一般包括：

（1）自然村居民地范围轮廓线、居民地名称、居民地所在的乡（镇）、村名称、居民地所在农村地籍图的图号和地块号。

（2）户地权属界线、户地编号、房屋建筑结构和层数，利用类别和户地面积。

（3）作为权属界线的围墙、垣栅、篱笆、铁丝网等线状地物。

（4）居民地内公共设施、道路、球场、晒场、水塘和地类界等。

（5）居民地的指北方向。

（6）居民地地籍图的比例尺等。

技能点1　地籍图测绘方法

地籍图测绘方法主要指分幅地籍图的测绘方法。一部分如地类编号、土地等级、土地质量、地籍编号、街道名称、单位名称、门牌号、河流、湖泊名称等可通过实地调查得到；另一部分内容则要通过测量得到，如各级行政界线、界地点位置、必要的建筑物、构筑物及其他地籍、地形要素的位置等。

因此，地籍图一般可通过野外实测成图，也可利用摄影测量方法或绘编法成图。

一、野外实测成图

1. 成图基本方法

野外实测成图一般包括测图前的准备（图纸的准备、坐标格网的绘制、图廓点及控制点的展绘），测站点的增设，碎部点（界址点、地物点）的测定，图边拼接，原图整饰，成图检查验收等工序。

碎部点的测定方法采用极坐标法。真正测绘地籍图时，通常先利用实测的界址点展绘出宗地位置，再将宗地内外的地籍、地形要素位置测绘于图上。

此过程根据条件可采用以下三种方法实施：

（1）解析法。野外实测全部界址点，根据实测数据算出界址点的坐标。一般用解析交会、极坐标法等施测。角度用不低于 DJ6 级经纬仪施测，距离用钢尺或用电磁波测距仪施测。以全部界址点的解析坐标和解析边长为基础，测出其他地籍、地形要素的几何图形，并依据宗地草图的有关数据检核后成地籍图。

（2）部分解析法。采用解析法测定街坊外围界址点和街坊内部分明显界址点的坐标，再用图解法测定街坊内部的宗地界址点及其他地籍、地形要素平面位置。以街坊外廓控制内部宗地。以解析法测出的界址点为基础展绘出街坊，再依据图解法测定的宗地位置、形状，经宗地草图的有关数据检核后装绘街坊内部成地籍图。

（3）图解法。在特别困难地区，无法用解析法或部分解析法成地籍图时，也可采用图解法成图，即利用图解法直接测定界址点和其他地籍、地形要素平面位置，并根据宗地草图的有关数据检核后成地籍图，但成图精度必须满足要求。

2. 原图的精度要求

通常地籍原图的精度包括绘制精度和原图的基本精度两个方面。

（1）绘制精度。绘制精度主要指图上绘制的图廓线长度，对角线长度及图廓点、坐标格网点、控制点的展点精度，通常有如下要求：

1）内图廓长度误差不得大于±0.2mm，内图廓对角线误差不得大于±0.3mm；

2）图廓点、坐标格网点和控制点的展点误差不得超过±0.1mm，其他解析坐标点的展点误差不得超过±0.2mm。

（2）原图的基本精度。原图的基本精度主要指铅草原图上界址点、地物及其相关距离的精度。通常有如下要求：

1）相邻界址点间距、界址点与邻近地物点关系距离的中误差不得大于图上±0.3mm。依测量数据装绘的上述距离的误差不得大于图上±0.3mm。

2）宗地内外与界址边不相邻的地物点，不论采用何种方法测定，其点位中误差不得大于图上±0.5mm；邻近地物点间距中误差不得大于图上±0.4mm。

3. 地物测绘的一般原则

地籍图只测地物的平面位置，不需测地物点的高程。地物的综合取舍，除根据规定的测图比例尺和规范的要求外，还应根据地籍要素及权属管理方面的需要来确定必须测绘的地物。与地籍要素和权属管理无关的地物在地籍图上可不表示。对一些地物如房屋、道路、水系、地块的测绘还有些特殊的要求。

（1）房屋的测绘。房屋及主要构筑物均应按实地轮廓准确地进行测绘；房屋以外墙勒角以上的外轮廓线为准；悬空建筑物如水上房屋、骑楼等，应按实地轮廓线测绘其水平投影位置。地下铁道、隧道、人防工程的出入口，农村的窑洞等，均应测定与标绘其位置。在图上应加注房屋层数和建筑结构，不同层数毗连的房屋，需绘出分层线。房屋的门牌号可根据需要选注。

（2）道路的测绘。道路包括铁路、公路、街道及人行道、大车路、乡村路等，均应测绘，并在图上注记路的宽度。铁路、公路除按规定图式表示外，还应标绘出征地界线。

（3）水系的测绘。水系包括海岸、滩途、河流、湖泊、水库、池塘、沟渠及主要水工设施等地物。水系的测绘，无特殊要求时通常以岸边为准。当河流两岸不规则时，在保证精度的前提下，可对小的弯曲和岸边不明显的地段进行适当取舍。对于在图上只能以单线表示的沟渠，测定其中心位置。所有水系的宽度及流向均应在图上进行标注。

（4）地块的测绘。农村地区在宗地范围内，主要按土地利用现状的分类标准划分地块。划分地块时，可根据沟、渠、路、堤等线状地物，划分为若干地块。地块的界线不是土地权属界线。

当地块界线弯曲过多时，在保持地块界线特征的前提下，可适当综合取舍图上最小地块：耕地、园地不应小于6.0mm^2；林地、草地不应小于15.0mm^2。地块内应注记地块编号及土地利用分类的符号。对插花地（飞地），则必须根据土地权属要求，测绘其权属界线。

农村地区测区内实地宽度，北方地区大于或等于2m、南方地区大于或等于1m的河流、林，固定的沟、渠、路、田坎等线状地物（含地块内的线块地物），应实地量测其宽度，并在图上标注。当线状地物的宽度变化较大时，还应分段量测其宽度。

4. 图边的测绘与拼接

为了保证相邻图幅的互相拼接，接图的图边一般均须测出图廓线外5～10mm。地籍图接边差不超过规范规定的点位中误差的$2\sqrt{2}$倍，小于限差平均配赋，但应保持界址线及其他要素间的相互位置，避免有较大变形，超限时需检查纠正。

5. 原图清绘整饰

外业测量得到的地籍铅草原图由于图形不完整，简化符号较多，文字、数字不规整，注记布置不合理等缺陷必须经过修图来提高铅草图的质量。

（1）检查图面。

a. 检查图幅的数字基础。检查其边长和对角线，控制点的位置及控制点点号注记是否正确，有无漏注点号的情况。

b. 检查行政区划界线、宗地界线、地块界线是否封闭。

c. 对照宗地草图检查每宗地（特别是跨图幅的宗地）界址点的位置、界址点的个数、界址线的连接是否正确，作为界址线的线状地物的归属及界址线有无穿过房屋的现象等，从而使宗地界线及界址点的位置准确无误。

d. 检查宗地内房屋的形状、幢数是否正确，宗地外道路是否有始有终，宗地内外的水塘、水池的水涯线是否封闭。

e. 检查各种地籍要素的注记是否完备。

以上各项内容是在测图过程中容易出现的问题，应逐项检查加以解决，必要时要到现场对照或实测予以纠正，使图面上的问题通过检查得到消除，消除后方可清绘。

（2）地籍图清绘。地籍图清绘应严格按照与地籍图比例尺相应的图式规定描绘符号，以达到符号规格化。线的粗细、注记的字体与大小应完全符合规定的要求。为了保证地籍要素不致被次要的要素所遮断，地籍图一般按以下顺序进行清绘：

a. 绘内图廓线。它是划定地籍图图幅的界线，在四角交接处各延长 12mm。

b. 绘控制点符号。描绘符号时，符号方向一般均应垂直于南图廓。

c. 绘行政区划界线。

d. 绘界址点及界址线。绘界址点符号时，应以宗地为单位，一个宗地的界址点绘完，及时连成界址线，形成一个完整的宗地后，再绘另一个宗地的界址点及界址线。

e. 绘宗地内房屋及其附属建筑物。

f. 绘宗地外公共设施。如露天体育场、停车场等。

g. 绘独立地物。如纪念碑、钟楼、宝塔、电视塔、水塔等。

h. 绘道路及其附属物。宗地内道路可不绘。

i. 绘水系及其附属物。

j. 绘其他要素符号。

k. 书写注记。书写注记时，可事先打好各种大小、形状不同的字格，按需要把字格放在聚酯薄膜下面的相应位置上，然后根据下面的字格在薄膜上直接写注。

l. 图廓整饰。内图廓内的要素全部整饰完毕后，绘外图廓线。接下来在内图廓线外界端注写行政区划名称。书写图名、图号、绘图幅接图表，书写地籍要素调查单位、地籍图测绘单位，书写地籍图采用的坐标系、测图方法、规范版本、测图日期、测图比例尺、绘图员及检查员等。

6. 原图检查、上交与验收

执行质量检查制度，测量人员除工作检核外，还需在自我检查的基础上建立逐级检查制度。原图检查工作包括自检和全面检查两种。检查的方法分室内检查、野外巡视检查和野外仪器检查。

二、利用摄影测量方法测制地籍图

摄影测量作为有别于普通测量技术的另一种测量技术，已广泛应用于地籍工作中。摄影测量制作地籍图和其他图件的作业流程大致如图 13-6 所示。

三、野外采集数据机助成图

野外采集数据机助成图是指利用测量仪器如全站型电子速测仪、光学经纬仪和测距仪、光学经纬仪和钢尺等，在野外对界址点、地物点进行实测，以获取观测值（水平角、天顶距、距离等）；然后将观测值存入存储器，再通过接口，将数据传输到电子计算机，由电子计算机进行数据处理，从而获得界址点、地物点的坐标；最后，利用计算机内编制的各种应

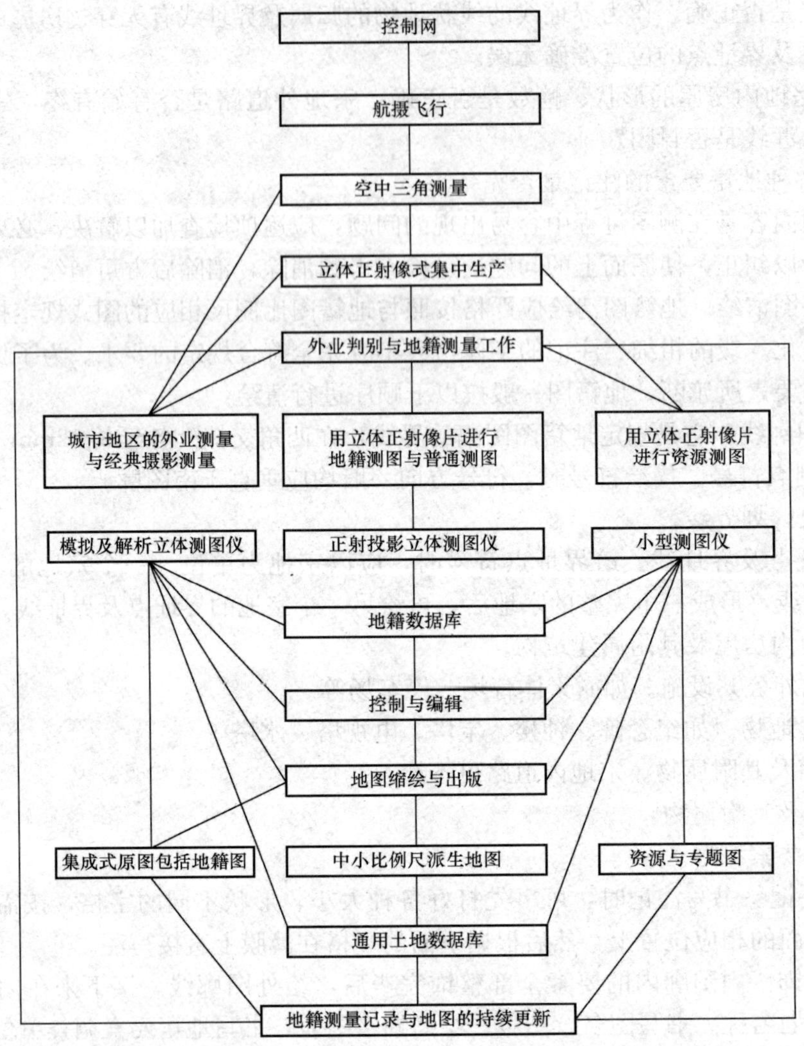

图 13-6 包括地籍测量在内的集成式测图系统的作业流程

用软件，将地籍资料按不同的形式输出。例如，屏幕上显示各种成果表及图形，打印机打印各种数据，资料存入磁盘，数控绘图机绘制各种比例尺地籍图等。以上设备和过程实现了野外采集数据机助成图。

当选用经纬仪和测距仪，或者经纬仪和钢尺获取观测值时，通常情况，观测值不能自动进入电子记录器，必须在野外通过手工操作，将观测值键入电子记录器。若采用全站型电子速测仪，则观测值能自动传到电子手簿。相比之下，前者容易造成人为的差错，必须多加检核。

知识点3 地籍资料的更新

众所周知，地籍资料要保持现势性才有实用价值。随着社会经济的发展，土地数量、质量、地类、地权及房产等情况会不断发生变化。为此，地籍资料应根据需要定期或不定期地进行修正、更新和补充，及时掌握土地动态变化信息。

地籍资料的更新，主要是地籍要素的变更调查和变更登记，地籍图的修测或重测，新增界址点的补测，面积重新量算等。为了做好地籍资料的更新工作，首先应根据申请变更登记内容收集资料，并到实地踏勘，制定更新资料的工作计划。经过更新后的资料应与更新前的地籍资料一起保存，以便保持地籍资料的连贯性、完整性和系统性。

一、地籍要素的变更调查与变更登记

现阶段地籍要素包括土地权属、土地利用现状、土地等级、房产情况、土地划分与编号五个方面。土地权属变更有土地所有权的变更（土地征用和土地划拨）和土地使用权的变更（土地权属界的变更和土地划拨）。凡需变更土地权属的土地所有者和土地使用者都必须到土地管理部门填写变更土地登记申请书，除按规定提交需要的文件资料外，还必须向土地管理部门提交原土地证书。土地管理部门根据土地使用者、土地所有者变更土地登记申请的内容到实地进行调查勘丈。实地调查勘丈时，应首先核对申请者、代理人身份证明及申请原因、项目与申请书是否相符。界址变更必须由变更宗地申请者及相邻宗地使用者亲自到场共同认定，并在变更地籍调查表上签名或盖章。相邻宗地使用者届时不到场，申请者或相邻宗地使用者不签名或不盖章时，按违约缺席指界的有关规定处理。在变更调查过程中，宗地草图应重新绘制，不得在原有宗地草图上划改或重复使用。地籍调查完毕经审核符合变更土地登记规定的，报人民政府批准后，变更注册登记，更换或更改土地证书。

对土地利用现状、土地等级、房屋情况及土地划分和编号的更新，根据收集的资料可与土地权属变更调查一同进行，变更情况填入地籍要素外业调查表；也可根据情况分开进行调查。

二、地籍图的修测与更新

随着地籍要素的更新，地籍图也要进行修测与更新。

地籍图的修测可在地籍原图或复制的底图上进行，也可在影像平面图上进行。为确保修测达到所要求的精度，修测前应先检查原图或底图方格网的变化情况，图纸的伸缩若超过规定的指标，则该原图或底图不能作修测用。

此外，对测区地籍控制点应进行认真检查，对埋石点也应做一次检查，凡未达到规范限差要求的，必要时应及时加以补充。

地籍图修测的主要内容包括各级行政界线、宗地界线、地块界线，新增主要地物以及修测后的土地编号和注记。修测后的地籍图，其上界址点、地物点的精度应与原图精度一致。

地籍图的修测方法，可根据具体情况进行选择。修测时，应特别注意尽量利用街、巷旁原有导线点或相关地物点对修测、补测的界址点和地物点进行校核，即用相关的实地水平距离与图上对应长度进行比较，以便即时发现错误，现场纠正，确保修测图的精度。

三、更新后土地划分、编号与面积量算

地籍要素及地籍图更新后，必须涉及土地划分与编号，以及面积的重新测算。

1. 更新后土地划分与编号

土地权属变更后，新的宗地应在其所属街道（街坊）或乡（镇）范围内重新进行编号。即原宗地号作废，新的宗地编号接着原宗地最大序号顺编；被重新划分的地块，原地块号作废，新地块号接着宗地内地块的最大序号续编；新增界址点点号按所属行政区划范围内的最大界址点号续编。新增界址点不得利用废除的界址点的序号。不再具有界址意义的界址点号应予以废除。以上是国家测绘局对更新后土地编号的规定。国家土地管理局对更新后土地编号也有规定，即无论宗地分割或合并，原宗地号一律不得再用。分割后的各宗地以原编号的支号顺序编列；数宗地合并后的宗地号以原宗地中的最小宗地号加支号表示。例如，18号宗地分割成三块宗地，分割后的编号分别为18-1、18-2、18-3；18-2号宗地再分割成两块宗地，则编号为18-4、18-5；18-4号宗地与10号宗地合并，则编号为10-1；如18-5号宗地与25号宗地合并，则编号为18-5。

2. 更新后的土地面积测算

由于界址线的变更，必然引起宗地和地块面积的变化，应重新量算变更后的土地面积值，并要进行检核。一般有下列情况：

（1）一宗地分割为数宗地，其分割后数宗地的宗地面积之和与原宗地的宗地面积应相符。如存在不符值，经检查无误后，在限差范围内按分割宗地的面积成比例配赋。

（2）数宗地合并为一宗时，合并后的宗地面积应与原各宗的面积之和相等。若两次测量结果经检核无误，则应以合并宗的外围界址实测数据计算面积为准。两次测量结果误差超限时，应对两次成果进行检查，以正确的为准。

练习题

1. 试述房产测量的目的和内容。
2. 简述房产单元的分类。
3. 试述房产要素测量的主要内容。
4. 试述房产图的分类。
5. 试述房产面积测算的主要内容。
6. 试述房产面积测算的方法和精度要求。
7. 试述地籍测量的含义及特点。
8. 试述地籍图的分类。
9. 试述地籍图测绘的主要方法。

项目十四

地理信息系统（GIS）

学习目标： 通过本单元的学习，了解地理信息系统及其构成、地理信息系统的研究内容、地理信息系统发展简史、地理信息系统的发展展望；熟悉地理信息系统的功能。

能力目标： 通过本单元的学习，了解地理信息系统及其构成要求，熟悉地理信息系统的功能。

知识点1　地理信息系统及其类型

一、地理信息系统

地理信息系统（Geographical Information System，GIS）是一种决策支持系统，在地理信息系统中，现实世界被表达成一系列的地理要素和地理现象，这些地理特征至少由空间位置参考信息和非位置信息两个部分组成。

地理信息系统具有以下三个方面的特征：

第一，具有采集、管理、分析和输出多种地理信息的能力，具有空间性和动态性。

第二，由计算机系统支持进行空间地理数据管理，并由计算机程序模拟常规的或专门的地理分析方法，作用于空间数据，产生有用信息，完成人类难以完成的任务。

第三，计算机系统支持是地理信息系统的重要特征，因而使得地理信息系统能以快速、精确、综合地对复杂的地理系统进行空间定位和过程动态分析。

二、地理信息系统的类型

地理信息系统按其内容可以分为以下三大类。

1. 专题地理信息系统（Thematic GIS）

该系统是具有有限目标和专业特点的地理信息系统，为特定的专门目的服务。例如，森林动态监测信息系统、水资源管理信息系统、矿业资源信息系统、农作物估产信息系统、草场资源管理信息系统、水土流失信息系统等。

2. 区域信息系统（Regional GIS）

该系统主要以区域综合研究和全面的信息服务为目标，可以有不同的规模，如国家级、地区或省级、市级和县级等为各不同级别行政区服务的区域信息系统；也可以按自然分区或流域为单位的区域信息系统。

3. 地理信息系统工具或地理信息系统外壳（GIS Tools）

一组具有图形图像数字化、存储管理、查询检索、分析运算和多种输出等地理信息系统基本功能的软件包。

三、地理信息系统的构成

一个完整的GIS主要由四个部分构成，即计算机硬件系统、计算机软件系统、地理数据（或空间数据）和系统管理操作人员。其核心部分是计算机系统（软件和硬件），空间数据反映GIS的地理内容，管理人员和用户则决定系统的工作方式和信息表示方式。系统构成如图14-1所示。

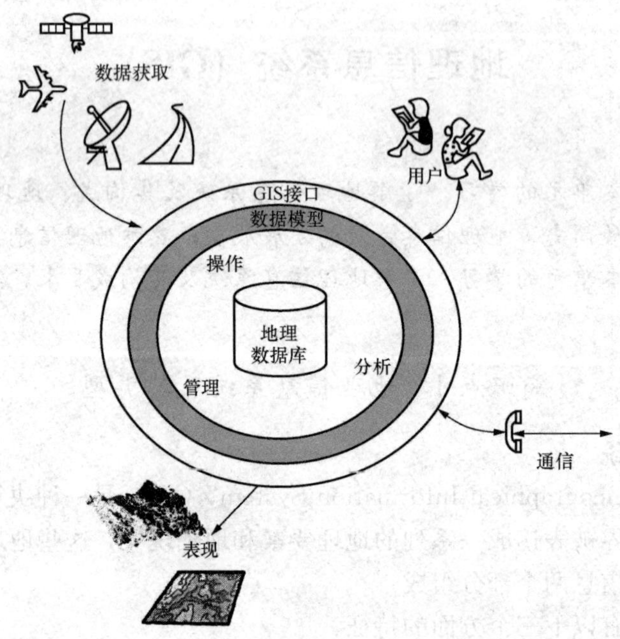

图14-1 地理信息系统的构成

知识点2 地理信息系统的功能概述

地理信息系统软件包功能为数据的获取（Data Acquisition）、数据的初步处理（Preliminary data Processing）、数据的存储及检索（Storage and Retrieval）、数据的查询与分析（Search and Analysis）、图形的显示与交互（Display and Interaction）。图14-2说明了这些功能之间的关系，以及它们操作（Manipulation）数据的不同表现。

一、数据采集、监测与编辑

主要用于获取数据，保证地理信息系统数据库中的数据在内容与空间上的完整性、数值逻辑一致性与正确性等。一般而论，地理信息系统数据库的建设占整个系统建设投资的70%或更多，因此，信息共享与自动化数据输入成为地理信息系统研究的重要内容。

二、数据处理

初步的数据处理主要包括数据格式化、转换、概括。数据的格式化是指不同数据结构的数据间变换；数据转换包括数据格式转化、数据比例尺的变化等。

三、数据存储与组织

这是建立地理信息系统数据库的关键步骤，涉及空间数据和属性数据的组织。栅格模型、矢量模型或栅格/矢量混合模型是常用的空间数据组织方法。

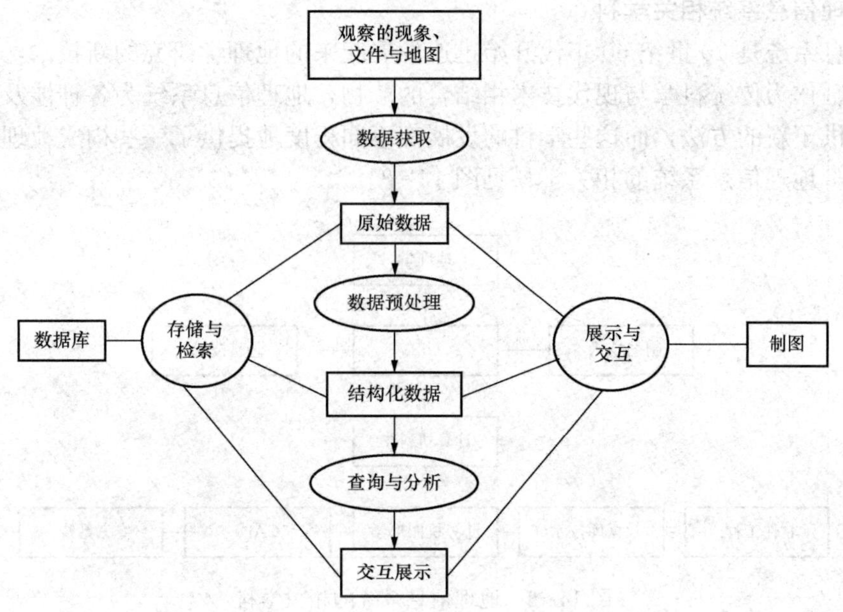

图 14-2　GIS 功能概述（椭圆）以及其表现（矩形）

四、空间查询与分析

空间查询是地理信息系统应具备的最基本的分析功能；而空间分析是地理信息系统的核心功能，也是地理信息系统与其他计算机系统的根本区别，模型分析是在地理信息系统支持下，分析和解决现实世界中与空间相关的问题，它是地理信息系统应用深化的重要标志。

五、图形与交互显示

地理信息系统为用户提供了许多用于地理数据表现的工具，其形式既可以是计算机屏幕显示，也可以是诸如报告、表格、地图等硬拷贝图件。

知识点 3　地理信息系统的研究内容

一、研究内容

地理信息系统研究的内容主要有以下三个方面。

1. 地理信息系统基本理论研究

包括研究地理信息系统的概念、定义和内涵；地理信息系统的信息论研究；建立地理信息系统的理论体系，研究地理信息系统的构成、功能、特点和任务；总结地理信息系统的发展历史，探讨地理信息系统发展方向等理论问题。

2. 地理信息系统技术系统设计

包括地理信息系统硬件设计与配置、地理空间数据结构及表示、输入与输出系统、空间数据库管理系统、用户界面与用户工具设计、地理信息系统工具软件研制、微机地理信息系统的开发、网络地理信息系统的研制等。

3. 地理信息系统应用方法研究

包括应用系统设计和实现方法、数据采集与校验、空间分析函数与专题分析模型、地理信息系统与遥感技术结合方法、地学专家系统研究等。

二、地理信息系统相关学科

地理信息系统是20世纪60年代开始迅速发展起来的地理学研究的新技术，是多种学科交叉的产物。作为传统科学与现代技术相结合的产物，地理信息系统为各种涉及空间数据分析的学科提供了新的方法，而这些学科的发展都不同程度地提供了一些构成地理信息系统的技术与方法。地理信息系统的相关学科见图14-3。

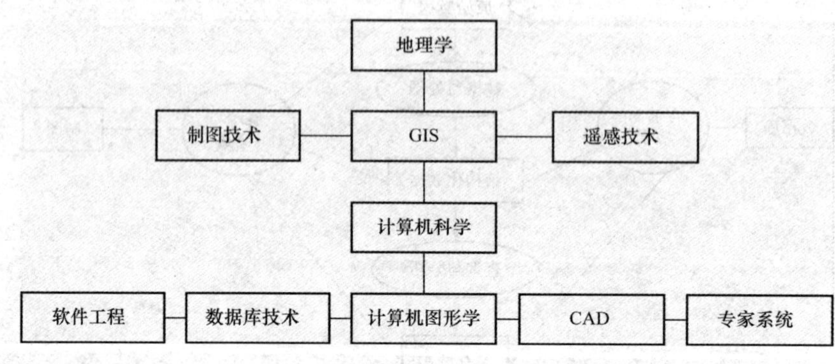

图14-3 地理信息系统的相关学科

知识点4 地理信息系统发展简史

地理信息系统脱胎于地图，它们都是地理信息的载体，具有获得、存储、编辑、处理、分析与显示地理数据的功能。地图是地理学的第二代语言，而地理信息系统将成为地理学的第三代语言。20世纪60年代初，在计算机图形学的基础上出现了计算机化的数字地图。1962年，麻省理工学院的一名研究生在其博士学位论文中，首次提出了计算机图形学的术语，并论证了交互式计算机图形学是一个可行的、有用的研究领域，从而确立了这一科学分支的独立地位。在此基础上，地理信息系统发展起来。

一、20世纪60年代开拓发展阶段

20世纪60年代初，计算机技术开始用于地图量算、分析和制作，由于机助制图具有快速、廉价、灵活多样、易于更新、操作简便、质量可靠、便于存储、量测、分类、合并和覆盖分析等优点而迅速发展起来。60年代中期，由于对于自然资源和环境的规划管理及应用加速增长的需要，对大量空间环境数据存储、分析和显示技术方法改进的要求，以及计算机技术及其在自然资源和环境数据处理中应用的迅速发展，促使对地图进行综合分析和输出的系统日益增多。

由于计算机硬件系统功能较弱，限制了软件技术的发展。这一时期的软件主要针对当时的主机和外设开发的，算法比较粗糙，图形功能有限。

二、20世纪70年代巩固阶段

进入20世纪70年代以后，由于计算机硬件和软件技术的飞速发展，尤其是大容量存取设备硬盘的使用，为空间数据的录入、存储、检索和输出提供了强有力的手段。用户屏幕和图形、图像卡的发展增强了人机对话和高质量图形显示功能，促使GIS朝着使用方向迅速发展。

这一时期地图数字化输入技术有了一定的进展，采用人机交互方式，易于编辑修改，提

高了工作效率，扫描输入技术系统出现。图形功能扩展不大，数据管理能力也较小。这一时期软件最重要的进展是人机图形交互技术的发展。

三、20 世纪 80 年代突破阶段

由于计算机的发展，推出了图形工作站和个人计算机等性能价格比大为提高的新一代计算机，计算机和空间信息系统在许多部门广泛应用。随着计算机软、硬件技术的发展和普及，地理信息系统也逐渐走向成熟。这一时期是地理信息系统发展的重要时期，具有如下特点。

第一，在 20 世纪 70 年代技术开发的基础上，地理信息系统技术全面推向应用。

第二，开展工作的国家和地区更为广泛，国际合作日益加强，开始探讨建立国际性的地理信息系统，地理信息系统由发达国家推向发展中国家。

第三，地理信息系统技术进入多种学科领域，从比较简单的、单一功能的、分散的系统发展到多功能的、共享的综合性信息系统，并向智能化发展，新型的地理信息系统将运用专家系统知识，进行分析、预报和决策。

第四，微机地理信息系统蓬勃发展，并得到广泛应用。在地理信息系统理论指导下研制的地理信息系统工具具有高效率和更强的独立性和通用性，更少依赖于应用领域和计算机硬件环境，为地理信息系统的建立和应用开辟了新的途径。

我国地理信息系统方面的工作自 20 世纪 80 年代初开始。以 1980 年中国科学院遥感应用研究所成立的全国第一个地理信息系统研究室为标志，在几年的起步发展阶段中，我国地理信息系统在理论探索、硬件配制、软件研制、规范制定、局部系统建立、初步应用实验和技术队伍培养等方面都取得了进步，积累了经验，为全国范围内开展地理信息系统的研制和应用奠定了基础。

四、20 世纪 90 年代社会化阶段

进入 20 世纪 90 年代，随着地理信息产业的建立和数字化信息产品在全世界的普及，地理信息系统将深入到各行各业乃至各家各户，成为人们生产、生活、学习和工作中不可缺少的工具和助手。地理信息系统已成为许多机构必备的工作系统，尤其是政府决策部门在一定程度上由于受地理信息系统影响而改变了现有机构的运行方式、设置与工作计划等。而且，社会对地理信息系统认识普遍提高，需求大幅度增加，从而导致地理信息系统应用的扩大与深化。国家级乃至全球性的地理信息系统已成为公众关注的问题。

自 20 世纪 90 年代起，中国地理信息系统步入快速发展阶段。力图使地理信息系统从初步发展时期的实验、局部应用走向实用化和生产化，为国民经济重大问题提供分析和决策依据。同时地理信息系统的研究和应用正逐步形成行业，具备了走向产业化的条件。

知识点 5　GIS 的发展展望

近年来，地理信息系统技术发展迅速，其主要的原动力来自日益广泛的应用领域对地理信息系统不断提出的要求。另外，计算机科学的飞速发展为地理信息系统提供了先进的工具和手段，许多计算机领域的新技术，如面向对象技术、三维技术、图像处理和人工智能技术都可直接应用到地理信息系统中。下面对当前地理信息系统研究中的几个热点研究领域作一介绍。

一、GIS 网络化

对于 GIS 的发展，计算机网络技术是起到质变作用的重要技术。它的发展使得以往很多难以完成的事情得以实现，如网络技术使得数据库在地理位置上以分布的方式存在，这样做，各个数据库可以局部地进行生产、更新、维护和管理，而网络又使这些分布在局部的数据库相互之间可以连接起来实现共享。高速度的数据传输使得数据库之间的数据传输能够快速地实现。网络技术有巨大潜力，但是如何在 GIS 领域得到有效的使用，充分、恰当地发挥出它的潜能仍然是需要人们探索的问题。

二、GIS 标准化

GIS 的标准化将在国际、国家、省、市、县和机构范围内多层次地进行，其内容可能包括到 GIS 的各个组成部分、各个操作过程、各种数据类型、软件硬件系统等。标准化的真正实现将使人们能在一个共同理解基础上共享信息和资源。

三、数据商业化

GIS 产生的主要目的之一是对于空间信息进行更好的管理和处理，GIS 空间分析功能实际上是使用现有的数据来产生新的数据，所以数据是整个 GIS 的操作对象。没有数据，则谈不上信息系统。如果数据问题能够解决，信息系统才有意义和价值，才能够真正运行。

四、系统专门化

目前，GIS 软件和系统还是被作为一个整体独立存在。许多软件提供全面的 GIS 功能可以在任何一种需要 GIS 的部门使用，没有具体专业领域的限制。将来的各类应用系统中，GIS 可能将作为一个必需的部分存在。

五、GIS 企业化

GIS 网络化的发展使得 GIS 在机构内部各部门之间更有效地进行通信、交流和进行各种资源共享。企业和机构可以从更高的层次上对 GIS 在企业中的使用进行统筹安排和计划，这种方式被称为“企业化 GIS”。企业化 GIS 对技术和管理人员有更高的要求，需要企业不断地对人员进行技术和管理培训。

六、GIS 全球化

网络技术的发展使得世界空间缩小，使人们之间的关系更加紧密；世界经济的发展也在要求人们建立一个更稳定、和谐的环境。在这个环境中，GIS 越来越成为一种有效的工具来帮助人们了解所生存和依赖的自然条件状况和社会变化状况。目前，世界各国都在积极地发展和使用 GIS、制定有关地理信息的政策、开展国家 GIS 项目。

七、GIS 大众化

GIS 不仅在国际舞台上已经越来越受到人们重视，甚至在人们日常生活中也潜移默化地改变着人们的生活。以往人们需要使用地图来定向、定位和导航，而现在地图已经存储在数据库中；从一个地点到另一个地点的最佳路线轻而易举地就可以使用 GIS 系统得到；到一个新地方，不需要再费力寻找餐馆、旅店、娱乐中心、购物中心、银行、旅游景点等，GIS 就是最好的向导。

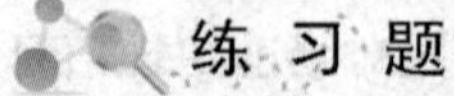

练习题

1. 试述地理信息系统的特征。

2. 简述地理信息系统的分类。
3. 试述地理信息系统的组成。
4. 简述地理信息系统的主要功能。
5. 试述地理信息系统研究的主要内容。
6. 试述地理信息系统发展的趋势。

参 考 文 献

[1] 姜晨光．现代土木工程测量技术．北京：化学工业出版社，2009.
[2] 王晓平．工程测量．北京：人民交通出版社，2013.
[3] 王光遐，马国庆，张金元．测量放线工岗位培训．北京：中国建筑工业出版社，2009.
[4] 赵雪云，李峰．工程测量技能测试与辅导．北京：人民交通出版社，2008.
[5] 周文国，等．建筑工程测量．北京：科学出版社，2001.
[6] 邹永廉．工程测量．武汉：武汉大学出版社，2000.
[7] 吕永江．房产测量规范与房地产测绘技术．北京：科学出版社，2001.
[8] 黄瑞．地理信息系统．北京：测绘出版社，2010.
[9] 邓军．地籍测量．郑州：黄河水利出版社，2012.
[10] 王依，过静珺．现代普通测量学．北京：清华出版社，2009.
[11] 许光．建筑工程测量．北京：中国电力出版社，2008.